现代太阳辐射和地球辐射测量及标准

王炳忠 莫月琴 杨 云 丁 蕾 编著

气象出版社
China Meteorological Press

内 容 简 介

本书是作者在系统总结国内外大量文献资料的基础上,结合自己多年从事气象辐射测量和研究所取得成果的基础上编写而成的。全书共计 24 章,详细介绍了与太阳辐射和地球辐射有关的基本概念和基础知识,介绍了国际上基准辐射站网系统所使用的、代表当前国际上辐射测量最新技术成果的各类辐射仪器和相关附属设备的原理、校准、应用、安装、维护和操作,各种辐射量的测量方法以及对测量所获数据的质量控制方法等方面的内容。本书可帮助读者对太阳辐射和地球辐射测量的最新进展进行全面、系统的了解,便于在实际工作中降低辐射测量的不确定度和提高辐射观测的质量。

本书可供具有中专以上文化程度,从事辐射测量和太阳能利用的研究、设计、制作和各类实际应用的各种专业工程技术人员,气象部门从事辐射观测、计量检定的科研人员以及从事地理、建筑设计、材料老化、空间技术等方面工作的人员使用,亦可作为大专院校相关专业师生的教学参考书。

图书在版编目(CIP)数据

现代太阳辐射和地球辐射测量及标准 / 王炳忠等编著. — 北京 : 气象出版社,2018.12
ISBN 978-7-5029-6881-6

Ⅰ.①现… Ⅱ.①王… Ⅲ.①太阳辐射-测量-标准 ②地球-大气辐射-测量-标准 Ⅳ.①P422.1-65 ②P422.2-65

中国版本图书馆 CIP 数据核字(2018)第 281111 号

现代太阳辐射和地球辐射测量及标准

王炳忠 莫月琴 杨 云 丁 蕾 编著

出版发行:气象出版社			
地 址:北京市海淀区中关村南大街 46 号		邮政编码:100081	
电 话:010-68407112(总编室) 010-68408042(发行部)			
网 址:http://www.qxcbs.com		**E-mail**: qxcbs@cma.gov.cn	
责任编辑:张 斌 王 迪		终 审:吴晓鹏	
责任校对:王丽梅		责任技编:赵相宁	
封面设计:博雅思企划			
印 刷:三河市君旺印务有限公司			
开 本:787 mm×1092 mm 1/16		印 张:28.5	
字 数:730 千字		彩 插:4	
版 次:2018 年 12 月第 1 版		印 次:2018 年 12 月第 1 次印刷	
定 价:145.00 元			

序

太阳辐射是地球能量的主要来源，它与国民经济、人民生活息息相关。太阳辐射与地球辐射测量是研究天气气候变化的重要手段，对于大气科学、农业生产、空间技术以及新能源开发与利用等均起着重要的作用。

由于辐射测量的特点，提高其测量准确度是一项十分艰巨的任务。迄今，在国际单位制的各项基本量的测量准确度中，辐射测量仍是其中最低的。经过近十年三个国外顶级科研单位（NPL，METAS，PMOD）若干名科学家的努力，所制作出的低温绝对太阳辐射计（CSAR），也仅将准确度提高了近半个数量级。在后续的试用中，仍在不断地发现新问题，需要加以克服。之所以会如此，原因就在于：自然界辐射无处不在，相互间的干扰不可避免；其次，一些定律过于理想化，如朗伯体，只能近似地找寻替代品，这就引入了测量误差；再次，仪器的清洁、巡检、及时校准等重要环节仍可能形成误差。经过国内外多名学者的研究，我国目前总辐射照度的测量误差仍然高达 5％，与国际先进水平差距不小，难以满足天气气候变化监测与预测的需求。如何提高我国太阳辐射和地球辐射测量的准确度，仍是十分迫切的艰巨任务。

为了配合日益提高的太阳辐射与地球辐射观测水平，积极向国际先进水平靠拢，便于相关技术人员尽快了解太阳辐射和地球辐射测量和进展的最新动态，特别是找出测量中的误差源，就成为极为重要的工作。作者在全面系统地总结国内外大量文献资料基础上，概括了迄今辐射观测方面的最新成就，并结合了作者长期从事辐射测量研究所取得的成果，编写了这本《现代太阳辐射和地球辐射测量及标准》。全书共 24 章，介绍了与太阳辐射和地球辐射测量有关的历史沿革、基本概念、基础知识和国际上辐射基准站网所使用的、代表当前气象辐射测量最新技术成果的各类辐射仪器的工作原理、结构、性能特点和校准方法，各种辐射量的测量方法以及对测量后所获数据质量的控制方法等方面的情况。

本书撰写严谨，内容全面、简洁而实用，对于从事太阳辐射和地球辐射观测研究和管理人员都是十分有参考价值的科学技术著作。我坚信作者所付出的辛勤劳动，将有效地推动我国太阳辐射和地球辐射测量工作的新发展。

周秀骥

2018 年 7 月

前　　言

　　太阳辐射测量是一项基础性工作,其服务的对象不仅仅限于气象领域及其分支学科,还更广泛地服务于研究地球上各种生物和物理过程。因此,详尽地了解与太阳辐射测量有关的原理、技术性能、仪器构造、观测方法、校准方法、计量标准和测量不确定度等方面的需求也日益增长。随着环境问题日益严重,各种新能源项目受到普遍的关注,其中各种太阳能工程项目,如光电、光热等对辐射资源测量的依赖更为明显。

　　在气象观测项目中,辐射观测具有自己的特点,目前微处理器的发展,为辐射测量带来了更多的便利,主要体现在采样的速率、数据的计算以及数据的后处理和存储等方面。而面对传感器诸多本质性的问题,自动化也爱莫能助。例如在国际单位制 7 项基本量:时间、长度、质量、温度、电量、发光强度和辐射度中,就 20 世纪末测量的水准,时间量的测量不确定度已经达到 10^{-12},而辐射度(WRR)仅在 $10^{-2} \sim 10^{-3}$。

　　目前,在我国的科学实践中,不少部门花费重金购买了国外高等级的太阳辐射测量仪器,但如果观测时缺少对仪器的特别关注,高级别的仪器未必就能得出更好的结果。当然,在同样情况下,使用低级别的仪器,其效果会更差。所以,高质量的数据,离不开观测人员对仪器的悉心照料。

　　在国际范围内,作者所能搜集到的有关太阳辐射测量的文章与书籍,按出版年代的先后,有如下数种:

　　1857,Янишевский Ю Д,Актинометрические приборы и методы наблюдений.Гидрометиздат,Ленинград.

　　1938,Калитин Н Н,Актинометрия.Гидрометиздат,Л. -М.

　　1956,Кондратьев К Я,Лучистая энергия солнца.Гидрометиздат.Л.

　　1966,Robinson N,Solar radiation. Elsevier Publishing Company.

　　1975,Coulson K L,Solar and terrestrial radiation:method and measurements. New York:Academic Press.

　　1981,Кмито А А,Скляров Ю А,Пиргелиометрия. Л. Гидрометиздат.

　　1982,柴田和雄・内嶋善兵衛,太陽エネルギーの分布と測定.学会出版センター.

　　1983,Iqbal M,An introduction to solar radiation. ELSEVIER.

　　1986,Fröhlich C and London J(Editor),Revised instruction manual on radiation instruments. WMO/TD No. 149.

　　2012,Vignola F et al.,Solar and infrared radiation measurements. CRC Press.

　　其中 Кондратьев К Я,Robinson N,Iqbal M 和柴田和雄・内嶋善兵衛等人的书籍,其内容并非专门论述辐射测量仪器的著作,仅是其中的一部分,对辐射测量仪器有所介绍。

Vignola等人的书籍,出版年代最近,对本书的编写帮助最大。本书更多的内容,主要参考了各种外文期刊、会议报告和文集,但难免会遗漏某些重要的相关内容。另外,受时间的限制,我们所能参考的文献,终止于2018年中已正式出版的或网上所能搜集到的。

20世纪80年代和2008年,本书作者曾先后编撰过《太阳辐射测量与标准》和《现代气象辐射测量技术》。但是由于科学技术的快速发展,原书中的内容已经显得陈旧,必须及时予以增补和修订。从这个意义上讲,本书也可视作《现代气象辐射测量技术》的第二版,而实际上,我们不仅对原书进行了修订,另外,还从原来的15章增补至24章,使得内容更为充实、全面。

书中第12章有关气溶胶(AOD)测量部分,作者从未实际操作过这类仪器,因为目前在我国,此项测量并未纳入正式的气象观测业务中,而是由具体科研部门负责,气象计量站不拥有相应的标准设备和开展相应校准工作的职责。因此,这一章的内容全部依据GAW相关文献写出,若有不当之处,敬希相关学者批评指正。

书中第14章有关太阳常数的介绍,只能算是简介。因为它实际上涉及仪器制作、性能评定、理论分析、模式计算等诸多方面,这些既非作者所长,也超出了本书的范围。

书中第22章,正如标题所示,仅涉及辐射站常规仪器的校准,至于其他种类辐射仪器的校准,由于涉及一些专用名词术语和计算公式,就包括在介绍该种仪器的相应章节中了。

本书中多处可见BSRN(基准地面辐射站网),这是由于BSRN无论在测量手段上,还是在测量、校准和管理上均代表了当前世界辐射测量的最高水准。但需要注意的是,建立BSRN等级的辐射站绝不能等同于购买、使用等级最高的进口仪器这样简单的事。没有备份仪器,就不能替换使用中的仪器去定期校准,更何况不是任意校准单位,均有校准BSRN仪器的资质。至于辐射测量场地的选择、辐射仪器的日常维护、数据的筛查处理以及专业人员的配备等方面,更不是一般辐射站所能胜任,但是了解其精神实质,并在测量中加以关注和落实,才会对提高辐射测量的质量有所裨益。成为BSRN的正式成员是需经过审批的。BSRN每两年召开一次"科学评论与研讨会",迄今已经举办了16次,每次会上均会按照当前辐射观测中所发现的问题,组成若干个专门的工作组,在两次会间期内,开展专题研究,并在下次会议上作出报告、讨论改进办法,以及研究建立新的工作组等。除了上述报告外,还有其他有关辐射科研结果的介绍和交流。所以,对于辐射测量来说,这确是一个内容丰富且十分实用的重要会议。更是从事辐射工作的人员交流心得、提出问题的场所。

在辐射测量方面,我国从大气本底站建立起,就曾依据BSRN的要求建立了瓦里关、临安、龙凤山和北京上甸子等含有辐射项目的观测站;后来国家有关部门依据BSRN的标准又先后建立起锡林郭勒、大理、北京上甸子、焉耆、温江、漠河、许昌等7个基准辐射站。遗憾的是,迄今并无一站成为BSRN的正式成员,也就无人参与上述会议,失去了很多参与国际交流活动和获得辐射测量新信息的机会。

目前,国内在辐射研究方面是薄弱的,与辐射测量相结合的研究就更少。常见的是利用美国在网上提供的卫星数据,进行我国范围内的相关分析。这似乎是一条捷径,但实际上,并不值得提倡。美国卫星的数据是与美国地面测量数据相结合,形成模式后再进行计算,实际上只能更好地反映美国大范围的情况,但并不能真正代表其他地方的情况,更遑论,代表我国独具特色的青藏高原的情况了。并且,这样的工作也失去了原创性。

由于新版有关太阳辐射仪器技术参数和分级标准的国际标准ISO 9060,尚在修订,虽然作者已经见到了新版的草稿,并了解了其中的主要内容,但由于它尚未得到各成员国的正式投票批准,故未将其具体内容写入本书,但是为了使读者对其修订精神有个大致的了解,我们将其中的主要表格列为本书的附录,供大家参考。原来与该标准类似的仪器技术参数和分级标准,在 WMO《气象辐射仪器和观测方法指南》中可以查到,只是其等级的命名采用的是高质量、良好质量与中等质量等词汇。而在制定我国太阳能名词术语国家标准的过程中,中国计量科学研究院的有关人士曾指出,依照我国仪器等级的命名习惯:普通工作仪器应分为一级、二级,而标准仪器则应区分为一等、二等。原 ISO 9060:1990 标准中,所使用的也是二等标准、一级和二级。我国的国家标准《太阳能热利用名词术语》中也采用了这种方式,所以本书仍遵循这样的命名原则。

　　本书中多次引用 WMO《气象仪器和观测方法指南》(第 7 版)一书,该书出版于 2008 年。但是,在 2012 年召开的 CIMO 管理组第 10 次会议上,决定启动更新《气象仪器和观测方法指南》的工作。此次更新并非全面重新编写,而是依照各个章节的具体情况,分别决定需要更新的内容。2014 年 2 月 WMO 秘书长致函 WMO 会员,邀请他们审阅 2014 年预审版的《气象仪器和观测方法指南》,并于 2014 年 7 月召开的 CIMO 第 16 届会上,批准了此《气象仪器和观测方法指南》的 2014 临时版本(Provisional 2014 Edition of the CIMO Guide),本书中所有涉及《气象仪器和观测方法指南》的内容,均源自此版本。

　　本书的名称采用"地球辐射",而不用红外辐射,因为红外辐射是个更宽泛的概念,地球辐射只是红外辐射中的一部分,其测量的要求与一般的红外辐射测量存在着诸多不同,并有着自己的特点,这是需要特别指出的。

　　由于热电堆的种类繁多,更多的是应用在总日射表上,为了便于具体介绍热电堆传感器的一些细节,将总日射表一章放在了直接日射表一章的前面。

　　我们深知,要编写一部既要全面反映当前世界气象辐射测量最高水准、又要通俗易懂、还要让从事辐射观测或管理的人员对与气象辐射相关的知识有较全面的了解、又不能过分难于理解的书籍,是一项艰巨的任务。限于编著者的水平,本书是否满足了这样的要求,以及书中存在的不够确切或疏漏之处,谨以求实之诚,敬希读者不吝赐教、斧正,更希望得到读者自己在辐射测量实践中积累的心得、体会与经验,以便补苴罅漏。

　　作者衷心感谢周秀骥先生拨冗为本书作序,并对本书给予积极和正面的评价。

　　本书在编写和出版过程中,得到了中国气象局气象探测中心张雪芬和贺晓雷两位的鼎力相助,也一并在此致谢。

编著者

2018 年 6 月

目　　录

1　必要的天文知识

1.1　天球和天球坐标系

1.1.1　天球

　　无论在什么地方仰望天空、观察天体时,太阳、月亮、星体等,在感觉上,都分布在一个天穹的内表面上。这个天穹犹如一个球体,天体一方面在这个球面上运动,另一方面又像随其旋转。观察者无论身居何处,总会觉得处在该球体的中心,尽管这个球体实际上并不存在。虽然在球体上面的各个天体与观察者的距离千差万别,但是由于天体和观察者间的距离同观察者与地面空间移动的距离相比要大得多,所以看上去各种天体似乎总是离我们同样远,犹如散布在以观测者为中心的一个球体的表面上。实际上,我们所看到的是天体在这个巨大的球面上的投影位置,为了便于研究天体运动,天文学将其作为一种工具,将这个以观察者为球心,以无限长为半径的球体称为天球。图 1.1 就是从外界看到的天球的样子。

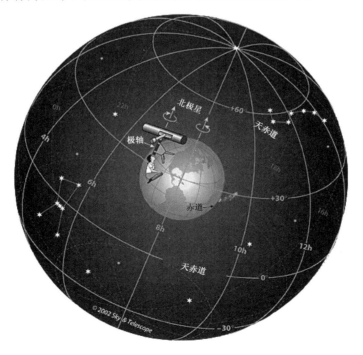

图 1.1　天球外观(取自网页)(见彩图)

地球是真实的,有直线距离,也有角距离。而天球是假想的,天球上各天体之间只有角距离而没有直线距离。实际天体之间是有直线距离的,但它是宇宙空间的直线距离,而不是天球上的直线距离。观测者能直接辨别的只是天体的方向。在天文学中,都是用天体投影在天球上的点与点之间的角距离来表示它们之间的位置关系。为了定量表示和研究天体投影在天球上的位置和运动,需要在天球上建立参考坐标系,并主要应用球面三角学来计算点位之间的关系。

(1)天顶、天底和地平圈

观察者所处的位置即天球的中心 O,过天球中心的铅垂线向上、下两方向无限延展与天球相交于两个点,上方的称天顶 Z,下方的称天底 Z'。过天球中心 O 作平面与 ZZ' 垂直,该平面与天球相交形成的大圆,称之为地平圈或真地平。

(2)天极和天赤道

天球在旋转过程中,有两个不动点,称作天极,也就是地球自转轴向两侧无限延伸与天球的交点。在北侧的,称北天极 P,在南侧的,称南天极 P'。连接南、北天极的直线 PP' 称天轴。过天球中心 O 作与天轴 PP' 垂直的平面,该平面与天球相交形成的大圆,称为天赤道。通过天顶、天底和天极的大圆称天球子午圈。子午圈与天赤道在南、北各有一个交点,在南侧的由于在地平之上,称上点 Q;在北侧的由于在地平之下,称下点 Q'。

(3)上中天和下中天

天体通过观测点的天球子午圈的时刻称中天。一日之内有两次中天,天体距天顶较近的一次为上中天,距天底较近的一次为下中天。

1.1.2　天球坐标系

为了确定天球上某一点的位置,必须引入坐标系。在球面上确定点的坐标,类似于平面坐标,并明确如下概念:

轴——选定的一条直径。选择不同的轴,构成不同的球面坐标系。

极——轴与球面的交点。如图 1.2 的 P 与 P' 点,如同地球的南、北极。

基本圆——通过天球球心且与轴相垂直的平面,与天球相交的大圆。天球坐标系以基本圆的名字命名。

辅助圆——通过轴的平面同球面相交的大圆。

原点——起始经圈同基本圆的交点。

经圈——通过球面上某一点和极的大圆。

纬圈——通过球面上某一点与基本圆平行的小圆。

如图 1.2 所示,首先选定一条球的直径作为坐标系的轴。选择不同的轴线,便构成不同的球面坐标系。天球坐标系由于涉及球体,与地理坐标大体相同,主要由经度和纬度来定位(图1.3),只不过由于基本圆和辅助圆,极、原点和度量方向等项的不同,天球坐标系有地平坐标系、时角坐标系(又称第一赤道坐标系)、赤道坐标系(又称第二赤道坐标系)、黄道坐标系和银道坐标系等多种。下面只介绍前三种坐标系,其他与太阳辐射关系不大的坐标系,不拟详述。

1.1.2.1　地平坐标系

以观测者为天球中心,过天球中心并与过观测者的铅垂线相垂直的平面称为地平面,它与天球相交而成的大圆称为地平圈。地平圈是地平坐标系的基本圆。天顶是地平坐标系的极。

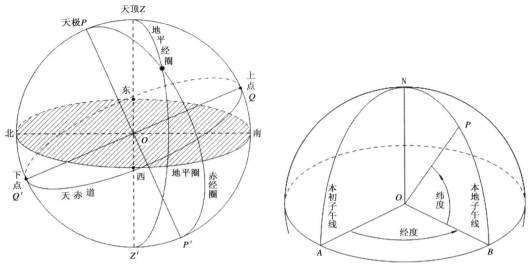

图 1.2　天球上的基本点　　　　　　　图 1.3　球面坐标

经过天顶的任何大圆称为地平经圈;与地平圈平行的小圆称为地平纬圈。过天极的地平经圈称为子午圈,它与地平圈相交于南点和北点;与子午圈相垂直的地平经圈称为卯酉圈,它与地平圈相交于东点和西点(图 1.4)。地平经度又名方位角 A,是地平坐标系中的一个坐标,即子午圈和通过天体的地平经圈在天顶所成的角度,或在地平圈上所夹的弧长。通常取北点(N)或南点(S)作为原点。大地测量学通常从北点起沿地平圈顺时针方向度量;在辐射计算中则从南点起顺时针方向度量,向西为正,向东为负。地平纬度又名高度角 h,是地平坐标系中的另一个坐标,即天体对地平所张的仰角或俯角。从地平起沿天体的地平经圈度量,由 $0°\sim 90°$,天体在地平之上为正,在地平之下为负,高度角的余角称为天顶距 Z,以天顶为原点。

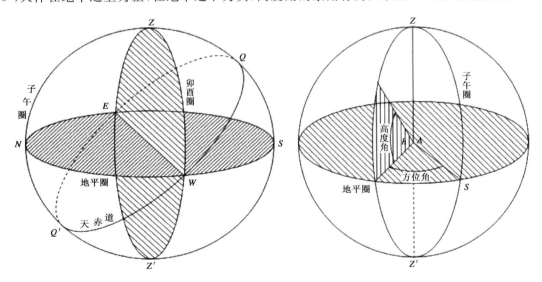

图 1.4　地平坐标系

由于周日运动的关系,天体对于同一地点的地平坐标不断变化;另一方面,对不同地点的观测者,由于铅垂线的方向不同,就有不同的地平坐标系,在同一瞬间同一天体,具体到我们所感兴趣的太阳的地平坐标也就不同。地平坐标系的作用就是用来表示当地天体在天空中的方位角 A 和高度角 h 及其周日变化。但是,只有地平坐标系还不足以确定 A 和 h,因此,要引入其他坐标系。

1.1.2.2 时角坐标系

时角坐标系又称第一赤道坐标系。过天球中心与天轴相垂直的平面称为天球赤道面,它与天球相交而成的大圆称为天赤道。天赤道、子午圈是时角坐标系的基本圈。天极是赤道坐标系的极(图 1.5)。经过天极的任何大圆称为赤经圈,与天赤道平行的小圆称为赤纬圈。

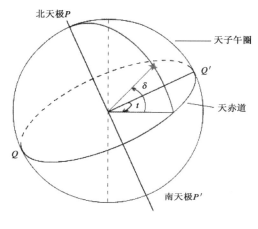

图 1.5 时角坐标系

基本点:

天赤道与天球子午圈近南点的交点(Q' 点)(天赤道上 4 个相距 90°的点:东、西、南(上)、北(下),四个交点)。

两个坐标:

时角(t):自子午圈起向西为正,向东为负,可以是角度单位,范围 0°~360°,也可以使用时,分,秒作单位来表示,从 0 时至 24 时;赤纬(δ):自赤道向北天极为正,向南天极为负。

1.1.2.3 赤道坐标系

赤道坐标系又称第二赤道坐标系。之所以设立这个坐标系,是由于地球自转所造成的天体的周日运动并不影响春分点与天体之间的相对位置,因此,也就不会改变天体的赤经和赤纬,可是在不同的地点和不同的时间,天体的时角却是在变化当中。

基本点:春分点是黄道与赤道的升交点。这里所谓的黄道就是太阳在天球上视运行的轨迹,由于它与天球赤道不在一个平面上,而是相交的,所以就形成了两个交点,又由于太阳是运动的,当它自天赤道的下面与天赤道相交,此相交处即升交点,此交点被定义为春分点。另外,黄道与赤道的交角又称为黄赤交角,是天文学中的一个重要概念,后面还会用到。

两个坐标:赤经(α)和赤纬(δ)。

过天球中心与天轴相垂直的平面称为天球赤道面,它与天球相交而成的大圆称为天赤道。

赤道面是赤道坐标系的基本圆。天极是赤道坐标系的极。经过南北天极的任何大圆称为赤经圈或时圈，以春分点为原点；与天赤道平行的小圆称为赤纬圈。天球上从天赤道沿赤经圈到天体的角距离称为该天体的赤纬 δ（图 1.6），由天赤道起算，以 0°～90°度量。地球公转的轨道面（黄道面）与天球赤道面的夹角称黄赤交角，交点就是春（秋）分点（图 1.7）。

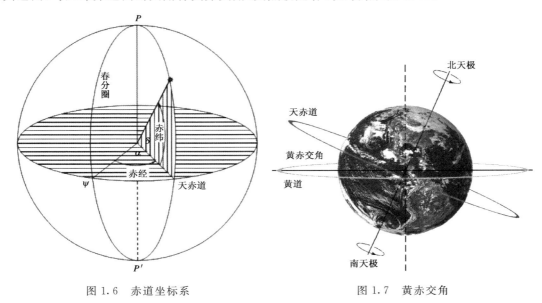

图 1.6　赤道坐标系　　　　　　　　　　　　图 1.7　黄赤交角

1.1.2.4　地平坐标系与时角坐标系间的联系

将地平坐标系与时角坐标系联系起来，实际上就是要得出地平坐标系的两个坐标（方位 A 和高度角 h）与时角坐标系的两个坐标（时角 t 和赤纬 δ）之间的关系。这两种坐标系均以子午圈为始圈。但是，前者以地平圈为基本圆，因而以南点为原点；后者则以天赤道为基本圆。这样，天体的高度便不同于赤纬，方位也不同于时角。它们之间的具体差异与当地的纬度有关，纬度越低，二者越不同；纬度越高，二者越接近。在南、北两极，天赤道与地平圈重合，天北极位于天顶。这时，高度就是赤纬，方位等于时角。

推导两坐标系之间的关系，需要利用球面三角公式。这里只给出推导结果。

太阳高度角 $h_\odot$：

$$\sin(h_\odot)=\sin(\varphi)\cdot\sin(\delta)+\cos(\varphi)\cdot\cos(\delta)\cdot\cos(t)=\cos(z_\odot) \qquad (1.1)$$

式中，φ 为当地的地理纬度，δ 为当时的太阳赤纬，t 为当时偏离南点的时角。由于太阳运行是按照自身的规律进行的，所以太阳时角应按照真太阳时，而不能按平太阳时来计算。

太阳方位角（A）：$\cos(A)=[-\sin(\delta)\cdot\cos(\varphi)+\cos(\delta)\cdot\cos(t)]/\cos(h_\odot) \qquad (1.2)$

或 $\qquad\qquad\qquad \sin(A)=\cos(\delta)\cdot\sin(t)/\cos(h_\odot) \qquad (1.3)$

式中其他符号与太阳高度角的计算公式（1.1）的相同（朱光华 等，1990）。

1.2　天球的视运动

1.2.1　周日运动

从地球上观测者的角度看,整个天球像是在围绕着我们旋转。这种视运动是地球自转的反映。地球绕地轴由西向东自转,这种运动是人类感官无法直接感觉到的,人们所感觉到的,是地外的天空,包括全部日、月、星、辰,概无例外地以相反的方向(向西)和相同的周期(1 日)运动着。这种视运动称为天球的周日运动。

在北半球,天球的周日运动绕转的中心是北天极。紧靠北天极有一颗较明亮的、被称为北极星的恒星。天体周日运动行经的路线叫周日圈。从图 1.8 中可以看出,天体愈近天极,其周日圈就愈小;离天极愈远,周日圈就愈大。这里需提请注意的是,天体的周日圈就是它所在的那条赤纬圈。

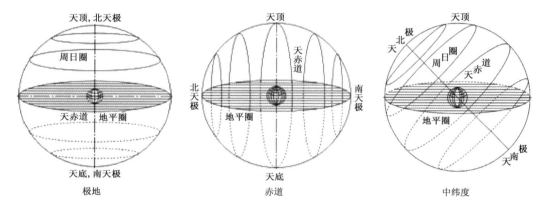

图 1.8　不同纬度地区的周日运动

1.2.1.1　地球自转的规律

地球自转是地球围绕地轴的旋转。地轴同地球相交于南、北两极。地轴向两侧无限地延伸就构成天轴。天轴同天球相交于南、北天极,是天球周日运动的旋转轴。

南、北两极在地面上的位置,可用来表示地轴在地球上的位置;南、北天极在天球上的位置可用来表示地轴在宇宙空间的位置。地轴在地面上通过哪里,哪里就是南、北两极;地轴在天球上指向哪里,哪里就是南、北两天极。无论是地球上的南、北极,还是天球上的南、北天极,都是由地轴位置决定的。

南、北极在地面上的位置和南、北天极在天球上的位置,都不是一成不变的。换言之,地轴在地球上的位置和它在宇宙空间的位置,都是在变化着的。值得指出的是,上述的变化是两种不同的运动——极移和进动。南、北极在地面上的移动,叫作极移,这种位移的幅度很小,一般不超过 0.5″或 15 m,但却是一种极其复杂的运动。南、北极在地面上位置的变化,是整个地球相对于地轴运动所造成的。在这一过程中,地轴被认为是不动的,因此,它不改变天轴在宇宙间的位置,从而不影响南、北天极在天球上的位置。南、北天极在天球上的移动反映了地轴在宇宙空间的运动,叫地轴进动。"进动"一词,原是物理学的术语,是指转动物体的转动轴环绕另一根轴的圆锥形运动。地轴进动是指地轴围绕黄轴的圆锥形运动。陀螺运动就是这种运动的一个生动实例。

1.2.1.2 地球自转周期

时间这一概念是从人类认识太阳开始的。时有两种含义,即时刻和时段。时刻表示时的位置,即时的迟早;而时段表示时的长度,即时的久暂。地球自转的周期是一日。它是时间的基本单位,其他均由此派生。对地球自转周期的度量,需要在地外天空寻找一个参考点。依照参考点的不同,天文学中有恒星日和太阳日两种不同长度的日。通常所说的日,指的就是太阳日,它是当地太阳连续两次上中天的时间。同理,恒星日就是指同一恒星两次上中天的时间。为何要定义恒星日呢?因为只有恒星日才是地球自转的真正周期,即地球自转360°所需的时间。从图1.9中不难看出,在一个恒星日内,地球自转360°,而在一个太阳日内,地球公转59′,自转360°59′。这59′的差值是地球公转造成的,太阳日比恒星日长约4 min。图1.9中所示的星,指的是同一恒星。

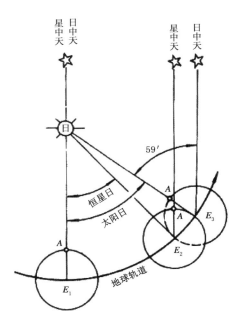

图1.9 恒星日与太阳日之比较(金祖孟 等,1997)

1.2.2 周年运动

地球在自转的同时,还绕太阳公转。地球公转的方向与其自转方向相同,都是自西向东。这种运动同样是不被人感觉到的。从地球上观测者的角度看,倒像是太阳围绕着地球在运动。如图1.10所示,当地球在其轨道上由 E_1 公转到 E_2 时,从地球上看来,太阳在天球上的投影便从 S_1 移到 S_2。一年后,地球公转一周后回到 E_1,太阳则以相同的方向(向东)和周期(1年),在众星间巡天一周,这叫太阳的周年运动,其视运行路线称作黄道。

太阳周年运动的图解是容易理解的。但是,这种天象却无法直接观测到(在天象馆里能清楚地演示),因为太阳的炫目光辉掩蔽了星空背景。因此,古代天文学家从观测夜半中星的变化,间接地推出太阳的周年运动。中星,指上中天的星宿;夜半中星,即夜半中天的星宿。我们知道,中星大多位于"天南",夜半太阳沉入"地北"。夜半中星不断改变,证明太阳在恒星间不断移动(图 1.11)。

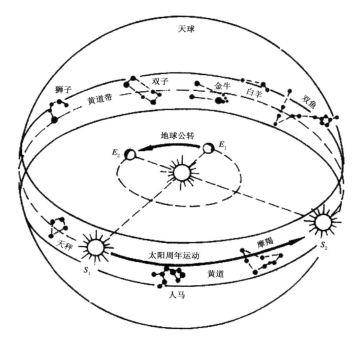

图 1.10　太阳周年运动(金祖孟 等,1997)

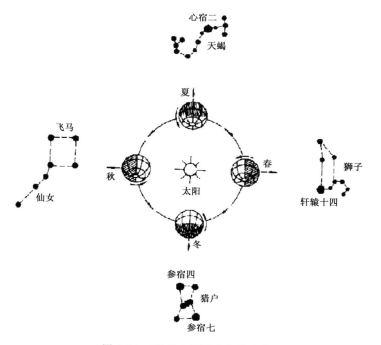

图 1.11　夜半中星随季节的变化

1.2.2.1 地球公转的规律(金祖孟 等,1997)

如果不考虑地球和太阳的其他运动,仅就日间的相对关系而言,地球绕太阳(确切地说是日地共同质心)公转所经过的路线,是一种封闭曲线,叫作地球轨道。与日地距离相比,地球的半径微不足道,因此,在讨论地球轨道时,通常把地球当作一个质点。确切地说,通常所说的地球轨道,实际上是指地心的公转轨道。

地球轨道是一个椭圆。其大小数据如下:

半长轴$(a)=1.496\times10^8$ km;

半短轴$(b)=1.4958\times10^8$ km;

半焦距$(c)=2.5\times10^6$ km;

周长$(l)=9.4\times10^8$ km。

有了数据,就能具体表示地球轨道的形状。椭圆形状通常用它的偏心率或扁率表示。偏心率(e)是椭圆的半焦距与半长轴的比率,即$e=c/a$。扁率(f)则是椭圆的半长轴与半短轴的差值同半长轴的比率,即$f=(a-b)/a$。地球轨道的偏心率和扁率分别为:

偏心率$(e)=0.016$ 或 1/60;

扁率$(f)=1/7000$。

由此可知,地球轨道的偏心率和扁率是很小的。它表明,地球轨道形状虽呈椭圆,却十分接近正圆。所有行星轨道的共同特征之一,就是它们的“近圆性”。

由于椭圆轨道以及太阳处于轨道内的焦点位置,使日地距离发生以一年为周期的变化。地球轨道上有一点离太阳最近,称为近日点;有一点离太阳最远,称为远日点。它们分别位于轨道长轴的两端。地球于每年1月初经过近日点,距太阳约1.471×10^8 km;7月初经过远日点,距太阳约1.521×10^8 km。轨道上的近日点、远日点二者相差约为5.0×10^6 km,即椭圆的焦距。在太阳系范畴内,它被天文学用作距离单位,并称为天文单位(astronomical unit),单位符号 au。

地球的自转轴与其公转的轨道面呈$66°34'$的倾斜。地球的自转轴同它公转面之间的这种关系,通常用它的余角($23°26'$)即赤道面与黄道面的交角来表示,即前面所说的黄赤交角。

黄赤交角在天球上也表现为南、北天极对于南、北黄极的偏离。天轴垂直于赤道面,黄轴垂直于黄道面,既然黄赤交角是$23°26'$,那么,天极偏离黄极,必然也是$23°26'$。

黄赤交角是地轴进动的成因之一;它还是太阳日长度周年变化和地球上四季变化的主要原因。

1.2.2.2 地球公转周期

笼统地说,地球公转的周期是一年。但是,由于参考点的不同,天文上的年有恒星年、回归年等。它们分别以恒星、春分点为度量年长的参考点。

在上述不同长度的年中,只有恒星年才是地球公转的真正周期。太阳周年运动是地球公转的反映。所以,恒星年就是太阳沿黄道运行一周($360°$)所需的时间。恒星年的长度是365.2564日,即365日6小时9分10秒。这里请注意,如果恒星年的度量以某个具体恒星的位置作为参考点,那么,这颗恒星必须是没有可察觉的自行运动。除恒星年外,其他各种年都不是地球公转的真正周期,因为用来度量地球公转周期的参考点,虽然它们都超然于地球公转,却不是天球上的固定点。

　　回归年的度量是以春分点为参考点,太阳沿黄道连续两次经过春分点所需的时间为回归年,其长度为 365.2422 日,即 365 日 5 小时 48 分 46 秒。这是地球上季节变化的周期。由于地轴的进动,春分点沿黄道西移,回归年比恒星年略短。春分点每年西移 50″,回归年相应地比恒星年短 0.0142 日,即 20 分 24 秒。这一差值,我国古称岁差。

1.2.2.3　地球周年回归运动的后果

　　四季的形成:由于黄赤交角的存在,太阳在进行周年运动的同时,还表现为相对于天赤道的往返运动。具体地说,天球上的太阳,半年在天赤道以北,半年在天赤道以南。这是因为黄道的一半在天赤道以北,另一半在天赤道以南。太阳的这种运动,是其进行周年运动的另一个侧面,称为太阳回归运动。它在天球上所能到达的南、北界线,称为南、北回归线。回归运动的周期便是回归年。回归运动、回归线和回归年,是同一事物的三个不同的侧面。太阳相对于天赤道的回归运动,也表现为太阳直射点对于地球赤道的往返运动,即半年直射在北半球,半年直射在南半球;半年向北移动,半年向南移动。地球上的南北回归线的概念,也是相对于太阳回归运动而言的(图 1.12 和图 1.13)。正因为存在回归运动,随着太阳对地球直射点的不同,就形成了地球上季节的变化。

　　昼夜的变化:太阳回归运动与地球自转相配合,又造就了昼夜长短的不一(图 1.14)。

　　地球上昼、夜两半球的分界线叫晨昏圈。这是地球的一个大圆。随着太阳直射点的南北移动,晨昏圈便在南、北极两侧摆动,摆动的幅度也是 23°26′。在这个纬度范围内,极地区域存在特有的天文现象——极昼和极夜,因此,南纬和北纬 66°34′ 两条纬线,被称为南、北极圈(图1.14)。

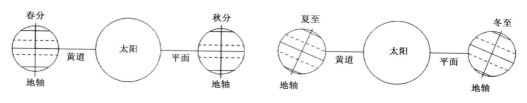

图 1.12　四季的形成

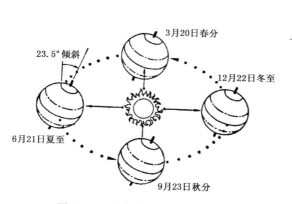

图 1.13　地球公转周年回归运动

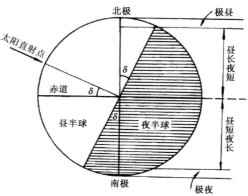

图 1.14　昼夜的变化

习惯上说,地球自转形成昼夜交替;地球公转造成季节变化。严格意义上,这样的说法并不确切。自转是否能形成昼夜交替以及昼夜长短还与公转周期有关。若是同步自转(如同月球绕地球那样),那就没有昼夜交替。水星和金星的自转周期分别为 586 和 243 日;它们的公转周期分别是 88 和 225 日。在这种情形下,水星的一昼夜长达 176 日,金星的昼夜是 117 日,与它们的自转周期大不相同。公转同样能形成昼夜交替。如果地球没有自转,只有单一的公转,在那种条件下,一昼夜就是一年。再者,季节变化也并非单纯是地球公转的结果。如果没有地球自转轴对于公转轨道面的倾斜,地球公转本身不会引起季节变化。总之,昼夜交替和季节变化,是地球自转和公转以及自转轴倾斜共同作用的结果。

回归年:地球绕太阳公转一周的时间为一回归年。它的天文意义是平太阳连续两次通过春分点的时间间隔。回归年一年的长度是 365.242198781… 日(通常取 365.2422 日)。这是根据长期的天文观测得出的结果。生活中大家知道,凡能被 4 整除的年份为闰年。以 1981—1984 年为例,1981 年的 365.2422 日,扣除了整日数外,余下了 0.2422 日;1982 年为 0.4844 日;1983 年为 0.7266 日;1984 年由于余日已达到了 0.9688 日,就必须在 2 月加上一日,而加上这一日的结果,实际上又亏欠了 1−0.9688=0.0312 日,亏欠部分再由下一年中的多余部分来弥补,如此等等。100 年累计下来为 36524.22 日,其剩余的小数为 0.22 日,不足一日,所以凡是遇到能被 100 整除的年份,虽然也能被 4 整除,但该年不是闰年;而 400 年累计下来整日数的小数余数,已达 0.88 日,接近一日,所以凡是遇到能被 400 整除的年份,则是闰年,如大家都经历过的 2000 年就是闰年。

1.3 时和时区

1.3.1 时间

在地球自转周期一节中,已经介绍了有关时间以及恒星时和太阳时等问题。时间系统的度量必须有一个参考点。太阳的外观是一个圆面,因此,定义太阳视圆面中心为真太阳。

1.3.1.1 真太阳日

自古以来,地球的运动很自然地为人们提供了计量时间的依据,给出两种天然的时间单位,这就是日和年。"日"是指昼夜更替的周期,古时,人们用日晷测日影的方法来测定时刻。正午太阳位于正南方时,日晷的影长最短。两次日影最短之间的时间间隔就是一日。

恒星日是以恒星为参考的地球自转周期,某地同一恒星两次上中天的时间间隔叫作恒星日。而日面中心两次上中天的时间间隔,就称作真太阳日,简称真时,也叫视时。

恒星日只在天文工作中使用,实际生活中我们所用的"日"是指昼夜更替的周期,显然更接近于真太阳日。根据真太阳日制定的时间系统称为真太阳时,并以日面中心上中天的时刻为零时。

1.3.1.2 平太阳日

由于太阳的周年视运动是不均匀的,首先,根据开普勒第二定律(面积定律——在相等的时间内,行星和太阳的连线所扫过的面积相等,图 1.15),真太阳运行在黄道上速度不是匀速的,在近地点附近最快,在远地点附近最慢;其次,因为黄道与赤道并不重合,存在黄赤交角,由于真太阳在黄道上运行,而时角却是在赤道上度量的,即便太阳在黄道上均匀运行,投影到赤道上仍不均匀。如图 1.16 所示,春、秋分点附近影响较大,而冬、夏至点附近影响微弱,因而根据太阳来确定的真太阳日有长短不一的问题。

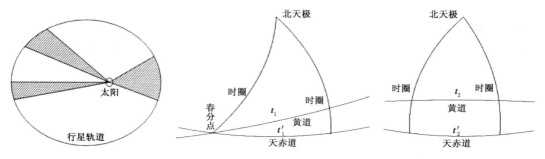

图 1.15　开普勒第二定律　　　　　　　图 1.16　黄赤交角的影响

为了解决这个问题,使计时系统均匀化,人们假想了一个辅助点——平太阳,它沿着天赤道匀速运行,速度等于太阳在一年内的平均速度,并且和太阳同时经过近地点(即地球过近日点)和远地点(即地球过远日点)。我们将这个平太阳连续两次下中天的时间间隔叫作平太阳日。并以下中天的时刻为零时。1 个平太阳日等分为 24 个平太阳时,1 个平太阳时再等分为 60 个平太阳分,1 个平太阳分又等分为 60 个平太阳秒。根据这个系统计量时间所得的结果,称平太阳时,简称平时,这即我们日常生活中所使用的时间。正因为如此,人们才能制作出钟表等均匀运行的计时器具。近代以来,随着测时准确度的提高,人们发现地球自转并不是完全均匀的,其周期在一个世纪中大约增加 0.001 s。尽管如此,迄今仍以地球自转作为度量时间的基本单位之一,并用它来协调其他计时系统。

此外,还有依据地球公转的计时系统,如历书时;依据原子振荡的计时系统,如原子时、力学时;还有混合类型的世界协调时。它们之间的区别在于以不同的运动为依据或选取不同的起点和单位。

1.3.1.3　时差

平太阳时是均匀的计时系统,与人们生活密切相关。可是由于平太阳是个假想的点,所以无法具体地实施观测,但可以间接地从真太阳时求得。反过来,也可以先知道平太阳时来求得真太阳时。为此,需要一个差值来表达真太阳时和平太阳时之间的关系,这个差值就是时差(e_q)。因此,

时差＝真太阳时－平太阳时①

由于太阳周年运动是不均匀的,而平太阳则是均匀运动,所以时差值每天都在变化,但与地点无关,在一年内,时差变化的具体情况如图 1.17 所示。

---

① 由于真太阳时的零时与平太阳时的零时分别对应于上中天和下中天,而二者相差 12 h,故表达式应为:时差＝(真太阳时＋12 h)－平太阳时(国家标准 GB 12936—91a)。

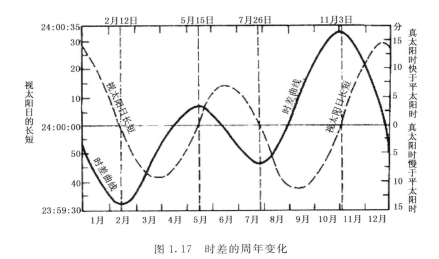

图 1.17　时差的周年变化

1.3.2　地方时、世界时和时区

1.3.2.1　地方时

　　真太阳时和平太阳时分别以真太阳和平太阳为参考点,却都以通过当地子午圈的时刻为起点。对于地球上的观测者,只要位于不同的地理经度,就对应着不同的子午圈,因此,参考点通过不同子午圈的时刻也就不同。可见,真太阳时和平太阳时均有地方性,称为地方时。对太阳的观测,是不能像一般气象要素的观测一样,各地均统一依据北京时进行,而应按照当地真太阳的运行规律来进行。为此,只有使用真太阳时,我们通过计算才能得知真正太阳的具体位置的。

　　准确的逐日时差,可从每年的天文年历中查到。太阳辐射测量中所要求的准确度不是特别高,过去,常以列表的方式,按日提供。为了适应计算机应用,目前多以计算式的方式提供。

　　地球上每个经度都有与之对应的地方时,经度上的微小差别,均能造成地方时的差异。由于环绕地球一周的经度为 360°,而地球旋转一圈耗时 24 h。据此可知:

　　(1) 15°地理经度的时差相当于 1 h;

　　(2) 1°地理经度的时差相当于 4 min;

　　(3) 0.25°地理经度的时差相当于 1 min。

　　由此可以推断出不同地理经度地方的时间差是多少(时角坐标系中时角与时间的关系与此相同)。由于太阳的视运动为自东向西,因此,经度偏东的地点,其时间偏早。但是,由于不同经度的地方时间不一致,会造成同一国家或地区人们生活上的极大不便。为了统一时间的计量,各个国家均规定了自己的标准时间。但是有的国家经度跨度大(如俄罗斯),只用一个标准时间,会造成不便,就会使用当地的时区时。

　　在辐射测量中,由于经常要用到真太阳时,而日常我们随时可掌握的时间是北京时,为了便于订正换算,须按以下两个步骤进行:

　　(1)经度订正,将北京时订正到地方平时;

　　(2)时差订正,将地方时订正到真太阳时。

$$真太阳时＝[北京时－(120°－地方经度)×4\ min]＋时差$$

1.3.2.2　世界时

以通过格林尼治天文台的本初子午线的平太阳时作为全球的标准时,称作世界时(UT)。

世界时是建立在地球自转基础上的时间系统。假定地球自转均匀,这个时间系统便可以直接应用于科学计算和日常生活之中,无需任何变动。但研究表明,地球自转速度并不均匀,其主要表现是:存在长期变化、季节变化和不规则变化。此外,还有一些影响时间的因素,例如,地极移动造成的子午圈变位等。为了克服上述种种因素对世界时的影响,1956 年起,国际上将世界时分成三种:通过天文观测地球自转得到的世界时记为 UT0;考虑地极移动引起的变化并对其进行订正后的世界时记为 UT1;考虑地球自转速度季节变化的修正后的世界时记为 UT2。UT2 尽管还有一些影响未加修正,但目前仍是最好的世界时。

1.3.2.3　时区

为了适应电讯和交通等国际交往的需要,避免由于地方时的不同造成的不便,1884 年在华盛顿举行的国际子午线会议规定,全世界统一实行分区计时制。全球共分为 24 个时区。从 0°开始,以 15°为间隔,向东、西两方向延展,分别冠以东一、东二、…、东十二时区;西一、西二、…、西十二时区。每个时区以 15°倍数经线的时间为该区的共有时间。东、西第十二时区共同使用 180°经线的地方时,但日期不同,180°经线被称为国际日期变更线,即自西向东越过该线的,日期增加一日,而自东向西越过该线的,日期减少一日。

以上所介绍的是理论上的时区划分法。实际上各国的时区都在考虑行政、自然、经济等因素的基础上进行更具体的规定。我国横跨东五、东六、东七、东八和东九共五个时区,为了方便,规定全国统一采用北京所在的东八时区的区时,即东经 120°的地方时,并称为北京时间。

1.3.3　其他计时系统

通过以上的介绍可知,世界时的均匀性对于日常生活来说是足够用了,但是对于精密的科学计量来说,仍不能令人满意。为了解决时间单位的均匀性问题,又引入了一些新的计时系统。

原子时:以原子内部运动规律为基础的时间计量系统,称为原子时(AT)。研究发现,原子中的电子在不同能级之间跃迁时,产生的电磁波频率非常稳定,并且容易测定。于是 1967 年在第 13 届国际度量衡会议上引入新的秒长定义,即位于大地水准面上的铯原子 Cs^{133} 基态的两个超精细能级在零磁场中跃迁辐射振荡 9192631770 周所经历的时间,称为国际秒制(SI 秒),由这种时间单位确定的时间尺度称为国际原子时(TAI)。其起算点是 1958 年 1 月 1 日 0^hUT1,这一瞬时原子时和世界时极为接近,仅差 0.0039s。原子时由原子钟提供,不但时间最准确,而且可以迅速得到。国际原子时从 1972 年 1 月 1 日正式启用。

协调世界时:虽然原子时的应用是计时工作的一个飞跃,但世界时仍然对人们的生产和生活起着重要的作用。由于世界时有长期变慢的趋势,世界时的时刻越来越落后于原子时,为了避免两者之间有过大的偏离,自 1972 年起,国际上为协调这两个计时系统,而产生了协调世界时(UTC)。

协调世界时的时间单位为 SI 秒,其时刻与世界时(UT1)的偏差始终保持在 0.9 s 以内。超出这个限度时,便仿照历法上的置闰做法。具体的方法就是在年中或年底进行跳秒,即每次调整 1 s。跳秒也称闰秒,使 UTC 向世界时靠拢,以适应地球自转速度的变化。具体调整信息由国际时间局根据观测数据给出。协调世界时既保持了原子时稳定可靠的优点,又保持了世界时与地球自转的关联性,既保持"秒长均匀",又达到"时刻接近",因而符合人们的生活习惯、规律性等。

力学时:以往关于时间的理论框架是牛顿力学,只有一个统一的时间。20 世纪 70 年代之后,随着空间科学的飞速发展,对时间观测准确度的要求提高,使得牛顿力学不再符合需要。按照广义相对论,不同的参考系应当采用不同的时间。目前采用的力学时有两种:太阳系质心力学时(TDB)和地球力学时(TDT),或称地球时(TT)。TT 是建立在 TAI 基础之上的,规定 1977 年 1 月 1 日 $0^h00^m00^s$ TAI 时刻,对应的 TT 为 1977 年 1 月 1.0003725 日(即 1 日 $0^h00^m32.184^s$)。力学时的基本单位为日。它是目前天文年历采用的时间系统。

计时系统多种多样,它们均是为了应对精确计时(ms 以上)而逐步确立的。对于太阳辐射测量来说,准确到 1s 已经满足要求了,因此无需特别给予关注。

1.4　有关太阳位置的计算

对于气象辐射测量来说,最重要的就是太阳位置,即太阳高度角和方位角的计算。具体公式前面已经给出。这里不再重复。问题是如何掌握自变量,诸如每日的太阳赤纬、时差和日地距离等必要的初始值,以便代入公式计算。

太阳赤纬的具体准确数值,可以从当年的天文年历中查阅。天文年历中所提供的数据是十分准确的,甚至可以准确到 $0.1''$ 的程度。对于太阳辐射测量的计算来说,是不需要如此高的准确度的,因此,也可以借助一些现有的公式简化计算。不过,不管采用何种方法,原始的数据均来自天文年历,而天文年历中的所有数据都是以格林尼治时间(现称力学时)0 h 为准的,所以在进行计算时,务必首先进行格林尼治时与北京时之间的换算(二者相差 8 h,北京时靠后,即格林尼治时间 0 h 相当于北京时 8 h),然后,再进行真太阳时的计算。

在诸多文献中,往往给出的是 Spencer(1972)所拟合的近似公式。在 WMO《气象仪器和观测方法指南》(第 5 版)中就曾推荐使用过。此外,也有一些学者提出过自己的算法,如 Barlow(1980)。但是,在实际使用中却发现,其公式中,有些细节考虑不周,致使误差较原作者所给出的偏大。经过我们参考 Bourges(1986)的一些想法作了改进后,外观上相似的公式,其计算效果更好(王炳忠 等,1991;王炳忠 等,2001)。有关这一点在于贺军等(2006)和张富等(2012)的论文中均得到了进一步的证明。当然前述内容均有一个前提,就是所要求的是什么样的准确度。为了日常太阳辐射观测的应用,前面所提到的方法就已经够用。但是如果需要更高的准确度,则需使用另外一些更准确的算法(Michalsky,1988a;1988b;Reda,2008;WMO,2014)。

1.4.1　日地距离的影响

由于地球围绕太阳的运行轨迹,并非正圆形,而是椭圆形,也就是说,日地距离并不是个常数。受平方反比定律的约束(详见 2.3.1 节),即使在完全相同的时刻和大气条件下,不同日期,所测到的太阳辐照度,是不会完全相同的。反之,当我们想利用太阳常数反推每日的地面辐照度或曝辐量时,也会受到它的制约。这项因素可以利用日地距离按平方反比定律进行调节。

提到日地距离,这里有两个容易混淆的概念。一个是地球向径,表达式为 R/R_0,另一个是偏心率(eccentricity),表达式为 R_0/R,两者是倒数关系。关系虽然简单,但是在应用时,极易弄错。因为有时需要将测量值订正到一致的距离处以便于比较;而有时则相反,要将太阳常数反求逐日的地面曝辐量。另外,国外文献上的相关公式通常使用的是 R_0/R,而我国的相关公式用的则是 R/R_0。因为我国的天文年历中所提供的数据只有地球向径 R/R_0。

如何能够直观地了解某一个公式所计算的结果,究竟是 R/R_0 还是 R_0/R 呢?

由于地球围绕太阳公转的轨道不是正圆形,而是椭圆形。近日点出现在 1 月初,只要此时的 R/R_0 值小于 1,据此就可判断此数据应为地球向径。反之,如果此时间的数据大于 1,则应为 R_0/R,即偏心率。

1.4.2　太阳赤纬、时差和地球向径的简化算法

由于我们所需要的是任意地点、任意时刻的太阳位置,为了能够按照公式(1.1)、(1.2)和(1.3)进行计算,首先需要知道任意日期的太阳赤纬。

太阳位置的计算方法在文献中可以查找到多种,归纳起来可分为如下两类:数值模拟法和理论展开式法。所谓数值模拟法,其实质就是从某年的天文年历中将所有需计算参数的逐日值摘出作为因变量,以积日(即从 1 月 0.0 日起算的日数)为自变量,然后借助傅里叶回归法,拟合出多项式各项的系数。这种方法较为常见,所以种类也较多。据各文献(王炳忠 等,1991;2001)的研究,以王炳忠等(1991)提出的方法,在类似的方法中效果最优。而 WMO《气象仪器和观测方法指南》(第 5 版)中所附的 Spencer(1972)拟定的类似计算式,其计算结果误差较大。我们给出的公式之所以结果相对较优,主要是由于其中考虑了如下三点:

(1)表象上 4 年一闰,似乎很正确。但事实上并非如此,因为一回归年的长度为 365.2422 日,而非 365.25 日;

(2)即使使用 1985 年天文年历中提供的数值(也是格林尼治经度力学时 00 h),如需其他地区的,则要按地理经度内插求出;

(3)不同地区不同时间的数值也需按时间内插求出折合为格林尼治时间。

我们所拟合计算式如下:

$$\delta = 0.3723 + 23.2567 \cdot \sin(\theta) + 0.1149\sin(2\theta) - 0.1712\sin(3\theta) - 0.7580\cos(\theta) + 0.3656\cos(2\theta) + 0.0201\cos(3\theta) \tag{1.4}$$

$$e_q = 0.0028 - 1.9857\sin(\theta) + 9.9059\sin(2\theta) - 7.0924\cos(\theta) - 0.6882\cos(2\theta) \tag{1.5}$$

$$AU^2 = 1.000423 + 0.032359\sin(\theta) + 0.000086\sin(2\theta) - 0.008349\cos(\theta) + 0.000115\cos(2\theta) \tag{1.6}$$

式中,$\theta = 2\pi(N - N_0)/365.2422$,$N$ 为积日,

$$N_0 = 79.6764 + 0.2422(年份 - 1985) - INT[0.25 \times (年份 - 1985)]$$

而上式中的 $INT(X)$ 是 BASIC 语言中求出不大于 X 的最大整数的标准函数。

为了比较前述两种方法的优劣,我们曾以 1999 年天文年历的全年逐日数据为依据,比较了两种计算方法,其结果如表 1.1 所示。于贺军等(2006)、张富等(2012)的研究也确认了上述结论。

以上公式已被列入中国气象局出版的《地面气象观测规范》(中国气象局,2003)中,为了实

际应用方便和简化计算中极容易混淆的时间换算问题,特将 BASIC 计算程序列于附录 A 中。

表 1.1 两种计算方法于天文年历响应数据之差的统计结果(王炳忠 等,2001)

项目	方法	于天文年历响应数据之差的统计结果		
		max	min	平均
太阳赤纬	Spencer	$14'21''$	$-14'11''$	$15.7''$
	Wang	$1'15''$	$-2'15''$	$-36''$
时差	Spencer	29 s	36 s	0.36 s
	Wang	28 s	35 s	-0.41 s

如果对所计算的参数要求更高,则可利用 WMO 出版的《气象仪器和观测方法指南》(WMO,2008)第一编第 7 章附录 7D 中所介绍的方法(即前述理论展开式法的一种)进行计算。由于该附录中所介绍的内容过于简略,较难掌握,WMO 出版的《地面辐射基准站网操作手册》(第 2.1 版)(McArthur,2004)的附件 I 直接给出了用 QUICK BASIC 编写的程序。有关大气折射的影响,即蒙气差,请参阅文献(王炳忠 等,2001)。

为便于读者使用,特将 BSRN 提供的太阳位置算法列为附录 B。如果需要更高准确度的计算太阳位置的方法,则可参阅文献(Reda et al.,2008)和附录 C。

1.4.3 日出和日落时间的计算

如果我们不追求天文学中对日出、日落的严格定义的话,就可以简单地将日出理解成,当太阳离开地平线的瞬间,即太阳的高度角为 0° 的瞬间。将太阳高度角($h_\odot$)设为零,根据公式(1.1),则有

$$\cos(t) = \frac{-\sin(\varphi) \cdot \sin(\delta)}{\cos(\varphi) \cdot \cos(\delta)} = -\tan(\varphi) \cdot \tan(\delta) \tag{1.7}$$

$$t = \cos^{-1}(-\tan(\varphi) \cdot \tan(\delta)) \tag{1.8}$$

日出的时角为负,日落的时角为正。将时角换算为时间,则只需记住 15° 相当于 1 h,1 相当于 4 min。在顾钧禧(1994)所主编《大气科学辞典》中,"可照时间"条目中也曾推荐过此种方法。

1.4.4 太阳路径图

太阳在天空中的运行轨迹,如果以极坐标来表示,则如图 1.18 所示。由于当地所处的季节不同,它们的运行轨迹会有不同,这与当地人们的日常体验是一致的,可是如果当地所处的地理纬度不同,则会导致更大的变化,而这是我们日常一般难于体验却实实在在存在的。简而言之,如果夏至日我们身处北极则会出现日不落。图 1.18 中的时间线均为地方太阳时。

1.5 太阳的电磁波谱

电磁波具有极宽的波谱,从 10^{-15} m 的宇宙射线到波长达数公里的交流电,构成一个完整的电磁波系列——电磁波谱(图 1.19)。

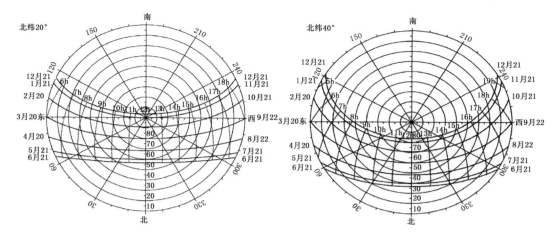

图 1.18　不同纬度地点的太阳路径图

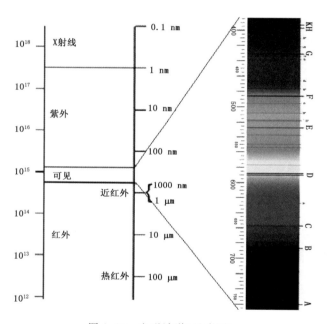

图 1.19　电磁波谱(见彩图)

根据 WMO 公布的大气外太阳光谱辐照度资料,太阳辐射的波长范围,包括从 250 nm 的紫外辐射到 25 μm 的红外辐射(WMO CIMO,1981)。具体来讲,波长由短到长可以细分为:

(1)紫外辐射:100～400 nm

紫外 C:100～280 nm;

紫外 B:280～315 nm;

紫外 A:315～400 nm。

(2)可见辐射:从人眼感光的角度,波长范围是 380～780 nm(属光度范畴);从作物光合作用的角度,国际上通用的波长范围是 400～700 nm。

(3)红外辐射:0.7～100 μm

红外 A:0.70~1.40 μm;

红外 B:1.40~3.00 μm;

红外 C:3.00~100 μm。

参考文献

顾钧禧,1994.大气科学辞典[M].北京:气象出版社.

金祖孟,陈子悟,1997.地球概论(第三版)[M].北京:高等教育出版社.

王炳忠,刘庚山,1991.日射观测中常用天文参数的再计算[J].太阳能学报,**12**(1):27-32.

王炳忠,汤洁,2001.几种太阳位置计算方法的比较研究[J].太阳能学报,**22**(4):413-417.

于贺军,吕文华,2006.气象用太阳方位计算公式的比较研究[J].气象海洋水文仪器,**3**,50-53.

张富,闾国年,2012.简化太阳位置算法的对比模型研究[J].太阳能学报,**33**(2):327-333.

朱光华,冯克嘉,彭望璟,1990.普通天文学[M].北京:北京师范大学出版社.

中国气象局,2003.地面气象观测规范[M].北京:气象出版社.

中华人民共和国国家标准 GB/T 12936—2007,太阳能热利用术语[S].北京:中国标准出版社.

Barlow F D,1980. A simple computer algorithm for calendar date conversion[J]. *Solar Energy*,**25**(5):479.

Bourges B,1986. Improvement in solar declination computation[J]. *Solar Energy*,**35**(4):367-369.

McArthur L J B,2004. WMO WCRP baseline surface radiation Network, operations manual, Ver. 2.1, *WMO/TD No*. 1274.

Michalsky J J,1988a. The astronomical almanac's algorithm for approximate solar position (1950－2050) [J]. *Solar Energy*,**40**(3):227-235.

Michalsky J J,1988b. Errata. The astronomical almanac's algorithm for approximate solar position (1950－2050) [J]. *Solar Energy*,**41**(1):113.

Reda I,Andreas A,2008. Solar position algorithm for solar radiation applications[J]. *NREL/TP-560-34302*.

Spencer J W,1972. Fourier series representation of the sun[J]. *Search*,**2**(5):172.

WMO CIMO,1981. Abridged final report of the eighth session,Mexico,*WMO-No*. 590.

WMO,1983. Guide to meteorological instruments and methods of observation(5-th edition),*WMO-No*.8.

WMO,2008. Guide to meteorological instruments and methods of observation(7-th edition),*WMO-No*.8.

WMO,2014. Guide to meteorological instruments and methods of observation(7-th edition),*WMO-No*.8.

2　辐射观测发展的历史沿革

2.1　我国古代对太阳的观测

由于太阳与人类的生活息息相关,所以人们对它的观测就一直没有间断过。最生动的例子就是世界各国的历法——它们无不体现着人们对天体,特别是太阳运动状况的关注和测量。尤其值得关注的是,人们对于太阳黑子的观测。

中国古代对太阳黑子的观测,具有悠久的历史。中国哲学著作《周易》中有"日中见斗"的记载,说的可能就是太阳黑子。1972 年长沙马王堆一号汉墓中出土的帛画上方,画著一轮红日,中间蹲著一只乌鸦。据考证,这就是中国古代神话所说的"日中乌"。这应该认为是对太阳黑子现象的艺术表现。在中国的史书中,观测到的太阳黑子通常都记为"日中有黑子"、"日中有黑气"等等。例如,《汉书·五行志》记载:成帝河平元年三月乙未,日出黄,有黑气,大如钱,居日中央(据考证,"乙未"应为"己未")。这是公元前 28 年 5 月 10 日的太阳黑子记录,是中国史书中的第一条黑子记录。史书中的太阳黑子记录,在宋代郑樵编纂的《通志》和清代编辑的《古今图书集成》中,都有系统的整理和归纳。在近代,国内外一些研究者对太阳黑子的记载也进行了系统的统计和考证,其中以中国的朱文鑫和日本的神田茂所整理的黑子表为最完善。

古代关于太阳黑子的记录具有重要的科学价值。它是历史上关于太阳活动状况的仅有的直接观测资料。利用这些资料来探讨历史上太阳活动的特性和规律,将有助于人们对太阳活动本质的认识和理解。

国外在望远镜发明以前的漫长历史中,关于太阳黑子的观测记录寥寥无几,且记载十分简单。据一些研究者考证,欧洲古代太阳黑子观测记录总共只有八条。

2.2　20 世纪以前的情况

下面以年代的先后,对辐射观测的发展依次做简单的介绍。应当说明的是,有关的具体年代,不同国家的作者、不同版本有不同的说法。有的人以仪器制作出来的时间为准,有的则以文章发表的时间为准。这也是出现差异的可能原因之一。我们采取并列叙述的方法。感兴趣者可以参看相关文献。

另外,还有一点需要说明的是辐射计(radiometer)的称谓问题,气象部门一律称为辐射表,而不称为辐射计。之所以会如此,主要是因为气象观测中,许多要素除要求有该量的瞬间量值外,还要求有该量值日变量(自动记录)的观测,如气温、气压、空气湿度等。为了区分这两种观测仪器的称谓,观测瞬间量者称之为"表",如温度表、气压表等;而观测日变量者称之为计,如温度计、气压计、湿度计等。由于国内大规模开展辐射观测的时间晚于其他各观测项目

（始自 1957 年），依此项称谓之惯例，观测瞬间辐射量的仪器，也就习惯性地称之为辐射表，而将观测日变量者称为辐射计。

早期望远镜的观测提供了改进的光斑观测（太阳表面上的明亮区域，通常发生在太阳黑子之前），包括其大小、形状、位置以及其他观测细节的记录。1848 年，很多欧洲的天文台开始使用由 Rudolf Wolf 开发的标准方案（Waldmeier，1961）定期观测。

1666 年牛顿使用玻璃棱镜探索太阳的光谱分布，在暗室内展开可见光谱。他还开发了光的微粒理论，作为解释一条直线上传播的一种手段和镜面反射的属性。在 17 世纪，其他发现还包括 Willebord Snell 的折射定律和由 Francesco Grimaldt 和 Robert Hooke 独立发现的光的衍射现象等。

1800 年英国天文学家 William Hershel 使用温度计探索红外辐射，并使用石英棱镜测量超过可见光范围的紫外辐射。

1825 年 William Herschel 发明了黑球日射表，其外观与玻璃温度表相似，只是球部较大，内装染蓝的酒精，用以增进对太阳辐射的吸收。后来，Crova 对 Herschel 的仪器作了改进；为了促进对太阳辐射的吸收，他采用的方法是，将球部涂黑，而不是将酒精染色的方法。温度计装在一个金属壳内，太阳通过 10 mm 的孔和一系列光阑照射到球部上，这样可以减少空气流动对读数的影响。仪器的外观如图 2.1 所示。

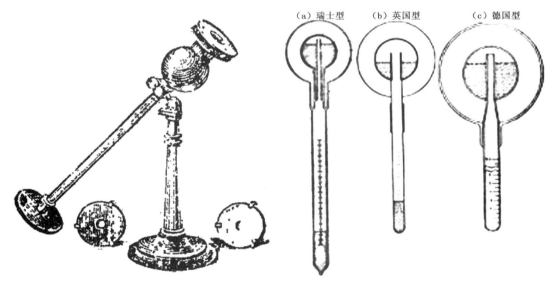

图 2.1 Crova 太阳辐射表 　　　　图 2.2 3 种型号的球形总日射表
（王炳忠，1989）　　　　　　　　　（王炳忠，1989）

1836 年 Bellani 设计出了测量球形总日射的仪器（circumglobal）（图 2.2）。1926 年 Henry 对其进行了改进。这是一台以吸收辐射转化为热能用于蒸馏液体为原理而设计的仪器。它除了吸收来自上半球的太阳辐射之外，也吸收从四周环境反射回来的辐射。在近代的演进中，这一仪器有了不同的结构（图 2.2）。它们外观大体相近，不同之处在于：瑞士型的内接收器是一个由半透明金属膜覆盖的玻璃球；英国型的是一个外部涂黑的铜球；德国型的玻璃球系用黑色玻璃制作。内部的液体为酒精或肥皂水。这种仪器受环境温度、风速和容器内液体的数量等因素影响。另外，它无法提供瞬间的量值，只能用来记录一段时间内的总量（Davise，1965；Montieth et al.，1960）。

1837 年法国人 Claude Pouillet 首次将其设计的仪器称为直接日射表，它的接收器是一个直径为 10 cm、厚为 2 cm 的扁平圆柱形容器，如图 2.3 中 A，容器中装满了水，容器的上表面涂黑，其他侧面镀银，以减少辐射热交换，一支温度计从背后的中心插孔插入至容器中（温度计球部 T），用以测量容器内的水温。测量时，不停地以温度计为轴来旋转接收器，以便使容器中的液体充分均匀地混合，以供测量出有代表性的温度值。这种仪器的最大缺陷是受环境风速的影响较大。A 在 C 上的阴影用来对准太阳。

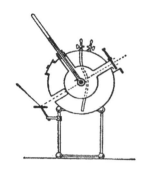

图 2.3　Pouilett 太阳辐射表（Fröhlich,1991）　　　　图 2.4　Violle 太阳辐射表（王炳忠,1989）

后来，Violle 克服上述不足之处，将温度计的球部置于一个双层球形外壳的中央，球壁之间环以恒温水浴，入射孔径之前设有快门。观测时，先关闭快门，直至得到一个稳定的平衡温度值。然后，打开快门，测量温度的上升速率。知道温度计球部的热容，就能计算出能量的吸收速率。仪器的外观如图 2.4 所示。

1838 年，Lordan T B 研究出日照计。

1842 年，法国人 Becquerel 首次进行太阳光谱的有效接收。

1857 年，英国人 Campbell 首次设计了日照计，图 2.5a 是其最初的设计图，图 2.5b 是其修改版本，包括玻璃球和木制的碗，从 1882 年 12 月 23 日至 1883 年 6 月 21 日在 Kew 观象台使用（Science Museum Group 对象编号 1995-818。http://collectionsonline. nmsi. ac. uk/. ）。

1876 年，俄罗斯人 Фрелих О 制作出第一台使用热电堆作传感器的辐射接收器。

1879 年，英国人 George Stokes 改进了 Campbell 的日照计，此后该仪器一直沿用至今，提供着常年的日照时间记录。

1881 年，Langley 设计出变阻测辐射热计——这是一台相当灵敏的电阻温度计，可以用来测量光谱辐照度。

1884 年，俄罗斯人 Михельсон В А 制成了冰晶绝对直接日射表（图 2.6）（Калитин Н Н，1938）。

1886 年，Crova 首次制成并使用热电式自动记录式直接日射计。

1892 年，Хвользон О Д 研制出一种新型相对日射表（图 2.7）。它由两支特殊结构的、球部涂黑的水银温度计组成。两支温度计轮流地曝光、遮光，可以很快地确定温差。这种仪器比较娇嫩，使用也不方便，故未获推广。

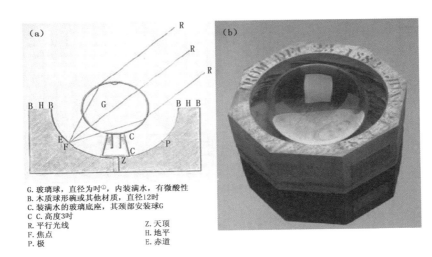

图 2.5　康培斯托克日照计设计原型(Sanchez-Lorenzo et al.，2013)

图 2.6　Михельсон В А 冰晶绝对
直接日射表(王炳忠,1989)

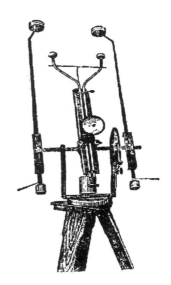

图 2.7　Хвольсон 太阳辐射表
(王炳忠,1989)

　　1893 年,瑞典人 Ångström K(1857—1910)发明了电补偿式绝对直接日射表。Ångström K 是瑞典著名物理 Ångström 家族的第二位著名成员,1896—1899 年,他又发展了一些改进型号的仪器。电补偿式绝对直接日射表是一项重要的发明,其所利用的电补偿原理一直是各种绝对辐射计必定使用的方法,包括现代的绝对辐射计,不同的只是现代绝对辐射计对各项干扰要素的考虑更周全,参数测量更准确以及可将其所处环境的温度降至更低(图 2.8)。

_____

① 1 吋＝2.54 cm

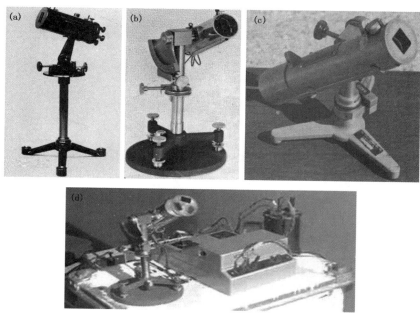

图 2.8　不同年代所生产的 Ångström 电补偿式绝对直接日射表(20 世纪版)
瑞典产(a,b),美国产(c)及整套装置(d)

　　Maring-Marvin 日照计最初是由 Maring 于 1891 年提出,1941 年经 Marvin 改进的(图 2.9)。在这个装置中,A 是保护仪器的玻璃管,B 是玻璃容器,内装水银,类似温度计,C 是两个触点连接到端子 D,有日照时触点短路,日照时间的长短由水银触点短路的时间决定。其灵敏度低于 Campbell-Stokes 日照计。

　　1898 年英国物理学家 Callendar H S 开发了测量天空辐射的 Callendar 总日射表,其改进型于 1905 年面世(图 2.10)。它使用 4 个云母片,分别用铂金丝制成格栅做成电阻温度计,其中两个方格栅涂黑,另外两个不涂,两两呈对角线放置。

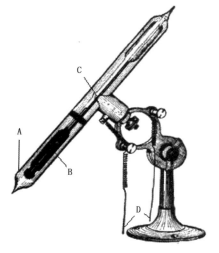

图 2.9　Maring-Marvin 日照计(Marvin,1941)

图 2.10　Callendar 总日射表(Coulson,1975)

2.3　20 世纪以来的情况

　　1902 年法国人 Fery C 研制一种用电校准的日射表,其接收器是一个铜制圆锥腔体,其外缠绕锰铜线用来进行电补偿,其前部有准直管,全部装置置于一个铜制球体中。

　　同年,美国斯密松研究所 Abbot 开始改进 Puoilett 的仪器,并制作以汞为传热物质的直接日射表,几经改进后,于 1922 年发展成现称为银盘直接日射表的仪器(Abbot,1922)。图 2.11b 是其剖面图,图 2.11a 为其外观。它是参照下面将要介绍的水流式直接日射表作为基准进行校准的,它本不是一台绝对仪器。原来将这种仪器通常作为 Smithson 标尺——水流式直接日射表传递给工作仪器的一种设备。其最初的开敞角为 10°,后来改为 5°。它的工作原理是用水银温度计插入充满水银的银盘内,测量照射和遮蔽期间的温度差,配合 Smithson 水流式仪器得出仪器的常数,以获得辐射测量值。由于其性能的超稳定性,后来就将其作为标准仪器来看待,主要在美洲地区使用。

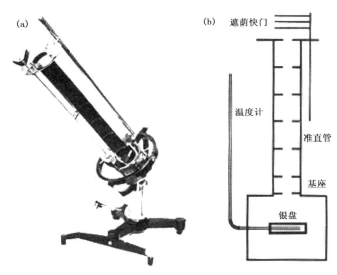

图 2.11　银盘直接日射表(a)外观(Coulson,1975),(b)剖面(Vignola,2012)

　　1903 年,斯密松研究所在 Abbot 的领导下,开始设计制作建立在量热学基础上的水流式绝对直接日射表,其目的除了测量太阳辐射外,更重要的是通过适当的外推,定量地评价太阳常数。1908 年建成的第一代仪器如图 2.12 所示,这是一套卡计(量热的)直接日射表。所谓卡计法就是计量卡路里,也就是量热学的方法。这种方法一直沿用至 20 世纪末。当时的辐照度的测量单位为 $cal/(cm^2 \cdot min)$。第一台仪器为单腔结构,后来改进为双腔结构。其基本原理,就是测量流经被辐照的圆锥形辐射接收腔壁的水温变化。这些腔体也装有电加热器,在没有辐射进入的情况下,通过电加热来调整仪器。同时,测量两个腔体出水口间的温度差,并调节输入到被遮腔体的电流使其读数为零。这台仪器的腔体壁很薄,并具有良好的传导性,可以持续地被水流所冷却。如果水量、曝光时间和入口与出口之间的温度差均为已知,入射的辐射量就可计算出来。为了达到更准确的结果,Abbot 使用了已知电阻的线圈进行电加热,以产生与入射辐射相同的热量。1927 年 Shulgin W M 建议改变设计以克服一些读数的漂移。使用两个入射的黑体腔,一个腔室被照射时,另一个腔室被电流加热,并进行调整,使得两个腔室产生的热量相同。1932 年 Abbot 采纳了建议。改进后的仪器如图 2.13 所示。

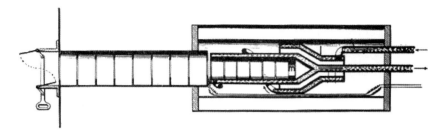

图 2.12　斯密松研究所的连续水流式绝对直接日射表(Abbot 的设计引入了腔体以增强吸收太阳辐射,后来也使用了电功率替代的概念)(Robinson,1966)

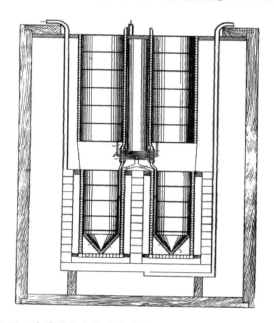

图 2.13　改进后的水流式绝对直接日射表(Robinson,1966)

1905 年,Ångström 补偿式绝对直接日射表在茵斯布鲁克召开的国际气象组织会议上以及太阳物理联盟上被采纳作为太阳辐射测量的标准,这就是 Ångström 日射标尺(AS-1905)的由来。这项标准主要在欧洲地区施行。

1906 年,俄国人 Михельсон 研制出双金属片直接日射表(图 2.14a)。后来德国人 Biittner 依据其原理,试制了改进型仪器(图 2.14b)。

1907 年 Carl Dorno 在瑞士达沃斯创建了物理气象观象台(Physikalisch-Meteorologisches Observatorium Davos,PMOD)。他从 1909 年开始在此进行太阳辐照度的观测,使 PMOD 成为世界上持续时间最长的日射观测站。此外,他还开始研究紫外辐射的生物学影响,当时被称作多诺辐射(Dorno Radiation),也就是今日被称为 UV-B 的辐射。后来又曾在这里进行过多次辐射测量仪器的比对活动。

1910 年,斯密松研究所的水流式直接日射表进一步完善后,成为太阳辐射测量的主基准,

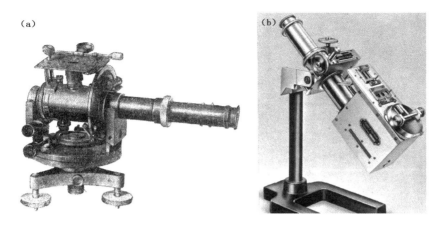

图 2.14 Михельсон 双金属片直接日射表
(a)原装(Калитин,1938),(b)德国产 (Robinson,1966)

这就是 Smithson 标尺的由来。

大约同年,Marvin 直接日射表被设计出来(图 2.15)。

图 2.15 Marvin 直接日射表(Robinson,1966)

1913 年,斯密松研究所建成搅水式直接日射表(图 2.16);经对原标尺的修订,正式确立了 Smithson 标尺 SS-1913(Abbot et al.,1932)。

同年,Abbot 研制了适宜气球携带的日射表,并在 13.716 km(45000 英尺)的高度上测量了太阳常数(TSI)。

1915 年 Robitzch 利用涂黑的双金属片接收日光,受热后的双金属片会产生形变。将其一端固定,另一端附带一只小型墨水斗(相当于笔),利用受热形变原理,将其位移记录在附在日转一周的圆筒记录纸上。利用上述原理,先后有数种型号的 Robitzch 总日射计面世,计有:两种德国产 Fuess 总日射计,一种英国产 Casella 总日射计(图 2.17)和一种意大利产 SIAP 总日射计。

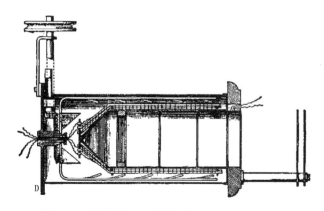

图 2.16　搅水式绝对直接日射表(王炳忠,1989)

图 2.17　英国产 Casella 总日射计(Robinson,1966)

　　1916 年,Abbot 和 Aldrich 在斯密松研究所开发了测量水平面上的总辐照度的总日射表。

　　1919 年(一说 1905 年,见 Янишевский(1957);一说 1899 年,见 Vignola(2012)),Anders K Ångström 研制出补偿式地球辐射表(图 2.18)。他是 Ångström 家族的第三位著名成员。

　　1922 年,瑞士达沃斯物理气象观象台的 Dorno 设计出新的直接日射表(图 2.19)。

图 2.18　Ångström 补偿式地球辐射表　　　图 2.19　Dorno 直接日射表

　　　(Янишевский,1957)　　　　　　　　　　(Robinson,1966)

1923 年,美国人 Kinball Hobbs 制作出自己的总日射表。后来被 Eppley 实验室所采用,作为球型总日射表(图 2.20)。不过当时总日射表的英文称谓不是 Pyranometer 和 Pyranograph,而使用 Solarimeter 和 Solarigraph。20 世纪末,后面的两个名词逐渐退出历史舞台。

图 2.20　球型总日射表(20 世纪 50 年代版)　　　图 2.21　Linke-Feussner 直接日射表
(20 世纪 60 年代版)(Coulson,1975)

同年,Moll 型热电堆问世。

1924 年,使用 Moll 型热电堆的 Moll-Gorczynski 总日射表被研制出来。后来,基于 Moll 热电堆面世的是 Linke-Feussner 直接日射表。图 2.21 是 Kipp & Zonen 制作的 Linke-Feussner 直接日射表。

1926 年 Gorczyński L 在美国《每月天气评论》上以《总日射表和总日射计》为题发表文章,专门介绍了当时所用的仪器(图 2.22)(Gorczyński,1926)。

图 2.22　20 世纪 20 年代所使用的总日射自计和散射测量装置(Gorczyński,1926)

1928 年,苏联人 Савинов С И 开发了地球辐射表(图 2.23)。

1931 年,苏联人 Клитин 开发了测量地表反照率的方法。

1932 年,在补偿型双腔水流直接日射表的基础上,进一步修订了斯密松研究所的辐射标尺。

1933 年,法国人 Volochine 设计制作出冰晶直接日射表(图 2.24)。

据 Angell J K and Korshover J 报告,从 1897 年美国开始采用 Maring-Marvin 热电日照时间记录器(通常称为 Marvin 阳光开关),一直采用至 1950 年初期。

图 2.23　Савинов 地球辐射表(Янишевский,1957)　　　图 2.24 Volochine 冰晶直接日射表

（王炳忠,1989)

1952 年,WMO 辐射测量分委员会在布鲁塞尔召开的会议上,建议银盘直接日射表作为测量法向直射辐照度的标准仪器。最佳的太阳常数估计值为 $1.94 cal/(cm^2 \cdot min)$。严格地讲,银盘辐射计本身实际并不是一台绝对仪器,因为它本身不能自行给出绝对单位的辐照度。它是依靠与水流式仪器的校准而得出换算系数的。只是由于水流式仪器其装备较为复杂,还需要通水,不适宜日常使用。而"银盘"则不然,不仅性能异常稳定,而且易于携带。

1953 年,Foster 日照开关(sunshine switch)由美国国家气象局开发出来,并正式发表(Foster et al. ,1953)。其基础探测器是一对硅光电池,其中一个被遮光环遮光,不见直射阳光;另一个则暴露于阳光下。两个光电池都能"看见"散射天空。由于电池是反向连接,所以散射光的作用相互抵消。这样,输出的信号,只反映阳光直射的情况。仪器的外观如图 2.25所示。

1954 年,美国国家气象局开始采用积分球和人工光源的方法在室内校准总日射表。

1956 年,为了即将举办的国际地球物理年,在达沃斯召开的国际辐射委员会上,决议结束AS-1905 与 SS-1913 并列的局面,以两者为基础折中建立新的辐射测量标准,即国际直接日射表标尺 International Pyrheliometer Scale——IPS-1956。同时建议在整理国际地球物理年的数据时,如用到太阳常数,则取值 $1.98 cal/(cm^2 \cdot min)$ 或 $1384 W/m^2$。

同年,在前苏联,Янищевский 总日射表成为测量总辐射、散射辐射照度和地面反照率的仪器(图 2.26)。

同年 7 月,在伦敦召开的第五届国际水蒸气性质大会上,采纳的卡路里的定义为:

$$1 cal = 4.1868 J（准确值）$$

并称其为国际蒸汽表卡,并简称为卡。这样,以卡路里为单位的辐射能、以瓦[特](1 W = 1 J/s)为单位的辐射功率和以瓦[特]每平方米为单位的辐射照度就建立起如下的关系:

$$1 cal/(cm^2 \cdot min) = 697.8 W/m^2$$

$$1 W/m^2 = 0.001433 cal/(cm^2 \cdot min)$$

图 2.25　Foster 日照开关(Coulson,1975)　　图 2.26　Янищевский 总日射表(Янищевский,1957)

1957 年,IPS-1956 正式建立并启用,其基础是将 AS-1905 标尺增加 1.5%,同时将 SS-1913 标尺减少 2%,也就是两个原标尺的一种折中(Fröhlich et al.,1986)。

同年举行的国际辐射会议上,通过将 Nicolet 研究的太阳常数值 1382 W/m² 或 1.98 cal/(cm²·min),作为整理国际地球物理年辐射资料的必要参数。

1958 年国际地球物理年专门委员会(CSAGI),决定出版了一套有关辐射仪器和观测方法的指导手册《国际地球物理年使用手册》(CSAGI,1958)。

1959 年,在瑞士达沃斯举办第一次国际直接日射表比对 International Pyrhiometer Comparison(IPC-Ⅰ)(图 2.27)。当时参与比对的国家与人员均较少,待到 2015 年举办 IPC-Ⅻ时,状况则如图 2.28,壮观多了。

图 2.27　1959 年在 PMOD 举办的 IPC-Ⅰ时的情况(取自 PMOD/WRC 网站)

图 2.28　2015 年在 PMOD 举办 IPC-Ⅻ时的场面(我国参加校准人员拍摄)

同年,Volz F 设计出第一台太阳光度计(图 2.29)(Volz,1959)。

1960 年,Bedford 建立低温全辐射体。德国学者发明测量大气浑浊度的太阳光度计。

同年,德国的 Volz F 开发了一种新型的太阳光度计,供测量大气浑浊度使用。

1961—1968 年,前苏联执行气球测量太阳常数的计划。

1964 年,第二次国际直接日射表比对(IPC-Ⅱ)举行。

1966—1969 年,美国开始利用飞机、气球、火箭和航天器等工具直接测量太阳常数及其光谱。

1968 年,Eppley 实验室推出精密分光(PSP)型总日射表和 NIP 型直接日射表。

1969 年,在 Mariner-6 和 Mariner-7 宇宙飞船飞向火星的过程中,其上所载的控温通量监测仪(TCFM)就对太阳常数进行了首次太空测定。开启了太阳辐射测量的太空新时代。(Plamondon,1969)。

Eppley 实验室推出 8-48 型黑白总日射表,替代原球型总日射表。

同年,美国学者 Kendall 研制的原生绝对腔体辐射计"Primary Absolute Cavity Radiometer(PACRAD)"问世(图 2.30)。

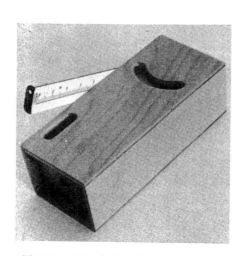

图 2.29　Volz 太阳光度计(Volz,1959)

图 2.30　电自校准绝对腔体辐射计
(PACRAD)(Vignola,2012)

1970 年,第三次国际直接日射表比对(IPC-Ⅲ)举行,由于一台标准仪器(Å158)与其配套使用的电表出现故障,为了避免类似的事情再次发生,大会决定将一些长期参与比对的国家的 Ångström 补偿式绝对辐射表,即 Å140(前东德)、Å212(前苏联)、Å525(瑞士)、Å524(南非)、Å576(尼日利亚)和 EÅ2273(美国)组建成新的标准组,此后的 IPS-1956 被加上了引号,即"IPS-1956",以示区别。另外,首次有一台带电自校准的绝对腔体辐射计参加这次比对活动。

同年,Rossi Veikko(1970)设计出蒸馏型净全辐射表。它是由两个部件组成的,其中一个具有向上的黑色感应面,另一个具有向下的黑色感应面。感应面呈水平状态,并且用双层 0.1 mm 的锥形罩盖住。仪器的结构由图 2.31 给出。为了限制容器与周围空气的热传导,容器外采用泡沫塑料保护,容器的下部有一带刻度的管子。

1971 年,PMOD 被世界气象组织(WMO,日内瓦)指定为世界辐射中心(WRC)。瑞士政府则向 WMO 提供运营 WRC 的保障,作为对世界天气监视计划的贡献。

1971—1976 年先后有 10 种不同类型共计 15 台绝对腔体直接日射表,参加了在达沃斯举行的仪器比对,由于 PACRAD 问世较早,故将其作为比对的"标准"。此间多达 25000 多次的同步测定是建立新世界辐射标准的基础数据。

1971 年,美国国家航空航天局决定采用 Thekaekara 和 Drummond(1971)建议的太阳常数值 1353 W/m² 或 1.94 cal/(cm² · min)。

同年,Lambda 仪器公司(现 LI-COR)研发了用光电二极管作为探测器的总日射表(LI-200 型)。

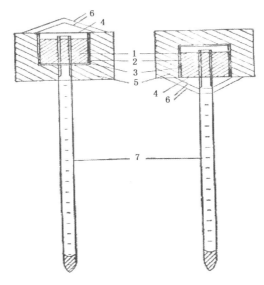

图 2.31　蒸馏型净全辐射表(王炳忠,1989)
1.酒精;2.酒精容器;3.铜箔;4.黑色表面;5.泡沫塑料容器;6.聚乙烯罩;7.带刻度的玻璃管

1975 年,第四次国际直接日射表比对(IPC-Ⅳ)举行。

1977 年,在德国汉堡召开的 WMO 仪器和观测方法委员会第 7 届会议上,决议建立新的辐射测量标尺——世界辐射测量基准(WRR),WMO 执行委员会决议自 1981 年 1 月 1 日起正式启用 WRR。

1978 年,Nimbus 卫星开始使用 H-F 腔体式绝对直接日射表测量太阳常数 TSI。这是长期、系统地在太空中直接观测 TSI 的发端。

1978 年,在 WMO 第 30 届执行委员会议上,通过决议:指定 PMOD 为世界辐射中心,保管标准仪器,组织国际直接日射表的比对活动(IPC);同年代表 WRR 的世界标准组(WSG),在达沃斯世界辐射中心正式建立。

同年,PMOD 开始建立太阳全辐照度(太阳常数)时间序列,一直持续至今。

1980 年,第五次国际直接日射表比对(IPC-Ⅴ)举行。

1981 年,在墨西哥召开的 WMO 仪器和观测方法委员会第 8 届会议上,建议太阳常数改为 1367±7 W/m²,并重新定义了日照——直接日射辐照度≥120 W/m²。

1982 年,Wesely 利用 LI-COR 的 LI-200 型总日射表设计了 DIAL 辐射计(Wesely,

1982)。仪器名称可能来自它可以衡量散射(D),估算直接日射(I),并测量太阳总辐射分量(AL)。其外观如图 2.32 所示,是旋转遮光带辐射计这种类型仪器的最初设计原型。

图 2.32　　DIAL 辐射计(Vignola,2012)

1978 年,PMOD 开始构建太阳全辐照度(太阳常数)时间序列,一直持续至今。

1983 年,我国计量所人员首次受邀,到美国凤凰城参加北美洲区协组织的区域直接日射表比对活动。

1985 年,第六次国际直接日射表比对(IPC-Ⅵ)举行。

20 世纪 80 年代中期,在世界辐射计划(WCP)的实施中,WMO、国际气象学和大气物理学协会辐射委员会一致认为,要对原辐射仪器和观测方法指导手册重新进行修订,并于 1986 年以世界气象组织/技术文献的形式出版(Fröhlich et al.,1986)。

1989 年,世界气象组织的第Ⅱ和Ⅴ区协(及亚洲和大洋洲)联合举办区域直接日射表比对,此次比对在日本举行,我国首次参加国际区域性的辐射标准比对。

同年,世界气象组织推动了全球大气监测网(GAW)计划。

1990 年,第七次国际直接日射表比对(IPC-Ⅶ)举行。

1995 年,第八次国际直接日射表比对(IPC-Ⅷ)举行。

同年,我国第二次参与在日本举办的第Ⅱ区协直接日射表国际比对(JMA NEWS,1995)。

1996 年,世界光学厚度研究与校准中心(WORCC)在 PMOD/WRC 成立。

2000 年,第九次国际直接日射表比对(IPC-Ⅸ)举行。我国首次参与在瑞士达沃斯举办的这次活动。自此以后,每间隔 5 年举办一次的类似国际比对活动,我国均系统地参与,并制度化地持续参与。

2003 年,临时的地球辐射表的世界红外标准组(WISG)在世界辐射中心建立。

同年,美国科罗拉多大学的 Kopp 及其团队研制出全辐照度监测器(Total Irradiance Monitor,TIM),并用于卫星上直接检测 TSI。由于其将直接日射表的限视孔径和精密孔径的位置与普通直射表的位置做了颠倒,其所测量到的 TSI 值有了显著的降低。其所测量的 TSI 值为 1361 W/m², 得到了国际上的认可(详见第 12 章)。

2004 年 1 月,根据 CIMO 于 2002 年召开的 CIMO 第 13 届会议的建议,在世界辐射中心成立红外辐射测量部(WRC-IRS)。

2005 年,第十次国际直接日射表比对(IPC-Ⅹ)举行。

2007 年,PMOD/WRC,METAS 和 NPL 开始联合研制低温太阳绝对辐射计(CSAR)。

同年,我国第三次参与在日本举办的第Ⅱ区协直接日射表国际比对。

2008 年,PMOD/WRC 建立了欧洲地区 GAW 区域紫外辐射校准中心。目的是确保欧洲范围内的紫外辐射数据具有代表性和一致性。

2010 年,在举办第十一次国际直接日射表比对(IPC-Ⅺ)的同时,举办了第一次国际地球辐射表比对。

2013 年,欧洲地区紫外辐射校准中心,被世界气象组织认定为全球大气监测计划的世界校准中心。这也就是世界辐射中心的紫外部。

同年,Schmutz W(2013)等学者联名发表文章,论述从太空测量太阳常数的最新成果,从而奠定了 2015 年国际天文协会确定太阳常数取值的基础。

2015 年,第十二次国际直接日射表比对(IPC-Ⅻ)和第二次国际地球辐射表比对举行。CSAR 正式参与。

同年,国际天文协会在夏威夷召开会议的 IAU2015B2 决议中,将太阳全辐照度的取值定为 1361 W/m^2(Prša et al.,2016)。

2017 年,我国第四次参与在日本举办的第Ⅱ区协直接日射表国际比对。

2.4 我国气象辐射测量历史

尽管有关我国气象学科发展的史料有不少记述,但具体到观测项目的还不多见,特别是有关太阳辐射观测的。由于在气象发展的初步阶段,太阳辐射与当时急需的天气预报并无直接的关系,所以并未受到特别的关注。根据仅有的史料看,我国的太阳辐射观测起步于 20 世纪 30 年代。据陈学溶的记述(陈学溶,2015),他 1935 年 3 月毕业于由当时的中央研究院(院长蔡元培)气象研究所(所长竺可桢)举办的第三届气象练习班。毕业后,他被分配到泰山测候所。据他记载,当时的气象站称测候所,分为五等。头等测候所也称气象台,其观测项目当中就有日射。他所在的泰山测候所就是头等测候所,他本人也进行过日射观测。但没有更具体的记述。1936 年程纯枢院士从清华大学毕业后,被分配到泰山测候所主持工作,并进行过辐射观测。观测结果经他分析研究,所撰写的论文发表在 1956 年《气象学报》第 27 卷第 3 期上,题目为《泰山日观峰日射观测结果分析》(程纯枢,1956)。据该文记载:当时的观测仪器有总日射总量自计仪(solarigraph)(Richard 厂出品,编号 103)和直射自计仪(pyrheliograph)(Richard 厂出品,编号 194297)以及一台供校准用的银盘日射表(编号 S.I.41)。此外,还有一台光电管紫外线测定仪(瑞士,达沃斯物理气象观象台制作)。从该文中可知,除泰山外,在南京,从 1931 年起就有日射观测。大概这就是我国日射观测的发端。

1937 年抗日战争爆发,泰山、南京先后沦陷。日射观测工作就此全部中断。

中华人民共和国成立后,日射观测工作的起步源于筹备 1957 年国际地球物理年的活动,在前苏联的帮助下,仪器进口、观测方法、仪器校准方法和测量标准等,均遵照前苏联的做法。只有标准仪器是从瑞典进口的 Ångström 补偿式直接日射表。由于种种原因,我国未能参与这次国际科研活动,但是,在国内还是得以开展了辐射观测工作。

开始,全国布设了 27 个日射站,其中还包括了高山站——峨眉山站。1957 年 1 月 1 日开始正式观测。观测项目有:总日射、散射日射、直接日射、反射日射等。其中北京、汉口、上海、赣州和海口 5 个站还增加了辐射平衡(净全辐射)观测。1958 年正值"大跃进"时期,观测站数成倍增长,最多时达到百余个。经调整,最后保留了 89 个。

　　随着日射站点的增多,日射仪器很难全部进口,当时的长春气象仪器厂派人赴前苏联学习制作技术,随后就将站上所需的日射仪器全部国产化。限于当时的技术条件,日总量只能依靠每1小时观测一次的方法,然后将所测数据连线,再依据计算连线之下的面积方法获得其日总量。此方法一直沿用到20世纪90年代。

　　1981年1月1日起,我国遵照WMO执行委员会的决定,正式执行WRR作为太阳辐射测量标准。

　　20世纪70年代初,我国开始自行研制新型太阳辐射遥测仪器,内容不仅仅涉及直射辐射表、总日射表、净全辐射表,还包括自动跟踪装置和电子化的自动记录器。后经多次在台站试用和不断改进,于1983年正式定型。定型后的一段时间,正值夏普PC1500小型计算机在我国气象部门推广应用之际,为了使日射观测自动化,又进一步投入人力研究、开发相应应用软件,以及进行与辐射仪器配套运行等一系列的工作。直至20世纪90年代初,才分批将新仪器推广到全国的日射站。

　　新型仪器启用的同时,全国的辐射站也进行了重新调整。全国辐射测量站的总数为96个。同时对辐射站进行了分级。一级站的测量项目为:总日射、直射、散射、反射和净全辐射;二级站的测量项目为:总日射和净全辐射;三级站的测量项目仅有总日射。

　　新型辐射仪器分三批在全国太阳辐射观测站进行换用。该项工作曾获得1990年度国家科技进步三等奖。与之配套的"遥测辐射仪及观测方法的推广"获1994年中国气象局科技进步(推广类)二等奖。

　　1981年,气象计量研究所从美国进口了2台H-F型自校准腔体直接日射表(表号19743和20294)和405型控制器及太阳跟踪器。1981年11月以20294腔体直接日射表为标准(该仪器值由WRR传递)同原国家标准Ångström绝对辐射表(No.705)进行了一系列的比对后,发现两者的比值为1.041,而非1.022。因此根据我国实际情况,对以往的所有辐射记录均乘以1.041,所以新标准实际是从1982年1月1日才开始实施的。

　　关于我国太阳辐射测量标准,一直是国际上关心的问题。20世纪70年代以前,由于台湾一直非法占据着联合国及其下属各国际组织的位置,致使很多国际活动我们无法参与,其中也包括国际上的辐射比对活动。因此,我们采用了间隔若干年,从瑞典采购一批(3台)Ångström绝对辐射表的方法,由于代表IPS-1956标尺的辐射标准表组中的一台,就在瑞典保存着,所以其出售的每一台Ångström绝对辐射表,均会有符合国际要求的校准证书和相应的校准系数。除了20世纪50年代辐射观测之初进口的标准仪器外,20世纪60、70年代也分别进口了标准仪器。20世纪80年代初,随着腔体式辐射表产品的出现,我国也进口了两台Eppley实验室生产的H-F型腔体式绝对辐射计。1991年又从世界辐射中心购入了一台PMO6,并成为我国国家辐射标准组的成员之一。由此可见,我国的辐射数据还是能够与国际辐射标准同步的。

　　1983年中美合作开展有关农业气象方面的科学研究,其中需要共同开展辐射观测,但是美方对我国辐射观测情况,特别是辐射测量标准情况不了解,要求我们派人员参加美国组织的直接日射表年度比对活动。相关人员携带着我国进口的H-F绝对腔体辐射计,参加了当年在美国亚利桑那州凤凰城举办的比对工作。这是我国首次参与辐射表国际比对活动。比对的标准仪器就是北美洲(第Ⅳ区协)的标准仪器。这是我国参与国际比对的发端。

　　1979年中国太阳能学会成立。不少会员单位为了进行科研活动相继购买了绝对辐射计。

例如中国科技大学购买两台 TMI 型绝对直接日射表;中国科学院广州能源研究所和甘肃能源研究所各购买一台 H-F 型绝对直接日射表;北京大学地球物理系、南京大学大气科学系和中国科学院兰州高原大气物理研究所各购买一台 Ångström 绝对辐射表,等等。这些仪器虽然属于可以进行自校准的仪器,但由于没有与更高一级的标准仪器比较过,所以各自的测量结果也存有疑问。因此,中国太阳能学会分别于 1985 年在兰州的榆中、1987 年在乌鲁木齐组织过两次仪器比对活动。各腔体式绝对辐射表的比对结果表现相当一致,均在其给定的误差范围内。Ångström 绝对辐射表由于各家购买时间不一,且比较早,这一次也均按照腔体式绝对辐射表的结果对各自的系数作了修订。

在参与绝对辐射仪器的国际比对方面,1983 年,到美国去参加与北美洲标准的比对仅仅是个开始。1989 年 1 月我国的标准仪器正式参加了 WMO 在日本举行的一次 WMO 第Ⅱ和第Ⅴ区协绝对直接日射表比对活动;1995 年 2 月再次参与了在日本举办的第Ⅱ区协国际绝对直接日射表比对(JMA NEWS No. 1339 旬刊,1995)。自 2000 年起则每间隔 5 年定期参加在瑞士达沃斯世界辐射中心举办的国际直接日射表比对(IPC)活动,并延续至今。

1997 年 12 月 19 日中国气象科学研究院气象计量研究所被正式批准成为 WMO 亚洲(第Ⅱ)区协的仪器中心。自那以后,先后有朝鲜民主主义人民共和国和越南社会主义共和国的辐射标准仪器数次到我国进行标准溯源。2015 年蒙古共和国也曾前来比对标准仪器。

从另一角度讲,也正是在 20 世纪 90 年代,从测量大气成分的角度,遵循 WMO GAW 的相关规定,在一些大气本底站上也按照 BSRN 的规定开始开展辐射测量工作。应当说,这是更高层次的辐射观测。在全球环境基金(GEF)和世界气象组织(WMO)的支持下,1994 年 9 月在青海海西州瓦里关山正式建立了大气本底观象台。其辐射观测设备均为 Eppley 实验室的产品,在国内还首次为观测站直接配备了 H-F 型腔体式绝对辐射表。此后,在北京密云的上甸子、浙江杭州的临安和黑龙江五常的龙凤山等地的大气本底站均按照 BSRN 的要求配备了相应的辐射仪器,并开展观测。2010 年中国气象局在内蒙古自治区的锡林郭勒,按照 BSRN 标准新建了一个辐射站。后来,在北京上甸子、黑龙江漠河、云南大理、四川温江、河南许昌、新疆焉耆又相继建立了 6 个站,但上述各站的管理滞后,备份仪器不全,迄今,我国尚无一站正式加入 BSRN 站网。

2004 年中国科学院大气物理研究所香河试验站正式成为 BSRN 站网的成员,但这仅属于科研单位的个体行动,且其报送给 BSRN 的数据已中断。

参考文献

陈学溶,2015. 我的气象生涯[M]. 北京:中国科学技术出版社.

程纯枢,1956. 泰山日观峰日射观测结果分析[J]. 气象学报,**27**(3).

顾钧禧,1994. 大气科学词典[M]. 北京:气象出版社.

王炳忠,1989. 太阳辐射能的测量与标准[M]. 北京:科学出版社.

测候课,1995. 韩国および中国の日射计準器の比較校正[J]. JMA NEWS No. 1339 旬刊,P97.

Abbot C G,1922. The silver disc pyrheliometer[J]. *Smith. Misc. Coll.* **56**:19.

Abbot C G,Aldrich L B,1932. An improved water-flow pyrheliometer and the standard scale of solar radiation[J]. *Smith. Misc. Coll.* **87**:15.

Angell J K,Korshover J. Variation in sunshine duration over the contiguous united states between 1950 and 1972[J]. *Journal of applied meteorology*,**14**:1174-1181.

Coulson K L, 1975. *Solar and terrestrial radiation: methods and measurements*[M]. New York: Academic Press.

CSAGI, 1958. Radiation instruments and measurement developments. Part Ⅳ, "IGY Instruction Manual" pp. 371-466. Oxford: Pergamon.

Davies J A, 1965. The use of a Gunn-Bellani distillator to determine net radiative flux in West Africa[J]. *J. Appl. Met.* **4**: 547.

Montieth J L, Szeicz G, 1960. The performance of a Gunn-Bellani radiation integrator[J]. *Quator. J. R. M. S.* **86**: 91.

Foster N B, Foskett L W, 1953. A photoelectric sunshine recorder[J]. *Bull. Amer. Meteorol. , Soc.* **34**: 212-215.

Fröhlich C, London J, 1986. Revised instruments manual on radiation instruction and measurements. WMO/TD. No. 149.

Fröhlich C, 1991. History of solar radiometry and the world radiometric reference[J]. *Metrologia* **28**: 111-115.

Gorczyński L, 1926. Solarimeters and solarigraph[J]. *Monthly weather review*, September, 381-384.

Marvin C F, 1941. *Instructions for the care and management of electrical sunshine recorders*[M]. Washington, U. S. Weatyer Bureau, Circular G, 11pp.

Montieth J L, Szeicz G, 1960. The perfomance of a Gunn-Bellani radiation interrator[J]. *Quart. J. R. M. S.* **86**: 91.

Plamondon J A, 1969. The Mariner Mars 1969 temperature control flux monitor[J]. *Space Program Summary* 37-59, 3, 162, A 8, 6697.

Prša A, Harmanec P, Torres G et al, 2016. Nominal values for selected solar and planetary quantities, IAU 2015 Resolution B3[J]. *Astron. J.*, 152, 2, article id. 41, 7.

Robinson N, 1966. *Solar radiation*[M]. Elsevier publishing company.

Sanchez-Lorenzo A et al, 2013. New insights into the history of the Campbell—Stokes sunshine recorder[J]. *Weather*, **68**(12): 327-331.

Schmutz W, Fehlmann A, Finsterle W et al, 2013. Total solar irradiance measurements with PREMOS/PICARD, AIP, 1531, 1, pp. 624-627.

Thekaekara M P, Drummond A J, 1971. Standard values for the solar constant and its spectral components [J]. *Nat. Phys. Sci.*, **229**(6): 2225-9.

Vignola F et al, 2012. *Solar and infrared radiation measurements*[M]. CRC Press.

Volz F, 1959. Photometer mit Selen-Photoelement zur spektralen Messung der Sonnenstrahlung und zue Bestimmung der Sonnenstrahlung und zur Bestimmung der wellenlängigkeit[J]. *Arch. Meteor. Geophys. Bioklim. B* **10**: 100.

Waldmeier M, 1968. Die beziehung zwischen der sonnenflecken-relativzahl und der gruppenzahl. Astronomische mitteilungen der eidgenössischen sternwarte zurich. Nr. 285.

Калитин Н Н, 1938. Актинометрия. Гидрометиздат, Л. — М.

Янишевский Ю Д, 1957. Актинометрические приборы и методы наблюдений. Гидрометиздат, Ленинград.

3　与辐射测量有关的基本概念和定律

3.1　术语及其单位

【说明】

(1)辐射度量、光度量和光子度量之间的区别:这三种度量都用相同的主符号表示,辐射度量加下角标 e、光度量加下角标 v、光子度量加下角标 p 进行区分。在不会发生混淆的情况下,也可忽略下角标。

(2)某一量的光谱[密]集度通常表示为波长的函数。它具有该量除以波长的量纲,并用下角标 λ 标记。光谱[密]集度有时也称分布函数。有时"光谱[密]集度"可用形容词"光谱[的]"代替。但形容词"光谱[的]"也用来代表某一量是波长的函数。它同前者的区别可从函数形式看出,$X(\lambda)$ 和 X_λ 是不同种类的量。关键是 $X(\lambda)$ 的量纲中无波长量;而 X_λ 的量纲分母中一定有波长量,因为此时 $X_\lambda = dX/d\lambda$。

在下面的内容中涉及一些定义和概念,这里根据相关的国家标准(国家标准,量和单位,GB 3102.6—93;国家标准,太阳能热利用术语,GB/T 12936—2007)进行介绍。

辐射能(Q、Q_e):以电磁波或粒子形式发射、传播或接收的能量。它的单位与其他形式能量的单位相同。在国际单位制(SI)中,辐射能(Q)的单位是焦[耳](J)。

辐射通量或辐射功率(Φ、Φ_e):以辐射形式发射、传播或接收的功率;或者说是单位时间内发射、传播或接收的辐射能。若以 t 表示时间,辐射通量可以写作

$$\Phi = \frac{dQ}{dt} \tag{3.1}$$

这里,t 表示时间,Φ 的单位是瓦(W)或焦耳每秒(J/s)。

辐[射]强度(I、I_e):在给定方向上单位立体角元内,离开点辐射源(或辐射源面元)的辐射通量。在给定方向上的辐射强度为

$$I = \frac{d\Phi}{d\Omega} \tag{3.2}$$

式中 Ω 为立体角,I 的单位是瓦每球面度(W/sr)。如果辐射源所发出的总通量 Φ 在空间上的分布是均匀的,则

$$I = \frac{\Phi}{4\pi} \tag{3.3}$$

辐[射]亮度(L、L_e):辐射源面上一点在给定方向上(包括该点面元 dA)的辐射强度除以该面元在垂直于给定方向平面上的正投影面积(辐射源沿给定方向在单位立体角、单位面积上所辐射的功率)。即

$$L = \frac{dI}{dA\cos(\theta)} \tag{3.4}$$

式中，θ 为给定方向与面元法线间的夹角。L 的单位是瓦每球面度平方米（W/(sr·m²)）。

换句话说，辐[射]亮度为该辐射源单位面积向观察方向发出的辐[射]强度，即每单位投影面积上的辐[射]强度（图3.1），所以，过去也有人称辐[射]亮度为面辐[射]强度。这个称呼当然不规范，但它有助于对辐[射]亮度含义的理解。

辐[射]照度（E、E_e）：照射到物体表面某一面元上的辐射通量除以该面元的面积（照射到物体单位面积上的辐射通量），即

$$E = \frac{d\Phi}{dA} \tag{3.5}$$

式中 E 的单位为瓦每平方米（W/m²）。

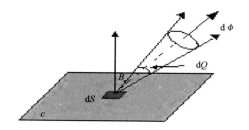

图 3.1　辐[射]亮度定义

辐[射]出[射]度（M、M_e）：离开物体表面某一点处面元的辐射通量除以该面元的面积（离开物体单位面积上的辐射通量），即

$$M = \frac{d\Phi}{dA} \tag{3.6}$$

式中 M 的单位亦为瓦每平方米（W/m²）。

曝辐[射]量（H、H_e）：接收到的辐射能的面密度，也就是辐照度对时间的积分，即

$$H = \int E dt \tag{3.7}$$

式中 H 的单位是焦耳每平方米（J/m²），国际上工程界为了方便，也有使用瓦时每平方米（(W·h)/m²）的。二者之间的关系为：1 (W·h)/m² = 3600 J/m²。

发射率（ε）：热辐射体的辐射出射度与处于相同温度下的黑体（全辐射体）的辐射出射度之比，为无量纲量。即

$$\varepsilon = \frac{M_{(\varepsilon \neq 1)}}{M_{(\varepsilon = 1)}} \tag{3.8}$$

光谱发射率（$\varepsilon(\lambda)$）：热辐射体的辐射出射度的光谱密集度与处于相同温度下的黑体（全辐射体）辐射出射度的光谱密集度之比，为无量纲量。

吸收比（α）：吸收的与入射的辐射能通量之比，也有类似的光谱吸收比，为无量纲量。

反射比（ρ）：反射的与入射的辐射能通量之比，也有类似的光谱反射比，为无量纲量。对太阳辐射的反射辐亮度在以目标物的中心的 2π 空间中呈常数，即反射辐亮度不随观测角度而变化，称为漫反射体，亦称朗伯体。漫反射又称朗伯（Lambert）反射，也称各向同性反射。

透射比（τ）：透射的与入射的辐射能通量之比，也有类似的光谱透射比，为无量纲量。

对于透明物体有：$\alpha+\rho+\tau=1$；对于非透明体则：$\alpha+\rho=1$。

光子数（N_p）：对于频率 ν 的单色辐射，光子数为 $N_p=Q/h\cdot\nu$，这里 Q 是辐射能，h 是普朗克常数，$h=(6.6260755\pm0.0000040)\times10^{-34}$ J·s。

光子通量（Φ_p）：光子通量与辐射能通量的光谱密集度 $\Phi_{e,\lambda}$ 的关系为

$$\Phi_p=\int\Phi_{e,\lambda}\frac{\lambda}{hc}\mathrm{d}\lambda \tag{3.9}$$

式中 Φ_P 的单位为每秒（s^{-1}）。

光子照度（E_p）：定义与辐[射]照度相同，但单位不同，此量的单位为每秒每平方米（$s^{-1}\cdot m^{-2}$）。

曝光子量（H_p）：定义与曝辐[射]量相同，仅单位不同，此量的单位为每平方米（m^{-2}）。

光度量和辐射度量的符号、定义等均是一一对应的。二者之间的差异主要在于波长范围和人眼的光谱视觉效率（或称视见函数）。光度量的波长范围仅涉及 $380\sim780$ nm 的辐射，因为超过此范围的辐射对于人眼是不可见的。所以光度量是相应波长的辐射度量经 CIE 推荐的国际平均人眼视见函数加权后得出的。

为了描述光源的光度与辐射度的关系，通常引入光视效能 K（单位：lm/W），其定义为目视引起刺激的光通量与光源发出的辐射通量之比，即

$$K=\frac{\Phi_v}{\Phi_e}=\frac{K_m\displaystyle\int_0^\infty V(\lambda)\Phi_{e,\lambda}\mathrm{d}\lambda}{\displaystyle\int_0^\infty\Phi_{e,\lambda}\mathrm{d}\lambda} \tag{3.10}$$

式中 K_m 为最大光谱光视效能。对于光度量这里不拟详述（表 3.1）。

表 3.1　各种辐射度、光度和光子度量的对比（摘录自 GB 3100～3102-93）

符号	辐射度量	单位	光度量	单位	光子度量	单位
Q	辐射能	J	光量	lm·s	光子数	1
Φ	辐射通量	W	光通量	lm	光子通量	s^{-1}
L	辐射亮度	W/(sr·m²)	光亮度	cd/m²	光子亮度	s^{-1}/(sr·m²)
I	辐射强度	W/sr	光强度	cd	光子强度	s^{-1}/sr
M	辐射出射度	W/m²	出光度	lm/m²	光子出射度	s^{-1}/m²
E	辐射照度	W/m²	光照度	lx	光子照度	s^{-1}/m²
H	曝辐射量	J/m²	曝光量	lx·s	曝光子量	m^{-2}

3.2　黑体及其有关定律

3.2.1　热辐射

热辐射是物质的粒子（原子、分子和粒子等）受热激发而引起辐射能发射的过程。由于物体具有温度都会向外辐射电磁波。它也是热量传递的三种方式之一。一切温度高于绝对零度（0K）的物体都能产生热辐射，温度愈高，辐射出的总能量就愈大，短波成分也愈多。热辐射的光谱是连续谱，波长覆盖范围理论上可从 0 直至 ∞。由于电磁波的传播无需任何介质，所以热辐射是在真空中唯一的传热方式。

以热辐射形式发射的辐射源称热辐射体。

3.2.2　黑体

对所有入射的辐射全部吸收的热辐射体称为黑体。它在给定温度下,对所有波长具有最大的光谱辐射出射度。

自然界中,并不存在绝对黑体,它是一个理想的概念。绝对黑体无论波长、入射方向或偏振情况如何,对所有入射辐射是全部吸收的。在这个意义上,它确实"黑"得很。不过,它不仅是个辐射的完全吸收体,同时也是一个辐射的完全发射体。否则,将无法维持它与环境之间的温度平衡。这表明,在给定的温度下,它对所有波长都具有最大的光谱辐射出射度。因此,它在工作时,实际上又"亮"得很,例如:太阳就是一个接近 6000 K 的黑体。因此,黑体这个名称不够贴切,还是全辐射体更为恰当。

如果热辐射体的光谱发射率与波长无关,称为非选择辐射体;如果与波长有关则称选择辐射体。光谱发射率小于 1 的非选择辐射体称为灰体。

黑体并不难得,如在一空腔体的壁上开一个很小的孔,如果孔的面积远远小于腔壁的面积,则从小孔发射出去的辐射能极小,不足以影响腔内的热平衡。从外面射入小孔的辐射,经腔壁多次反射,总会被全部吸收,极少会从小孔反射出去,因而其吸收比接近等于 1。所以带有小孔的空腔体就可视之为黑体。

对空腔发射出来的辐射——黑体辐射进行过很多测量,证明黑体辐射属于朗伯体,它的辐射功率按波长或频率的分布是稳定的,仅与腔壁温度有关,而与制造腔体的材料无关。图 3.2 所示为在不同温度下黑体的辐射出射度按波长的分布曲线。每种黑体温度的分布曲线上都出现一个峰值,峰值所在的波长 $\lambda_{\max}$ 随温度升高而向短波方向移动。

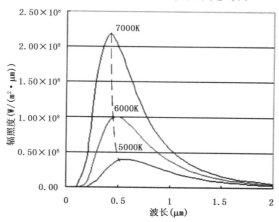

图 3.2　不同温度黑体的辐射出射度与波长的分布

3.2.3　基尔霍夫热辐射定律(Kirchhoff's law of thermal radiation)[①]

将任何材料的小物体,放入一空腔内,且不与腔壁接触,不久,该物体就会被加热或冷却到

---

① 电学中也有基尔霍夫定律,切勿混淆。

与腔壁相同的温度,即达到热平衡。这时,该小物体表面所发出的辐射,在频率和辐射出射度等方面,都必定与它所吸收的辐射相等。设物体表面所接受的辐照度为 $E(\mathrm{W/m^2})$,物体对辐射的吸收比为 α,它的辐射出射度为 $M(\mathrm{W/m^2})$,则热平衡条件为:

$$M = \alpha \cdot E \tag{3.11}$$

式(3.11)表明,一个物体对辐射的吸收比越大,其辐射出射度也就越大,即吸收能力越强的物体其发射的能力也越强。这就是基尔霍夫热辐射定律。

基尔霍夫将上述关系以定律的形式表述如下:各种物体的辐射本领与吸收本领的比值,是波长和温度的普适函数,而与物体本身的性质无关。

基尔霍夫定律更完整的表述是:在每一温度和每一波长下,热辐射体表面某一点的光谱定向发射率 $\varepsilon(\lambda)$,等于入射在同一方向上的光谱吸收比 $\alpha(\lambda)$,即

$$\varepsilon(\lambda) = \frac{L_\lambda}{L_{\lambda,\varepsilon=1}} = \alpha(\lambda) \tag{3.12}$$

由于发射率也可以辐射出射度之比的形式给出,即

$$\frac{M_\lambda}{M_{\lambda,\varepsilon=1}} = \alpha(\lambda) \tag{3.13}$$

或

$$\frac{M_\lambda}{\alpha(\lambda)} = M_{\lambda,\varepsilon=1} = f(\lambda,T) \tag{3.14}$$

这表明,无论何种物体,吸收比越大,其辐射出射度也就越大,但二者的比值却是不变的,均等于同一温度的全辐射体的辐射出射度。换句话说,在由等温物体围成的空腔中,存在着与物体的性质无关的辐射能。如果在空腔的壁上开一个小孔让辐射射出,就可得到只由温度决定而与发射物体的性质无关的辐射。

3.2.4 斯忒藩—玻耳兹曼定律(Stefan-Boltzmann law)

包括各种波长在内的黑体辐射出射度与黑体温度 $T(\mathrm{K})$ 的 4 次方成正比。即

$$M = \sigma \cdot T^4 \tag{3.15}$$

式中,$\sigma = (5.670400 \pm 0.00040) \times 10^{-8} \mathrm{W/(m^2 \cdot K^4)}$,称为斯忒藩—玻耳兹曼常数,式(3.15)是斯忒藩于 1879 年从实验中得到的,5 年后被玻耳兹曼用经典理论予以证实。对于非全辐射体来说,则有:

$$M = \varepsilon \cdot \sigma \cdot T^4 \tag{3.16}$$

式中,ε 为发射率。

3.2.5 维恩位移定律(Wien's displacement law)

全辐射体的最大光谱辐射出射度所对应的波长,也是人们常常关注的问题。为了找出与全辐射体光谱辐射出射度分布曲线极大值相对应的波长 $\lambda_{\max}$,维恩在前人研究的基础上,于 1893 年提出了理想黑体辐射的位移定律:$\lambda_{\max} T = b$,即黑体温度与辐射本领最大值相对应的波长乘积是一常数。维恩位移定律从图 3.3 中可以更清晰地看出。

3.2.6 普朗克定律(Planck's law)

由式(3.14)可知,全辐射体的光谱辐射出射度等于普适函数 $f(\lambda,T)$,因此,确定未知函数

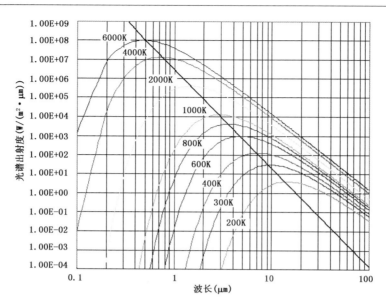

图 3.3　维恩位移定律

$f(\lambda, T)$ 的形式就显得十分重要了。然而,所有想从经典理论中推导出其正确形式的尝试都失败了,均与实验曲线不相符合。1900 年,普朗克找到了一个纯经验公式,该公式与实验结果很相符。为了从理论上推导出该公式,他做了与经典理论相矛盾的假设:

(1)黑体的腔壁是由无数个带电的谐振子组成的,这些谐振子不断地吸收辐射电磁波,来与腔内的辐射场交换能量。

(2)这些谐振子所具有的能量是分立的,它的能量与其振动频率 ν 成正比,其关系可以写成 $\varepsilon = h \cdot \nu$,式中的 $h = 6.6260755 \times 10^{-34}$ J·s,h 称普朗克常数。当谐振子与腔壁内的辐射场交换(吸收或辐射)能量时,也只能改变 ε 的整数倍。ε 是谐振子能量的最小单位,即量子。而这些分立值是最小能量 ε 的整数倍,即 $\varepsilon, 2\varepsilon, 3\varepsilon, \cdots, n\varepsilon$ 其中 n 为正整数。

略去复杂的推导过程,最终的关系式为

$$M_{\lambda, T} = c_1 f(\lambda, T) = \frac{c_1}{\lambda^5 (e^{\frac{c_2}{\lambda T}} - 1)} \tag{3.17}$$

式中,c_1 称为第一辐射常数,$c_1 = 2\pi h c^2$;c_2 称为第二辐射常数,$c_2 = \dfrac{h \cdot c}{k}$,$k$ 为玻耳兹曼常数,c 为真空中的光速。

这就是描述全辐射体的光谱辐射出射度与波长和温度之间关系的普朗克定律,通常又称普朗克辐射公式。

由于黑体是朗伯体,有 $L_\lambda = M_{\lambda, T} / \pi$ 的关系,因此,若用辐射亮度来表示,则有

$$L_\lambda = \frac{c_1}{\pi \lambda^5 (e^{\frac{c_2}{\lambda T}} - 1)} \quad (\mathrm{W}/(\mathrm{m}^2 \cdot \mu\mathrm{m} \cdot \mathrm{sr})) \tag{3.18}$$

后来证明,斯忒藩－玻耳兹曼定律也好,维恩位移定律也好,均可从普朗克定律中导出。

3.3 有关辐射的其他定律

3.3.1 平方反比定律

设点辐射源向各个方向发射出的辐射总通量为 Φ，在距离点源 R 处，以点源为球心的球面上的辐照度 E_R 为：

$$E_R = \frac{\Phi}{4\pi R^2} \cdot \frac{1}{2} \tag{3.19}$$

而在距点源 r 处，以点源为球心的球面上的辐照度 E_r 则为：

$$E_r = \frac{\Phi}{4\pi r^2} \cdot \frac{1}{2} \tag{3.20}$$

从式(3.19)和式(3.20)可以得出：

$$\frac{E_R}{E_r} = \frac{r^2}{R^2} \tag{3.21}$$

这表明，受点辐射源照射表面的辐照度与距辐射源的距离平方成反比。从图 3.4 中可以更直观地看出。

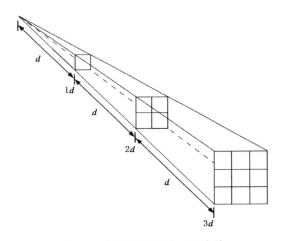

图 3.4　辐照度的平方反比定律

在太阳辐射测量中，一向将太阳视为点辐射源，并运用平方反比定律进行日地距离的订正。从第 1 章的介绍中可知，日地间的距离并非是个常数，如果进行日射测量的目的仅在于了解能量问题，自然无须订正；如果测量的目的在于了解大气透明度，则必须排除日地距离的影响，因而就需要将测量结果订正到日地平均距离处去比较。根据平方反比定律，可以写出下式：

$$E_{R_0} = (R/R_0)^2 \cdot E_R = AU^2 \cdot E_R \tag{3.22}$$

式中，E_{R_0} 为日地平均距离处的太阳直射辐照度，E_R 为某日实际测量的太阳直射辐照度，而 AU^2 可直接用式(1.6)按具体日期计算得出。

应当特别注意的是，在不同的文献中，所用的参数可能不同。国外文献中经常使用的是太阳偏心率[①]$(R_0/R)^2$，而其中的实际日地距离是依据以准确度优于 10^{-4} 公式计算出来的（WMO，1996）；而在本书第 1 章中所介绍的，则使用的是我国天文年历中提供的逐日地球向径$(R/R_0)^2$，作为拟合公式的基础数据。区分二者并不困难，首先，二者之间呈倒数关系；其次，只需计算出 1 月 1 日（靠近近日点）的数值即可分辨出来，如果数值小于 1，用的就是地球向径；反之，用的则是偏心率。二者之间，虽然关系比较简单，但在使用中，则需要特别注意，因为既有将观测日的 E_R 订正到日地距离平均处的情况，也有将 E_0 订正到具体日期的情况。虽然二者均为简单的乘除关系，但极容易相混。不过只要记住了 1 月初是近日点，就不难做具体推断了。例如，需要将利用太阳常数的计算结果订正到某一具体日期。首先，就可假定具体日期就是 1 月初，由于此时是近日点，结果一定会比日地平均距离处的数值大；其次，请读者按自己所掌握的公式计算订正系数，凡订正系数＜1 必定为地球向径，订正系数＞1 则是偏心率。前者是相乘的关系，后者则要相除。最后，再将这种算法关系推广至实际日期。根据同样的原理，也可将测量结果订正到日地平均距离处，以利于数值比较。

3.3.2　朗伯定律

　　辐射源的辐射亮度通常会随观察方向而变化。当然也有与方向无关的，如太阳。这类辐射亮度与射出方向无关的辐射源，称为余弦辐射体，简称朗伯体。

　　这是朗伯在 18 世纪通过观察太阳发现的。目视观察太阳，虽然太阳是个球体，实际上又好像一个发光的扁平圆盘，它从边缘到中心的亮度是均匀的。因此，朗伯认为，其辐射强度正比于表观面积 A，即正比于实际面积与方向角余弦的乘积，即：

$$I_\theta = L_\theta \cdot A \cdot \cos(\theta) \tag{3.23}$$

　　假如这个面辐射源的亮度在各方向上都相等，即亮度与方向无关，则 L_θ 的下角标 θ 可以取消，即 $L_\theta = L = $ 常数。这样，式（3.23）就变为

$$I_\theta = L \cdot A \cdot \cos(\theta) \tag{3.24}$$

现定义 I_θ 为这个面元法线方向上的辐射强度，即 $I_0 = L \cdot A$。式（3.24）变为：

$$I_\theta = I_0 \cdot \cos(\theta) \tag{3.25}$$

根据式（3.25）可以绘出朗伯发射面的光强分布曲线（图 3.5），它是一个与发射面相切的圆。实践中，通常也是通过测量来判断一个发光面或漫反射面与理想朗伯面的接近程度。黑体是理想的朗伯体，辐射测量中经常用到的漫射器（如乳白玻璃等）在很大程度上也接近朗伯体。

3.3.3　朗伯余弦定律（Lambert's cosin law）

　　任意一个表面上的辐照度随该表面法线和辐射能传输方向之间夹角的余弦而变化，即

$$E_- = E_\perp \cdot \cos(z) \tag{3.26}$$

　　余弦定律在太阳辐射测量中应用最多的地方，就是根据直接日射辐照度的实测值 E，求出水平面上的相应辐照度 E_-（图 3.6）。鉴于日射测定中更常使用的是太阳高度角 $h_\odot$，所以余弦定律实际应用的公式为：

$$E_- = E \cdot \sin(h_\odot) \tag{3.27}$$

---

①　在 1.2.2.1 节中定义的偏心率（e），是严格遵循几何学的。WMO《气象仪器和观测方法指南》中在此处定义的偏心率不知源自何处，但由于该《指南》所具有的权威性，我们只能保留其原貌，并作此说明。

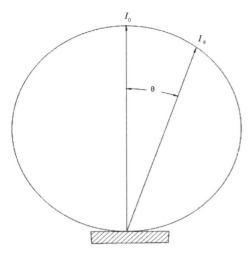

图 3.5 朗伯发射面的辐射强度分布曲线

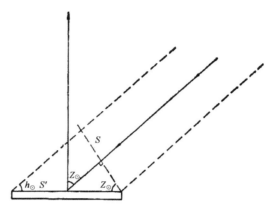

图 3.6 余弦定律在日射测量中的应用

3.3.4 布格—朗伯定律(Bouguer-Lambert's law)

3.3.4.1 均质大气

所谓均质大气乃是有条件的大气,它是假设空气密度不随高度变化的一种模式大气。在此大气中空气的密度(体积质量)ρ 到处相同,成分也与实际大气无异,而地面气压 p 亦与实际大气相同。二者的区别仅在于均质大气的高度 H_A 是一个完全确定的数值,并满足式(3.28):

$$H_A = p/(\rho \cdot g) \tag{3.28}$$

式中,g 为重力加速度。

由式(3.28)可知,在密度 ρ 不变的情况下,各地均质大气的高度仅与当地的气压成正比。在标准大气压下($p_0 = 1013.25$ hPa,$g_0 = 980.6$ cm/s^2,$\rho_0 = 1.2923$ g/cm^3),$H_{A0} = 7996$ m$\approx$ 8 km。由式(3.28)不难导出,

$$\frac{H_A}{H_{A0}} = \frac{p}{p_0} \tag{3.29}$$

这种以有条件的均质大气来替换实际大气的做法,对于各种日射计算结果,并不会带来任何歪曲,同时却使计算大大简化。有关均质大气的意义和使用这一概念的合理性即在于此。

3.3.4.2 大气光学质量

引入均质大气概念后,虽然可将太阳穿过大气层的路径用长度单位(m 或 km)表示出来,但是,在日射测定中,经常使用计量光程长短的单位不是长度,而是所谓的大气光学质量。大气光学质量(有时也简称大气质量)是以太阳位于天顶时整层大气的光程为单位,去度量太阳位于其他位置时的光程。这样所得到的数字就是太阳在该位置下的大气质量数。

应当指出,这个术语并不恰当,也不严格,因为这里根本与"质量"无关,它只是一个长期沿用的习惯说法。

另外,海拔高度不同的地区,气压就会不同,尺度也就有了改变。因此,大气光学质量就有了相对与绝对之分。所谓绝对大气光学质量,就是以标准状态下的海平面大气为尺度所衡量出来的结果,以 M 表示,而相对大气光学质量则是以当地具体气压状态下的大气为尺度所衡

量出来的结果,以 m 表示。

根据式(3.29)和大气光学质量的定义不难导出:

$$\frac{M}{m} = \frac{p_0}{p} \tag{3.30}$$

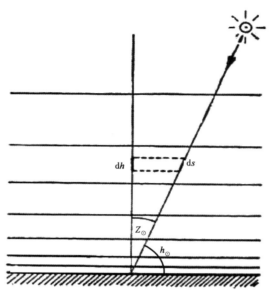

图 3.7　大气光学质量推导示意

如果忽略地球曲率和大气折射的影响,从图 3.7 可导出式(3.31)

$$ds = \frac{dH_A}{\cos(Z_\odot)} = \frac{dH_A}{\sin(h_\odot)} \tag{3.31}$$

进而可得出:

$$ds = \frac{dH_A}{\sin(h_\odot)} \tag{3.32}$$

这是未考虑大气折射(n)情况下所得出的,因此只能算是一级近似。不过,在太阳高度角大于 30° 的情况下,它还是可用的;但在太阳高度角小于 30° 的情况下,就需要考虑地球曲率、大气折射率以及大气密度随高度的变化等一系列因素的影响了。这涉及一系列复杂的数学计算,在这里就不详细介绍了,m 与 $h_\odot$ 之间的计算结果由《太阳辐射能的测量与标准》的附录 1 可供查找(王炳忠,1988)。下面仅给出 WMO 在《气象仪器和观测方法指南》(第六版)(WMO,1996)中介绍考虑大气折射的经验关系表达式:

(1)对于天顶角($Z_\odot$)小于 75° 时,可表示为:

$$n = \frac{0.00452 \cdot p \cdot \tan(Z_\odot)}{273 + T} \tag{3.33}$$

这里 $Z_\odot$ 是以 ° 表示的天顶角,p 是以 hPa 表示的气压,T 是以 ℃ 表示的温度。

(2)对于天顶角大于 75° 时,推荐的公式为:

$$n = \frac{p(0.1594 + 0.0196\, h_\odot + 0.00002\, h_\odot^2)}{(273 + T)(1 + 0.505\, h_\odot + 0.0845\, h_\odot^2)} \tag{3.34}$$

这里 $h_\odot$ 是太阳高度角($h_\odot = 90° - Z_\odot$)。

3.3.4.3　布格—朗伯定律

当光透射过透明介质时,必然会因受到介质的吸收和散射而衰减。1729 年法国物理学家布格(Bouguer)通过试验发现,介质对光的吸收与吸收介质的厚度有关。它给出的数学表达式为:

$$\Phi = \Phi_0 \cdot D^B \tag{3.35}$$

式中,Φ_0 为入射光通量,Φ 为出射光通量,D 为表示介质透明程度的系数,B 为介质的厚度。1760 年德国物理学家朗伯进行了进一步的研究,指出光通量的相对变量 $\mathrm{d}\Phi/\Phi$ 应与介质层的厚度 $\mathrm{d}B$ 成正比,即

$$\frac{\mathrm{d}\Phi}{\Phi} = -\tau \mathrm{d}B \tag{3.36}$$

经数学演算,最终得到

$$\Phi = \Phi_0 \, \mathrm{e}^{\tau \mathrm{d}B} \tag{3.37}$$

这就是布格—朗伯定律。应当指出,该定律严格地讲只适用于单色光的情况,所以应写成

$$\Phi_\lambda = \Phi_{0,\lambda} \, \mathrm{e}^{-\delta_\lambda B} \tag{3.38}$$

用于直射辐照度透过大气时,则有

$$E_{m,\lambda} = E_{0,\lambda} \, \mathrm{e}^{-\delta_\lambda m} \tag{3.39}$$

式中的 m 就是大气光学质量,δ_λ 称特定波长处的光学厚度,它可由多种成分组成。这是利用辐射测量研究大气气溶胶的基础公式。此定律也常称作比尔定律或布格—朗伯—比尔定律。

3.3.4.4　林克混浊因子(T_L)

大气浑浊度虽已有更好的表达方式(参见 12 章),但是,在一些应用中,有时还是会遇到使用林克混浊因子的情况,例如在参加世界辐射中心组织的国际绝对辐射表比对活动中,规定只在林克混浊因子小于 5 的情况下进行比对;超过的时候,应将该数据剔除;日照测量中也会涉及其数值的确定(参见第 13 章)。主要是由于它的计算比较简单,无需添加专门的设备,又可以充分利用现有的辐射测量数据,因而得到了较广泛的应用,特别是西欧、日本等国。早在1957 年举办国际地球物理年之际,就曾出版过指导手册,其中就包括这方面的内容。所以有介绍的必要。

在式(3.39)中,如果不细致地去考虑波长的话,也可以简化成:

$$E_m = E_0 \cdot P_m \tag{3.40}$$

式中 P_m 称为大气透明系数。但是由于大气透明系数具有虚拟日变程,即尽管实际的大气透明度没有改变,P_m 仍会有一定的日变化,所以未经处理过的透明系数,严格地说,不同时间得到的测量值,彼此是不能比较的。为了解决此问题,林克提出了以混浊因子 T_L,作为度量大气混浊程度的指标(Кандратьев,1956)。所谓混浊因子(T_L),就是当地实际大气的消光系数与当地理想大气的消光系数之比。

由于大气系由多种成分组成,各种成分对通过的太阳辐射的影响是不同的,其中包括分子散射(R)、臭氧吸收(O)、二氧化碳和氮气吸收(X)、水汽吸收(W)和气溶胶吸收(A)等,所以对一般大气而言,则有

$$\bar{a}(m) = \overline{a_R}(m) + \overline{a_O}(m) + \overline{a_X}(m) + \overline{a_W}(m) + \overline{a_A}(m) \tag{3.41}$$

而对于理想大气而言,则上式可以写成:

$$\overline{a_L}(m) = \overline{a_R}(m) + \overline{a_O}(m) + \overline{a_X}(m) \tag{3.42}$$

　　根据定义，T_L 就是在干洁大气中，若达到与实际大气相同的混浊程度时，所要求增加干洁大气的倍数，即

$$T_L(m) = \bar{a}(m) / \overline{a_L}(m) \qquad (3.43)$$

$$T_L(m) = \frac{\ln E_0 - \ln E(m)}{\ln E_0 - \ln E_L(m)} \qquad (3.44)$$

　　由于理想大气的数值可依据理论事前计算出来，上式则可改写成：

$$T_L(m) = P_m \ln(E_0 / E_L(m)) \qquad (3.45)$$

式中

$$P_m = \frac{1}{\ln E_0 - \ln E_m} = -\frac{1}{m \ln P_r} \qquad (3.46)$$

由此可见，P_m 既取决于 E_0，也取决于理想大气中的太阳辐射值 $E_L(m)$。关键是不同的研究者所给出的 P_m 值互有出入。刘庚山（1998）所能收集到的资料有如下几种：

　　（1）国际地球物理年指导手册提供的查算表（以 IGY 表示）（IGY Instrnction Manual part Ⅵ 1958）；

　　（2）日本气象厅地面气象观测常用表（以 JMT 表示）；

　　（3）Kasten（1989；1996）提出的计算公式（分别以 KAS1 和 KAS2 表示）；

　　（4）Louche 提供的计算公式（Louche，1986）（以 LPI 表示）；

　　（5）Grenier C 等的查算表（Grenier，1994）（以 GDC 表示）；

　　（6）王炳忠分别于 1982 和 1991 年提供的查算表（以 WBZ1 和 WBZ2 表示）。

　　何以出现这些差异？日本气象常用表由于未作说明，所以无从讨论；国际地球物理年手册中，明显忽略了臭氧和其他气体对辐射的吸收。表 3.2 中后 5 种的组内差异，主要与考虑大气中其他微量气体对太阳辐射消光作用的详尽程度不同有关，其趋势是随着时间的演变数值在逐步降低。但总体上讲，差异不大。不过，需要提醒的是，由于计算公式中均含有 E_0，而其取值，各个作者并未明确，这也是导致出现差异的原因之一，应予关注。

表 3.2　　各种方法得出的 P_m 值比较（王炳忠 等，1982）

m	IGY	JMT	KAS(1)	WBZ(1)	LPI	GDC	KAS(2)	WBZ(2)
1	23.20	23.70	23.71	18.92	18.87	18.32	18.75	18.01
2	12.90	12.90	12.89	11.36	11.09	11.11	11.17	10.69
3	9.35	9.36	9.29	8.55	8.36	8.37	8.42	7.96
4	7.55	7.52	7.48	7.04	6.92	6.90	6.96	6.51
5	6.46	6.44	6.40	6.10	6.00	5.98	6.04	5.60

　　这里需要指出的是，上面介绍的所有方法，无一例外的仍对 m 有依赖。由于 m 时刻在变化，这就使得不同时刻计算出来的 T_L 值之间，缺少可比性。2002 年 Ineichen et al.（2002）研究出一种新的计算法，可以免除上述对大气质量的依赖性。从而得到了新版国际标准 9060（草案）的推荐。其具体计算公式是：

$$T_{LI} = [11.1 \cdot \ln(b \cdot E_0 / B_{ncI}) / am] + 1 \qquad (3.47)$$

式中 b 是根据测站高度引入的系数，其具体算法是：

$$b = 0.664 + 0.163 / f_{hl} \qquad (3.48)$$

而

$$f_{hl} = \exp(-H / 8000) \qquad (3.49)$$

这里 H 为测站高度（单位：m）。这一想法引自 Kasten（1984）。在该文献中，还介绍了使用总

辐射照度来计算林可混浊因子的方法,感兴趣者可参阅原文献。

3.4　定律应用举例

前面讲了一些定律,一些应用已在文中给出,进一步还能如何应用? 下面就以一个对太阳辐射测量很有实际意义的个例来说明。

日面的温度到底是多少? 这个问题可以利用斯忒藩—玻耳兹曼定律和平方反比定律来推定。根据上述两项定律可以写出式(3.50):

$$T_{sun} = \left(\frac{E_0 \cdot R_0^2}{\sigma \cdot R_s^2} \right)^{\frac{1}{4}} \tag{3.50}$$

式中,E_0 为太阳常数,就是日地平均距离处大气上界所接收到的直接日辐射照度,WMO 1981 年的推荐值为 1367 W/m² (WMO CIMO, 1981);不过,2016 年国际天文学联合会确定该值为 1361 W/m²。R_0 为日地平均距离,取值 149597890 km,R_s 为太阳半径,取值 695980 km。将上述数值代入式(3.50),可得太阳表面温度为:5771K。这比 TSI 采用 1367 W/m² 所计算的结果低 6 K(Iqbal,1983)。

参考文献

刘庚山,1998. 基于最新数据的林克混浊因子 TL 的计算[J]. 太阳能学报,**19**(1):92-97.

王炳忠,潘根娣,1982. 我国大气混浊因子的计算及其分布[J].气象,**1**:6-8.

王炳忠,1988. 太阳辐射能的测量与标准[M]. 北京:科学出版社.

王炳忠,刘庚山,1991. 关于林克混浊因子 TL 的计算方法[J].气象,**17**(4):18-21.

中华人民共和国国家标准,1994. 量和单位,GB 3100～3102-93[S].北京:中国标准出版社.

中华人民共和国国家标准,2007. 太阳能热利用术语,GB/T 12936—2007[S].北京:中国标准出版社.

日本气象厅,地上气象观测常用表[M].

Grenier J C,De La Casiniere A,Cabot T,1994. A spectral model of Linke's turbidity factor and its experimental implications[J]. *Solar Energy*,**52**:303-314.

IGY Instruction Manual Part Ⅵ. Radiation instrument and measurements. Annals of the International Geopysical Year,Vol. Ⅴ. 1958.

Ineichen P,Perez R,2002. A new airmass independent formulation for the Linke turbidity coefficient[J]. *Solar Energy*,**73**:151-157.

Iqbal M,1983. *An Introduction to Solar Radiation*[M].Salt Lake City:Acadimic press.

Kasten F,Young A T,1989. Revised optical air mass tables and approximation formula[J]. *Applied Optics*,28,no. 22,pp 4735-4738,15 Nov.

Kasten F,1996. The Linke turbidity factor based on improved values of the integral rayleigh ptical thickness [J]. *Solar Energy*,**56**(3):239-244.

Louche A,Peri G,Iqbal M,1996. An analysis of Linke turbidity factor[J]. *Solar Energy*,**37**:393-396.

WMO CIMO,1981. Abridged final report of the eighth session,Mexico,WMO No. 590.

WMO,1996. Guide to meteorological instruments and methods of observation,6-th edition. WMO No. 8.

WMO,2014. Guide to meteorological instruments and methods of observation,7-th edition. WMO No. 8.

Кандратьев К Я,1956. Лучстая энергия сонца. Гидрометиздат. Ленинград.

4　气象辐射量及其测量仪器

4.1　气象辐射量及其分类

本节所讨论的各种辐射量,除特殊说明的之外,均指水平面上的半球向辐射量。当然,在具体使用中,由于仪器安装状态不同,也可以是倾斜面上的或水平面向下的半球向辐射量。所用的专有名词均依照 GB/T 12936—1991 中所定义的。

4.1.1　按辐射源分类

4.1.1.1　太阳辐射

太阳所发射的辐射称为太阳辐射。当太阳辐射通过地球大气时,会受到大气的吸收和散射而衰减。由于太阳辐射中 97% 以上的能量集中在波长 3 μm 以下的范围内,波长相对较短,故太阳辐射又称短波辐射,也可简称日射。太阳辐射又可细分为:

（1）直接日射:世界气象组织（WMO）将法向直射定义为使用 5°视场（FOV）的直接日射表测到的来自太阳及其环日天空的辐射量。在没有大气散射的情况下,太阳将只拥有一个大约 0.5°的视场。因此,法向直射包括日面附近的前向散射辐射（也称环日辐射）。散射影响的可变性与观测时的大气成分一样变化多端。图 4.1 以环日望远镜测量无云的天空为例,说明这种效应（Grether et al. , 1975）。从美国加利福尼亚州的巴斯托和佐治亚州的亚特兰大,五个瞬间测得太阳直射的相对亮度,作为日面中心角的函数。图 4.1 中为方便起见,显示了两种常用的直接日射表的视场角。它是指从日面及其周围一小立体角（从太阳中心向外扩展的半开敞角约 2.5°,相当于 6×10^{-3} 球面度（sr））内发出并入射到与该立体角轴线相垂直平面上的辐射。如果仅从图 4.1 的测量结果看,腔体辐射表与工作用辐射表之间的差异并不大。这是在能见度极好的情况下的测量结果;如果大气透明度不好,则差别就会大起来,并且会越来越大,以致会影响测量结果。正因为有影响,在 WMO《气象仪器和观测方法指南》（WMO,2014）中才对直接日射表进光筒的尺寸作了硬性规定。

（2）散射日射:散射日射是指太阳辐射通过大气时被空气分子、各种悬浮微粒以及云分散成无方向性的、但不改变其单色组成的辐射,以相应的辐射度量加下标 d 表示,如 E_d、H_d 等。

（3）总日射:总日射是指水平面从 2π 球面度立体角（半球向）接收到的太阳辐射,对于水平放置的总日射表来说,它所测量的,实质上包括直接日射的垂直分量和水平面上接收到的散射日射,用相应的辐射度量加下标 g 表示,如 E_g、H_g 等。根据定义,可以写出经常使用的下式:

$$E_g = S \cdot \sin(h_\odot) + E_d \tag{4.1}$$

（4）反射日射:反射日射是指被地表面反射的太阳辐射,以相应的辐射度量加下角标 r 表示,如 E_r、H_r 等。

(5)半球向日射:前面介绍的各项日射,除了直接日射外,其他全是半球向的,之所以再次将其单立一项,是因为从太阳能利用角度看,一般气象部门提供的辐射数据,是难于直接使用的。因为各种太阳能装置,无论是光热利用,还是光电利用,为获得最大效益,一般太阳能利用装置都是倾斜放置的。

这里应当注意的是,用直接日射表测到的结果,是垂直于光线入射面上的量值,因此,也称法向入射量。而其他各项辐射量,则是仪器处于水平状态下进行测量的。直射与总辐射之间存在着构成关系,直射成分存在着水平和法向两种量值。法向直射辐照度,国际上习惯使用英文 Direct Normal Irradiance 的缩写 DNI 表示;而水平散射辐照度则用 Diffuse Horizontal Irradiance的缩写 DHI 表示;水平总辐射辐照度则用 Global Horizontal Irradiance 的缩写 GHI 表示。

这样,式(4.1)也可改写为:

$$GHI = DNI \cdot \sin(h_\odot) + DHI \tag{4.2}$$

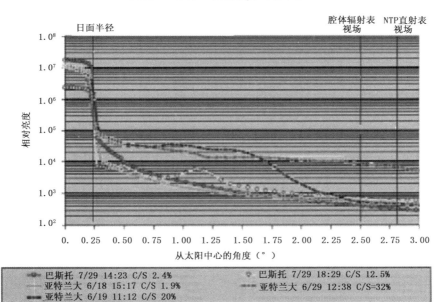

图 4.1　美国加州巴斯托和佐治亚州亚特兰大用环日望远镜测量

太阳亮度结果(见彩图)(Grether et al. , 1975)

4.1.1.2　地球辐射

地球辐射是指地球上存在的物质(如地物、水体和大气等)所发射的辐射。由于地球作为一个整体,是一个具有近 300 K 温度的辐射体,其辐射能量的 99% 集中在大于 3 μm 的波长范围内,所以又称长波辐射,以相应的辐射度量加下角标 l 表示,如 E_l、H_l 等。地球辐射又可细分为:

(1)地面辐射:地面辐射是指地球表面上的地物所发射的长波辐射。其方向可以是任意的。

(2)大气辐射:它是指地表以上的空气、悬浮的微粒和云本身所发射的辐射。其方向既可能是向上的,也可能是向下的,主要根据测量器具所放置的位置及其感应面的朝向。

由于太阳辐射和地球辐射的光谱分布重叠部分非常小(图 4.2),所以在测量和计算中往往分别处理。在气象学中,将上述两种辐射之和称为全辐射。

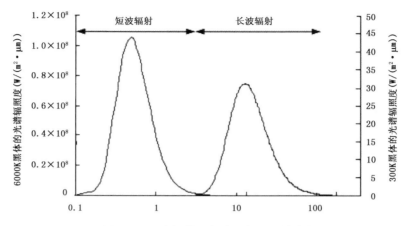

图 4.2　短波辐射和长波辐射的光谱分布

4.1.1.3　全辐射

全辐射是短波辐射与长波辐射之和的总称。

4.1.2　按接收方向分类

首先,应确定一个基准面,所谓向上辐射和向下辐射,首先,都是相对于基准水平面而言的。

其次,除直接日射属于法向辐射外,这里所说的辐射均指半球向辐射,即接收面以上或其以下 2π 立体角范围内的辐射。这里所说的辐射,既包括短波辐射,也包括长波辐射,所以必要时应说明波长范围。也就是说,除太阳的直接日射随时间有固定的方向性变化外,其余各种辐射由于其具有漫射特性,均可构成半球向辐射。所以涉及半球向辐射时,均需指出接收面的倾角和方位角。

4.1.2.1　向下辐射

方向向下的太阳辐射和地球辐射,具体包括直接日射、散射日射和向下的大气辐射,以相应的辐射度量加↓表示。例如式(4.1):

$$E_g\downarrow = S \cdot \sin(h_\odot) + E_d\downarrow \tag{4.3}$$

不过,在不会引起歧义的情况下,符号↓可以省略。

目前国际上,习惯将总日射称作向下的短波日射。

4.1.2.2　向上辐射

方向向上的太阳辐射和地球辐射,具体包括地表本身发射的辐射、测量高度与地表之间空气层所发射的辐射,以及地表反射的直接日射、散射日射和大气辐射。它以相应的辐射度量加↑表示。向上的地球辐射量值与测量基准面距离地表的绝对高度密切相关,基准面的高度越高,由于气层越厚,向上辐射的量值越大;反之亦然。对于气象站在 1.5 m 高度上测量的向上辐射来说,可以认为仅包括反射日射和地表发射的辐射。

目前国际上,也习惯将反射日射称作向上的短波日射。

4.1.2.3 净辐射

向下辐射与向上辐射之差,以相应的辐射度量加 * 表示,如 E^* 和 H^*。净辐射又可细分为:

(1)净短波辐射:净短波辐射是指总日射与反射日射之差,也称净太阳辐射。

(2)净长波辐射:它是指向下的大气辐射与向上的地球辐射之差。

(3)净全辐射:净全辐射是指向下的全辐射与向上的全辐射之差,旧称辐射平衡。由于这里无任何平衡的含义,故不宜再使用。但在阅读旧版书籍时,有可能会遇到。

4.1.2.4 斜向辐射

在实际使用中,所感兴趣的平面可能不是水平面,如太阳能部门(北半球)更关心的是南向斜面上的半球向辐射能量,而建筑部门则更关心各个朝向垂直面上的半球向辐射能量。由于要求各异,无法一一给出具体的定义。但是,原则上应指出,如果接收面不呈水平状(如仪器朝南),则测量到的除直射和散射外,必然包括部分地表反射的日射。

而设备一旦倾斜放置,则需要了解入射到感应面上的辐照度。对于聚光系统,直接日射是最有代表性的需要测量或估算的能量;而对于非聚光的平板采集器来说,则需要倾斜面上的半球向辐照度 Hemispherical Tilted Irradiance(HTI)(国外称之为倾斜面上的总辐照度(GTI))。由于英文 Global 一词通常具有全球的意思,译为"总",实际上是太阳辐射所特有含义(即直射+散射)。如果采集面倾斜放置,实际上,除了直射和散射外,还需再加上一部分反射。这样的总辐射含义太过宽泛了,容易引起歧义,故不建议使用。

同理,计算倾斜面上 HTI 的常用公式可写为:

$$HTI = DNI \cdot \sin(h_\odot) + DHI \cdot (1 + \cos(T))/2 + GHI \cdot \rho \cdot (1 - \cos(T))/2 \quad (4.4)$$

式中 T 是倾斜面对地平面的倾斜角;ρ 是倾斜面所面向的前方地面的平均反射比。需要注意的是,公式(4.4)还隐含着一层未经明确说明的意思,即周围环境是各向同性的。而实际上,这部分反射更多的是各向异性的。

4.1.3 按辐射波长分类

(1)短波辐射:根据世界气象组织出版的《国际气象词典》,短波辐射定义为波长小于 4 μm 的辐射,可是由于受各种辐射表的窗口材料限制的缘故,一般玻璃材料制品的截止波长大约均在 3 μm,所以经常使用的短波辐射的截止波长定义为 3 μm。实际上它就是太阳辐射的主要部分。所以也可将太阳辐射简称为短波辐射(ISO 9060,2017)。

(2)长波辐射:根据世界气象组织出版的《国际气象词典》,长波辐射被定义为波长大于 4 μm 的辐射,它是地球辐射所涵盖的部分。

(3)全波辐射:实际上就是对上述两部分之和的统称。

实际上,3~4 μm 波段辐射的处境比较尴尬,对于短波辐射来说,它已是"强弩之末"。由于玻璃罩的缘故测量不到它,这对于短波辐射来讲,倒也无伤大雅;可是对于长波辐射来说,由于它过于"强悍",如果不将其去除,对长波辐射的测量来说,形成的干扰可能是"致命"的。

4.2 气象辐射量的符号

气象辐射量的符号、关系式、单位及相应的说明列于表 4.1。表 4.1 中的内容摘自世界气象组织出版的《气象仪器和观测方法指南》(WMO，2014)相关章节，所用到的辐射量的名称和符号与国标 GB 3102.6—93(国家标准，1994)和国标 GB/T 12936—2007(国家标准，2007)中所规定的相一致，但也结合气象应用的特点和实际，作了适当的删减或标注。

表 4.1 气象辐射量的符号、名称和单位(WMO，2014)

量	符号	关系式	名称及说明	单位
向下辐射	$\Phi\downarrow$	$\Phi\downarrow = \Phi_g\downarrow + \Phi_l\downarrow$	向下辐射通量	W
	$Q\downarrow$	$Q\downarrow = Q_g\downarrow + Q_l\downarrow$	向下辐射能	J(Ws)
	$M\downarrow$	$M\downarrow = M_g\downarrow + M_l\downarrow$	向下辐射出射度	W/m²
	$E\downarrow$	$E\downarrow = E_g\downarrow + E_l\downarrow$	向下辐照度	W/m²
	$L\downarrow$	$L\downarrow = L_g\downarrow + L_l\downarrow$	向下辐亮度	W/m² · sr
	$H\downarrow$	$H\downarrow = H_g\downarrow + H_l\downarrow$	对特定时段的向下辐照量	J/m² · 时段
向上辐射	$\Phi\uparrow$	$\Phi\uparrow = \Phi_r\uparrow + \Phi_l\uparrow$	向上辐射通量	W
	$Q\uparrow$	$Q\uparrow = Q_r\uparrow + Q_l\uparrow$	向上辐射能	J(Ws)
	$M\uparrow$	$M\uparrow = M_r\uparrow + M_l\uparrow$	向上辐射出射度	W/m²
	$E\uparrow$	$E\uparrow = E_r\uparrow + E_l\uparrow$	向上辐照度	W/m²
	$L\uparrow$	$L\uparrow = L_r\uparrow + L_l\uparrow$	向上辐亮度	W/m² · sr
	$H\uparrow$	$H\uparrow = H_r\uparrow + H_l\uparrow$	对特定时段的向上辐照量	J/m² · 时段
总日射	$E_g\downarrow$	$E_g\downarrow = S\sin(\theta_\odot) + E_d\downarrow$	水平面上半球向辐射($\theta_\odot$＝太阳视在天顶角)	W/m²
天空辐射 向下散射日射	$\Phi_d\downarrow$ $Q_d\downarrow$ $M_d\downarrow$ $E_d\downarrow$ $L_d\downarrow$ $H_d\downarrow$		下标 d＝散射	针对 向下辐射
向上/向下长波辐射	$\Phi_l\uparrow, \Phi_l\downarrow$ $Q_l\uparrow, Q_l\downarrow$ $M_l\uparrow, M_l\downarrow$ $E_l\uparrow, E_l\downarrow$ $H_l\uparrow, H_l\downarrow$		下标 l＝长波。如果只考虑大气，可以加下标 a，例如，$\Phi_{l,a}\uparrow$	针对 向下辐射
太阳反射辐射	$\Phi_r\uparrow$ $mQ_r\uparrow$ $mM_r\uparrow$ $mE_r\uparrow$ $mL_r\uparrow$ $mH_r\uparrow$		下标 r＝反射(可以用下标 s(镜面的)和 d(散射的)，如果要在这两个部分之间做出区分的话)	

量	符号	关系式	名称及说明	单位
净辐射	Φ^*	$\Phi^* = \Phi\downarrow - \Phi\uparrow$	如果仅考虑短波或长波净辐射量,则将下标 g 或 l 加到每个符号上	
	Q^*	$Q^* = Q\downarrow - Q\uparrow$		
	M^*	$M^* = M\downarrow - M\uparrow$		
	E^*	$E^* = E\downarrow - E\uparrow$		
	L^*	$L^* = L\downarrow - L\uparrow$		
	H^*	$H^* = H\downarrow - H\uparrow$		
太阳直射辐射	E	$E = E_0 \tau$ $\tau = e^{-\delta/\cos\theta_\odot}$	$\tau =$ 大气透射比 $\delta =$ 光学厚度(垂直方向)	W/m²
太阳常数	E_0		归一化到日地平均距离的太阳辐照度	W/m²

注:a,符号＋和－可被用来代替↑和↓(例如,$\Phi^+ = \Phi\uparrow$)。

　　b,出射度是从单位面积发出的辐射通量;辐照度是单位面积接收的辐射通量。对于通量密度通常使用符号 M 或 E。虽然没有特别建议,符号 F,定义为 Φ/面积,也可以被引入。

　　c,在倾斜表面的情况下,$\theta_\odot$ 是表面垂线和太阳的方向之间的夹角。

4.3　气象辐射传感器

测量辐射能有多种方法,各种方法基本上都是建立在利用传感器将辐射能转变成其他不同形式的、便于测量的物理量基础上的。在太阳辐射测量中,应用最广泛的辐射传感器有热电传感器和光电传感器两大类。前者利用辐射的热效应,而后者则利用的是电效应。

4.3.1　辐射传感器分类

4.3.1.1　按原理分类

气象辐射传感器按原理可分为两种类型:热电型和光电型。

(1)热电型:利用传感器表面的黑色涂层吸收入射的辐射能,将其转换成热能,进而利用温度上升引起的传感器电参数的规律性变化进行测定,这就是热电型传感器的工作原理。由于黑色涂层对各种波长的辐射能具有基本一致的响应,因此,迄今为止在日射测量中,热电型传感器一直居主导地位。

提高对辐射的吸收能力,降低热惯性是对这类传感器的共同要求。传感器的热惯性愈小,吸收单位辐射能后所引起的升温就愈大。因此,大多数传感器的体积较小,但测量相应的电参数却不同,这是对此类传感器分类的主要依据。

①热电堆:在两种导体(或半导体)组成的闭合回路中,如果两个接点的温度不同,回路中就会有电流产生,这就是热电偶。它所产生的电势称为温差电势或塞贝克电势。

实验证明,当材料选定后,热电势的大小就仅与两接点的温差有关。一般的金属材料,每度温差所产生的热电势从几微伏到几十微伏,半导体材料的则要高一些。由于单个的热电偶产生的热电势有限,为了提高灵敏度,常将多个热电偶串联起来,构成热电堆。

提高传感器灵敏度的途径有增加串联热电偶的数量、提高黑色涂层的吸收比、加大传感器与环境之间的热阻、减小负载电阻和传感器自身的电阻。

应当指出,上列各种途径都是相对的。这主要是受到制作工艺的限制,例如:在有限的体积内,不可能无限增加热电偶对数。其次,目前最优涂料的吸收比已达 98%～99%,几乎无再增加的余地;再者,由于仪器的性能大多不是孤立的,而是相互影响的,往往在改善了某一性能的同时,却导致另一性能的下降,例如:灵敏度高与响应速度快就是相互矛盾的。另外,灵敏度高与其线性度也是相互矛盾的。因此,在实际操作中,只能采取折中的方式。

热电堆按制作方式的不同,可分为如下几种:

(a)焊接式:具体来讲,焊接式又可分为锡焊和电火花焊两种(图 4.3 和图 4.4)。利用这种工艺制作的热电堆所构成的辐射表,不同的温差是依靠不同颜色的涂料形成的。热接点在黑色涂料下吸收太阳辐射后温度会升高,冷接点在白色涂料下反射同样的太阳辐射后,温度相对较低。由于这类总日射表产品感应面的外观呈现黑白两色,故常称之为黑白型总日热表。这种类型仪器的最大优点是结构简单,零点漂移现象极小。因为两种感应面均朝向相同的玻璃罩。其不足之处则在于由于黑、白色块老化的程度不同步,角度响应较差且灵敏度随时间的变化较大。Moll 型热电堆也是采用焊接法制作的,但冷、热接点均处在一致的黑色涂料下,其温差的形成靠的是冷、热接点处的热导率不同。图 4.5 就是一个 Moll 型热电堆,中间悬空形成的是热接点,因为中间处的周围只有空气,而空气是热的不良导体,故形成热接点;两侧则有金属与底座相连(电气绝缘),导热迅速,形成冷接点。另外,两种金属材料的厚度仅有 5 μm,热容量极小,保证了反应快速。

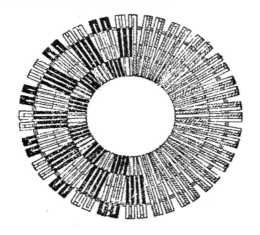 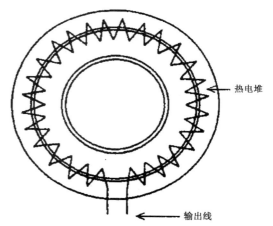

图 4.3 Янишевский 总日射表热电堆结构　　图 4.4 旧式 Eppley 总日射表热电堆结构

(b)电镀式:具体的方法是将绕在绝缘骨架的康铜丝一半保护好,放入电镀槽内镀铜。形成铜-康铜热电堆。这是最常用的热电堆制作工艺。但是,由于不是任何材料均可电镀,进而限制了材料的选择。从外形上来讲,有正方形的(图 4.6),也有圆形的(图 4.7)。Eppley 实验室最先采用了此种制作工艺。20 世纪 80 年代后,我国研制的替代原仿苏产品的辐射仪器也采用了此种工艺。过去一直认为,此种工艺是当代最为先进的,但最新研究发现,其零点漂移(即热偏移或零偏移)现象严重,是造成当代总辐射测量误差的主要根源。

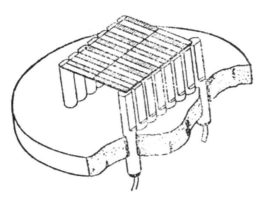

图 4.5　Moll 型热电堆结构

图 4.6　方形绕线电镀热电堆

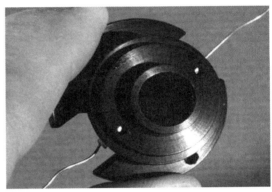

图 4.7　圆形绕线电镀热电堆

（c）蒸镀式：将两种不同温差电材料利用厚膜技术沉积在一层极薄的陶瓷（Al_2O_3）片上，形成 100 对热电堆，周边的接点与仪器体有良好的热接触，形成冷接点；而靠近中心的接点与衬底之间有良好的绝缘，且呈悬空状，形成热接点，这种热电堆又称薄膜热电堆。当被辐射照射后，热流流向边缘，由于 Al_2O_3 的热阻相对较低，1000 W/m² 辐照度可使圆片中心部分的温度上升约 3 ℃，感应出 4～6 mV 的电势。内罩内由于温差引起的自然对流很小。所以，当将其倾斜放置时，也未见灵敏度发生变化。这种方法的优点就在于可以将传感器制作得非常精致、小巧。目前，日射测量仪器中使用此类热电堆的，只有 Kipp & Zonen 公司 CMP 系列总日射表和 CH 型直接日射表。图 4.8 就是厂家提供的传感器照片。

（d）半导体式：随着科学技术的发展，在半导体技术迅猛发展的今日，利用半导体工艺制作的热电堆，不仅具有工艺性强，适宜批量生产等优点，且更具优异的性能。目前 Kipp & Zonen 生产的总日射表均采用此种工艺。其元件的示意图，如图 4.9 所示。

（e）补偿式：这是将两个使用上述任何一种方法制作的热电堆，反向串接起来，将其中的一个用于接收辐射，另一个隐藏起来，用于抵消由于环境温度变化引起的干扰热电势，以提高测量准确度。图 4.10 就是一种实际应用个例。在绝对腔体式辐射表中，也普遍利用这种技术措施，提高测量准确度（参见图 6.3、图 6.6 和图 6.8）。

②热敏电阻：利用导体或半导体的电阻随温度的升高而显著变化的性质制成的传感器。

图 4.8　Kipp & Zonen 薄膜式热电堆(Kipp & Zonen 网站)

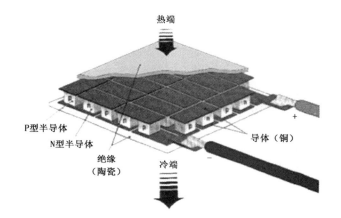

图 4.9　半导体工艺制作的热电堆(Reinhold，2004)

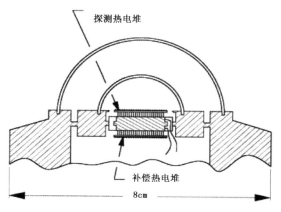

图 4.10　补偿式热电堆剖面(Kipp & Zonen 网站)

常用的金属材料有铜和铂,特别是用铂制成的测温器件,已成为测量温度的标准器具。由于在辐射测量中,总希望传感器自身的热容量尽可能地小。目前,随着光刻技术的发展,已制成体积极其微小的薄膜铂电阻;而用半导体也制成了珠状或片状的热敏电阻,均可满足使用的要求。

（2）光电型：光电传感器是利用某些物体受辐射照射后，引起物体电学性质的改变，即发生所谓的"光电效应"而制成的器件。这个过程比起物体的加热过程要快得多，因此响应时间短是光电传感器优于热电传感器的首要特点。

由于光电传感器是以光子为单位在起作用，所以灵敏度高是这类传感器的又一特点。

光电传感器的最大缺点是光谱响应随波长变化很大。很难在较宽的波长范围内，找出光谱响应较均一的光电器件。图 4.11 绘出了几种光电器件的光谱响应范围。

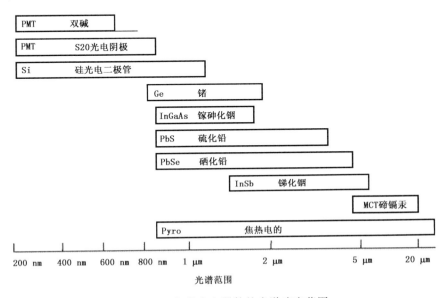

图 4.11　各种光电器件的光谱响应范围

请务必注意，图 4.11 所示的各种光电器件光谱响应范围，仅仅是范围，并不等于在此范围内，其响应度是均匀的。而后者对于实际应用的作用是更重要的。这也正是限制光电器件应用的关键因素。

辐射的光电效应有不同的表现形式，因此，光电传感器可根据其所利用的具体效应分为光伏、光电导和光电子发射三种类型。

①光伏型：所谓光伏效应，即光生伏特效应，顾名思义，就是由光感应出电动势。某些半导体的 P-N 结就具有这种特性。各种光电池，特别是硅光电池和硒光电池就是光伏型的典型实例。

②光电导型：用半导体受到光照后导电性能显著变化的现象制成的器件。光电导体既可以由一块半导体制成，也可以由带 P-N 结的半导体制成。前者称光敏电阻，后者称光电二极管。严格地讲，光电池也是一种二极管，不同的是，光电导状态下的二极管总存在一定的漏电流，即暗电流。而暗电流是噪声的一种，它限制着 P-N 结的灵敏度。与在光伏态下工作的二极管相比，光电池的灵敏度较高，而光电导型二极管的优点是其瞬态响应时间非常短，通常 $<10\ \mu s$。

③光电子发射型：某些物质在辐射照射下会发射电子。发射出来的电子称光电子。如果外加一电场，并以发射电子的物质为阴极，这些光电子会为阳极所吸引，形成光电流。光电子发射型传感器的结构，主要由外壳（内部抽成真空或充入特定气体）、光电子发射阴极和收集电子的阳极组成。由于制作阳极材料的电子发射效率均不太高，为提高其响应度，通常采用两种

方法:一种是在管壳内充惰性气体,借助光电子与气体中的中性粒子碰撞引发的气体电离,提高灵敏度;另一种是利用二次电子发射,即发射出的电子不立即为阳极吸收,而是先入射到第一倍增极上,使之发射一定数量的二次电子,后者在电场的作用下再入射到下一倍增极上,二次电子又得到倍增;如此不断进行,直至到达阳极(光电倍增管)。

4.3.1.2　按外形分类

(1)平面型:这是绝大多数太阳辐射测量仪器所采用传感器的外形。它的优点主要是制作简便;另外,由于其表面涂覆质地优异、性能良好的黑色涂料,可以近似地认为其接近朗伯体,满足亮度不随入射角度改变的要求。

(2)腔体型:由于黑色涂料的平面型传感器只可近似地认为其接近朗伯体,实际上,距朗伯体仍有一定的差距,所以,对于测量不确定度要求高的标准辐射仪器来说,平面型传感器就显露出诸多不足。因为平面形的传感器对辐射的吸收是一次性的,未被吸收的辐射就被反射掉,因此受黑色涂层吸收比的影响很大。腔体式传感器则不然,只要腔体的外形和角度设计合理,一次未能被吸收的辐射,还可有二次吸收、三次吸收,甚至多次吸收。因此,总的吸收效率就会很高。这样,即使黑色涂层自身的吸收比不太高或者略有变化,对总体吸收效率的影响极小,甚至可以忽略。

腔体型传感器的形式有多种(图 4.12)。所有腔体传感器的内表面均涂覆黑色涂料,使之成为被测辐射的吸收层。应当指出的是,过去多采用无光黑漆作涂料,认为无光黑漆是漫反射,损失小。但是,近年来采用有光黑漆进行涂覆的尝试结果表明,其效果更佳。这是因为只要腔体的角度设计得当,可使有光黑漆按反射定律进行,达到多次反射和多次吸收的目的。无光黑漆是漫反射,更难对其进行控制。

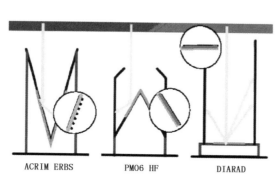

图 4.12　腔体型传感器的几种样式示意图

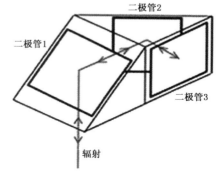

图 4.13　反射式陷阱探测器原理图

(3)陷阱型:如果说前两种探测器的外形主要是针对热电型探测器的,对于光电型的探测器来说,由于大多数的光电传感器均有封装窗口,这样一来,距朗伯体就更远了。为了克服此弊端,通常均将光电传感器置于封闭管状体的底端,其顶端安有乳白玻璃、聚四氟乙烯等材料制作的散射体,以便使被测辐射先入射到散射体上,经散射后再向下射入光电传感器上。

单个光电二极管的窗口反射率较高,约为30%,并且容易受到灰尘、湿度的影响,不利于高准确地测量辐射。为了提高测量的准确度,最常用的是经过特殊设计的陷阱式探测器,如用三个二极管设计的反射式陷阱探测器(图 4.13)。

入射光在 3 个光电二极管的光敏面上,经历了 5 次反射后沿原路返回。这种设计的优点是：

①总反射率大为降低，约为单个光电二极管反射率的 1%，反射损失所引起的测量不确定度也随之降低约 2 个量级；

②多次吸收提高了光电转换效率和灵敏度。

4.3.2　辐射仪器的基本性能

根据国际标准化组织(ISO)和 WMO 提供的对各种辐射仪器性能规格的要求，现分别简略介绍如下：

(1)灵敏度：传感器对被测量变化的反应能力，有时也称响应度，其倒数称校准因子。

(2)响应时间：传感器对输入被测量的反应速度。通常以传感器的反应达到输入值 95% 或 99% 的时间来计量，以时间较短者的性能为优。

(3)稳定性：灵敏度年变化的百分比。

(4)热偏移：用下列两种试验评判：①以通风情况下仪器对 200 W/m² 净热辐射的响应来计量，以仪器响应度低者的性能为优；②仪器对环境温度变化 5 K/h 的响应来计量，以仪器响应度低者的性能为优。

(5)分辨率：能够被仪器检测出的最小变化量，以结果值低者的性能为优。

(6)非线性：辐照度在 100~1000 W/m² 变化，仪器灵敏度偏离 500 W/m² 情况下的百分比，以数值偏小者的性能为优。

(7)光谱选择性：光谱吸收比与光谱透射比的乘积偏离 0.3~3 μm 平均值的百分比，以数值偏小者的性能为优。

(8)温度响应：环境温度任意变化 50 K 所引起的最大百分比误差，以数值偏小者性能为优。

(9)倾斜响应：在 1000 W/m² 辐照度水准下，由仪器倾斜 1°~90° 引起的距 0° 状态响应偏差的百分比，以数值偏小者的性能为优。

(10)方向响应：假定垂直入射灵敏度对所有方向都是正确的，当法向辐照度为 1000 W/m² 时，从任意其他方向入射所引起的误差范围。

4.4　气象辐射测量仪器[①]

本节所述各种辐射测量仪器，其所测量的辐射量，除特殊说明者外，均为瞬间的辐照度或累积的曝辐量，虽然有时也会简称为辐射，但是这种说法并不规范。另外，这里仅给出各种仪器的名称和简单的定义，至于更详细、具体的内容，请参阅后面的相应各章。

(1)直接日射表：用于测量法向直接日射辐照度的仪器。

(2)总日射表：测量平面接收器之上半球向日射辐照度的仪器。如果用遮光球(片)将太阳及其周围 6×10⁻³ 球面度立体角内的直接日射遮掉，则可用来测量天空的散射辐照度；如果将其感应面向下水平安装，则可用于反射日射的测量。该仪器还可根据安装的不同倾斜状态，测量不同朝向的各种倾斜面上或立面上的半球向辐射。

(3)地球辐射表：又称长波辐射表，是供测量大气和地物发出的长波辐射的仪器。

---

① 本节不包括光谱辐射测量仪器的内容。

（4）全辐射表：是测量上下两半球、全方位、全（长、短）波辐照度的仪器。

（5）净辐射表：向上与向下辐射之差称净辐射，它是供测量这种差额的仪器。由于辐射又区分为长波与短波，故又可细分为：

①净短波辐射表（反照率表）；

②净长波辐射表；

③净全（波）辐射表。

（6）分光辐射表：测量不同波段的太阳辐射的仪器，根据接收角度范围的不同可分为半球向（即视场角为 2π 球面度立体角）和法向（6×10^{-3} 球面度立体角）两类。前者又细分为：

①分光总日射表；

②光合有效辐射表（光量子表）；

③紫外辐射表：UV-A，UV-B 和 UV-A＋B

法向仪器则指的是各种加装干涉滤光片的分光光度计。

最后给出 WMO CIMO《气象仪器与观测方法指南》中的气象辐射仪器分类，如表 4.2 所示。

表 4.2　气象辐射仪器

仪器分类	测量的参数	主要用途	视场
绝对直接日射表	直接日射	主基准	6×10^{-3} * （大约 2.5°半开场角）
直接日射表	直接日射	(a)校准的二等标准 (b)站网	$6\times10^{-3}\sim3\times10^{-3}$ *
光谱直接日射表	宽光谱带内的太阳直射（例如用 OG 530，RG 630 等滤光片）	站网	$6\times10^{-3}\sim3\times10^{-3}$ *
太阳光度计	在窄光谱带中（例如 500±2.5 nm，368±2.5 nm）的太阳直射	(a)标准 (b)站网	$1\times10^{-3}\sim1\times10^{-2}$ （大约 2.3°全角）
总日射表	(a)总日射 (b)天空散射日射 (c)反射日射	(a)工作标准 (b)站网	2π
分光总日射表	在宽光谱带中的总日射 （例如，用 OG530，GR630 等滤光片）	站网	2π
净总日射表	净总日射	(a)工作标准 (b)站网	4π
地球辐射表	(a)向上长波辐射（向下看） (b)向下长波辐射（向上看）	站网	2π
全辐射表	全辐射	工作标准	2π
净全辐射表	净全辐射	站网	4π

* 原文分别将 6×10^{-3} 和 3×10^{-3} 误作 5×10^{-3} 和 2.5×10^{-3}。

参考文献

中华人民共和国国家标准 GB 3102. 6-93,1994. 光及有关电磁辐射的量和单位[S]. 北京:中国标准出版社.

中华人民共和国国家标准 GB/T 12936—2007,2007. 太阳能热利用术语[S]. 北京:中国标准出版社.

Fröhlich C,London J,1986. Revised instruction manual on radiation instruments and measurements. WMO/
TD. No. 149.

Grether D,Nelson J,Wahlig M,1975. Measurement of circumsolar radiation[C]. Progress Report. Techni-
cal Report NSF/RANN/SE/AG-536/PR/74/4. Grether,D,Hunt,solar energy engineering. asmedigital-
collection. asme. org/article. aspx?. .

ISO 9060:1990 Solar energy-Specification and classification of instruments for measuring hemispherical solar
and direct solar radiation.

Reinhold Rösemann,2004. Solar radiation measurement——From sensor to application in meteorology and en-
vironment[M]. ISBN 3-936947-70-8.

WMO,2014. Guide to meteorological instruments and methods of observation,7-th edition. WMO No. 8.

5　辐射测量场地

5.1　站点要求

5.1.1　地理位置

在辐射站点的选择中,首先考虑的是要能够代表当地大的气候带(区域)。其次是能够代表具有共同特征的较大一片区域(大于 100 km²)的地点。因此,必须选择不受小尺度地形或人造地貌影响的地点。在决定辐射站点位置时,需特别注意,如果不能预测未来的发展时,只有对该地区进行精心调查后,才能做出选择。选定站点前,还要咨询当地规划部门,以便确定未来是否会有开发活动。在最终决定作为长期监测站点之前,要对计划用地的 20 km 半径范围进行评估。辐射站应避开如下所述地区:

(1)对周边无代表性的地区;

(2)由于污染源以及其他被人为方式改变了小气候的区域;

(3)接近交通干道;

(4)接近机场;

(5)人口稠密地区和大都市的近郊。

上述要求比较苛刻,主要是针对 BSRN 站点的,因为其要求所选站址具有广泛的地理代表性(McArthur,2004)。对于一般站点可适当放宽。

对于选定的站点,应提供站点位置,即经度、纬度和海拔高度。对于一个新站点,全球定位系统(GPS)和北斗卫星导航系统(BDS)应该是确定站点位置最简易和最准确的手段。

5.1.2　视野

为气象目的而测量太阳辐射及地球辐射的理想站点,应有完全平坦的视野,根据 WMO 《气象仪器及观测方法指南》(WMO,2014)的建议,日射仪器四周尽可能不存在障碍物,特别强调的是一年之内在日出至日落方位角范围内应无障碍物。有障碍物时,仪器应选择放在对障碍物的高度角小于 5°的地方(如屋顶平台),使障碍物的影响降至最低。一个平面所接收的来自高度角 5°以下的全部散射日射仅占全部总日射的 1%左右。

当远处的视野受地形影响时,局地视野应尽可能地清晰,任何物体距传感器位置是其高度的 12 倍时,就可以保证物体在地平线以上的高度角小于 5°。如果某些障碍物不可避免,则应尽可能使所有障碍物处于辐射仪器的北侧(北半球),并且需注意使其在一年的任何时候均不会干扰直接日射的测量。仪器应尽可能地远离任何高反射的物体,在站点已有遮挡的建筑物时,传感器可置于建筑物的顶部,以克服局地视野问题。另外,还应避免天线等细长物体,如果无法避免,则其宽度应小于 1°,并且在一年的任何时候,均不应阻挡直接日射,并可以认为其影响已降至最低。各站应以辐射观测点为中心,用经纬仪在方位角上每间隔 10° 测量一次,绘制自己站点的遮蔽度图(图 5.1)。该图取自 Янишевский(1957),我们将它作为一个示例。假如某站的实际情况就是如此的话,则其西部的视野是不符合辐射观测要求的。

再如 Liley B(2012)给出的一个例子(图 5.2),如果辐射站是建立在一个有这样的遮挡环境的情况下,显然是不合要求的。不要以为这个例子并不典型,南北向的遮挡不超过 30°,地平面以上的遮挡不超过 20°。举个例子,云南苍山对大理的遮挡是远超于此的。

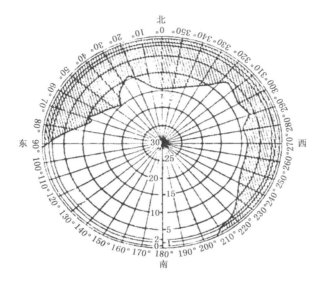

图 5.1　某站视野遮蔽图(Янишевский,1957)

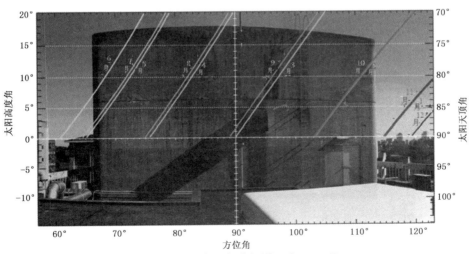

图 5.2　某辐射站部分视野(Liley,2012)

测站环境对于气象观测要素来说是十分重要的,在以往的气象观测规范中,对此虽然提出过要求,但是并不十分具体。人们往往将更多的注意力放在了仪器性能的选择,而忽视了环境会对测量结果产生的扭曲。经过有关专家多次专门的研究、讨论,在 2010 年举行的世界气象组织仪器和观测方法委员会上,决定对气温、湿度、降水、风速和辐射等极易遭受环境影响的气象要素,分别建立新的分级标准。

世界气象组织认为,一个站点的环境条件可能会对测量误差产生超过仪器设计的公差。人们通常更多关注的是仪器的性能,而忽略了环境对测量结果会产生扭曲,进而影响测量数据的代表性,特别是一个站点通常被认为代表了较大的地理范围(100~1000 km²)。

对于辐射站的最新分级标准,则是针对站点对所测量辐射项目的有效性。通常,在介绍对选择辐射站点的要求时,一般均提出视野开阔的要求。具体化时也仅限于说明:在日出和日落方位没有明显遮挡,而无更具体的量化指标。随着经济的普遍发展和进一步增长,气象站点周边的建设,难于得到有效控制,而辐射站点原本数量就极为有限,总希望一个站具有更广泛的地域代表性。显然,如果一个测站严重受到局地的限制,其代表性就会大打折扣。因此,为辐射站制定了新的分级标准。每个辐射项目均分作五级:一级站可被视为一个标准站;五级站则是测量结果不具地区代表性的测站。其余的级别介于两者之间。应当强调的是,新的分级标准不是笼统的,而是分项的。也就是说,具体到某一个站会由于各要素的具体要求不同而不同,对于某一要素,该站可能属于一级;但对于另一项目则可能属于二级,不能一概而论。

另外,上述分级不是一成不变的,世界气象组织建议,进行系统地年度目视检查,如果环境的某些方面有了变化,就要重新分级。一个完整的站点分级更新,应当每5年进行一次。

随着新能源的发展,不少单位自建了一些辐射观测站,对于国家而言,这些站点所积累的辐射数据都是极其宝贵的财富。不过,对于每个站所获数据的代表性则需要一个客观的评价。世界气象组织的这个新分级标准,对于评价每个测站是有帮助的。在辐射项目中,进一步细分为"总辐射—散射辐射"和"直射—日照时间"两种。

5.1.2.1　总日射站分级标准

2010 年在赫尔辛基召开的 CIMO 第 15 届会议的包含决议和建议的最终简要报告中,对辐射站提出了新的分级标准(WMO-No.1064,2010)。对太阳总日射的测量不仅考虑自然地形的遮光,如果一个障碍物的反照率大于 0.5,就要考虑它是有反射的。高度角的参考点是仪器的传感器。总日射站的具体分级标准:

(1)一级站

①太阳高度角 5°以上时,没有阴影投射到传感器上。对于纬度≥60°区域,这个角度限制降低到 3°。

②没有高度角超过 5°和角宽度超过 10°的遮光反射障碍物(图 5.3)。

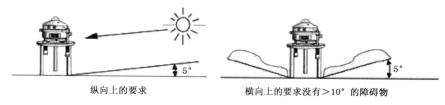

纵向上的要求　　　　　　　　横向上的要求没有>10°的障碍物

图 5.3　总日射一级站的具体要求

(2)二级站

①太阳高度角超过 7°时,没有阴影投射到传感器上。对于纬度≥60°区域,这个角度限制降低到 5°。

②没有高度角超过 7°和角宽度超过 20°的遮光反射障碍物(图 5.4)。

纵向上的要求　　　　　　横向上的要求没有＞20°的障碍物

图 5.4　总日射二级站的具体要求

（3）三级站

①当太阳高度角超过 10°时,没有阴影投射到传感器上。对于纬度≥60°区域,这个限制降低到 7°。

②没有高度角超过 15°和角宽度超过 45°的遮光反射障碍物(图 5.5)

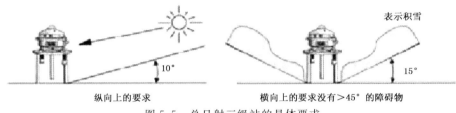

纵向上的要求　　　　　　横向上的要求没有＞45°的障碍物

图 5.5　总日射三级站的具体要求

（4）四级站

在一年中的任何一天,受阴影的影响未超过日间时数的 30%(图 5.6)。

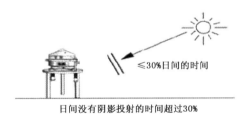

日间没有阴影投射的时间超过30%

图 5.6　总日射四级站的具体要求

5.1.2.2　直接日射站分级标准

角度的参考位置是相对于仪器的传感器。

（1）一级站

当太阳高度角超过 3°时,没有阴影投射到传感器上(图 5.7)。

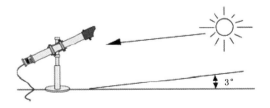

图 5.7　直接日射一级站的具体要求

（2）二级站

当太阳高度角超过 5°时，没有阴影投射到传感器上（图 5.8）。

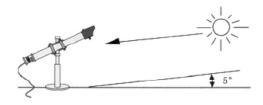

图 5.8　直接日射二级站的要求

（3）三级站

当太阳高度角超过 7°时，没有阴影投射到传感器上（图 5.9）。

图 5.9　直接日射三级站的要求

（4）四级站

一年中的任何一天，没有阴影投射到传感器上的时间超过日间时间的 30％（图 5.10）。

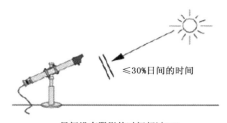

日间没有阴影的时间超过30%

图 5.10　直接日射四级站的要求

（5）五级站

一年中的任何一天，阴影投射到传感器上的时间超过日间的 30％。

5.2　辐射仪器布设

5.2.1　仪器布置

必须注意务必使仪器不要相互影响，理想的情况是将仪器彼此远远地隔开，使它们在邻近仪器的视场内消失，至少成为无意义的物体。然而，空间的局限性往往限制了仪器间的分隔距离，为了减少这种影响，仪器应采取自南向北，逐个增高的方式排列。在分开测量散射日射和直接日射的情况下,散射和长波辐射(若遮光)的测量仪器应放在最靠北端并略微抬高。而直接日射仪器应放在南侧相对高度最低的位置。测量总日射、散射日射及长波辐射的仪器应放在同一高度上,只有遮光部分可处在总日射仪器传感器的高度以上。在直射和散射仪器放在同一跟踪平台上的情况下,直射仪器不应对散射仪器的视野形成干扰。

对于辐射基准站来说,将测量向上通量的仪器安置在气象观测场内 1.5 m 高的支架上是无意义的,因为观测场内的地表均为人工草坪,对当地不具有代表性,且观测场内时有人员走动,人为干扰严重。辐射基准站要求安装测量向上通量仪器的支架高度起码为 3～7 m,最好是 20 m 以上的高塔(图 5.11)。与此相配合,对支架附近地面场地面积的要求,也相应地扩大,这样,测量的结果才具有区域代表性,才能与卫星的影像信息相配合。如果上述条件不具备,也可以不设测量向上辐射通量的仪器。

5.2.2 仪器平台

仪器平台既可以是平整的台子(图 5.12a)也可以是立柱(图 5.12b)。关键是在所有的情况下,都必须能够使仪器长期维持稳定的状态,防止由于温度、湿度等环境条件变化引起变形或由于强风所引起的摆动(在 $\pm 0.05°$ 内)。在多数气候条件下,不宜使用木材制作平台,因其受潮后易变形,更易遭受昆虫等的破坏;平台最好使用钢筋混凝土结构,以提供辐射测量所需的稳定性和耐久性;台面则宜采用玻璃钢格栅(图 5.12a 的台面)。玻璃钢格栅一方面可避免由于日光曝晒而导致台面升温,直接影响仪器的温度;另一方面,环境通透,不存积水,减少台面变形和对基准面水平度的影响,更能够代表当地真实的自然状况。

立柱或平台均应稳定地固定在基座上或埋入地下。埋入地下时,结构基础应有一定的深度,因为积水可能影响其稳定。另外,为维护、清洁仪器,应考虑安装永久性的踏板或简单的阶梯,以方便操作,同时又不破坏原下垫面。

图 5.11　20 m 高塔(a)和 3 m 支架(b)

图 5.12　带格栅的仪器平台(a)和立柱式仪器支架(b)

参考文献

Liley Ben，2012. Extending BSRN products across New Zealand[C]. 12th BSRN Scientific Review and Workshop，AWI，Potsdam，Germany 1—3 August 2012.

McArthur L J B，2004. WMO WCRP Baseline surface radiation network, operations manual, Ver. 2. 1. WMO/TD No. 1274.

WMO，2010. Commission for instruments and methods of observation fifteenth session Helsinki 2—8 September[R]. Abridged final report with resolutions and recommendations，WMO-No. 1064.

WMO，2014. Guide to meteorological instruments and methods of observation，7-th edition. WMO No. 8.

Янишевский Ю Д，1957. Актинометрические приборы и методы наблюдений[J]. Гидрометиздат，Ленинград.

6　总日射表

　　总日射表是日射测量中使用最多的一种仪器,不仅是由于这种仪器结构简单、价格相对便宜、易于使用,而且通过它的测量,可直接获得所需的地面(或感兴趣的倾斜表面)太阳能的总能量。

6.1　总日射表的分类和分级

6.1.1　传感器的分类

6.1.1.1　热电型传感器

　　总日射表并无绝对仪器与相对仪器之分,20世纪80至90年代,Eppley实验室曾将其研制的腔体传感器用于总日射表上,如果获得成功,自然就会有绝对腔体式总日射表问世。但实际试用结果表明,效果并不理想,影响总日射的因子远多于直射,所以未获成功。

　　从构造上讲,总日射表依据所用传感器件,可区分为热电器件与光电器件两大类型。热电器件可以区分为黑白型和全黑型两大种类。按照发展顺序,黑白型开发在前,20世纪80年代以前,黑白型总日射表处于垄断地位。所谓黑白型,就是热电堆的热接点被置于黑色涂层之下,而冷接点被置于白色涂层之下。依靠黑、白两种颜色对太阳辐射的吸收比和反射比的差异,产生温差,进而感应出热电势(图6.1)。这种类型传感器的最大优点是没有热偏移,这主要是因为冷热接点均朝上,受到半球罩热辐射的影响是均衡的,所以相互抵消了。其缺点主要是:

　　(1)受黑、白两种涂层的影响,其方向性能不良;

　　(2)受两种颜色老化程度不一的影响,由于白色涂层更易老化,进而导致灵敏度的变化;

　　(3)响应时间较长;

　　(4)受当时工艺的限制,其半球玻璃外壳大多为热加工方式制作,其平整度、均匀度和一致性较差(现代产品均已改为冷加工,品质从而得到了改善);

　　(5)具有较大的倾斜效应,个别甚至超过了7%(王炳忠 等,1991)。

　　全黑型总日射表的感应面为全黑色,根据所用热电堆的不同,也有各自的特点:电镀式热电堆的热、冷接点分别排列于支架的上、下两侧;Moll型热电堆的黑色感应面下,其热、冷接点则分别位于中央和两侧,两侧的接点与支座绝缘接触,温度相对较低,而中央部位悬空,温度相对较高(参见图4.5);日本EKO公司过去曾生产过一种黑黑型总日射表(图6.2),感应面是由"黑圆"和"黑环"两部分组成(图6.2a)。由于"黑圆"的面积远大于"黑环",二者之间会有温差存在,进而感应出电势。全黑型总日射表的双层玻璃罩也是其特点之一。之所以加上了第二个玻璃罩,主要是隔断外界环境的影响。因为所用玻璃是不透射红外辐射的。

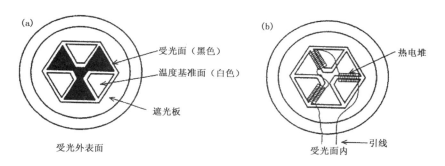

图 6.1   黑白型总日射表传感器的结构与外观
(a)感应面,(b)热电堆

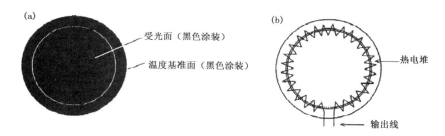

图 6.2   黑黑型总日射表传感器的结构与外观示意
(a)感应面,(b)热电堆

6.1.1.2   光电型传感器

使用光电器件制作总日射表是 20 世纪中期的产物。它具有如下一些突出的特点：

(1)响应速度快,一般均在秒以下的量级;

(2)输出信号可检测其电流或电压;

(3)响应度有明显的温度依赖性;

(4)响应度依赖于入射辐射的光谱特性;

(5)响应度不受感应器倾斜的影响;

(6)倾斜状态下测量会受到周围物体反射光谱特性的影响;

(7)供测量太阳辐射的仪器,不能应用于测量其他光源。之所以强调这一点,主要是由于四周物体的反射会因物性而与太阳光谱有较大的差异。

为了改善入射角度不同所带来的影响,光电总日射表一般均配有用丙烯酸制作的散射器。散射器也称余弦修正器,最早用于测量光照度的照度计上。一开始采用的是乳白玻璃,其周围还要加上挡环。后经研究发现,使用白色树脂(聚四氟乙烯)制作成的圆柱体散射效果更佳。于是,这种类型的余弦修正器被广泛用于各种辐射度和光度的测量中,如光合有效辐射、紫外辐射等。其外形设计因用途不一而略有差异,主要的目的在于降低余弦响应的影响。

总体上的设计原则,均要求其遵守朗伯余弦定律,以保证在各种入射条件下符合要求。由于具体情况不一,一般会对符合余弦校正的角度范围有所限制,因为在入射角极小的情况下,其难度会成倍地增长。例如,LI-COR 总日射表的角度范围限定在 82°以内。

LI-COR 光电传感器在不同的入射角创建合适的余弦响应,可把前述的角度误差降至最低：

(1)0°:光只由传感器的散射器顶面接收;

(2)60°:部分光被散射器的边缘接收,以补偿顶部增加的反射;

(3)80°:传感器的边缘开始阻挡一些光线,以防止太多光线从散射器边缘进入,保持适当的余弦响应;

(4)近 90°:散射器被完全阻挡。具体情况如图 6.3 所示。

有的仪器对小角度的入射要求更高,有时白色散射器会设计得凸出一点;而有时会设计成球冠状(参见图 6.14)。

光电型总日射表的最大问题在于其测量的光谱范围有限,正如图 6.4 和图 6.5 所示的那样,它仅占太阳光谱的一小部分。

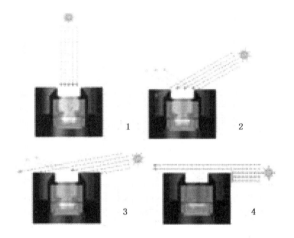

图 6.3　各种入射角度下的余弦修正器(LI-COR,2015)

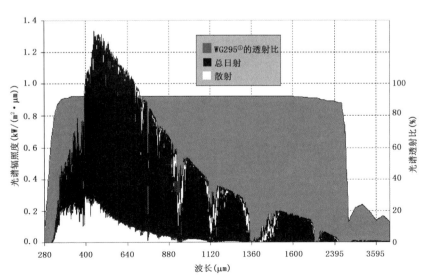

图 6.4　总日射、散射日射和总日射表玻璃罩的光谱曲线

① 图 6.4 中 WG295 系玻璃牌号,295 表示起始波长。

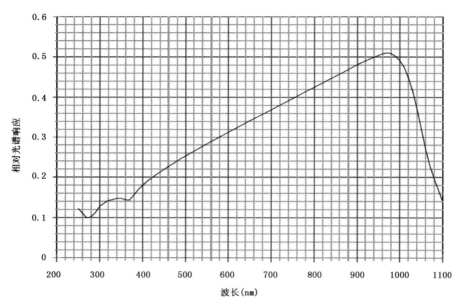

图 6.5　硅光电器件的相对光谱响应

有关光电型总日射表的更多分析与讨论,我们将在第 15 章中进行。下面一节的分级内容,并不包括光电型总日射表。

6.1.2　总日射表的能量平衡

当前所有性能良好的总日射表的传感器均为热电堆,为了加深对各种总日射表的认识,下面就其热量平衡状况进行讨论。设入射的太阳辐照度为 E,传感器的受光面积为 A,吸收比为 α,受光面的温度为 T_1,散热器的温度为 T_0,在正常状态下,受光面的热平衡方程可以写作:

$$E \cdot \alpha \cdot A = C(T_1 - T_0) + \Delta Q \tag{6.1}$$

式中,C 为受光面向其下的散热器通过热传导所损失的热量,ΔQ 则是受光面通过对流、辐射和传导向散热器以外地方损失的热量。对于前面所述的全黑型、黑白型和黑黑型三种类型总日射表(图 6.6)来说,可以分别对应不同接收面的温差改写热平衡方程,以便更直观地看出影响温度差的相关因子。

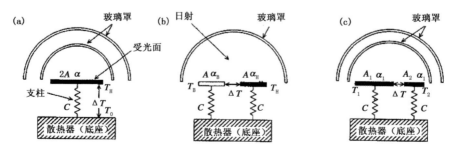

图 6.6　(a)全黑型,(b)黑白型,(c)黑黑型总日射表热平衡原理

全黑型：

$$T_{H} - T_{0} = \frac{E\alpha A - \Delta Q}{C} \tag{6.2}$$

黑白型：

$$T_{H} - T_{B} = \frac{A(\alpha_{H} - \alpha_{B})E - (\Delta Q_{H} - \Delta Q_{B})}{C} \tag{6.3}$$

黑黑型：

$$T_{1} - T_{2} = \frac{\alpha(A_{1} - A_{2})E - (\Delta Q_{1} - \Delta Q_{2})}{C} \tag{6.4}$$

式中下角标 H 表示黑色感应面、下标 B 表示白色感应面、下标 1 和 2 表示大小不等的感应面。

6.1.3　总日射表的分级

在 2012 年 11 月 26—29 日召开的仪器和观测方法委员会(CIMO)有关标准化专家团队的会议上，一致同意提出一个新项目，与 ISO/TC180 合作，更新 ISO 有关辐射仪器的标准。具体指的就是 ISO 9060(ISO 9060:1990)。目前该标准还在修订过程中，我们已经看到了新版 ISO 9060(草案)，其中最大的区别，就在于其分类方案使用了三星级、两星级和一星级，来替代原来的二等标准、一级表和二级表。另外，具体指标也有所调整。由于该草案迄今尚未经成员国投票批准，所以无法将其内容写入本书。另外，即使各个成员国投票批准了该标准，仍需要得到 WMO CIMO 的认可，以便将其(或经过修订后)纳入《指南》。为了使得大家对其内容有所了解，我们将新版 ISO 9060(草案)的有关总日射表分级表格作为本书的附录 E，刊于书后。不过，具体到某一台总日射表到底应属于哪一等级，需要全面对照等级表中所列各项指标，若其中任何一项指标达不到，就应降级。新版 ISO 9060(草案)特别指出：用总日射表测量得到的辐射数据，其不准确度不仅取决于所用仪器的特性规格，而且取决于：

(1)校准方法；

(2)测量条件和维护；

(3)环境条件；

(4)数据记录器的不确定度。

因此，关于总体测量不确定度的报告应尽可能地考虑所有相关因素。

总日射表的性能规格是对一定的参数以可接受的间隔和保护带给出。具体规格分别给出如下：

(1)响应时间(在实际辐照度变化下，稳定期间内对准确读数的测量)。

(2)热偏移(对于热辐射的影响、温度瞬变和其他因素影响下对零点稳定度的度量)。

(3)响应度还依赖于：

①老化效应(衡量长期稳定性，假定经常和适当的维护，包括对总日射表的清洁)；

②辐照度水平(非线性度的测量)；

③辐照度的方向性(偏离理想的"余弦响应"和它的方位变化的测量)；

④辐照度的光谱分布(其特征在于传感器的光谱选择性)；

⑤辐射表体的温度；

⑥接收表面的倾斜角度；

⑦信号进一步的处理错误(如辐射表中的模数转换)。

在新版 ISO 9060(草案)尚未批准的情况下,这里仍采用 WMO《气象仪器与观测方法指南》中的所给出的总日射表分级指标(表 6.1)。

表 6.1　总日射表性能分级指标[①](WMO, 2014)

性能规格	总日射表分级		
等级名称	二等标准[a]	一级[b]	二级[c]
响应时间(95%响应)	<15 s	<30 s	<60 s
热偏移:			
(a)对 200 W/m² 净热辐射的响应(通风)	7 W/m²	15 W/m²	30 W/m²
(b)在环境温度中对 5 K/h 变化的响应	2 W/m²	4 W/m²	8 W/m²
分辨率(最小的可检测变化)	1 W/m²	5 W/m²	10 W/m²
稳定性(每年的变化,全标尺的%)	0.8	1.5	3.0
对光束辐射的方向响应(假定法向入射响应度对所有方向均有效所引起的误差范围,当从任何方向测量法向入射辐照度为 1000 W/m² 的光束时)	10 W·m²	20 W·m²	30 W·m²
温度响应(在 50 K 的间隔内由于环境温度的任何变化所导致的最大百分比误差)	2	4	8
非线性(在 100～1000 W/m²,由于辐照度的任何变化,与 500 W/m² 的响应度的百分偏差)	0.5	1	3
对直接日射的方向响应			
光谱灵敏度(在 300～3000 nm 光谱吸收比与光谱透射比的乘积偏离响应范围平均值的百分比偏差)	2	5	10
倾斜响应(在 1000 W/m² 下从 0°倾斜至 90°时,响应度的百分偏差)	2	4	8
可实现的不确定度(95%置信水平):	0.5	2	5
小时总量	3%	8%	20%
日总量	2%	5%	10%

注:a 原称谓:高级质量,技术发展现状,适合作为工作标准使用,只有在有特殊设施和工作人员的台站才能维修;b 原称谓:良好质量,可以接受网络操作;c 原称谓:中等质量,适用于性价比适中的低成本网络。

特殊总日射表的分级,应由仪器的适当标签和发证实验室提供的书面声明来表示。发布测试的实验室应根据要求,披露测试程序和测试结果。

6.2　总日射表的结构

总日射表的结构比较简单,主要由仪器壳体、传感器、半球形光学玻璃罩、防护罩、干燥剂容器、水准器、调节水平螺丝、温度补偿电路和信号插座等组成(图 6.7)。通常传感器由热电堆组成,测量热电堆接收器黑色表面与辐射表体之间的温差。这种热电效应系由 Seebeck、

---

　　①　除响应时间外,其余各项均以该项的不确定度方式给出。另外,ISO 9060 与世界气象组织在分级名称上有所不同:ISO 二等标准相当于世界气象组织的高质量;一级相当于良好质量;二级相当于中等质量,根据我国计量名称体系,本书中取 ISO 的名称。此外,置信水平为 95%的小时总量和日总量的不确定度则是依据世界气象组织的规定添加的。

Peltier 等发现。为了减少通过对流和平流的热损失,高品质的总日射表使用两个玻璃罩。一个罩用来防止被太阳加热时风吹过总日射表接收器产生热损失,第二玻璃罩很像双层窗,其缓冲作用进一步减少对流热损失。传导热损失是通过隔离热电堆热接点与总日射表其他部位来减少的。更好的热隔离,是延缓从总日射表接收器向散热器意想不到的散热。理想情况下,只允许热流从接收器表面流向总日射表表体。玻璃罩允许太阳光谱的红外部分到达接收器表面,也允许热红外辐射通过玻璃罩后向天空发射;这会使得接收器表面变得较冷,因为它向较冷的天空发射辐射。这是设计全黑总表发现有所谓的热偏移现象的基础。夜间,能量流动逆转,因为接收器和防护罩暴露于较冷的天空下,热电堆输出负的电压,即热偏移。

日间,其实也存在热偏移,甚至可能会更大些,因为表体被加热而变得更热,只不过热偏移被掩盖了而已,因为冷天空一直存在。

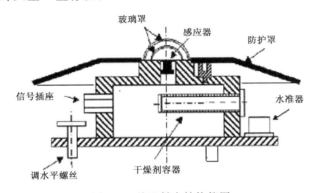

图 6.7 总日射表结构简图

6.3 几种常用的总日射表

这里所介绍的总日射表,主要是地面辐射基准站网范围内业务上广泛使用的仪器(二等标准总日射表)。根据目前国际上的实际使用情况,在总日射表上安装温度传感器已成为标准配置。所用温度传感器有热敏电阻和铂电阻(Pt-100)可供选择。

6.3.1 Kipp & Zonen 总日射表

6.3.1.1 CMP 系列总日射表

CMP 系列总日射表是荷兰 Kipp & Zonen 公司生产的,CMP 系列原称 CM 系列,2007年改为 CMP,其中包括表 6.1 中所列的各种级别的总日射表。如该系列中的 CMP3 属于二级表;CMP6 为一级表,CMP11、CMP21 和 CMP22 等三种均属于二等标准表,它们虽然均达到了二等标准表的要求,但个别项目的性能还有明显的差异。表 6.2 中列出了厂家给出的这几种仪器性能参数的比较。目前除 CMP 系列外,保留 CM 系列的仅有 CM4,这是一种供在特殊高温情况下使用的总日射表。在改为 CMP 名称的同时,相对原 CM 系列所作的主要改进有:调节水平更加直观、方便;插头性能更为优越;对插头防晒保护更为完善;防护罩的装卸更加方便。这从外观上也可明显看到(图 6.8)。上述 CMP 系列总日射表的结构如图 6.8 所示。传感器是一个一侧涂成黑色的陶瓷(Al_2O_3)圆片,由 100 个热电偶构成的热电堆以厚膜技术印制其上。只有圆片的边缘部分与表体有良好的热接触。由于表体是散热器，边缘部分的接点就是冷接点，而中心部位的接点就是热接点，参看第 4 章的图 4.8，可以更好地理解。总日射表被照射时，吸收的辐射热流流向边缘，因而中心的温度高，边缘的温度低。1000 W/m^2 的辐照度可使中心与边缘的温差达到 3 ℃ 左右。这类仪器的另一特点是加装了补偿传感器。

　　从表 6.2 中不难看出，虽然同属二等标准表，CMP22 的性能在诸多方面要优于其余两种。另外，CMP22 的光谱范围之所以更宽，主要是它采用了光学石英玻璃罩，同时为了降低热偏移，光学石英玻璃罩的厚度增加到了 4 mm。其他型号总日射表的玻璃罩由于采用的是 K5 牌号的玻璃，所以透射光谱范围有所缩减。CMP 系列总日射表也同该厂生产的直接日射表一样，电路上增加了防止电涌冲击的装置（参见第 7 章的图 7.14）；各种型号仪器的外观均相同。CM-CMP 系列仪器的外观比较如图 6.9 所示。

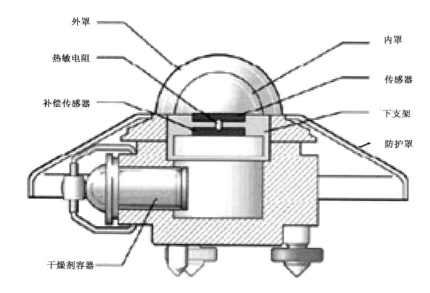

图 6.8　CMP 系列二等标准总日射表（Kipp & Zonen 网页）

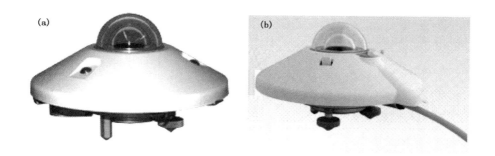

图 6.9　CM(a)-CMP(b) 系列总日射表外观比较（Kipp & Zonen 网页）

　　CMP 系列总日射表所用碳黑涂层的实测波长反射比随波长有些变化（图 6.10），虽然不十分理想，但在 300～2800 nm 如此宽阔波长范围内的变化不超过 2%，也是相当不错的了。其他仪器所用涂层的光谱反射比均存在着一定的变化，只是外观不尽相同罢了。

　　从外观上看,虽然 CMP 系列总日射表也属全黑型,但其传感器的冷、热接点均处于黑色表面之下,温差的形成主要依靠冷、热接点的热传导状况,所以对冷接点温度的稳定情况并无要求,也就是说,对仪器体的热容并无特殊要求,因而它们均为铝制品,重量较轻。在这里之所以提到仪器的重量,是因为如果同时拥有 CM 系列产品和 Eppley PSP 的话,就会发现,二者之间重量的明显差异。因为后者将仪器体当作了散热器。

　　CMP 系列总日射表是个大家族,因此,当选购由各种不同型号辐射表组合而成的反射比表、全辐射表或净全辐射表时一定要仔细考察,并根据测量工作的需要,购买合适型号的仪器。

表 6.2 CMP11、CMP21 和 CMP22 三种二等标准总日射表的性能比较①(Kipp & Zonen 网页)

型号	CMP11	CMP21	CMP22
光谱范围	310～2800 nm	310～2800 nm	200～3600 nm
灵敏度(μV/(W/m^2))	7～14	7～14	7～14
响应时间(95%)	5 s	5 s	5 s
热偏移:①温度变化 5 K/h	±2 W/m^2	±2 W/m^2	±1 W/m^2
②热辐射(200 W·m^2)	±7 W/m^2	±7 W/m^2	±3 W/m^2
80°入射的方向误差	±10 W/m^2	±10 W/m^2	±5 W/m^2
非线性	±0.2%	±0.2%	±0.2%
灵敏度年稳定度	±0.5%	±0.5%	±0.5%
温度响应	±1%(−10～+40 ℃)	±1%(−20～+50 ℃)	±0.5%(−20～+50 ℃)
倾斜响应	±0.2%	±0.2%	±0.2%

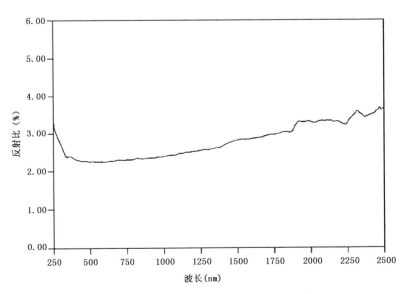

图 6.10 CMP 系列仪器黑色涂层的波长反射比(Kipp & Zonen 网页)

---

　　①　制造商在不同的材料内所给出的性能指标不尽相同,只能采用我们所能掌握的厂家给出的最新数据。

6.3.1.2　SMP 系列总日射表

这一系列的总日射表在外观上与 CMP 系列并无差别；性能上，据厂家公布的材料，有如下技术特点：

(1)输出有 0～1 V 和 4～20 mA 两种；

(2)10 年内无需更换干燥剂；

(3)主动温度校正在 −40～80 ℃；

(4)Modbus 接口；所有仪器具有相同的灵敏度，方便仪器更换；

(5)5～30 V 的宽幅低压电源供应；

(6)5 年内的质量保证。

SMP 系列总日射表实际上是一台智能、低维护和数字型的仪器。

6.3.2　Eppley 实验室系列总日射表

6.3.2.1　SPP 型精密总日射表

2013 年，基于原 PSP 总日射表的设计，新开发出了符合 ISO 9060 二等标准的 SPP 总日射表(Standard Precision Pyranometer)(图 6.11a)，它具有更短的响应时间，更小的热偏移，同时还改善了余弦响应和温度依赖性，使其成为高品质辐射网络中总辐射测量的理想选择，以代替原来著名的 PSP 总日射表。

这种总日射表的传感器仍是绕线型电镀热电堆(参见图 4.6 和图 4.7)，上部的热接点之上贴有涂成黑色的绝缘圆片，作为热吸收体。下部的冷接点则悬于仪器的空腔内，由于缠绕骨架本身是金属的，且与仪器体紧密连接，故可以认为仪器体的温度即为冷接点的温度。与前述 CMP 型相比，PSP 型仪器要求仪器体的温度不会轻易变化，所以该种仪器体均由热容很大的金属铜制作，重量较重，其内部结构如图 6.7 所示。至于其新研发的几种总日射表的具体表现，由于其面世时间不长，尚未见到具体有关使用情况的报道。

图 6.11　SPP 型(a)和 GPP 型(b)总日射表(Eppley 网页)

6.3.2.2　GPP 型总日射表

2014 年，Eppley 设计团队的任务是为 PV/CSP 行业制作一个"较好的或成本更低"的总日射表，并于 2015 年推出 GPP(Global Precision Pyranometer)(图 6.11b)。我们详细地对比了厂家给出的 GPP 与 SPP 的性能规格，结果除了 GPP 有一项光谱选择性为 2%，SPP 无此项外,其他各项性能指标完全一致。此外,还有一点不同的是 GPP 没有圆盘形防护罩,就像下面要介绍的黑白型总日射表一样。有关该仪器的更进一步细节,厂家并无介绍。由于 SPP 和 GPP 型仪器的推出时间较晚,目前暂无用户的使用和相关研究的报道。不过,根据总日射表国际比对的最新结果,GPP 型总日射表仍是目前几种知名品牌总日射表中热偏移偏大的。

6.3.2.3　8-48 型总日射表

8-48 型总日射表是 Eppley 实验室生产的黑白型总日射表。正如前面提到的,由于响应时间较慢、方向响应较差和黑、白两种涂料随时间的变化不一等性能方面的关系,这种类型的总日射表均属一级表系列。但是,由于它在热偏移方面(参见 6.4.1)具有无可替代的优良性能,近年来,特别是美国,曾一度将其作为专门供测量散射辐照度的标准仪器而重新启用。这种仪器的最大特点是只有一个玻璃罩(图 6.12)。黑色与白色涂层的吸收比在短波段差异明显,但在长波段却几乎没有差异。这样一来,直接受外界环境影响较大的玻璃罩自身对传感器的(长波)影响,就会由于其对冷、热接点的影响相同而被自动抵消了。因而也可以说,它对玻璃罩的影响是不敏感的。

图 6.12　8-48 黑白型总日射表　　　　图 6.13　STAR 黑白型总日射表

6.3.3　STAR 黑白型总日射表

STAR 黑白型总日射表是德国生产的一种总日射表,其当前的样式是由 Dirmhirn 设计的。其传感器由 12 个黑、白相间的扇形区呈星状排列构成(图 6.13)。黑、白扇形区的下面对应着热电堆的热、冷接点。由于热电偶的数目较多,仪器的灵敏度较高,大约为 15 $\mu V/(W/m^2)$,内阻约 35 Ω,响应时间 25 s。仪器可直接输出电势,也可配加 12~36 V 外接电源,输出 4~20 mA 电流。

6.3.4　Apogee 系列微型辐射表

按照前面介绍的新版 ISO 9060(草案)对总日射表的分级法,Apogee 公司生产的总日射表,属于亚秒型。Apogee 公司是 1996 年在美国犹他州建立的。该公司既生产热电型总日射表,也生产光电型总日射表。其所有的仪器,无论是测量短波的,还是长波的,其外观基本一致,如图 6.14 所示。只是从颜色上,热电型为黄色,光电型为黑色。两类辐射表的技术性能参见表 6.3;其他更多类型的辐射表,将在相关章节中介绍。

表 6.3　两类总日射表的主要性能指标

性能	热电型	光电型
探测器类型	黑体热电堆	硅光电管
光谱范围	向上的：385～2105 nm 向下的：295～2685 nm	360～1120 nm
响应时间	0.5 s	<1 ms
由于云产生的误差	±2%	10%～15%
板载加热器	传感器有 0.2 W 的加热器	所有季节有 0.2 W 加热器
输出选择	提供多种模拟选项，并连接到带数字输出的 手持式电表。	提供多种模拟选项，并连接到带数字输出的 手持式电表。
向上和向下的选项	有	无

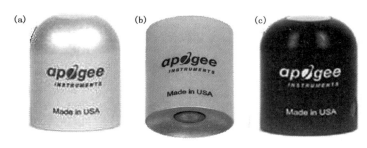

图 6.14　Apogee 公司生产的热电型向上的(a)、向下的(b)和光电型(c)总日射表

　　小型热电型仪器是现代新产品，这主要归功于微型热电堆的推出，其响应速度虽仍赶不上光电器件，但是低于 1 s 的响应速度，特别是其无光谱选择性的特点，仍极具吸引力。所以Apogee 的各类产品（包括其净全辐射表、光合有效辐射表等）是值得关注的。

6.4　总日射表存在的问题

6.4.1　热偏移

6.4.1.1　热偏移的实质

　　热偏移问题早在 20 世纪 80 年代就已被发现，当时主要是针对夜间的零点偏移（也称热偏移）。日本英弘精机（EKO）产业株式会社的研究发现，他们生产的总日射表无论是黑白型，还是全黑型均存在着热偏移现象（图 6.15）。这是夜间记录总日射表输出值时发现的。为了克服这种弊病，EKO 设计了一种新型总日射表。这种仪器的传感器所形成的温差不是依靠吸收比不同的两种颜色的涂料，而是依靠材质相同但面积不同的方法得到的，也就是说，其结构与黑白型的相近，只是为了形成温差，在面积上有所差别，其效果也很好，可参见图 6.2。

　　多年来，辐射理论模式计算与实际测量的结果一直对应不起来，理论计算值偏高。研究者与观测者双方各执一词，都认为问题出在对方。直至发现模式计算的晴空散射辐照度为 100 W/m²，而同时测定的散射辐照度却为 90 W/m²（低于瑞利散射）时，才最终发现问题确实出在

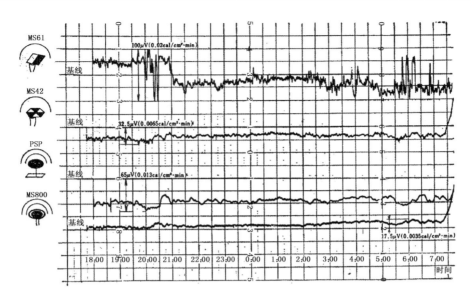

图 6.15 各种总日射表的零点稳定度

测量上(Cess,2000)。进一步的研究结果表明:

(1)过去不太引人注意的热偏移现象,在所有的全黑型仪器中均会出现(图 6.16);

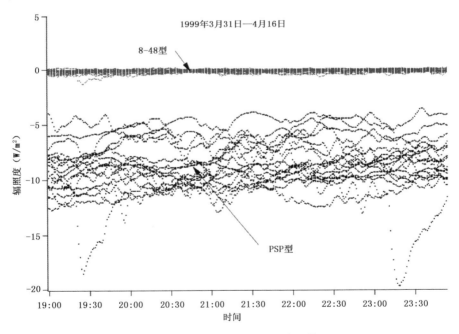

图 6.16 多台 8-48 型和 PSP 型总日射表的夜间输出情况(Reda et al.,2004)

(1999 年 3 月 31 日—4 月 16 日)

(2)这种现象是在夜间出现的,难道仅存在于夜间吗?在日间对比黑白型和全黑型总日射表,立即就能看出问题(图 6.17)。证明在日间同样存在此现象,仅是难以分辨而已。

尽管两种类型仪器的结果相差不多,但毕竟是系统误差,而系统误差是一定要设法纠正的,特别是对于基准辐射测量来说。如果对总日射辐照度来说,由于差异所占比例不大,尚可忽略的话,但对于散射辐照度,特别是晴天散射辐照度而言,显然就不能忽视了。就其成因来说,已不能像 EKO 当时所认为的主因是热传导不同所引起的,实际上主要原因在于一直存在着的冷天空。虽然全黑型仪器为防止外界长波辐射的影响,加上了第二个外罩,外罩虽可阻断直接的长波辐射,却无法阻止自身冷却后对内罩的影响。特别是天空作为一个恒定的冷源,长期持续存在时,会一直影响着仪器的输出。对于准确测量总日射辐照度来说,这个问题十分重要。近年来,国外对此进行了大量的研究。一方面从理论上进行阐述;另一方面,设法进行订正。迄今国外的辐射基准站已经积累了大量的总日射观测数据,特别是相当多的辐射站点采用了热偏移较大的 PSP 型总日射表。

对总日射表的热偏移与散射辐照度之间关系所进行的研究表明,它对测量质量具有重大影响。克服热偏移问题的一个有效办法是,用黑白型总日射表测量散射辐射。这种类型的仪器不存在全黑型热电堆仪器的热偏移,因为热接点和冷接点二者均暴露于同样的热状态下。目前黑白型仪器还不具有全黑型热电堆仪器那样的质量(光谱和方向性方面的),所以不能用它测量总日射辐照度(图 6.17)。

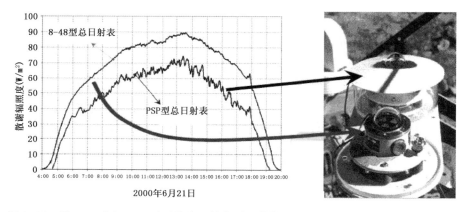

图 6.17 用 8-48 型和 PSP 型两种总日射表测量散射辐照度的对比(Myers et al. , 2000)

因此,在 ISO 和 WMO 有关辐射仪器分级标准中,对热偏移作了特别的规定,并将其划分成 A 和 B 两种类型:

A 类型热偏移:由于天空是个恒定存在的冷源,仪器体的温度会经由感应面、内罩和外罩向天空发散热量,进而导致罩温要比气温低。发射出去的热量来自仪器体(通过热传导)、空气(通过风)、内罩和感应面(通过长波辐射)。这样,内罩和感应面的温度也下降了。这一热流与太阳辐射正好相反,从而引起夜间的热偏移,这就是 A 类热偏移。日间,这个热偏移也存在,只是与太阳辐射的信号混合在一起了。对罩和仪器体进行良好的通风,甚至加热通风是减少 A 类型热偏移的一种解决办法(见第 16 章)。

B 类型热偏移:仪器体温度增加或减少时发生的热偏移称 B 类热偏移。它的指标是对环境温度变化 5 K/h 情况下的辐照度值。据厂家报道,CMP 系列二等标准总日射表不存在这类热偏移,因为它有一个不曝光的补偿传感器,类似温度引起的热偏移也会在其中产生,但是由于它与曝光传感器反向相接,二者相互抵消了。

为了进一步明确热偏移确系热辐射引起,美国科学工作者建议确定总日射表的长波灵敏度,即以黑体为辐射源对总日射表进行校准。部分仪器的校准结果见表 6.4(Reda et al.,2005)。

从表 6.4 中不难看出,尽管黑白型和 CMP22 型总日射表的热偏移的确很小,但仍存在;同时,也再次确认 PSP 型的热偏移确实较大。对国产与国外厂家的总日射表在夜间也进行了同步试验,结果如图 6.18 所示。

图中 CM22[①](向下)是实验中有意识地使其方向向下水平放置的(测量反射),意在表示热偏移确实是由冷天空所形成的;另外,其他总日射表的热偏移从小到大来排列,依次为 CM22,CM11,TBQ(国产仪器)和 PSP。

另外,像 Eppley 实验室及 Kipp & Zonen 等的出厂检定均采用室内校准的方法。而室内校准时,客观上不存在冷天空,因此得到的仪器灵敏度会相对偏高。

热偏移对总日射表的影响如此显著,迄今尚无完全将其克服掉的可能,暂时只能承认其存在,并以分类的方法来处理(参见 ISO 9060)。那么,有无克服它的方法呢?国外最新研究表明,利用热敏电阻类型的传感器或许可以克服。但这仅是一项研究工作,目前仍在试验中。对总日射表的性能要求是多方面的,应予以综合性的考虑。

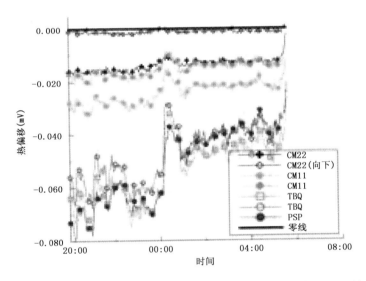

图 6.18　国产与国外总日射表夜间热偏移情况比较(杨云 等,2010)(见彩图)

6.4.1.2　热偏移的订正

Dutton 等对夜间总日射表和地球辐射表的测量数据进行了分析(Dutton et al.,2001;图 6.19),得出有关热偏移的订正方法,但该订正方法还仅限于遮光总日射表对散射日射的测量,因为夜间的情况与日间遮光的情况有着一定的相似;对于未加遮光的总日射表,由于存在着直接日射的影响,尚无较好的订正方法。具体的订正方法是,将夜间总日射表的输出(*os*)与经遮光和通风的地球辐射表热电堆测到的净红外辐照度(*Net IR*),建立如下列公式的关系:

---

① 这里之所以采用 CM,主要是依据实验中所用仪器的实际型号,下同。

$$os = b_0 + b_1 NetIR + b_2 \sigma (T^4_{仪器罩} - T^4_{仪器体}) \qquad (6.5)$$

表 6.4　部分总日射表的黑体校准结果（Reda et al.，2005）

仪器型号-编号	$RS_{bb}(\mu m/(W/m^2))$	R^2	仪器型号-编号	$RS_{bb}(\mu m/(W/m^2))$	R^2
BW-21096	0.363	0.9109	PSP-31146F3	2.1232	0.9946
BW-33253	0.8894	0.8834	PSP-31147F3	2.1278	0.9988
BW-33273	0.7734	0.9872	PSP-31148F3	2.1707	0.9992
CMP22-00019	0.8872	0.972	PSP-31155F3	2.2002	0.9966
PSP-14612F3	2.6591	0.9975	PSP-31156F3	2.188	0.9974
PSP-25825F3	2.5076	0.9951	PSP-31157F3	2.2046	0.9980
PSP-28403F3	2.3824	0.9992	SS.73.93	1.8151	0.9962

式中，$b_0 \sim b_2$ 为拟合系数。最终，经过订正的散射辐照度为：

$$E_{d订正} = E_{d未订正} - os \qquad (6.6)$$

经订正，有的种类的总日射表与地球辐射表的关系较好，有的关系则很差，这从图 6.18 中就可以看出。所以，最终的订正结果也有好坏之分，且与其自身的构造有关。另外，拟合曲线应以通过零点更为合理。对于一些仪器来说比较自然，但对于另一些则会十分牵强。

不幸的是，在现场与总日射表配对使用的长波辐射表数量极为有限。虽然科学家已经做了一些工作，去评估没有长波辐射表数据的热偏移（Reda et al.，2005；Vignola et al.，2007）。但迄今为止，可以用总日射表相关的一般气象模型尚未被开发出来。因为热偏移从一个地点到另一个地点是有变化的，很难确定适当的总日射表响应度而不带对热偏移的纠正。如果校准值是从一个有较大热偏移的地点获得的，然后用于热偏移较少的地点，也会出现系统误差的结果。

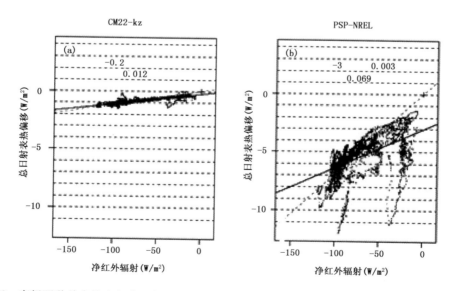

图 6.19　夜间两种总表输出与净红外辐射的关系（虚线为强制通过零点的结果）（Dutton et al.，2001）

三个选项可用于解决校准问题：

(1)使用不考虑热偏移的校准值；

(2)在白天使用扣除夜间平均热偏移确定的校准值；

(3)使用带有热偏移校正而确定的校准值。

如果没有地球辐射表和用于进行计算总日射表热偏移所必需的气象数据，应该在使用仪器的当地进行校准，以尽量减少热偏移带来的影响。

一个可供替代的校准热偏移的方法，就是从夜前和夜后的日间值扣除夜平均值（Dutton et al.，2001）。这已被证明大约为日间热偏移的一半（Vignola et al,2007）。如果使用这种方法来校准常数应当这样确定：从白天测量值中减去夜间值。

最好的选择是，如果地球辐射表和其他气象数据是可用的并能计算出热偏移，使用扣除热偏移的校准常数。

2013 年宋建阳基于对我国 4 个大气本底站多年辐射观测数据的分析，对夜间热偏移进行了统计，样本总量超过了 10^6，结果详见表 6.5（宋建阳，2013）。

热偏移属于仪器的系统误差，主要应由仪器设计人员专门对此进行研究，设计出无此项误差的仪器来，目前国外的产品已经取得了不小的进展。完全消除热偏移，看来是不现实的，因为仪器性能测试中，就含有热偏移一项，这表明，对于总日射表来说，热偏移一项，只有大与小之分，而无有无之分。同以往的仪器相比，目前新产品的此项误差已大为降低。具体指标可以依照 ISO 9060 中有关热偏移一项的规定确定。对于已经使用的旧型号仪器进行观测的已有数据，则需设法进行订正。宋建阳（2013）综合了国内外研究人员对热偏移所进行的研究后认为，由于各个辐射站对进行订正所具备的条件不尽相同，所以无法给出统一的方法。于是他将具体方法综合成表 6.6。

表 6.5 各本底站各种辐射仪器夜间热偏移（单位：W/m²）

仪器 站点	总日射表		直接日射表		散射日射表	
	仪器型号	平均值	仪器型号	平均值	仪器型号	平均值
瓦里关	PSP-30126	−10.97±9.16	NIP-29951	−0.56±1.12	PSP-30126	13.20±7.28
上甸子	PSP-33734	−14.44±5.91	NIP-33814	−0.81±0.57	8-48-33777	−1.31±1.20
	PSP-33735	−15.38±7.88				
临安	CM21-51465	−2.46±1.28	CH1-050386	−0.19±0.21	CM21-0501466	−2.12±0.77
龙凤山	CM21-51467	−3.07±1.04	CH1-050387	−0.04±0.41	CM21-0501468	−2.30±1.15

热偏移的存在使得总日射表的观测值偏低，如果未装通风器的话，其热偏移在日间会更大。规定夜间辐射测量值为零，对日间的热偏移也未作处理，就会使得太阳辐射测量值偏低，会对气候趋势变化、辐射模式的验证以及校正卫星数据产生影响。

热偏移属于仪器自身的系统误差，因此，可以通过对辐射数据的统计分析以及对比实验观测进行订正。表 6.6 列举了国内外学者研究利用的数种订正方法。将具体观测数据减去 $offset$ 即可实现具体订正。

表 6.6　热偏移订正方法(宋建阳,2013)

订正方法	公式	文献
能量梯度线性订正法	$offset = A\sigma(T_{ig}^4 - T_s^4) + B$	Bush et al. (2000)
净长波辐射线性订正法	$offset = A_1 R_{net} + B_1$	Carnicero et al. (2001)
净长波辐射和能量梯度线性定正法	$offset = A R_{net} + B\sigma(T_{ig}^4 - T_s^4) + c$	Dutton(2001),Haeffelin(2001)
无量纲线性订正法	$offset = A_2 R_{net}/(\rho C_p TU) + B_2$	Reima(2005),Cheng(2013)
夜间平均电压订正法	$offset = ave(E_{night})$	Younkin(2004),权维俊(2009)

注:$offset$ 为夜间热偏移,T_{ig} 为内层半球玻璃罩的温度,T_s 为感应面温度,R_{net} 为净长波辐射,A,B 为拟合系数,ρ 为空气密度,C_p 为干空气比热,T 为温度,U 为风速。

但是,在实践中,总不能每个站均进行试验,得出系数再去进行订正;而事后的订正也不是一种良好的解决办法。看来,关键还是需要从仪器制作中解决,才是根本之道。

6.4.2　余弦误差

从 ISO 和 WMO 辐射仪器的相应分级标准中可以看到,对于仪器的入射角度所引起的误差,特别是对于容易出现问题的太阳天顶角>80°(高度角<10°)均予以明确规定。从各个生产厂家所给出的这项指标看,也不觉得存在什么问题。但实际结果如何呢?从近年来美国学者分析总日射辐照度的观测结果中(图 6.20),可以看到,角度的影响相当显著。该图是原作者从某辐射站 2002—2003 年每月各选 3 个晴天的数据进行多元拟合分析的结果。考虑的因素有:高度角、积日和红外辐射。图中所用数据删除了早、晚<200 W/m² 条件下,太阳高度角偏低的情况。结果显示,角度的影响依然存在。可见,对于总日射表来说,对入射角影响的研究还有进一步深入之必要。

一个具有理想角度响应或朗伯体响应的总日射表,对入射辐射的响应应遵守朗伯余弦定律。因此,当总日射表带有一个理想的角度响应或朗伯响应,对入射辐射的响应应遵守朗伯余弦定律。反之,则随入射角的不同而存在变化,特别是在入射角小的情况下。一般仪器上所用的水准器并不总是与探测器表面相一致的。玻璃罩的加工缺陷和光折射,也可能引发一些偏离朗伯响应的结果。两个玻璃罩的表面之间,如果不严格地平行,则会产生波差,均会影响测量结果。

图 6.21 是对 Kipp & Zonen CM10 总日射表实测的余弦响应。

图中标准 GHI 是用绝对腔体辐射表测量后计算出来的从 CM10 直接读取的 GHI 除以标准 GHI,在太阳高度角为 45°时,归一化为 1.00。图中偏离 1.00 的偏差可能是由于温度的变化或仪器可能的倾斜所引起。大部分偏差与非理想的朗伯余弦响应有关。当太阳处于 30°太阳天顶角时,一个水平上 0.5°的误差将改变大约 0.1%的结果,在入射角 70°情况下,它将导致测量中大约 0.6%的误差,而在 80°时它将导致 1.2%的误差。因此,总日射表的调水平是非常重要的,调平后应将总日射表牢牢地固定在仪器平台上;并且在固定后,应再次检查仪器的水平。

另外,少数总日射表具有圆形接收面,在被粘接到热电堆上之后,表面可能出现变形,并呈现出如其下面热电堆的矩形形状(图 6.22)。这种变形可能在制造过程中,或通过振动,或在运输过程中的粗糙处理所引起。假如变形真的已经明显,就应及时返厂修复。

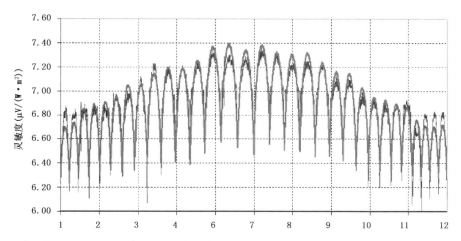

图 6.20   晴天未通风 PSP 总日射表的原始灵敏度（深色）和拟合灵敏度（浅色）（Lester，2006）（见彩图）

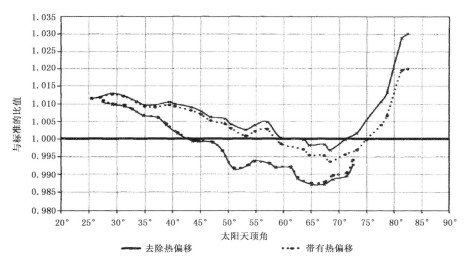

图 6.21   Kipp & Zonen CM10 总日射表实测的上午和下午的余弦响应（Vignola et al.，2012）

图 6.22   Eppley PSP 总日射表接收面变形。对于良好的余弦响应接收面应当是平的，而这个
接收面已经变成了其下方热电堆的矩形（Vignola et al.，2012）

6.4.3　非线性

非线性指的是辐射计响应度（μV/(W·m^2)）对线性的偏离，尽管在总日射表的分级中，对此已有所考虑。但在实践中，由于辐照度的水准不一，展现的结果就会有所不同。例如，一台总日射表在 1000 W/m^2 的辐照度下，显示有 20 W/m^2 的热偏移，则它的读数被偏移了 20/1000 或 2%。如果 20 W/m^2 的热偏移是在 100 W/m^2 的情况下，则读数被偏移 20%。

非线性测试通常是在实验室内，在仪器和环境（室）温度稳定的条件下进行的。在这样的条件下，探测器不存在因较冷目标所引发的热偏移。一盏稳定的光源（灯）被不同面积比例的斩波轮所遮挡。在实验室条件下，ISO 标准的规定对于一级表来说，偏离线性响应小于 0.5%。可是在实际条件下，就不可能如此了。

6.4.4　光谱透射与光谱吸收的变化——老化

总日射表接收器的黑色表面是被玻璃罩保护的，可以防止与外界直接的接触，并隔离风、雨等诸多天气现象的影响。提到玻璃罩就必须考虑其影响。国外辐射仪器的玻璃罩通常使用德国 Schott WG295 牌号的玻璃，其透射曲线如图 6.23 所示。我国与此相应牌号玻璃为 ZJB280（GB/T 15488－1995）。这些牌号玻璃的最大问题在长波端。它们的截止波长还不到 3 μm。Kipp & Zonen 所产 CM22 总日射表使用的是光学石英（即 Infrasil Ⅱ）（图 6.24），所以仪器的性能是最优的。我国大部分总日射表产品使用的则是熔融石英，它可先用热加工方式制成半球形毛胚，再经冷加工研磨、抛光成型。其紫外端的截止波长在 200 nm 左右（可供 Brewer 紫外光谱仪使用），但在红外端 2.8 μm 附近有一大的吸收峰。由此可见，严格地讲，除光学石英外，其他均达不到短波辐射定义的要求。

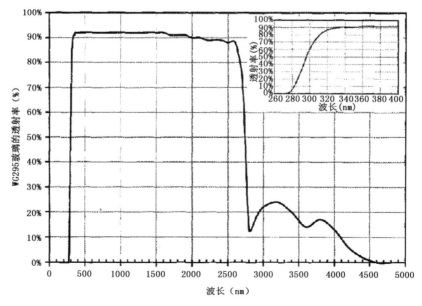

图 6.23　WG295 牌号玻璃的光谱透射曲线

（Vignola et al.，2012）

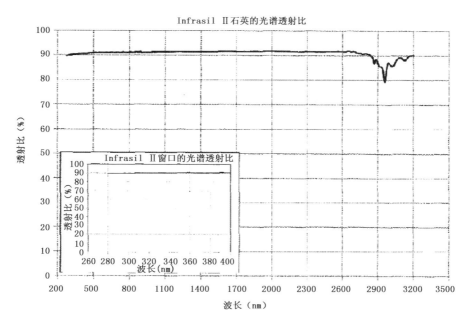

图 6.24　光学石英玻璃的光谱透射曲线
（Vignola et al.，2012）

但长期暴露于总辐射下,尤其是紫外线(UV)辐射,将会改变涂料(黑漆)的颜色和接收器的吸收率。使用热电堆作探测器的总日射表,黑色表面的变化并不容易察觉到,即使使用了多年后,但其响应通常每年会下降 $0.5\%\sim1\%$。暴露于阳光下,特别是强紫外线下,响应度的变化会更大和更快些。Wilcox et al.(2001)的研究显示,使用公式去测量涂料的老化,也可模拟总日射表响应度的变化。利用晴空记录和长期的校准记录的分析,Riihimaki et al.(2008)证实了 Wilcox et al.的模型,结果显示这种影响对现场的总日射表来说,其线性率有时可以持续数十年。

标准总日射表在校准的间歇,通常是不暴露于阳光下的。这大大降低了总日射表的降解率,并再次印证了黑色涂料老化的假说。

在 2016 年的 BSRN 会议上,NREL 的 Habte et al.(2016)介绍了他们在这方面的最新研究成果。参与实验的总日射表或相应的材料如表 6.7 所示。

各种参试仪器或材料的透射比和吸收比分别如图 6.25 和图 6.26 所示。此外,他们还利用 SMARTS 模式对世界范围的 8 个不同气候区以及 ASTM G173 标准大气条件下,太阳天顶角 0°、45°、60°、65°、70°、75°、80° 和 85° 下涵盖 AM:1、1.41、2、2.3、2.92、3.86、5.76 以及 11.47 等情况,进行了模拟计算。

结果表明,首先,玻璃罩的透射比不是平直的;黑色涂层的吸收比也不是平直的;数年间的老化,使用室内测量设施对光谱误差的贡献达 1.6%;而使用室外测量的结果则为 1.2%。

表 6.7　参与实验的总日射表、相应的材料机器编号

编号	型号	类型	备注
1	PSP	双层罩和老化涂层	
2	PSP	双层罩和老化涂层	
3	PSP	双层罩和老化涂层	
4	PSP	双层罩和老化涂层	
5	TSP-1	双层罩和老化涂层	
6	…	2 mm 透射和新涂层(HuxseFlux)	制造商提供
7	…	4 mm 透射(Kipp & Zonen)	制造商提供
8	…	4 mm 透射＋菲涅耳(Kipp & Zonen)	制造商提供
9	…	Schott-N-WG295	数据表

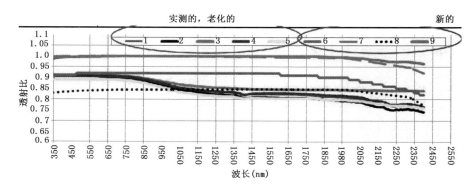

图 6.25　总日射表新、旧玻璃罩透射比测量结果(Habte et al.,2016)

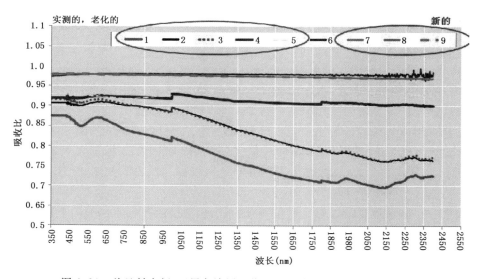

图 6.26　总日射表新、旧黑色涂层吸收比测量结果(Habte et al.,2016)

6.4.5 温度依赖性

所有的总日射表在环境温度变化时其响应度都会有所变化。许多厂商会提供针对特殊型号或类型的总日射表温度响应曲线。热电堆总日射表是有温度依赖性的,如一阶温度补偿电路被用来最大限度地减少温度的影响。然而,在某一温度上校正的温度响应会影响在另一个不同温度范围内的温度响应。大多数一级总日射表有一响应度,在附加了温度补偿电路后,在$-20\sim40$ ℃响应度的变化会小于1%。温度测试是在实验室内进行的,因为总日射表的户外响应会受更多气象变量的影响,而后者无法尽受控制。总日射表的温度依赖性例子示于图6.27,它所针对的是 Kipp & Zonen CM22 和 Eppley PSP 的总日射表。

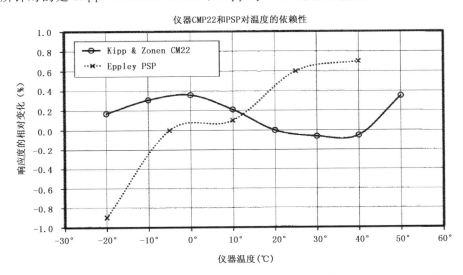

图 6.27 Kipp & Zonen CM22 和 Eppley PSP 的温度响应个例(Vignola et al.,2012)。

6.4.6 半球罩上的凝霜、结露和积雪

通风器对于保持总日射表罩上无霜、露、水渍和灰尘是非常有用的。对于获得完整和准确的测量记录是很重要的,它对任何总日射表都是必要的补充。

通风器实际上就是一个安装在仪器底部的仪表风扇,气流通过仪器体内的加热器(也可不加热)从罩的四周吹向总日射表的半球形玻璃罩(参见 16 章图 16.15)。风扇电机可以是直流的,也可以是交流的。这样的安排可以减少罩与仪器体之间的温度差,交流风扇要比直流风扇产生和消散更多的热量。通风器还可降低仪器的热偏移。通风器通常在其进口处有一过滤网,用来防止较大的杂物随气流被吸入。过滤网每年至少应清洗一次,以免其被堵塞,妨碍气流的顺畅进入。

6.4.7 一种光学异常现象

当太阳在天空中一个特定的位置时,从一些总日射表数据中会观察到一种异常现象。在一段大约一小时的时段内,辐照度读数先下降而后上升到较高的读数,再降回正常值。这是玻璃罩反射的结果,它制造出一个亮点或在接收面附近有个焦散面。在一年中的特定时段内,这

种亮点会移动,通过接收器表面及其附近,并照亮接收器表面的一小部分。由于太阳移动通过天空,亮点也会移出探测器,并通过探测器附近的金属环。当亮点在环上时,总日射表的读数就低,当亮点在探测器上时,读数可能增加50%或更多。Eppley 8-48型总日射表的焦散面如图6.28所示,而PSP的如图6.29所示。

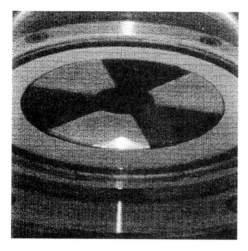 

图 6.28　Eppley 8-48 型总日射表上的焦散,图片摄于实验室,光源的图像可以在顶部的反射中看到。焦散是光在白色楔形物底部的阵列
（Vignola et al.，2012)

图 6.29　Eppley PSP 的焦散罩上的水珠将光聚焦在接收器圆面上
（Vignola et al.，2012)

6.4.8　倾斜响应

不同种类的总日射表自身处于倾斜状态下对相同辐照度的响应是不同的,这也是总日射表性能分级指标中,专门列出此项的缘由。引起此问题的关键因素是热对流,因此,使用与热对流无关的光电器件制作的总日射表,就无此项弊端。据此,可以推断,黑白型总日射表的表现最突出,其次,是全黑型。对此,王炳忠等(1991)曾做过实测研究。被测对象既有全黑型也有黑白型——原国产仿苏黑白型总日射表和Eppley的8-48型总日射表。光电型总日射表则作为监测光源稳定程度的仪器。光源是一台太阳模拟器,辐照度水准维持在约1000 W/m² 左右。旋转装置参见图22.8,四周有黑幕屏蔽杂光,幕内有风扇,避免温升。测量所得结论,正如前述。

6.5　总日射的测量

正因为总日射表本身存在着前述诸多问题,所以真正准确的总日射辐照度,不是由总日射表直接测量出来的,而是由直接日射表和散射日射表分别测量之后合成的。

BSRN(地面辐射基准站网)对测量总日射辐照度的不确定度指标是2%(或距真值的最小偏差为 5 W/m²),获取的参数是每分钟60个采样的平均值、最大值、最小值和标准差。

用总日射表测量总日射辐照度时,首先要注意的是视野问题,完全平坦开阔的地点是很难找到的,但起码其四周应无明显的障碍物,特别是色调浅、易反射的物体。目前,在辐射基准站上,总日射表与测量散射的总日射表以及测量向下长波辐射的地球辐射表均固定在太阳跟踪器的平台上。在非气象领域中,如果需要测量倾斜面上的半球向总日射辐照度时,应注意避免人员在仪器朝阳的一侧工作和走动,尤其应避免工作人员身着浅色服装。如果要求更高的测量准确度,则应对总日射表配备加热通风器。加热通风器的作用不仅可降低环境温度的影响,还可减少在外罩表面上凝霜、结露、积尘的可能以及降低热偏移。雨、雪和浮尘天气过后,应及时清理外罩。

另一个容易忽视的问题是,应及时地更换失效的干燥剂。

应当指出,标准的总日射辐照度均不是由标准总日射表直接提供的,而是由标准直接日射表测量的法向直射辐照度,经太阳高度角修正得出的水平面直射辐照度,与遮光的标准总日射表测量的散射辐照度(为了避免热偏移的影响,甚至建议使用遮光的黑白型总日射表测量散射辐照度)之和提供的(即所谓的成分和法)。根据美国国家海洋大气局气候监测与诊断实验室的研究(Michalsky,1999),不遮光的总日射表95%信度的测量不确定度大约为20 W/m²,工作直接日射表与遮光总日射表相配合测量的总日射辐照度的不确定度为9 W/m²,而腔体式标准直接日射表与遮光总日射表相配合测量的总日射辐照度的不确定度可降至5 W/m²。这表明只有腔体型直接日射表与遮光总日射表相配合,才能达到BSRN对测量总日射辐照度的要求。上述研究结果可综合成图6.30。这里所谓的误差,指的是单个瞬间测量值与基准观测值之间的差值。其中图6.30a为晴空下的结果,而图6.30b则为不同云量情况下的结果。

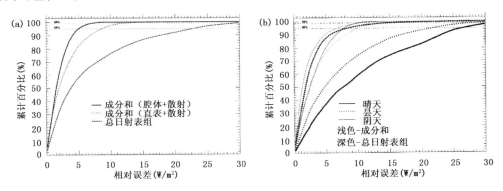

图 6.30　辐照度误差与测量结果累计百分比之间的关系(Michalsky,1999)

6.6　散射日射的测量

6.6.1　测量

BSRN对散射辐照度测量不确定度的指标是4%(或距真值的最小偏差为5 W/m²),要获取的参数是每分钟60个采样的平均值、最大值、最小值和标准差。

散射日射的测量需要加装遮光装置。在辐射基准站,遮光装置与直接日射表的跟踪装置是一体的(参见图16.5)。如果临时测量散射日射,则可采用临时的手动遮光装置(图6.31)。该装置下面是一个圆盘底座,中央放置总日射表,周边有一圆形凹槽,槽中放有一可滑动旋转的圆环,圆环上带有可径向调整的支杆,杆端固定一圆片。依靠支杆的上下调整和圆环在槽中的旋移,达到以圆片遮住总日射表传感器的目的。无论是配套的装置,还是临时装置,其几何尺寸有严格要求。主要依据是,直接日射表测量的是以太阳为圆心及其周围 2.5° 立体角内的环日天空,这正是在测量散射日射时,所需要严格遮蔽掉的。也就是说,遮光球(或片)的直径、其距总日射表的距离以及总日射表玻璃外罩的直径应与所用型号的直接日射表的进光孔径的直径、直接日射表传感器至进光孔的距离以及传感器的直径严格地、成比例地一一对应,或者说,传感器和遮光球的几何形状应仿照直接日射表指向天顶时的状况(图 6.32)。根据 BSRN 的规定,几种常用的配套直接日射表和总日射表的遮光尺寸,见表 6.8。

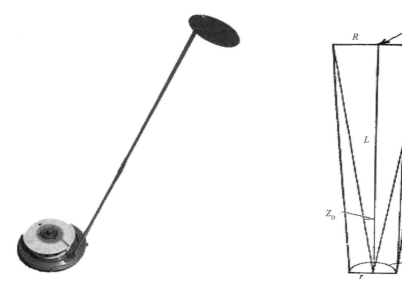

图 6.31　临时用的遮光装置　　　　　图 6.32　遮光片与总日射表的几何关系

迄今尚有采用遮光环装置测量散射辐照度的。如果对测量的要求不高,遮光环还是可用的。但它毕竟遮去了一部分本不应该遮去的天空,尽管可以利用计算公式进行弥补,但公式是固定的,而天空状况却是多变的,所以得到的测量结果,其不确定度仍然会较大。另外,遮光环不仅在环的延伸方向有遮挡,由于方便使用的原因,环的宽度方向也放宽了许多,以避免每日调节圆环。这些均与上述严格的要求相去甚远。图 6.33 就是 Eppley 实验室出品的遮光环的

图 6.33　Eppley 出品的遮光环引发的遮挡阴影(Vignola et al.,2012)

遮光情况。新版 ISO 9060(草案)对遮光环的宽度作出了这样一项新规定,即要求对遮光环的调整每两天进行一次。这样一来,遮光环的宽度就受到了限制。但是,一方面,由于总日射表玻璃外罩的尺寸并不统一;另一方面,遮光环的制作厂家难以制作出适应各种总日射表的遮光环。所以此项要求执行起来,还有相当的困难。

根据 BSRN 操作手册的建议,测量散射辐照度的仪器,可以采用黑白型总日射表加遮光装置,但不能用它来直接测量总日射辐照度。

表 6.8   几种配套常用的直接日射表和总日射表的遮光尺寸(单位:mm)(McArthur, 2004)

总日射表	遮光片(球)半径	Eppley H-F 要求的臂长	Eppley NIP 要求的臂长	Kipp & Zonen CHI 要求的臂长
Eppley PSP	25.4	635	605	510
Eppley 8-48	30	726	703	574
CM 系列	25.4	630	603	505
Schenk Star	34	840	815	668

6.6.2   遮光环的订正

对于要求不高的一般辐射站,也可采用遮光环遮挡进行散射辐照度的观测。世界气象组织《气象仪器与观测方法指南》中对使用遮光环提出了具体的修正方法。首先,规定遮光环的直径范围为 $0.5 \sim 1.5$ m,其宽度与半径的比值 b/r 为 $0.09 \sim 0.35$。对于 $b/r < 0.2$ 的遮光环,日间所测不到的散射 D_v 可以表示为:

$$D_v \approx \frac{b}{r} \cos^3 \delta \int_{t_{rise}}^{t_{set}} L(t) \cdot \sin h_\odot(t) \mathrm{d}t \qquad (6.7)$$

式中 δ 为太阳赤纬,t 为太阳时角,t_{rise} 和 t_{set} 为日出和日落的时角($t_{rise} = -t_{set}$,$\cos t_{rise} = -\tan\varphi \cdot \tan\delta$,$\varphi$ 为当地地理纬度),$L(t)$ 为日间天空亮度,$h_\odot$ 为太阳高度。

用此表达式以及对天空亮度的一些假定,可以确定一个修正因子 f:

$$f = \frac{1}{1 - \dfrac{D_v}{D}} \qquad (6.8)$$

式中 D 为未被遮挡天空的辐射。在图 6.34 中是一个对于晴天和阴天修正因子的例子,以及与相应的经验曲线的比较,图中 f 为计算的曲线,F 为经验的曲线(WMO, 2014)。它与理论曲线的偏差取决于当地的气候因子。应当通过加遮光环的仪器与利用太阳跟踪器加遮光球连续遮光仪器的比较试验,加以确定。如果没有实验数据可用,则可使用由相应的 b/r 值,在全阴天的情况下计算的数据。

因此,

$$\frac{D_v}{D} = \frac{b}{r} \cos^3(t_{set} - t_{rise}) \sin\varphi \times \sin\delta + \cos\varphi \cdot \cos\delta \cdot (\sin t_{set} - \sin t_{rise}) \qquad (6.9)$$

式中 δ 为太阳赤纬;φ 为当地的地理纬度,t_{rise} 和 t_{set} 分别为日出和日落的太阳时角。

由于我国气象辐射站上观测散射日射普遍使用遮光环,在中国气象局编定的《气象辐射观测方法》(1996)以及《地面气象观测规范》(2003)中,对于我国散射辐射的遮光环订正系数作过

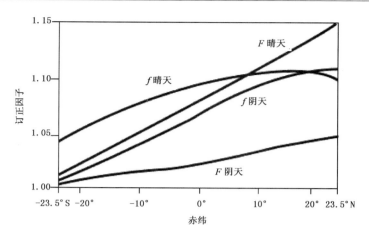

图 6.34　对 $b/r=0.169$ 的遮光环计算的和经验确定的订正因子的比较，
图中 f 为计算曲线，F 为经验曲线（WMO，2014）

如下的论述：

假定天空散射是均匀的，天空被遮光环遮住的部分 X/T（成数），从理论上可用下式计算：

$$\frac{X}{T} = \frac{2b}{\pi R}\cos^3\delta(\sin\varphi \cdot \sin\delta \cdot t + \cos\varphi \cdot \cos\delta \cdot \sin t_0) \tag{6.10}$$

式中，b 为遮光环的宽度；R 为遮光环的半径；δ 为太阳赤纬；φ 为当地纬度；t_0 为时角，

$$t_0 = \frac{T_{\text{set}} - T_{\text{rise}}}{12} \times \frac{90}{57.3}（弧度） \tag{6.11}$$

式中，T_{set} 为日落时间，T_{rise} 为日出时间，均为真太阳时，因此遮光环订正系数 CQ 为：

$$CQ = \frac{1}{\left(1 - \dfrac{X}{T}\right)} \tag{6.12}$$

由于当前使用遮光环的宽度为 65 mm，半径为 200 mm，代入式(6.10)计算出不同纬度、不同月份(旬)的 X 和 T，最后再代入式(6.12)算出订正系数。结果以表格形式给出，供各站使用。经过多年的实际使用，发现按该表格订正的结果，多云地区较为适宜，但在少云地区则比实际偏小较多。因此，于 1995 年分别选择在攀枝花和北京两地进行了一年的自动遮光球与遮光环的对比试验，得出了修正系数，并结合多元回归统计方法得出修正后的遮光环订正系数 CQ_2 的经验公式（张顺谦 等，1997）：

$$CQ_2 = 0.0538 + 0.1715\varphi/90 + 0.0111\Delta Y - 0.0117N + CQ \tag{6.13}$$

式中，$\Delta Y = |月份 - 6|$，N 为月平均总云量（成数）。具体结果以表格形式给出。感兴趣者可参看《气象辐射观测方法》（中国气象局，1996）。

可是，根据国外的一些研究者近年来的研究（他们的一些意见和建议，只能针对《气象仪器和观测方法指南》所建议的公式）认为，来自一种气候地区得出的修正方案，往往并不适用于另一气候区，因为不同地区的天空条件有很大的不同。例如，Kudish et al. （2008）就评估了 Drummond (1956)，LeBaron et al. (1990)，Battles et al. (1995)等几种订正方法。而 Gueymard et al. （2009）更指出，这种评价是无效的，因为作为"真正散射值"的数据，采用的是从 GHI 减去水平直射值计算出来的，这其中含有明显的系统误差。很大的程度上是未遮光总日

射表的余弦误差所造成的。

Vignola et al.（2012）指出，从 GHI 和 DNI 计算散射辐照度的不确定度是显著的。他们甚至举出一个例子：假设 DNI 和 GHI 的值为 1000 W/m²，当太阳天顶角为 30°时，计算的散射为：

$$E_d = 1000 - 1000 \times \cos 30° = 134 (\text{W/m}^2) \tag{6.14}$$

其扩展不确定度为：

$$U_{95} = \sqrt{30^2 + (20 \times 0.866)^2} = 35 (\text{W/m}^2) \tag{6.15}$$

假如使用遮光球（片）进行测量的话，则测量不确定度仅为 3%，量值仅有 4 W/m²。

另外，一级表往往具有热偏移，与散射辐照度相比，还比较大。它可能占 DHI 的 20%或更多，事实上，对于热偏移未加校正的总日射表来说，所测量的散射辐照度会比纯瑞利散射还低（Cess et al.，2000）。因此，最好是采用级别虽然低些但效果较好的黑白型总日射表。

在 WMO《气象仪器和观测方法指南》中，还特别提到在辐射观测场地的四周存在明显的障碍物挡住直接日射（在无云的条件下更易于察觉），凡能以合理的置信限度作修正的站点，对其记录均应加以修正。并明确，只有当该站点具有总日射和散射日射的单独记录时，才能对记录中散射日射受障碍物的影响进行修正。处理步骤要求，首先修正散射记录，然后调整总日射记录。所应计算的不是天空本身被遮掉那部分的辐照度，而是来自被遮去天空部分的辐照度。入射角低于 5°的辐射对散射总量的贡献低于 1%，通常被忽略。注意力应集中于高度角大于 10°或更大以及那些可能在任何时间阻挡太阳光束的物体。另外，还需关注那些可能将阳光反射到探测器上的浅色物体。

严格地讲，在确定由于存在阻挡而造成天空散射的损失时，应关注天空辐亮度的变化。然而，在实践中，只能假定天空辐亮度的分布是各向同性的，也就是从天空所有部分发射出来的辐高度都是相同的。为了确定天空散射辐照度被有限大小障碍物遮挡所造成的减少，可以使用下列表达式：

$$\Delta E_{天空} = \pi^{-1} \int_\Phi \int_\Theta \sin\theta \cdot \cos\theta d\theta d\varphi \tag{6.16}$$

式中 θ 是高度角；φ 是方位角；Θ 是物体在高度方面的扩展范围；Φ 是物体在方位方面的扩展范围。

式（6.16）仅对面向总日射表的黑色障碍物表面有效，对于其他物体，修正值还需再乘以一个取决于该物体反射率的订正因子。

实际上，上述方法并不实用，也过于繁琐。如果在地面存在诸多足以影响散射观测的障碍物，通常的作法是将仪器的安放地点移至屋顶、楼顶等高台之上（图 6.35）。

图 6.35 架设在高台之上的太阳辐射仪器

6.7　反射日射的测量

　　BSRN 规定测量反射辐照度的不确定度指标与总日射的相同,也是 4%(或距真值的最小偏差为 5 W/m²),要获取的参数亦是每分钟 60 个采样的最大值、最小值、平均值和标准差。所用仪器也相同,只是性能指标要求可适当降低。因为反射辐照度量值本身,除雪天以外,在其余情况下,均较小。

　　因为它对测量场地有特殊的要求,所以仅在承担"扩展测量"任务的 BSRN 站上测量反射日射,并且对仪器所处的高度有要求。主要的原因是,在小块面积上所获得的测量数据,对当地不具任何代表性。在 BSRN 操作手册(McArthur,2004)中亦明确要求,向下的传感器只能安装在离地面至少 30 m 的高处,以此来增加视野的代表性。同时指出,架设仪器的塔:有空隙的塔要比实体塔对辐射测量的干扰要小。另外,还要求仪器应架设在远离塔体的悬臂上,以减少塔体对辐射场的影响。因为在直径为 D 的实体塔的情况下,如果仪器距离塔体的长度为 L,则塔体所截去的辐射为 $D/2\pi L$。

　　由于 30 m 高塔的建立并非易事,所以 BSRN 成立了专门的工作组,详细研究这一问题。并于 2004 年 7 月召开的 BSRN 第 8 次研讨会上,作了报告。工作组建议,建立矮塔(3~7 m)(图 6.36)。反照率的测量结果被纳入档案,并应满足以下条件:

　　(1)下垫面的性质是均匀的,或在其视野内地表的图案是多次重复的。总体而言,在"卫星"看来,应当是有代表性的。因为这些数据主要是为配合卫星反演用的;

　　(2)地表植被的最大高度不得超过塔高的 1/4;

　　(3)在站点的元数据中,应提供有关地表的详尽描述。

　　另外,安装在高塔上的和高海拔或高山站的反照率测量仪器,需要加装特殊的防辐射罩(图 6.37),主要目的是防止地平线下 5°范围内(日出或日落时)的直接日射对反射日射表的直接照射。

图 6.36　3 m 矮塔

图 6.37　测量反射总日射表的特殊防辐射罩

　　如果不是辐射基准站,当需要了解辐射收支情况时,也可加装测量反射辐射的仪器。但是,在中国气象局《气象辐射观测方法》中对此并无具体论述。

　　理想测量反射辐射的情况是使用一台带旋转结构的总日射表周期地测量向上与向下的辐

射,以便保证仪器各方面的性能是一致的。此时应注意的是:保持总日射表的响应时间与数据采集的时间间隔一致。另外,反照率测量中仪器的热偏移几乎是不存在的。

最后,Vignola et al.(2012)曾建议:测量反射日射时,最好使用与测量总日射的是同一台仪器,以避免不同仪器测量所造成的误差。这一点,其实难以做到,尤其是在高塔上。在地面,原苏联的总日射表就做到了(图6.38,图6.39)。后者由于配有常平架,还可用于船只上的测量。但是如果是连续记录,这样的要求就无法实现了。另外,在测量反射日射时,不应使用黑白型总日射表,因为它在倾斜或翻转的情况下,灵敏度是不同的。

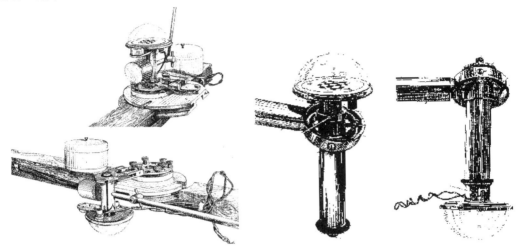

图6.38 可翻转的总日射表   图6.39 带常平架的总日射表

(Янишевский,1957)

参考文献

中国气象局,1996.气象辐射观测方法[M].北京:气象出版社.

王炳忠,1991.总日射表倾斜效应的研究(Ⅰ)——实验装置及结果[J].太阳能学报,**12**(2):214-224.

张顺谦,1997.遮光环订正系数的修正与计算方法[J].太阳能学报,**18**(2):157-163.

宋建洋,2013.本底站辐射数据质量评估与特征分析[D].北京:中国气象科学研究院.

杨云等,2010.总辐射表夜间零点偏移实验与分析[J].气象,**36**(11):132-135.

8TH BSRN Workshop and scientific review meeting. 2004.(网上下载文件).

Battles F J,Alados-Arbodelas L Olmo,F J,1995. On shadow band correction methods for diffuse irradiance measurements[J]. *Solar Energy*,**54**:105-114.

Cess R D,Qian T,Sun M,2000. Consistency tests applied to the measurement of total,direct,and diffuse shortwave radiation at the surface[J]. *Journal of Geophysical Research*,105:24,881-24,887. doi: 10.102912000JD900402

Drummond A J,1956. On the measurement of sky radiation[J]. *Archiv für eteorologie,Geophysik und Bioklimatologie*,Serie B,**7**:413-436.

Dutton E G,2001. Measurement of broadband diffuse solar irradiance using current commercial instrumentation with a correction for thermal offset errors[J]. *J. of Atmospheric and Oceanic Technol.* **18**(3):297-314.

Gueymard C A，Myers D R，2009. Evaluation of conventional and high-performance routine solar radiation measurements for improved solar resource，climatological trends，and radiative forcing[J]. *Solar Energy*，**83**：171-185.

Habte A，2016. Quantifying spectral error in thermopile radiometers[C]. 14th BSRN Scientific Review and Workshop，April 26-29，2016，Canberra，Australia.

KIPP&ZONEN，http://www. kippzonen. com/

LeBaron B A，Peterson W A，Dirmhirn I，1980. Corrections for diffuse irradiance measured with shadowbands [J]. *Solar Energy*，**25**：1-13.

Lester A，Myers D，2006. A method for improving global pyranometer measurements by modeling responsivity functions[J]. *Solar Energy*，**80**：322-331.

LI-COR，2015. Principles of radiation measurement. https://licor. app. boxenterprise. net/s/liuswfu-vtqn7e9loxaut

Kudish A I，Evseev E G，2008. The assessment of four different correction models applied to the diffuse radiation measured with a shadow ring using global and normal beam radiation measurements for Beer Sheva，Israel[J]. *Solar Energy*，**82**：144-156.

LeBaron B A，Michalsky J，Perez R，1990. A new simplified procedure for correcting shadow band data for all sky conditions[J]. *Solar Energy*，**44**：249-256.

McArthur L B J，2004. Baseline surface radiation network (BSRN) operation manual (version 2. 1). WCRP-121，WMO/TD-No. 1274.

Michalsky J J，1999. Optimal measurement of surface shortwave irradiance using current instrumentation[J]. *J. of atmospheric. and oceanic Technology*，**16**：55-69.

Myers D et al，2000. Improved radiometric calibrations and measurements for evalutating photovoltaic devices，NREL/TP-520-28941.

Reda I et al，2004. Determination of longwave responsivity of shortwave solar radiometers to correct for their themal offset errors. http://gewex. org/bsrn/.

Reda I et al，2005. Using a blackbody to calculate net-longwave responsivity of shortwave solar pyranometers to correct for their thermal offset error during outdoor calibration using the component sum method[J]. *J. Atmos. Oceanic Technology*，**22**：1531-1540.

Riihimaki L，Vignola F，2008. Establishing a consistent calibration record for Eppley PSPs. Paper presented at the Proceedings of the 37th ASES Annual Conference，San Diego，CA.

Vignola F，Long C，Reda I，2007. Evaluation of methods to correct for IR loss in Eppley PSP diffuse measurements[J]. Paper presented at the SPIE conference，San Diego，CA.

Vignola F et al，2012. *Solar and infrared radiation measurements*[M]. CPC Press.

Wilcox S，D Myers，N Al-Abbadi et al，2001. Using irradiance and temperature to determine the need for radiometer calibrations[J]. Paper presented at the forum on solar energy，the power to choose，Washington，DC.

WMO，2014. Guide to meteorological instruments and methods of observation，7-th edition. WMO No. 8.

Янишевски Ю Д，1857. Актинометрические приборы и методы наблюдений[J]. Гидрометиздат，Ленинград.

7 直接日射表

直接日射表是用于测量法向直接日射辐照度的仪器。这类仪器的最大特点是均具有限定其视场角(不小于 5°或 6×10⁻³球面度立体角)的准直筒和为对准太阳的瞄准器。

7.1 直接日射表的孔径参数

欲将太阳从天空背景中分离出来对其进行观测,就需要使用一个带有一系列光阑的准直管。光阑的作用除保证仪器的视场外,还具有可部分防止管壁杂散辐射对测量的影响和减弱气流影响等功能。由于日面对地面上的张角仅约 0.5°,要将如此小的立体角分离出来,一方面,必须将准直管做得很长;另一方面,也不便于对准和使用。在这种情况下,假如在对准上存在着很小的偏差,传感器就会被光阑的边缘遮掉一部分,进而引起较大的测量误差。所以,规定在直接日射表中,传感器除了接收发自日面本身的辐射外,还接收了来自太阳周围一小部分环形天空的散射辐射,这部分辐射统称环日辐射,也可将其称其为"华盖"。图 7.1 绘出了直接日射表对准太阳时,入射到准直管内光线路径的几何关系。显然,在 1 范围内的辐射能均可被整个传感器的表面所接收,这就是全辐照域。圆环 3 以外的辐射根本无法被传感器接收到,为非辐照域;圆环 1 与 3 之间的辐射只能部分地被传感器接收,这就是部分辐照域或称半影区。

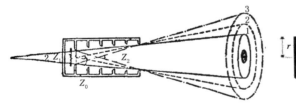 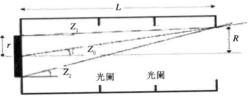

图 7.1 圆形孔径直接日射表的视场示意　　　图 7.2 直接日射表的孔径角

由此可知,直接日射表传感器上所接收的乃是发自日面的辐射和环日辐射的综合结果。显然,如果直接日射表准直管的几何尺寸不同,就会由于视域的不同,而得到不同的测量结果。另外,环日辐射,即太阳周围部分天空的散射,一方面会随大气浑浊状况的不同而有变化;另一方面,其自身的变化亦非常剧烈。换句话说,它对直接日射的贡献是有变化的。为了解决它对直接日射的影响,需要将仪器的孔径条件标准化。1931 年就曾有建议,采用两个常数 a 和 b 来表示直接日射表的孔径条件:国际上对直接日射表孔径条件的要求是:

$$a = \frac{R}{r}, b = \frac{L}{r} \tag{7.1}$$

式(7.1)中,R 是入射孔径的半径,r 是传感器的半径,L 是 R 与 r 之间的距离,如图 7.2 所示。

利用这些数据可将下列三个几何参数计算出来:

半开敞角 Z_0：$\tan Z_0 = a/b$；

斜角 Z_1：　　$\tan Z_1 = (a-1)/b$；

极限角 Z_2：　$\tan Z_2 = (a+1)/b$。

1956 年国际辐射委员会建议了如下的孔径参数：

$$Z_1 \leqslant 1°；b \geqslant 15。$$

这些条件意味着直接日射表的半开敞角不能大于 4°。另外，$b \geqslant 15$ 和 $Z_1 \leqslant 1°$ 只是提供了一个范围。正因为如此，就造成了迄今甚至包括多种绝对腔体辐射计的角度并不一致的局面。直至在 WMO《气象仪器和观测方法指南》（第 7 版，2014）中才正式要求"对于直接太阳辐射仪器的所有新设计，规定开口半角为 $2.5°（6×10^{-3}\ \text{sr}$），斜角为 1°"。这也造成了迄今原国产直接日射表均不符合此项规定的后果。这一点从直接日射表的外观长度即可看出。符合要求的直接日射表一定是较为细长的，凡是相对短粗的仪器，通常可以断定是不符合规定要求的。

应当着重指出的是，环日辐射对直接日射的贡献不可小觑。一般情况下，它占直接日射的 $2\%～3\%$，但在大气浑浊的情况下，其占比可能增至 $4\%～6\%$。从而进一步说明了该项指标对提高直接日射测量准确度的意义（其具体影响参见第 18 章）。

7.2　直接日射表的分类与分级

7.2.1　直接日射表的分类

直接日射表分为绝对直接日射表和相对直接日射表。这里所谓的"绝对"指的是该类仪器无需换算系数（灵敏度），即可直接获得辐照度的测量结果；或者说该种仪器具有自校准功能。而"相对"仪器则必须事先同"绝对"仪器进行校准，得出自身的灵敏度，在测量后，还须经过灵敏度的换算，才能得出测量结果。

7.2.2　直接日射表的分级

根据 2014 版 WMO《气象仪器和观测方法指南》的有关规定，可按表 7.1 所列的相应指标，将各种直接日射表区分为二等标准直接日射表、一级工作直接日射表两类。

表 7.1　直接日射表性能分级指标（WMO，2014）[①]

性能指标	二等标准[a]	一级工作[b]
响应时间（95% 响应）	<15 s	<30 s
热偏移（对环境温度中 5 K/h 变化的响应）	2 W/m²	4 W/m²
分辨率（最小可检测变化，W/m²）	0.51	1
稳定性（全量程的百分比，变化/年）	0.1	0.5
温度响应（环境温度在 50 K 的范围内变化所导致的最大百分比误差）	1	2

　　① 本表据 2014 年版本的《气象仪器与观测方法指南》译出。除响应时间外，其余各项均以该项的不确定度方式给出。另外，ISO 9060 与世界气象组织在分级名称上有所不同：ISO 二等标准相当于世界气象组织的高质量；一级相当于良好质量；原有的二级相当于中等质量，在 2014 年版本中已经删除。此外，世界气象组织增加了置信水平为 95% 的分钟总量、小时总量和日总量的不确定度等内容。

续表

性能指标		二等标准[a]	一级工作[b]
非线性(由于辐照度在 100~1000 W/m² 变化与 500 W/m² 时响应度的百分偏差)		0.2	0.5
光谱灵敏度(光谱吸收比与透射比乘积距 300~3000 nm 相应平均的百分偏差)		0.5	1.0
倾斜响应(在 1000 W/m² 下由于倾斜从 0°到 90°,与 0°响应度的百分偏差)		0.2	0.5
可实现的不确定度,95% 置信水平			
1 分钟总量	%	0.9	1.8
	kJ/m²	0.56	1
1 小时总量	%	0.7	1.5
	kJ/m²	21	54
日总量	%	0.5	1.0
	kJ/m²	200	400

　　注:a 应用最先进技术,适合作为工作标准使用;只有在有特殊设施和工作人员的台站才可维护的。
　　　 b 适宜于普通站网操作

　　按目前产品的实际性能看,能够达到二等标准直接日射表的,只有 Ångström 补偿式绝对直接日射表,但它又不是工作级的仪器,也就是说,目前所有的工作级直接日射表尚无达到二等标准级别的。腔体型直接日射表则属于一等标准直接日射表,如果用它做直接日射表进行业务观测,还存在着一些尚需克服的难点,诸如密封、全天候适应性等。

　　尚处于修订中的新版 ISO 9060(草案)中,则将直接日射表区分成一星至四星 4 个等级。具体的分级标准参见附录 F。

7.3　直接日射表的结构

7.3.1　绝对直接日射表

　　按照新版 ISO 9060(草案)中的说法,所谓绝对直接日射表,原理上,就是一台实现辐照度标尺的仪器。有必要通过实验室测量和模型计算来对这种仪器进行仔细的检查,以确定其与理想性能的偏差。这个过程被称为仪器的"特性描述"或表征,并产生一个还原因子,用于将输出信号转换为辐照度。这个因子的不确定度决定了仪器的绝对准确度。

7.3.1.1　工作原理

　　在辐射的绝对测量中最准确的方法是在仪器中进行辐射功率的热效应与电功率热效应的比较。如果二者的热效应一致,表明辐射功率和电功率相等。而电功率是容易被准确测量的,这样就可以用电功率替代辐射功率了。所以,这种方法也称电替代法或补偿法。另外,电替代过程实质上就是对辐射仪器进行校准的过程,所以,这类仪器也称为自校准式仪器。由于这类仪器的接收器均采用腔体,故也称作腔体型绝对日射表。电替代可以平行方式进行,也可以顺序方式进行。

　　(1)平行方式:这种仪器应有两个性能尽可能一致的传感器,它们均可被辐射照射或用电加热。测量过程就是将两个传感器分别以辐射功率和电功率加热至同等程度。这时的辐照度

可以写作:
$$E = C_f \cdot P \tag{7.2}$$

式中,P 为替代的电功率,C_f 为仪器常数。如果对测量准确度要求不高,则有 $C_f = 1/(\alpha \cdot A)$ (式中 α 为吸收比,A 为接收器面积)。

对标准直接日射表来说,由于希望其不确定度应尽可能地小,根据 WMO CIMO 辐射测量系统工作组的建议,应当写作:

$$C_f = \frac{C_b \cdot C_e \cdot C_t \cdot C_d \cdot C_L \cdot C_P}{\alpha \cdot A \cdot C_A} \tag{7.3}$$

式中,C_b 为考虑边际效应的因子,C_e 为电加热与辐射加热之间非当量关系的修正因子,C_t 为黑色涂层热阻的修正因子,C_d 为杂散光的修正因子,C_L 为导线加热的修正因子,C_P 为功率测量的校准常数,C_A 为实际面积偏离标称面积的修正因子(Кмито,1977)。

以这种方式工作的标准直接日射表有 Ångström 补偿式绝对直接日射表,由于其设计年代较早,使用的接收器不是腔体式的,其测量准确度相对较低,目前为二等标准。感兴趣的读者可参阅相关文献(王炳忠,1988)。

(2)顺序方式:这种方式的仪器也要求有两个性能尽可能一致的接收器,它们的排列方式为一前一后,且电路反向连接,即只有一个传感器用于接收太阳辐照度,而另一个传感器的作用在于补偿由于环境条件改变所引起的附加电势。由于它们的电路是反向连接的,故这部分无用的电势可相互抵消。参与工作的只有一个传感器,观测时是以辐射加热(辐照阶段)和电加热(遮蔽阶段)相互交替的方式工作。顺序方式又可分为主动与被动两种方式。

①主动方式:辐照阶段除了辐射功率外,电加热也不停止,而遮蔽阶段则只保留电加热,所以测量的辐照度等于辐照阶段的功率(P_r)与遮蔽阶段功率(P_e)之差,即

$$E = C_f(P_r - P_e) \tag{7.4}$$

②被动方式:遮蔽阶段为校准阶段,即通过调节工作电流的方式使电功率达到与当前某一固定的辐照水准(如 TMI 型)或达到与测量时相近的辐照水准时的热电势 V_c(如 H-F 型),记下此时的加热电流 I_1 和电压 V_1,并按式(7.5)计算换算因子 K:

$$K = \frac{C_f I_1 (V_1 - I_1 R_c)}{V_c} \tag{7.5}$$

7.3.1.2　结构

任何一种绝对直接日射表均包括以下几部分(图 7.3):

(1)辐射传感器:绝大部分绝对直接日射表均采用腔体式传感器,但也有平面式的传感器,如 Ångström 补偿式辐射表。

(2)准直管瞄准器:这是保证对准太阳的装置。通常都是在准直管前法兰盘上设置一个直径为 1 mm 的小孔,而在后法兰盘相应的位置上设置一个"+"字或圆点,只要通过小孔的光点落在"+"或圆点上,即表明准直管对准了太阳。WMO 原规定瞄准的准确度应保持在 ±0.25°,而在辐射基准站的要求中,则提升至 ±0.1°(McArthur,2004)。

(3)精密光阑:它的作用在于严格限制被测辐射通量的通过面积,由于测量的是辐照度值,因此入射面积准确与否直接影响着最终的测量结果。光阑的内缘要尽可能地锋锐,以免从其表面反射的辐射进入传感器。精密光阑须经计量部门准确地测定其面积,而不是一般所采用的测量其直径,然后计算出面积。这也是与普通直接日射表的不同之处。

(4)防杂散光光阑:防杂散光光阑的作用是防止射到管壁上的杂散光经反射进入传感器。

(5)补偿腔体:补偿腔体在制作上、材料上和性能上应尽可能地与工作腔体一致,由于二者反向连接,环境条件变化所引起的仪器输出变化可相互抵消,进而达到防止环境影响测量的目的。补偿腔体的位置也十分重要,如图 7.3 和图 7.8 中的补偿腔体(或称参考黑体)均处于仪器的后部。但是,由于前后黑体在遮蔽时所面对的对象并不一致,仍然会产生差异(即带来误差)。所以,后来的绝对辐射计均采用了 Ångström 方式,即两个传感器并排而立,甚至可以交互使用。(详见第 14 章)。

(6)防辐射盖:它是遮光阶段必用的装置。

(7)外套:为防止环境变化给测量带来不利影响,除采取其他措施外,通常均采用厚重金属材料制作的带夹层的外套,表面涂白漆或镀上高反射材料。

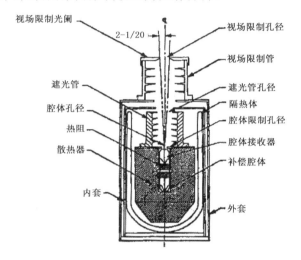

图 7.3 PACRAD 绝对直接日射表结构(Kendall et al.,1970)

7.3.2 几种常用绝对直接日射表

7.3.2.1 Ångström 补偿式绝对直接日射表

20 世纪 70 年代以前,这种仪器是绝大多数国家辐射中心乃至世界辐射中心维持辐射测量标尺的标准仪器。它是 1893 年由瑞典人 Ångström 设计制作的,后来几经改进。瑞典生产的这种仪器外观如图 7.4 所示,其电原理图如图 7.5 所示。传感器由两条锰铜带组成,每条长 18 mm,宽 2 mm,厚 0.02 mm。它们向外的一侧涂黑漆。铜—康铜热电偶附着在背面的中间部分,通过灵敏的检流计或电子微伏表,查看两片之间存在的差异。进光口与条带产生的半开敞角和斜角如表 7.2 所示。

表 7.2 Ångström 直接日射表的限视几何

角度	垂直向	水平向
半开敞角	5°～8°	～2°
斜角	0.7°～1.0°	1.2°～1.6°

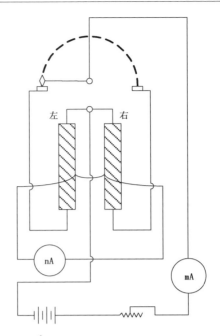

图 7.4　Ångström 补偿式绝对直接日射表　　　图 7.5　Ångström 补偿式绝对直接日射表电路

　　仪器的进光孔是长方形的,因此,仪器有纵、横两组角度值。为使 Ångström 直接日射表的矩形孔径能与圆形孔径仪器相比较,提出了有效开敞角的概念,即矩形传感器与圆形传感器所接收的辐照度相等时,圆形传感器的开敞角就是矩形传感器的有效开敞角。不过,这并不具有实际意义,关键还是在同 WRR 的比对中所获取的校准因子。

　　这种仪器的工作方式是平行方式,即当一侧的传感器(锰铜片)被辐射照射加热时,另一侧被遮光的传感器就使用电加热,两侧加热的情况是否达到平衡,可通过黏附在锰铜片背后的热电偶,利用反向串联方式构成的电路中有无电流而检测出来。当然,也可以将被遮光的传感器调换至另一侧,重复进行上述测量。由于两个传感器不可能做得完全相同,即存在着不对称性问题,使不同侧的测量结果可能存在细小的差异。这可以通过多次试验,也可以将开关置于中间位置,使得两片同时曝光,找出订正参数,予以修正。

7.3.2.2　H-F 型自校准腔体式日射表

　　H-F 是 Eppley 实验室两名技术专家 Hickey 和 Frieden 姓氏的缩写。他们曾共同开发出一种腔体环形绕线电镀热电堆。两个这样的腔体背靠背地放置,电路反向串联起来就构成一种性能十分优良的补偿式腔体传感器(图 7.6)。在锥形腔体的外侧缠绕加热线圈,以便借助电替代法进行绝对测量。利用这种传感器制成的直接日射表就是 H-F 型自校准腔体式辐射表。目前,这种仪器已被改进为称作 AHF 型自动校准腔体式辐射表。这里的 A 意味着自动化操作,能完全按程序自动运行。仪器的开敞角为 5°。它在仪器的入口处有一个自动快门。图 7.7 是 AHF 型自校准腔体式辐射表的外观,图 7.8 是仪器内部结构和电原理图。

　　H-F 型自校准腔体辐射表的控制是由手动完成的,后来演化成 AHF 型手动、自动和全自动三种操作方式。不过,工作方式主要为顺序进行式的被动方式。由于性能卓越,1990 年起已将其纳入维持世界辐射测量基准(WRR)的世界标准组(WSG)中。在使用中,其最大的优点之一是可以自由设定采样速率。这样,为利用其校准其他日射仪器提供了便利。可以在较短的时间内,进行更多次的对比测量。不过最近在 Eppley 的网站上,已经没有此种仪器的信息了,也就是说,已经没有该种产品出售了。

图 7.6　H-F 型腔体传感器　　　　　　　图 7.7　AHF 型自校准腔体式辐射表

H-F 型腔体辐射表曾在 Nimbus-7(14 年)和 LDEF(6 年)卫星上测量太阳常数,经受住了空间环境的长期考验。

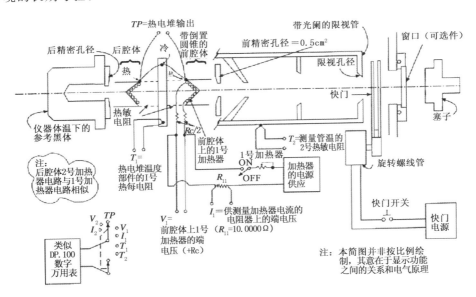

图 7.8　AHF 型自校准腔体辐射表的结构图(Reda,1996)

7.3.2.3　PMO6 型绝对腔体日射表

PMO 是瑞士达沃斯物理气象观象台(Physical-Meteorological Observation)的英文缩写,也是 WMO 下设世界辐射中心(World Radiation Center,WRC)的所在单位。PMO 绝对直接日射表是由 Brusa 和 Fröhlich 设计的。最初的型号是 PMO2 和 PMO3。PMO2 是单腔体的,而 PMO3 是双腔体的(即有补偿腔体)。后经多次改进设计,遂形成目前商业上唯一一种可以购买到的绝对腔体直接日射测量仪器。目前,其最新的型号是 PMO6-CC,CC 意味着微机控制。其外观和内部结构分别如图 7.9 和图 7.10 所示。

PMO6-CC 的工作方式为顺序进行式的主动方式。生产单位给出的性能规格为:开敞角 5°,测量范围 0~1400 W/m²,不确定度 0.15%,溯源 WRR 的不确定度小于 0.1%。快门开(辐照阶段)、闭(遮蔽阶段)的持续时间可选,但最短为 45 s,最长为 300 s,出厂设定均为 60 s。实际对信号进行积分测量的时间是在每个阶段的最后 x 秒内(x 可在 1~10 s 选择)。由此可见,PMO6-CC 进行一次测量最短也需耗时 90 s。这对于利用其校准其他辐射仪器是很不方便的,特别是在重复进行多次测量的情况下,显得尤其不便。

图 7.9　PMO6-CC 型绝对直接日射表外观及其控制单元

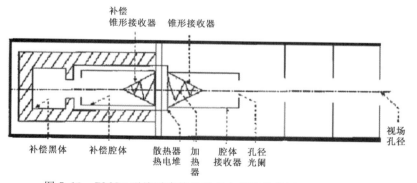

图 7.10　PMO6 型绝对直接日射表内部结构简图(Reda, 1996)

7.3.2.4　SIAR 型太阳辐照度绝对辐射计

SIAR 型太阳辐照度绝对辐射计是由中国科学院长春光学精密机械与物理研究所研制的。它可供在空间卫星或地面上使用,是以自动遥测方式工作的电校准腔体式绝对辐射计(方伟 等,2003)。为了降低测量不确定度,他们还对绝对辐射计进行了如下的改进:

(1)将电加热丝埋入腔体壁内,使电功率无其他耗散地全部用于腔体加热,这样,加热腔体的电功率与辐射功率就几乎完全等效了。

(2)用无源热电传感器代替有源电阻温度传感器,减少了热抖动。这两项改进降低了不确定度,并增加了仪器工作的稳定性。

SIAR-1 型太阳辐照度绝对辐射计的基本结构如图 7.11 所示。当主腔体接收辐射或电加热使腔体升温时,通过热电堆环上的多对热电偶导线向散热器(铝筒)传热,腔体和散热器之间形成恒定温差。这个温差由一热电堆检测。补偿腔是不受控的,它不接收辐射也不进行电加热,同散热器保持热平衡。其作用是通过补偿腔体热电堆引线同主腔体热电堆引线反向串联,补偿散热器温度漂移引起的主腔体热电堆输出的漂移。

测量采用交替开、关快门,分别使用锥形腔体接收辐射和电加热校准的方法进行。快门打开接收辐射的阶段,主腔体升温,经过一定时间 t 后,同散热器达到恒定温差,热电堆输出稳定的电信号。在快门关闭的电校准阶段,不接收辐射,在锥形腔体电阻丝上施加电功率,并调整其大小,经过同样时间 t 后,使主腔体升温达到与辐射加热相同的温差(即与热电堆输出的电信号值相等),用电加热功率(根据加热丝电阻 R 和所加电压 U),计算出校准辐射功率 $P = U^2/R$。SIAR 21 型绝对辐射计参加了 2000 年 9—10 月和 2005 年 10 月在瑞士达沃斯世界辐射中心进行的 IPC-IX 和 IPC-X 国际比对活动,其不确定度在 0.08% 以内,同世界辐射测量基准一致,达到国际先进水平,并应 WRC 的邀请将两台相同类型的仪器 SIAR-2a 和 SIAR-2b 放在达沃斯参加长期性能比对考核。

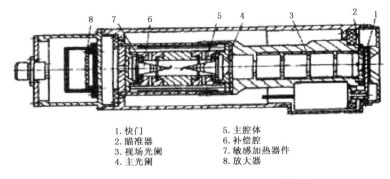

1. 快门　　　　　5. 主腔体
2. 瞄准器　　　　6. 补偿腔
3. 视场光阑　　　7. 敏感加热器件
4. 主光阑　　　　8. 放大器

图 7.11　SIAR 型太阳辐照度绝对日射表(方伟 等,2003)

从图 7.11 中,可以看到,辐射接收腔体的尾部有一呈现 90°的弯曲,作者在文中并未交代此细节。但这十分类似于美国喷气推进实验室的 ACR V 型直接日射表(图 7.12)。ACR V 的制作者 Willson 认为,主要是在涂覆腔体中的黑漆时,其顶端极易出现凹凸不平的现象,据实测,其误差可达 0.06% 的程度。这对于仪器的总不确定度为 ±0.1% 的要求来说,显然过大了。其解决之道就是整个腔体做成漏斗状,尾部要求:长 5 mm,内径 0.25 mm,外径 0.5 mm,并弯成 90°。涂漆时,多余的涂料从管中抽出,以防止在顶端形成堆积。漆膜固化后,管头封闭起来,形成一个有效的光阱。

7.3.3　业务用工作直接日射表

目前辐射基准站业务观测用的直接日射表均为一级工作表,内部结构如图 7.13 所示。它的传感器也是热电堆,类似于总日射表中的全黑型,较为知名的有 Kipp & Zonen 的 CH-1 型、Eppley 的 NIP 型、Middleton 的 DN5 和 Hukseflux 的 DR01 几种。CH-1 和 NIP 等型号已经是相关人员比较熟知的。但是通过对多种业务上使用的直接日射表在连续 10 个月与标准腔体辐射表比对的结果看,后两者的知名度虽不高,但其表现却更优(Michalsky et al.,2011)。

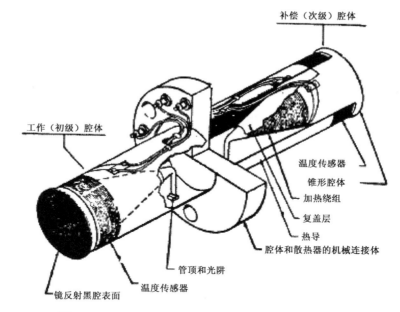

图 7.12　ACR Ⅴ 直接日射表的结构(Willson R C,1980)

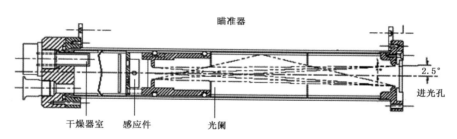

图 7.13　直接日射表内部结构示意图

7.3.3.1　CHP1 和 SHP1 型直接日射表

CHP1 型直接日射表是荷兰 Kipp & Zonen 公司生产的直接日射表。它的主要结构与上面介绍的并无实质区别。这种型号仪器的特点在于:

(1)与腔体式仪器相仿,也设有补偿传感器;

(2)增设了屏蔽防强电冲击装置(图 7.14)。CHP1 型直接日射表的外观如图 7.15 所示。仪器的开敞角为 5°±0.2°;

(3)入射窗口使用的是光学石英,透射波长范围在 200~4000 nm;

(4)仪器后部有干燥剂容器。

SHP1 型是 CHP1 型直接日射表的数字化版。其外观上与 CHP1 并无差异。数字接口不仅提供了多功能的输出,集成了温度传感器和数字多项式函数,还提供了－40~80 ℃的温度检测器,可以对温度灵敏度进行单独校正。目前 Kipp & Zonen 公司将其生产的各种辐射仪器均进行了数字化改进。并将响应时间和输出标准化,可以使再校准时仪器的互换变得更简便。SHP1 型直接日射表的功耗极低,内部加热不影响检测器的性能,且操作的电压范围广泛。

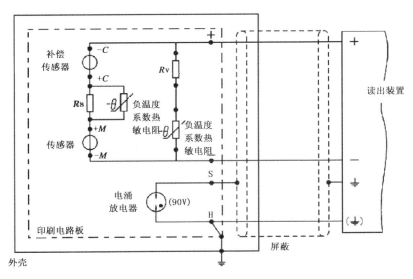

图 7.14 CHP1 型直接日射表电路图

图 7.15 CHP1 型直接日射表

7.3.3.2 NIP 型直接日射表

NIP 型直接日射表是美国 Eppley 实验室生产的直接日射表,其结构比较简单,主要由平面型辐射传感器、准直管及瞄准器、密封窗口(制作材料有石英、氟化钙和红外硅材料 Infrasil Ⅱ 等)、防杂散光光阑、温度补偿电路、接线插座和外置滤光片轮等(图 7.16)。仪器的开敞角为 $5°43'30''$。滤光片轮是供安装 OG530、RG630 和 RG700 各种牌号的有色光学玻璃滤光片之用。类似的滤光片轮在过去的 Ångström 补偿式绝对直接日射表上也有安装,当时主要供测量光学厚度之用。由于目前已有更为完备的方法,所以新生产的仪器就没有类似的附件了。

7.3.3.3 其他直接日射表

目前国外市场上销售的直接日射表除了前面介绍的以外,还有 Middleton 公司的 DN5(图 7.17a)、Hukseflux 公司的 DR01(图 7.17b)等。尽管这两种的知名度较低,但其性能在后面要介绍的 10 个月的统一比对中,表现颇为不俗,值得重视(详见 7.3.5 节)。

图 7.16　NIP 型直接日射表

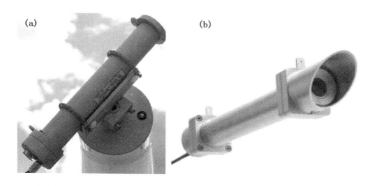

图 7.17　Middleton 公司的 DN5(a)和 Hukseflux 公司的 DR01 直接日射表(b)

7.3.4　一些影响直接日射表性能的因素

（1）窗口的透射率：由于一般的直接日射表都是全天候使用的，所以在其入射口处，均需加设窗口，并且需要密封。如果窗口对于太阳辐射的通过量是恒定的，则由其所引起的误差就可大大减少，甚至可以忽略。例如氟化钙几乎对所有波长是均匀透过的，但由于其具有吸湿性，在使用过程中会逐渐变化。蓝宝石是另一个不错的选择，但是由于过于昂贵，妨碍了使用。熔融石英对于日常使用的直接日射表是最受欢迎的选择，不仅价格便宜，还可透过紫外线。然而，其透射系数在 3000 nm 附近并不恒定，在透射过程中有所下降，吸收峰在 2800 nm 附近。这可能会导致大约 0.36% 的不确定度。

（2）接收器的吸收比：对光谱敏感的另一个要求是吸收涂料应与波长无关。幸运的是，有几种涂料的表现令人满意，它们在短波段几乎与波长无关，并且很耐用。

（3）仪器对温度的敏感度：图 7.18 是 Michalsy et al.(2011)用一般热电堆直接日射表同腔体辐射表比较所得到的辐照度之间的差值。腔体辐射表是没有温度依赖性的。该图表明，虽然去除了大多数的温度依赖性，但在环境温度较高的情况下，热电堆直接日射表仍有改进的必要。可以使用环境空气温度的数据去开发校正的算法。每项纠正的尝试均会减少直射测量的不确定度。

（4）对天顶角的依赖性：这种现象较难理解，但却清楚地存在（图 7.19）。该数据是美国能

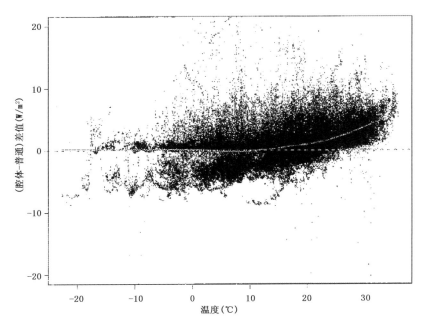

图 7.18　一台直接日射表经过制造商建议修正后仍残留的温度依赖性（Vignola et al.，2012）

源部在南大平原的大气辐射测量实验室，在进行室外辐射表校准中所得到的。该图给出了在一整天的校准过程中，太阳天顶角变化在 20°～80°情况下，被校准仪器的响应度变化在约 2％的范围内。有时这种变化较小，有时则较大，相对中午是对称的。对于一些直接日射表来说，这种性能并不罕见。它对不确定度的贡献超过其他各项。

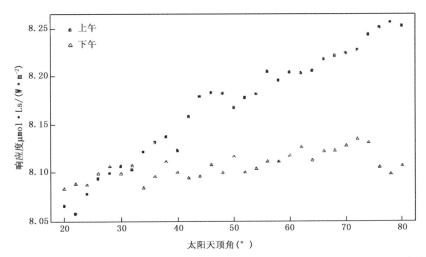

图 7.19　Eppley NIP 29008E6 型直接日射表在 2010 年间的室外校准。注意上午与
下午作为太阳天顶角的函数是有所不同的（Vignola et al.，2012）

在 2015 年 IPC-XⅢ举办的研讨会上以及 2016 年举办的 BSRN 工作会议期间，美国可再生能源实验室（NREL）的 Reda（2016）提出：由于一般直接日射表入口的前面均有防止水汽和灰

尘进入的窗口,它不仅阻挡了应阻挡的,同时也阻挡了部分红外辐射。从而构成了校准时的系统误差。据他研究,在中午时分 1000 W/m² 的辐照度里,形成约 16 W/m²,即约 1.6% 的误差。因此,在利用直接日射表校准总日射表时,应直接使用腔体型直接日射表,而不要将一般的直接日射表作为标准表使用。

对于 Reda 提出的这一观点,应予以认可,但也不会如他所介绍的那样严重。因为,在使用无窗口的腔体型辐射表校准带有窗口的直接日射表时,其系数中已经含有无窗口腔体表所测到的部分了。

7.3.5　各种工作直接日射表的实际表现

鉴于直接日射表多在天气晴朗的情况下进行比对、校准,而在一般天气状况下,其表现如何? 迄今,人们对此不甚了解。虽然各 BSRN 站均有对直接日射的观测;但由于每站的观测条件不尽相同,其观测数据无法放在一起进行比较研究。按照 BSRN 最初的要求(McArthur,2004),每站对直接日射的观测,应采用腔体辐射表,但是,由于开口的腔体绝对辐射表,在各种天气条件下长期使用,极难保证不会对其内部造成损坏和影响。据报道,迄今只有瑞士的帕耶讷一个 BSRN 站,自 1994 年起,成功长期地坚持使用无窗腔体绝对日射表进行日常观测。当然,在雨、雪期间仪器还是封闭的。其他 BSRN 站则仍使用带有窗口的相对直射仪器进行测量。

另外,据厂商给出的仪器性能,直接日射表测量的不确定度为 1%(假定为一个标准偏差),这样,其 95% 的不确定度将两倍于此,但在实践中,没有人能确定它们在所有天气条件下会有如何的表现。因为校准和典型的评价一般都是在近乎理想的条件下进行的。

为了研究各个厂商提供的直接日射表,在实际各种天气条件下的具体表现,由 NOAA 太阳辐射实验室主办、并得到 BSRN 赞助的一项称为"变化条件下的直接日射表比对活动(VCPC)",于 2008 年 11 月至 2009 年 9 月期间,在美国科罗拉多州举行。比对活动由 3 台 Eppley 生产的带有窗口的 AHF 绝对腔体辐射表作为标准,其余的是 Eppley、Middleton、Huksrflux、Kipp & Zonen 等著名生产厂家的通用产品和用不同材质或窗口做的试验产品(每种各 3 台),此外还包括 Matrix 和 Cimel 出品的直接日射表各一台,共计 29 台,安装在 4 台全自动跟踪器上。每周进行 5 次检查和仪器清洁,采样频率每 2 秒 1 次(这样的采样频率在绝对腔体辐射表中也只有 AHF 能够满足),计算每分钟的平均值及其标准偏差。试验期间,跟踪器表现良好。试验结果表明,除两台由不太知名的厂商提供的直接日射表的表现较差外,其余参比仪器的表现:首先,实测结果的测量不确定度均低于厂商所提供的;其次,如果按照不确定度对仪器进行分类的话,大约可分为 0.5%、0.8% 和 1.4% 三个档次。也就是说,即使最差的,其不确定度也不超过 1.4%。为校准所有仪器而设立的标准腔体仪器,其 95% 的不确定度在 0.4%~0.45%,其中还包括相对于 WRR 0.3% 的不确定度(Michalsky et al.,2011)。

图 7.20 中显示了各种参试仪器的性能表现。不难看出,腔体辐射表相对于普通直接日射表来说,确实是优异的。但是,在各种工作用直接日射表之间,确实有优劣之分。图 7.21 就是在太阳天顶角和环境温度变化情况下,标准腔体辐射表与一般直接日射表响应度的差异。

在这次试验中,还有其他众多内容,这里不能一一详述,感兴趣的读者可直接参阅原文。

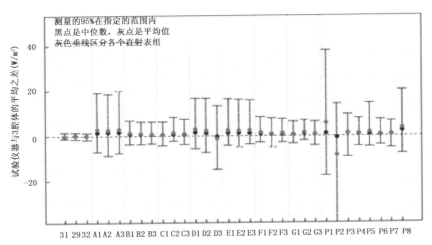

图 7.20　日间数据指的是 SZA<91.28°,本图揭示了各个仪器组别的性能表现。腔体表是最优异的,
　　　　离散性极小,其他组别(以各种字母表示)的优异差别可从离散度进行分辨。

A—Eppley:NIP；B—Middleton:DN5；C—Kipp & Zonen:CH1；D—Eppley Brass；E—同上；F—Hukseflux:DR01；
　　　G—Kipp & Zonen:CHP1；P1~8 其他各体仪器(Michalsky et al.,2011)

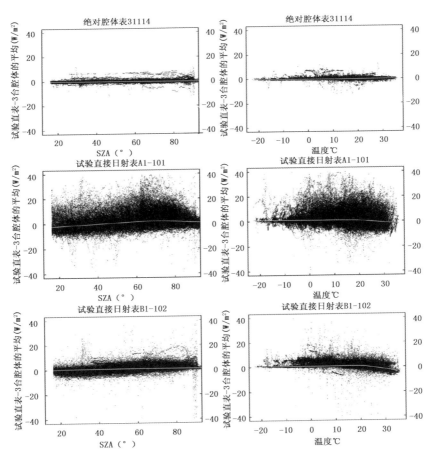

图 7.21　各种直接日射表对入射天顶角和环境温度变化的响应(Michalsky et al.,2011)

参考文献

方伟,禹秉熙,姚海顺,等,2003. 太阳辐照绝对辐射计与国际比对[J]. 光学学报,**23**(2):112-116.

王炳忠,1988. 太阳辐射能的测量与标准[M]. 北京:科学出版社.

Kendall J M, Berdahl C M, 1970. Two blackbody radiometers of high accuracy[J]. *Appl. Opt.* **9**(5): 1082-91.

McArthur L B J, 2004. Baseline Surface Radiation Network (BSRN) operation manual (version 2.1). WCRP-121, WMO/TD-No. 1274.

Michalsky J J, Dutton E G, Nelson D et al, 2011. An extensive comparison of commercial pyrheliometers under a wide range of routine observing conditions[J]. *Journal of Atmospheric and Oceanic Technology*, **28**:752-766.

Reda I, 1996. Calibration of a solar absolute cavity radiometer with traceability to the world radiometric reference. NREL/TP-463-20619.

Reda I, 2016. Measuring broadband IR irradiance in the direct solar beam and recent development. 14th BSRN scientific review and workshop, April 27, 2016, Canberra, Australia.

Vignola F et al, 2012. Solar and infrared radiation mesuremeants[M]. Boca Raton: CRC Press, Taylor & Francis Group.

Willson R C, 1980. Active cavity radiometer type V[J]. *Appl. Opt.* **19**: 3256.

WMO, 2014. Guide to meteorological instruments and methods of observation, 7-th edition. WMO No. 8.

Кмито А А, Скляров Ю А, 1981. *Пиргелиометрия*[M]. Л. Гидрометиздат.

8　地球辐射表

8.1　引言

　　温度高于 0 K 的物体均向外发射辐射。对于地球表面和大气的温度范围来说,其发射的辐射均为波长较长的红外辐射。斯蒂芬-玻耳兹曼定律指出,温度为绝对温度 T 的物体,其所发射的辐射出射度为:

$$M = \varepsilon \sigma T^4 \tag{8.1}$$

式中,σ 为斯蒂芬-玻耳兹曼常数,等于 5.670×10^{-8} W/(m² · K⁴),ε 为物体的发射率。如果发射的物体是灰体,则发射率小于 1。如果用一台测量红外辐射的仪器对准某一物体,在假设其发射率为 1 的情况下,后者的温度可以非常准确地计算出来。如果对准晴朗的天空,则天空的温度较难测量,因为它不是一个近乎完美的黑体或已知发射率的灰体。图 8.1 显示的是在 250 K、257 K、275 K、299 K 和 300 K 5 种温度下黑体发射的光谱辐照度。图中 257 K 和 299 K 天空的两条光谱曲线,红外辐射的实际光谱分布并不完全遵循这些曲线,只在一些波长上遵循 257 K 和 299 K 黑体的分布。说明天空中部分红外光谱完全被地球大气中的分子吸收了,水汽和二氧化碳是大气中特别重要的吸收剂。如果没有分子吸收或只有气溶胶引起的微弱的宽带消光,那么红外光谱将会出现"窗口",允许出射的红外辐射从窗口中"逃脱"。图 8.1 中的"299 K 天空"是模拟一个热带的晴空。热带和亚北极晴朗的天空在 10 μm 左右会展现出显著降低的辐照度。这个"洞"就是有名的"大气窗"。

　　大气窗是指天体辐射中能穿透大气的一些波段。由于地球大气中的各种分子、粒子对辐射的吸收和反射,天体辐射只有在某些波段范围内才能到达地面。按所属波段范围不同可分为可见光窗口、红外窗口和射电窗口。

　　在这些波长对辐射产生吸收作用的主要是水汽。亚北极的晴朗天空是非常透明的,晚上在 10 μm 和 20 μm 附近是半透明的,而在后一个区域对于热带大气则更像是黑体。如果天空充满了厚厚的云层,则光谱被填充(窗口不再有)。从地面上看,天空的辐照度就像一个具有云底温度的黑体的光谱分布。

　　光学大气窗口:波长<300 nm 的紫外辐射在地面上几乎看不到,因为 200~300 nm 的紫外辐射,被大气中的臭氧层所吸收,只能穿透到 50 km 的高度;100~200 nm 的远紫外辐射被氧分子吸收,则只能到达 100 km 的高度;而大气中的氧原子、氧分子、氮原子和氮分子则吸收了波长<100 nm 的辐射。可见光 300~700 nm 的辐射受到选择性吸收的可能很小,主要由大气散射而减弱。

　　红外大气窗口:水汽分子是红外辐射的主要吸收体。较强的水汽吸收带位于 0.71~0.735 μm、0.81~0.84 μm、0.89~0.99 μm、1.07~1.20 μm、1.3~1.5 μm、1.7~2.0 μm、2.4

~3.3 μm 和 4.8~8.0 μm。在 13.5~17 μm 处出现了 CO_2 的吸收带。这些吸收带间的空隙形成一些红外窗口。其中最宽的红外窗口在 8~13 μm 处(9.5 μm 附近有臭氧的吸收带)。17~22 μm 是半透明窗口。22 μm 以后直到 1 mm 波长处,由于水汽的严重吸收,对地面的观测者来说是完全不透明的。但在海拔高、空气干燥的地方,24.5~42 μm 的辐射透过率可达 30%~60%。在海拔 3.5 km 高度处,能观测到 330~380 μm、420~490 μm、580~670 μm(透过率约 30%)的辐射,也能观测到 670~780 μm(约 70%)和 800~910 μm(约 85%)的辐射。

这里不涉及具有光谱分辨的地基红外测量。红外光谱的最佳测量是使用傅里叶变换光谱仪。傅里叶变换光谱仪测量的是辐亮度,而不是辐照度,而后者是这本书的重点。在这一章中,首先讨论测量宽带红外辐射仪器的结构,它们的功能和三种类似的、但又有所不同的计算公式,以及其红外辐照度的计算结果。

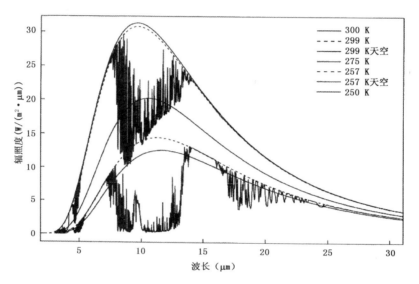

图 8.1 假设温度中真实黑体的黑体光谱辐照度加上热带天空和亚北极天空的晴空光谱辐照度。
请关注两种天空 10 μm 附近的窗口和在 20 μm 区域亚北极天空的
半透明窗口(Vignola et al., 2012)

8.2 地球辐射表的结构

地球辐射表是测量平面接收器之上半球向长波辐照度的仪器,视场角为 2π 球面度立体角。根据其传感器向上或向下的安装状态,可分别测量自上向下的大气辐射和自下向上的地面辐射。

地球辐射表的内部结构与总日射表的大致相同。不同之处在于:

(1)地球辐射表的半球罩必须只能透过长波而不能透过短波。自然界中没有如此理想的物质。最初,曾经使用过 KRS5,这是一种溴化铊-碘化铊的合成物。但由于一方面它具有毒性,另一方面还具有冷流性(即形成半球形后,随着时间的推移,会自然向下坍塌,即无法长期保持半球形),遂被淘汰。后来发现熔融硅的透射区域广泛,甚至达到了可见光区,于是只有采用加镀干涉膜的方法来制作,这就是目前广泛使用的方法。由于各个制作厂家所用的镀膜工艺和罩子的外形不同,相互间还是优劣互见。

(2)仪器体本身也向外发射长波辐射,为确定其辐射出射度,必须加装热敏电阻,以测定其温度。

(3)由于半球罩自身也向外发射长波辐射,同样也需要加装热敏电阻测量其温度。地球辐射表的原理结构如图 8.2 所示。

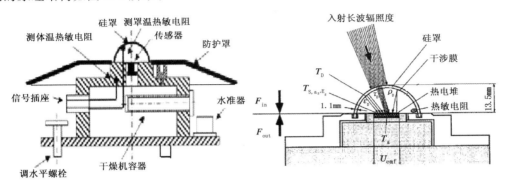

图 8.2　地球辐射表内部结构和能量平衡示意图

8.3　地球辐射表的测量原理

8.3.1　地球辐射表计算公式

地球辐射表热电堆表面上的辐射平衡,定义为入射辐射 E_{in} 与出射辐射 E_{out} 之差,即

$$E_{net} = E_{in} - E_{out} \tag{8.2}$$

入射辐射 E_{in} 包括三部分:透过硅罩入射的大气辐射或地面辐射,硅罩自身发射的辐射和传感器表面发射的但又被硅罩反射的辐射,即:

$$E_{in} = \alpha_B \tau_D \downarrow E_L + \alpha_B \varepsilon_D \sigma T_D^4 + \alpha_B \varepsilon_B \rho_D \sigma T_B^4 \tag{8.3}$$

式中,α_B 为感应面的吸收比,τ_d 为硅罩的透射比,$\downarrow E_L$ 是入射的长波辐射,ε_D 和 ε_B 分别是硅罩和感应面(仪器体)的发射比,σ 为斯蒂芬-玻耳兹曼常数,ρ_D 为硅罩的反射比,T_D 和 T_B 分别为硅罩和仪器体的绝对温度。

感应面所发射的辐射可以表示为:

$$E_{out} = \varepsilon_B \sigma T_B^4 \tag{8.4}$$

感应面上的辐射平衡最终可以写成:

$$E_{net} = \alpha_B \tau_D \downarrow E_L + \alpha_B \varepsilon_D \uparrow \sigma T_D^4 + \alpha_B \varepsilon_B \rho_D \uparrow \sigma T_B^4 - \varepsilon_B T_B^4 \tag{8.5}$$

根据基尔霍夫定律,吸收比与发射率是相等的。E_{net} 乃是生成热电堆冷、热接点之间温度差的热通量。该温差是热电堆产生电势 U_{emf} 的原动力。最终给出通常使用的公式(8.6)。对公式推导感兴趣者,可参阅相关文献(Albrecht et al. , 1974;Albrecht et al. , 1977;Philipona et al. ,1995;Reda et al. , 2002)。

$$E \downarrow = \frac{U_{emf}}{C}(1 + k_1 \sigma T_B^3) + k_2 \sigma T_B^4 - k_3 \sigma (T_D^4 - T_B^4) \tag{8.6}$$

式中 $E\downarrow$ 为向下的长波辐照度，U_{emf} 是辐射表输出的电压，C、k_1、k_2 和 k_3 是地球辐射表的特定系数。这是一个基本公式，不同学者出于不同的考虑，先后还得出如下 2 种常用关系式：

使用默认值 $k_1=0$ 和 $k_2=1$ 得到的就是 Albrecht 公式，也称两系数公式。

公式(8.6)则是由 Philipona et al.(1995)推导出来的，称为 3 系数公式，该式系世界辐射中心推荐并使用的。

Reda et al.(2002)在考虑热电堆暴露接点温度的基础上，则提出了下列 4 系数公式：

$$E_L\downarrow=k_0+k_1 V+k_2 \sigma T_S^4+k_3\sigma(T_D^4-T_B^4) \tag{8.7}$$

式(8.7)中的 T_S 表示的是传感器的温度，并设定：$T_S^4=T_B^4+0.0007044 V$。式中的各个系数是在不同的黑体温度下，通过校准单台地球辐射表时得出。由于美国 Eppley 实验室是最先研制出 PIR 型地球辐射表的，各种相应公式的研究，主要就是针对这种仪器进行的，所以以上所列各种公式也是针对它的。

至于 Kipp & Zonen 的 CG4 系列地球辐射表的计算公式，由于其特殊的设计和不同的制作工艺，生产厂家认为，无需测量仪器的罩温，因此，其计算公式也相对简单，为：

$$E_L=V/k+5.67\times10^{-8}\times T_B^4 \tag{8.8}$$

经过使用黑体对其进行的校准表明，被省略的系数确实是可以省略的。

8.3.2　地球辐射表罩的影响

为了防止空气流动和灰尘、雨滴等物落入到感应器上，影响长波辐射的测量，地球辐射表的感应器上均需加装窗口。但比总日射表更为复杂的是，该窗口只能透过长波辐射(即波长>4 μm)。自然界中，尚未发现完全符合这种要求的材料，前述熔融硅是仅有的较为适宜的材料，但其起始波长并不符合要求，因此需在以熔融硅为基底的材料上增镀一层干涉膜。这也是迄今各个生产厂家所采用的唯一的解决方案。由于罩外形的差异以及镀膜工艺的不同，镀膜的最终效果也就各异。

8.3.2.1　罩外形的影响

目前的地球辐射表中，外罩的外观共有半球形、球冠形和平面型三种。平面型对于低入射角度辐射的反射明显，其实际所能观察到的角度大约仅有 $150°$，不太符合要求。但由于其制作相对简单，仍有厂家在使用，且价格相对比较便宜。对于球冠形和半球形罩，据 Gröbner (2006)的实测研究发现，由于半球形罩在镀膜的过程中，很难做到膜层厚度的完全均匀和一致。如果镀膜时被镀件静止不动，则顶部的膜层会较厚，侧壁则较薄，底部甚至会有未镀之处。如果设法使被镀件适当地运动起来，在真空条件下，则是极难实现的。而球冠形则不然，这从图 8.3 中也可以清楚地看到。图 8.3 中的浅色为余弦曲线，代表理想的情况，其它深色曲线为实测结果。如果窗口系平面型，视野则仅有 $150°$，情况更差。另外，加工好的硅罩表面有如镜面，对入射角较小的光束会形成强烈的反射。CG4 系列罩的外表面还有一层硬质保护膜，进一步减缓了表面的反射，同时兼有快速散热的作用，所以 CG4 无需测量罩温。

8.3.2.2　干涉膜的影响

在研究干涉膜的影响之前，首先看看未镀膜之前的情况，如图 8.4 所示。

由于生产工艺不同，各个生产厂家干涉膜层之间的差异较大。过去由于检测器具不够先进，特别是针对红外波段，一般只能输出透射曲线的大致轮廓，难以了解更多的细节。不仅我国如此,国外的情况也大体相同(图 8.5)。国外在这方面的研究,最早要属 Miskolczi et al.

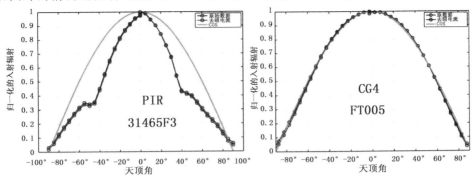

图 8.3 两种地球辐射表对入射辐射随角度的变化及其相对理论值的偏离情况(Gröbner,2006)(见彩图)

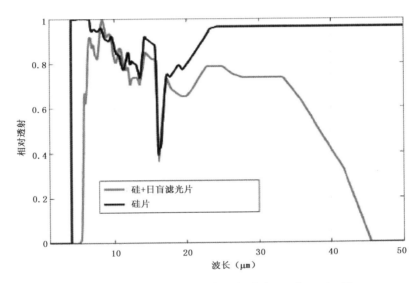

图 8.4 硅罩镀膜前后对透射比的影响(Gröbner,2007)

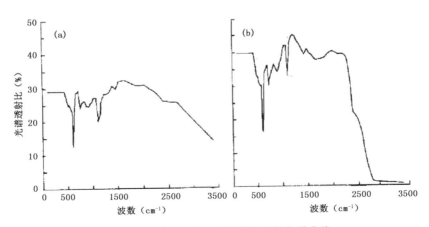

图 8.5 两台 Eppley PIR 罩的透射光谱曲线

(Miskolczi et al.,1993)

(1993)，图 8.5 是他们测量的两台 Eppley PIR 外罩的光谱透射曲线。图 8.6 则是 20 世纪末我国以 PIR 为蓝本研制地球辐射表时，长波辐射表罩的实测光谱透射曲线（王炳忠，2000a；2000b；2001）。

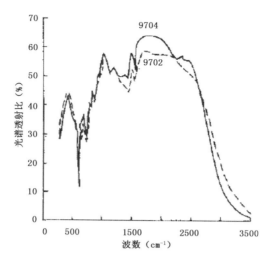

图 8.6　两台国产地球辐射表罩透射曲线

（王炳忠，2000a）

从图 8.6 中所见情况，也许有人会想，既然如此，还不如不镀膜，镀膜之后的情况似乎要比原来的更糟。实际上，这正是长、短波交界处难以处理的关键所在。深、浅两线之间正是长波辐射倍受短波影响的关键之处。它虽然处于 5000 K 短波辐射的强弩之末，但其对 300 K 黑体辐射的影响仍是巨大的。这一部分如果不进行处理，会直接影响所测到的长波辐射结果。这也就是所谓的短波泄漏。这一部分"泄漏"一定要力求避免，否则的话，它就会被添加到长波辐射中。从下面各种型号地球辐射表的透射曲线看，这也正是各厂家力求做到起始波长从 4～5 μm 开始的原因。

进入新世纪，随着数字化的进展，测量设备有了质的飞跃。对透射曲线测量质量也有了明显改进。根据 Reda（2014）所提供的材料，可以更清晰地看到各个生产厂家的滤光罩的性能细节，如图 8.7 至图 8.10 所示。

至于更长波长的透射情况，作者请中国计量科学研究院协助测量了 PIR（20527F3）和 CG4（090139）直至 100 μm 波长的情况，图 8.10 中的这部分是其他图上所没有的。

通过仔细对比、分析图 8.7 至图 8.10，初步可以得出以下几点认识：

（1）起止波长均在 5～50 μm；

（2）由于工艺不同，透射曲线在外观上有着明显的不同（比较图 8.7 至图 8.9）；

（3）相同厂家生产的每一个罩的透射曲线，即使外观上大体相似，但不同波段的透射比，在细节上存在着差异，有的甚至相差较大。也就是说，即使同一厂家生产的外罩相互间也无互换性，更换了罩子，仪器就必须重新校准；

（4）尽管对 CG4 罩的测量数量不多，但前述两点结论也是适用的。遗憾的是，由于国内没有单位拥有 2003 年以前生产的 CG4 辐射表，对于 2003 年前后出品的 CG4 外罩性能的差异，无从了解。据 Gröbner（2015）的研究，2003 年前后同类产品与大气柱内水汽总量的关系截然

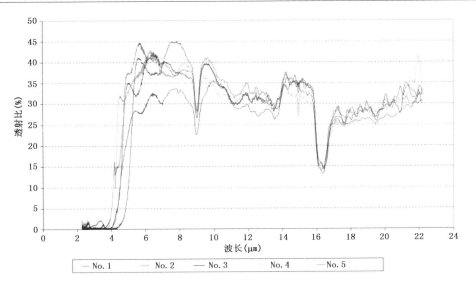

图 8.7 5 台 Eppley PIR 地球辐射表罩的透射曲线(Reda et al.,2014)

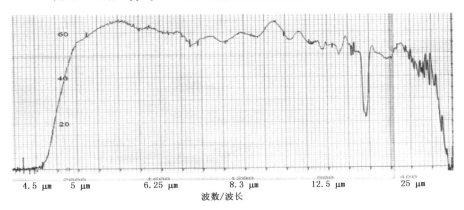

图 8.8 Kipp & Zonen CG4 型地球辐射表罩透射曲线(Reda et al.,2014)

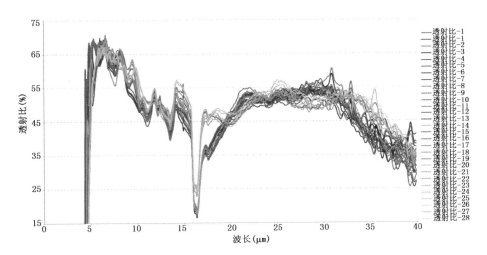

图 8.9 28 台 Hukseflux IR 02 地球辐射表罩的透射曲线(Reda et al.,2014)(见彩图)

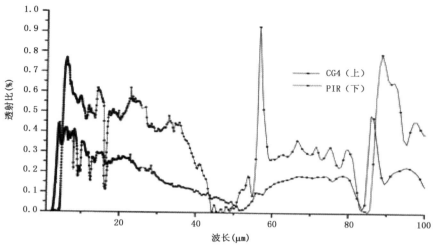

图 8.10　CG4(090139)和 PIR(0000F3)滤光罩至 100 μm 的透射比[①]

不同。对此,我们只能推测:既然外罩对水汽的响应明显减弱,则在主要水汽吸收带的波长处似应被截止掉,使其对水汽的反应不敏感。当然,对这方面的研究,还有待深入。这方面的详细情况,请参阅本章 8.4 节及第 20 章。

8.4　常用的地球辐射表

这里介绍的地球辐射表并非囊括所有,而仅是择其要者,即 BSRN 范围内,业务上广泛使用的仪器。

8.4.1　CG 系列(CGR 或 SGR 系列)地球辐射表

CG 系列地球辐射表是荷兰 Kipp & Zonen 公司生产的系列地球辐射表,CG 系列,后改称 CGR 或 SGR,其中除了 CGR4(球冠形外罩)以外(图 8.11),还有性能略低的 CGR3(平面型外罩)。这种仪器的热传感器是由 64 对热电偶组成的热电堆,在冷接点附近安装的热敏电阻(YSI44031)或铂电阻(Pt-100)用于测量仪器体温。该仪器内部结构简单(图 8.12),其最大特点是成功地研发了一种新外罩——窗口。该罩的内、外表面均沉积有涂层。外表面是"硬碳"涂层,它既有防护环境影响的作用,还有防反射作用,而且增加了透射。罩的内表面镀有一层仅透过长波的干涉膜。该罩虽呈球冠形,但保持着 180°的视场和良好的余弦响应,方位误差

---

①　遮光罩光谱透射比的测量在中国计量科学研究院光学所进行,所用测量装置系:
a. 光谱光度计滤光器标准装置
分光光度计,CARY 5000,波长范围 250～2500 nm
b. 中红外规则透射比标准装置
傅里叶红外光谱仪,BRUKER,E55,波长范围 2500 nm～25 μm
c. 远红外透射比标准装置
傅里叶红外光谱仪,BRUKER,V80V,波长范围 25～1000 μm
上述 3 种装置都是在国外仪器的基础上,通过计量院光学所进行一些后续数据修正后得出的。

也可忽略。此外,该罩具有极好的热稳定性,所吸收的太阳辐射热被一种特殊结构有效地传导出去,甚至在阳光直射下,窗口与传感器之间的温差也仅有 0.3 ℃,而其他同类产品在同样情况下的温差却可达 2～3 ℃,从而排除了测量罩温的必要性。也就是说,只要测量仪器体温和热电堆输出,通过简单计算即可获得长波辐照度,大大地简化了长波辐照度的测量过程。

　　厂家在操作手册中给出的 CGR4 窗口的光谱透射比曲线过于简单,远不如图 8.8 和图 8.9 详尽。由于在 2.5～4.5 μm 波段内,仍可能有大约 10 W/m^2 的短波辐射,在同类其他产品中,这部分不希望测到的辐射有可能混迹于长波辐射中。但是对于 CGR4 来说,由于透射起始波长为 4.5 μm,短于这个波长的辐射不可能透过,因此,厂家认为 CGR4 可以在阳光下直接使用,无需遮光。但是,BSRN 仍然坚持测量时必须遮光。

　　CGR3 与 CGR4 外观上的区别主要是:前者窗口为平面,视野略小,约 150°;后者为曲面(球冠),视野为 180°。

　　CGR3 与 CGR4 地球辐射表的外观尺寸图如 8.13 所示。两者的主要差异见表 8.1。

图 8.11　CGR4 型地球辐射表

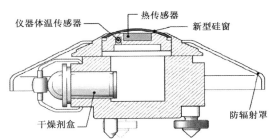

图 8.12　CGR4 型辐射表结构示意图

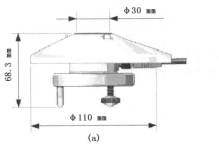

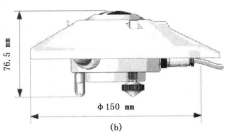

图 8.13　CGR3 型与 CGR4 型地球辐射表外观及尺寸 (a) CGR3 型,(b) CGR4 型

　　近年来,Kipp & Zonen 公司对地球辐射表也增添了 SGR 系列。主要是灵敏度具有极低的温度依赖性;很低的窗口加热效应;10 年内无需更换干燥剂、5 年质保和数字输出等。SGR系列与 CGR 系列相比,主要改进是数字化输出,插头性能更优越,且防晒保护更完美,调节仪器水平更直观、方便。

表 8.1　CGR 4 与 CGR 3 在性能上的主要差异（Kipp & Zonen 网站）

项目	CGR4	CGR3
硅罩外观	球冠	平面
视场	180°	150°
热偏移（1000 W/m² 日射入射下）	Max. 4 W/m²	Max. 25 W/m²
日总量测量准确度	<7.5 W/m²	<20 W/m²
灵敏度的温度依赖性	<1%	±5%
测温元件	可选热敏电阻或 Pt-100	热敏电阻

8.4.2　PIR 型地球辐射表

PIR 型地球辐射表是美国 Eppley 实验室生产的长波辐射仪器。它试制于 20 世纪 60—70 年代，是最早面世的长波辐射测量仪器。最初的半球罩材料是 KRS5（溴化铊-碘化铊晶体）；第二代产品就改用了熔融硅。这代产品没有测量罩温的设备，但有内部补偿电路。较为完备的是第三代产品，外观如图 8.14 所示。这种仪器的旧型号附有内部电路（图 8.15），它既可以直接测量 A 和 C 两端的输出，再加上测出的仪器体温，经计算得出长波辐照度；也可以直接测量 A 和 B 两端的输出，无需测量仪器体温，经补偿电路直接得出长波辐照度。前者俗称精测法，后者俗称粗测法。

图 8.14　PIR 型地球辐射表

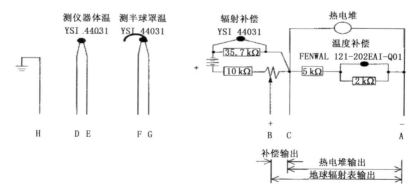

图 8.15　PIR 型地球辐射表内附电路（产品说明书）

　　20 世纪末,作者也曾以 PIR 为蓝本,仿制过地球辐射表(王炳忠 等,2000a;王炳忠,2000b;2001)。图 8.6 就是当时在中国科学院长春光机所的协助下,所制作的仪器罩的透射曲线。数台仪器曾参与后来进行的青藏高原科学考察活动。研究发现,这种粗测法存在一定误差。因为:

　　(1)如果内置电池的电压一旦有变化,会直接影响所得结果的准确性;

　　(2)最初产品罩温的影响未予考虑。后来的产品才在罩的底部边缘添加了测温热敏电阻。所以,在 BSRN 站上用这种地球辐射表测量长波辐射时,均不采用粗测法,而是采用分别测量体温和罩温加计算的精测法。即使如此,正如前面所介绍的计算公式就有 3 种之多。不过,近年来 PMOD/WRC 在举办 IPC 活动时,同步举办地球辐射表的国际比对活动,利用同一批数据对几种公式进行过比较,以 Philipona 的公式效果为优(Gröbner et al.,2017)。

8.5　地球辐射表存在的问题

　　(1)与定义不符。前面在第 4 章中曾经介绍过长波辐射,根据定义,长波辐射的起始波为 4 μm,显然,测量长波辐射的仪器也应以 4 μm 为起始波长。可是正如我们在图 8.7 至图 8.11 中看到的,起始波长已经移至 5 μm 附近了。当然,所谓定义完全是人为的。ISO 9060:1990 之所以将短波辐射定义为小于 3 μm,其主要原因还是源于测量短波辐射的窗口材料。当然也不是没有更合适的材料,只是由于其价格过于昂贵,无法普及使用(参见图 19.14)。而玻璃的截止波长大多止于 3 μm。如果纯粹从原理出发,不考虑实际可能的话,将短波辐射定义为 4 μm 是正确的。可是按照实际结果,长波测量方面确实又受到了直接的影响,不得不将在长波测量仪器中存在 3~5 μm 的辐射称为短波泄漏的尴尬局面。不要小看这 1~2 μm,仅就波长范围而言,它在数十微米的波长范围内,确实微不足道,可是依据基尔霍夫定律和维恩位移定律,此 2 μm 左右的波长间隔所泄漏的是高温太阳辐射的一部分,它与常温的长波辐射相比,确实不可同日而语。另外,出于在硅材料窗口上镀干涉膜的需要,在 CG4 的球冠形上镀膜显然要比 PIR 在半球形上镀膜更均匀。PIR 半球形的顶部所沉积的膜层显然要比圆周侧壁来得厚,前述的所谓短波泄漏在这里会更易形成。

　　(2)校准只在夜间进行。由于日间存在着太阳辐射的干扰,并且无法避免,所以国际上从本世纪初就改变做法,将长波仪器的校准时间改在夜间进行。世界红外标准组(WISG)也是在夜间建立的。世界各国凡是到世界辐射中心校准自己的长波标准仪器时,也都是在夜间进行。但实际上各个辐射站的长波辐射测量又是昼夜进行的,所以,太阳辐射干扰的问题无法回避。要求在测量长波辐射时必须加装遮光片,也是减少太阳辐射干扰无奈之举。

　　(3)大气中整层水汽量(IWV)的干扰。这个问题是世界辐射中心在研究各国送检的地球辐射表所积累的数据后发现的。由于送检的时间不一,加之,每次校准不会仅用 1~2 个夜晚,而是持续一段时间,因此会遇到各种大气背景。在积累了相当长一段时间的数据后,发现地球辐射表的灵敏度与校准当天整层大气的含水量之间,存在明显的相关关系(图 8.16)。

　　我国地处季风气候区,大部分地区一年之中干、湿季节分明。面对这种情况,我国到底应采用何种地球辐射表?是否需要考虑水汽对长波辐射测量的影响?如何改进未来地球辐射表的校准等问题,均需认真考虑。在现代 GPS 的技术条件下,实时获取各地整层大气水汽量已不是难题。关键是如何区分干湿季节仪器的灵敏度问题。Nyeki et al.(2015)对此问题的修正已有所涉及,但未能得出结论,因为它不仅涉及 BSRN 积累多年的长波辐射数据,更涉及多种长波辐射表,而每种仪器对 IWV 的响应是不一致的。

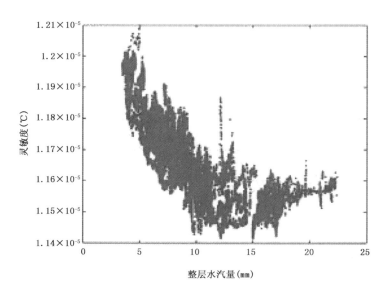

图 8.16　CG4 030669 在 IWV 大于 10 mm 情况下对 WISG 导出的灵敏度(Gröbner et al. , 2012)

　　(4)未考虑太阳直射中的长波辐射。近年来,Reda 进行了一系列的研究,主要目的在于解决日间长波辐射测量中,未考虑太阳直射中的长波辐照度问题。因为当使用绝对腔体辐射表时,由于腔体表没有窗口,所以测量的是太阳的全辐射,可是对于加了窗口的仪器,无论是直接日射表还是总日射表,所能接收到的就只有短波辐射了。如果说,测量短波辐射时无须考虑长波段,那么测量长波辐射时,就不能再不考虑这一波段的影响了。要解决这一问题也很简单,用两台光谱性能相近的地球辐射表,其中一台被遮,另一台不遮挡。这里所谓的遮挡就是用一台 PSP 总日射表的玻璃罩进行遮挡。遮挡机构就是一台太阳跟踪器(图 8.17)。在 2014 年 5—8 月的 4 个月内,两台仪器同时暴露于阳光下,选取短波太阳辐射大于 400 W/m² 的晴空,即使有云也要选择其远离日面 15°以外的情况。在此条件下,两者的标准差小于 0.73 W/m²。这样,通过一系列的公式推演,可以得到太阳直射中的长波辐照度,附加了 0.73 W/m² 的测量不确定度。详细的公式推演可参阅文献 Reda et al.(2015)。在美国可再生能源实验室,5 个晴天中所得出的来自太阳的长波辐照度,随太阳天顶角变化的情况如图 8.18 所示。

　　尽管图 8.18 中只是 5 天的结果,同一太阳角度下的数据还是有些分散,特别是在太阳高度较低的情况下。这是大气状况不同所造成的。如果持续时间更长,涉及的情况更多,例如不同的水汽含量,不同程度的雾霾状况等等,可能会出现更大的离散性。Reda 承认此项研究并未能完全解决所涉及的问题。但他表示会继续进行试验研究。我们认为该研究中,作者在计算太阳直射时,未考虑玻璃罩对透射、反射的影响(即滤光因子),对最终的数值造成影响;另外,所有的地球辐射表均不遮挡,也不符合 BSRN 的有关要求。

　　通过以上讨论可以看到,由于长波辐射的无处不在,使得问题的解决,短时间内还难以完成。也就是说,其测量的不确定度仍大于其他辐射成分。

图 8.17   测量太阳直射中的长波成分的装置(Reda et al., 2015)

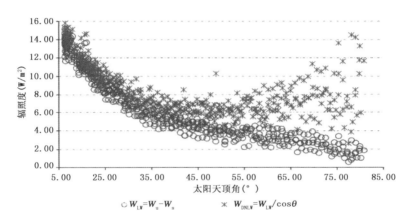

图 8.18   测量计算得出的 5 日内太阳直射长波辐照度随太阳天顶角的
变化情况,图中 W_{DNLW} 为法向长波辐照度(Reda et al., 2015)。

8.6   地球辐射的测量

BSRN 测量长波辐照度的不确定度指标为 5% 或 10 W/m²。为防止短波辐射对仪器外罩加热产生的影响,在测量向下的长波辐射时,无论使用何种仪器,BSRN 均要求对所用的辐射仪器进行通风和遮光(McArthur,2004)。对 PIR 型地球辐射表则明确提出,必须断开原电池电路(指旧型号仪器),并以直接测量热敏电阻的方式测量仪器的体温和罩温。要获取的辐射参数亦是每分钟 60 个采样的平均值、最大值、最小值及其标准差。CGR4 用于测量温度的电阻只有一个,厂家声称罩温和仪器体温是几乎相同的。所以并未提供测量罩温的热敏电阻。为了支持这一说法,Marty et al.(2003)建议 CG4 的罩-体温差比 Eppley PIR 小 20 倍。在一项未发表的研究中,Dutton 认为,对 PIR 的罩温-体温差的纠正,95% 以上小于 30 W/m²;这表明,对 CG4 可能存在偏见,但它确实小于 1.5 W/m²。

Meloni et al.(2012)专门详细地研究过太阳辐射对地球辐射表测量的影响,大量的实验数据表明,在无云条件下,太阳辐射对用不遮光的 PIR 测量长波辐照度,有着重要的作用,对结果的高估可达 10 W/m²。相反,用 CG4 测量长波辐照度时,无论遮光与不遮光均在测量不确定度的范围内相一致。一个修正太阳辐射对 PIR 影响的经验公式被推导出来:在无云条件下,可以表达长波辐照度是短波总辐照度的函数。经过公式修正后,在春季无云条件下,平均长波辐照度的差异可从 5.0±2.6 W/m² 减少至 0.0±1.6 W/m²;在夏季,则从 4.3±2.6 W/m² 减至 0.0±1.7 W/m²。

　　Philipona et al.(2001)为地球辐射表测量的不确定度提供了标准。不确定度取决于校准的提供者、使用的计算公式和校准时使用的是黑体还是红外标准组(WISG)。此外,白天的不确定度通常是夜间不确定度的两倍。Philipona et al.(2001)的研究表明,夜间 95% 置信水平的不确定度范围为 0.8~4.6 W/m²,而日间的不确定度范围则为 1.6~8.2 W/m²。WISG 的不确定度需要包括在总体估算的不确定度之内,后者约为 ±1.7 W/m²。这些不确定度,夜间在 1.9~4.9 W/m²,而日间则在 2.3~8.4 W/m²,取决校准程序。

　　关于向上长波辐射的测量,由承担扩展测量任务的 BSRN 站进行,具体要求与测量反射日射的要求相同。

参考文献

王炳忠,2000a. 国产地球辐射表滤光罩性能的测试研究[J]. 应用气象学报,11(3):371-376.

王炳忠,等,2000b. 地球辐射表的研制:(Ⅰ)样机的制作[J]. 太阳能学报,21(3):327-332.

王炳忠,等,2001. 地球辐射表的研制:(Ⅱ)性能比较测试研究[J]. 太阳能学报,22(1):46-52.

Albrecht B, Poellot M, Cox S K, 1974. Pyrgeometer measurements from aircraft[J]. *Review of ScientiJir Instruments* **45**:33-38.

Albrecht B, Cox S K, 1977. Procedures for improving pyrgeometer performance[J]. *Journal of Applied Meteorology* **16**:188-197.

Dutton E G et al, 2001. Measurement of broadband diffuse solar irradiance using current commercial instrumentation with a correction for thermal offset errors[J]. *J. of Atmospheric and Oceanic Technology*, **18**(3):297-314.

Gröbner J, 2006. Infrared radiometer calibration center of the WRC/PMOD CIMO MEETING 2/9/2006.

Gröbner J, Walker, 2012. Pyrgeometer calibration procedure at the PMOD/WRC-IRS, instrument and observing methods, Report No.120.

Gröner J, Thomann C, 2015. Report of the second International Pyrgeometer Comparison from 27 September to October 2015 at PMOD/WRC. WMO instruments and observing methods report No. 129. Kipp&Zonen http://www.kippzonen.com

Marty C, Philipona R, Delamere J et al, 2003. Downward longwave irradiance uncertainty under arctic atmospheres: measurements and modeling[J]. *Journal of Geophysical Research*, **108**:4358.

McArthur L J B, 2004. Baseline Surface Radiation Network (BSRN). Operations manual. *WMO TD-*No. 879, World Climate Research Programme World Meteorological Organization.

Meloni D et al, 2012. Accounting for the solar radiation influence on downward longwave irradiance measurements by pyrgeometer[J]. *Journal of atmospheric and oceanic technology*, **29**:1629-1643.

Miskolczi F, Guzzi R, 1993. Effect of non-uniform spectral dome transmittance on the accuracy of infrared radiation measurements using shielded pyrradiometers[J]. *Appl. Opt.*, **32**:3257-3265.

Nyeki S et al, 2015. Correction of BSRN short and long-wave irradiance data: methods and implication. PMODWRC annual report 2015. p.39.

Philipona R, Frohlich C, Betz C, 1995. Characterization of pyrgeometers and the accuracy of atmospheric long-wave radiation measurements[J]. *Applied Optics*, **34**: 1598-1605.

Philipona R, Dutton E G et al, 2001. Atmospheric longwave irradiance uncertainty: pyrgeometers compared to an absolute sky-scanning radiometer, atmospheric emitted radiance interferometer, and radiative transfer model calculations[J]. *Journal of Geophysical Research*, **106**:28129-28141.

Reda I et al, 2002. Pyrgeometer calibration at the national renewable energy laboretory[J]. *J. of Atmosphyric and solar-Terrestrial physics*,Vol. 64(15), 2002, pp. 16223-1629.

Reda I, Gröbner J, Wacker S, 2014. Results of second outdoor comparison between Absolute Cavity Pyrgeometer(ACP) and Infrared Integrating Sphere(IRIS) Radiometer at PMOD. NREL/PR-3810-61147. https://www. nrel. gov/docs/fy14osti/61147. pdf

Reda I et al, 2015. A method to measure the broadband longwave irradiance in the terrestrial direct solar beam [J]. *Journal of Atmospheric and Solar-Terrestrial Physics*, **129**:23-29.

9　全辐射表

9.1　引言

净全辐射(E^*)是向下的短波辐射($E_g\downarrow$)和向下的长波($E_L\downarrow$),与向上的短波($E_r\uparrow$)和向上的长波($E_L\uparrow$)四者的代数和。即

$$E^* = E_g\downarrow + E_L\downarrow + E_r\uparrow + E_L\uparrow \tag{9.1}$$

它是水汽蒸发和融冰的能量来源,可导致大气和陆面或水面的升温或降温。净能量的一小部分用于光合作用,光合作用将二氧化碳和水转化为有机化合物,尤其是糖和氧在植物中。以最高的准确度测量净能量是很重要的,因为这是驱动天气和气候的能源。

BSRN 辐射站日常业务观测中,并不使用全辐射表和净全辐射表,而在发展中国家,可能会更经常使用净全辐射表,主要的原因是其价格便宜,又能同时得出净辐射值。这也就是为何迄今在《气象仪器和观测方法指南》(WMO,2014)中,仍保留有关全辐射测量仪器的缘故。全辐射在辐射收支中占有重要的地位。问题是如何获得准确的(净)全辐射值。在全辐射测量中,既涉及短波,又涉及长波,如果扩展至净全辐射表,则还涉及向上和向下两个方向。通过前面对短波辐射测量和长波辐射测量仪器的介绍可知,它们本来就各自存在着一些问题。如果将长波和短波合在一起测量,甚至向上的和向下的两部分也合在一起,则问题就会更多。因此,WMO CIMO 第 11 届会议最终简要报告的 9.11 节中,就曾明确提出:"委员会鼓励各成员国开始用地球辐射表代替用全辐射表测量长波辐射,并主张进行地球辐射表的比对活动。"(WMO CIMO,1993)。不清楚之处在于,此一精神为何没有体现在其后各版的《气象仪器和观测方法指南》中。

全辐射表与净全辐射表在构造上并无实质区别,如将两个全辐射表反向连接成一体,同步测量向上的和向下的全辐射,实际上就构成了一台净全辐射表。所以,除必要情况,将净全辐射表放在全辐射表中一起讨论。

9.2　全辐射表的结构

全辐射的测量,包括测量来自太阳的短波辐射和地球与大气的长波辐射两部分。全辐射表传感器的光谱灵敏度必须在 $0.3\sim100~\mu m$ 波长范围内具有较一致的响应特性。目前,比较能够满足要求的只有热电传感器,至于光电传感器,由于其光谱响应的波段宽度有限,尚未见到有应用此类传感器制作全辐射表的产品。

9.2.1　单传感器全辐射表

全辐射表的结构,除了对透射外罩的波长范围有特殊要求外,其余的与总日射表并无不同。实际上,也可以将总日射表的玻璃外罩取下,换上能够透过全波段辐射的外罩,就能构成一台全辐射表。目前,能够较好地满足透射全辐射波段外罩的材料,只有聚乙烯薄膜,尽管它在长波段的表现不够理想。目前,商业上出售的全辐射表并不多,可以查到的有日本 EKO 公司的 MF-11A 型净全辐射表(图 9.1)。它是 MF-11 型净全辐射表的一种变形,在传感器下表面(即冷端)扣上一个特制的内壁涂成黑色且温度可控又可测的罩子(图 9.1b),就构成了一台全辐射表。因为下感应面所接收的辐照度可用(σT^4)计算得出,则上感应面接收的全辐照度即可得知。如果去除扣上的上述特制罩子,就是一台净全辐射表。仪器箱体内有两套通风系统:一套为经冷却的干燥空气系统,经过细管吹入半球罩的内部,再经另一细管返回。这样,就能借助风压维持薄膜罩的半球形状,同时还能起到干燥传感器的作用;另一套鼓风系统则通过靠外侧的长方形气道口分别吹向上、下两半球的外表面,用来防止半球罩面上凝霜、结露和积尘。此外,上述特制可控温和测温的罩子,如果其内壁的发射率为准确已知的话,还可用来分别校准仪器的上、下两感应面。

现在的厂家多使用较厚的聚乙烯半球罩,这样可免除借助通风维持半球形的必要,但罩内的空气仍然需要持续干燥。制造商建议半球薄膜罩每 3 至 6 个月更换一次,主要是因为它们很容易老化、变性以及在低温条件下易变得发脆和出现裂纹。图 9.2 则是另一厂家的仪器。

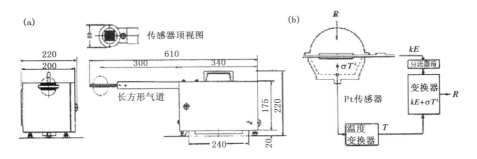

图 9.1　MF-11 型通风自动鼓风型净全辐射表
(a)净全辐射表,(b)全辐射表

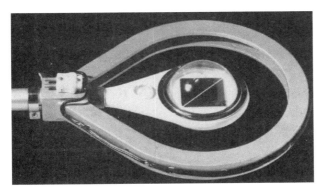

图 9.2　CSIRO 净全辐射表

当然也有未加上述薄膜罩的仪器,如图 9.3 和图 9.4 的仪器。显然,使用这类仪器要冒一定的风险。因为你无法预知,何时会出现降水或出现剧烈的天气事件。除非,只将其用于可掌控的定期科学考察活动。

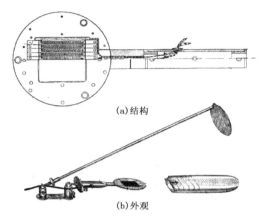

(a)结构

(b)外观

图 9.3　前苏联的 Янищевский M10
型净全辐射表
（Янишевский,1957)

图 9.4　Gier-Dunkle 净全辐射表
（Coulson,1975)

Kipp & Zonen 则作了另一种新尝试,即 NR Lite2(图 9.5),它不设半球罩,而是有一个黑色特氟龙(PTFE)薄膜制作的尖顶形外罩,覆盖着传感器,它比聚乙烯薄膜更耐用。据厂家介绍,它可透过从紫外到远红外波段的辐射。但厂家并未给出其透射曲线。据研究,该仪器对风速敏感。所有这些传感器显示对风速有一定的依赖性(Brotzge et al. , 2000;Smith et al. , 1997),厂家提供了对风速依赖的订正。此外,Brotzge et al. (2000)还发现降水对 NR Lite2 的影响明显。这一点也不难理解,不管这个黑色的 PTFE 薄膜罩之内是否还存在着另一个黑色感应面,实际上,它都是传感器的一部分,降水和风速均会导致其温度变化,进而影响仪器的输出。

图 9.5　Kipp & Zonen NR Lite2 净全辐射表

据 Kipp & Zonen 公司材料介绍,传感器对风较敏感,订正的方法是乘以因子$(1+x \cdot v^{3/4})$,式中 v 为风速,x 为经验系数,约等于 0.01。

再有,就是 NR Lite2 的外观均呈现不完美的朗伯体(即对入射角的余弦成比例),但尚无文献对此进行深入探讨。最后,就是该仪器的校准也存在问题,因为恐怕暂时还不能就直接使用 WISG 对其进行校准。

9.2.2　双传感器净全辐射表

美国 NovaLynx 公司生产的 240-8111 型全辐射表（图 9.6），从外观看，它同时有上、下两个传感器，分别有各自的输出，也可视为两台全辐射表。

类似的产品还有澳大利亚 Middleton Solar 生产的 NSR1 型净全辐射表（图 9.7）。

图 9.6　240-8111 型全辐射表

图 9.7　Middleton Solar 生产的 NSR1 型净全辐射表

9.2.3　四传感器净全辐射表

四传感器净全辐射表有时也简称四分量系统，大多可以按照工作的需要选择相应级别的测量长波和短波的仪器自行组装。但是，实际操作起来，也有一定的困难，如 4 台仪器连接、水平的调整（特别是朝下的传感器）、通风器和加热器的加装等等。这些若由厂家统一装配，会更紧凑、标准和适用，各方面的性能和质量也更有保证。具有代表性的仪器是 Kipp & Zonen 出品的 CNR4（图 9.8）。该厂家前后还生产过多种不同等级仪器组合起来的产品，这里就不一一列举了。

美国 Apogee 公司过去也出品过一些辐射仪器，多为满足生态方面的产品。最近，他们开发出长波、短波、紫外以及光合有效辐射等一系列辐射测量仪器。传感器方面，既有光电型，也有热电型。各种类型仪器的外观和尺寸大体相仿，唯一可以进行区别光电或热电型的是其外观颜色。此公司仪器的最大特点就是小巧，图 9.9 就是向上和向下测量仪器的外观。其向上传感器的视场均为 150°；传感器为热电器件；响应时间 0.5 s；光谱范围 5～30 μm，日总量不确定度为 ±5%。图 9.10 则是其净全辐射表的总装图。

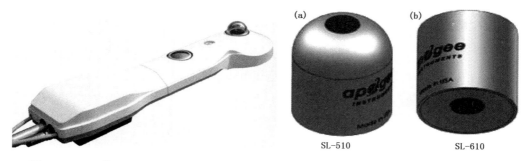

图 9.8　Kipp & Zonen CNR4 型净全辐射表

图 9.9　Apogee 测量向上(a)和向下
(b)的地球辐射表

图 9.10　Apogee 净全辐射表总装图(Apogee Instruments 网页)

　　使用目前质量最好的总辐射表和地球辐射表进行校准技术的研究发现(Michel et al.，2008)，制造商所声称加热和通风净全辐射表的不确定度小于 10%。然而制造商的室内校准可导致较高的不确定度，他们发现，即使现场校准，不加热和通风的四传感器净全辐射表也无法达到不确定度在 10% 以下。

9.3　全辐射表的分级

　　根据《气象仪器和观测方法指南》(WMO，2014)的有关规定，可按表 9.1 所列的相应指标，将各种全辐射表分成二等标准、一级和二级三个等级。

表 9.1　全辐射表性能分级指标①(WMO，2014)

性能规格	全辐射表分级		
	二等标准	一级	二级
分辨率(W/m²)	1	5	10
年稳定性	2%	5%	10%
高度角 10°时的余弦响应误差	3%	7%	15%

　　①　除响应时间外，其余各项均以该项的不确定度方式给出。另外，ISO 9060:1990 中本无有关全辐射表的分级内容。为统一起见，在分级名称上仍依照 ISO，二等标准相当于 WMO 高质量；一级相当于良好质量；二级相当于中等质量，并根据我国计量名称体系，作为本书的取名依据。

性能规格	全辐射表分级		
	二等标准	一级	二级
高度角 10°时的方位误差(附加到余弦误差上)(对平均值的偏差)	3%	5%	10%
温度相关性(−20~40 ℃)(对平均值的偏差)	1%	2%	5%
非线性(对平均值的偏差)	0.5%	2%	5%
0.3~75 μm 以 0.2 μm 间隔累计的光谱灵敏度(对平均值的偏差)	2%	5%	10%

9.4 全辐射的测量

全辐射的测量,包括源自太阳的短波辐射和源自地球与大气的长波辐射两部分。

测量方向向下全辐射仪器的安装要求与总日射表相同;测量方向向上全辐射仪器的安装,则与反射日射表的相同。

这里有项原则需要明确,就是综合性越强的仪器,其测量的结果越差。最准确的测量仍是使用分项仪器测量,分别测量出各自的量,然后再求其代数和。

在 BSRN 站上,不要求使用全辐射表直接测量全辐射,如果需要全辐射数据,就将长波、短波各个成分的测量结果求代数和。

表 9.2　全辐射表测量中的误差源(WMO, 2014)

影响测量的要素	影响全辐射表的类型		对测量精密度的影响	确定这些特性的方法
	有罩	无罩		
屏蔽性能	透射的光谱特性	无	(a)校准系数中的光谱变化 (b)罩内由于短波散射减少了入射到探测器的辐射(取决于厚度) (c)传感器的老化和其他变化	(a)确定挡屏的光谱消光 (b)测量天空散射辐射的作用或测量随入射角变化的影响 (c)光谱分析:同新罩比较;确定罩的消光
对流影响	传感器－罩的环境:由于非辐射能交换产生的变化(热阻)	由于非辐射能交换产生的变化:传感器－空气(面交换系数中的变化)	由于阵风不受控制的变化在计算大气最下层辐射通量散度是关键的	在风洞中研究仪器的动力学性能作为温度和风速的函数
水凝物(雨、雪、雾、露、霜)和灰尘的影响	光谱透射的变化加上由热传导和物态变化引起的非辐射热交换	传感器光谱特性的变化和蒸发产生热消耗的变化	由传感器光谱特性的变化和非辐射能量传输引起的变化	研究强迫通风对这些作用的影响
传感器表面性质(发射率)	取决于传感器上黑色涂材的光谱吸收		校准系数的变化 (a)作为光谱响应的函数 (b)作为入射辐照度和入射方位的函数 (c)作为温度效应的函数	(a)吸收表面校准的光谱光度测量分析 (b)测量传感器灵敏度随入射角变化的变率

续表

影响测量的要素	影响全辐射表的类型		对测量精密度的影响	确定这些特性的方法
	有罩	无罩		
温度影响	传感器的非线性为温度的函数		要求一个温度系数	研究强迫通风对这些效应的影响
非对称效应	(a)朝上、朝下传感器的热容和电阻之间的差异 (b)朝上、朝下传感器通风的差异 (c)传感器水平的控制与调整		(a)仪器时间常数的影响 (b)对两个传感器确定校准因子的误差	(a)控制两个传感器表面的热容 (b)在一个窄的温度范围控制温度

在 WMO《气象仪器和观测方法指南》中，给出了全辐射测量中的误差源（表9.2），并指出"很难确定实际可能达到所规定的不确定度"。在不同地点，对不同设计的全辐射表进行现场比对所得结果表明，在最好的条件下，仍有高达5%～10%的差异。为了改进这样的结果，必须在现场比对之前，进行实验室研究，以分别确定各种不同的影响因素。

9.5 净辐射的测量

9.5.1 净短波辐射测量

净短波辐射表又称反照率表，它由两台反向放置的总日射表组成。感应面向上的一台测量总日射辐照度，而向下的一台测量反射日射辐照度。它们既可以是一体的，也可以是两台分置的。传感器既可以是全黑型的，也可以是黑白型的（图9.11），性能以前者为优。特别是对于测量反射日射辐照度，黑白型总日射表由于在倒置的情况下存在对流状态的变化，其灵敏度会产生变化，进而导致测量误差。

图9.11 黑白型传感器一体式净短波辐射表

安装这类仪器的要求与总日射表和反射日射表的相同。如果将两台仪器的测量结果相减，得到净短波辐照度，如果将反射辐照度除以总日射辐照度，则可得出地表反照率（%）。

9.5.2　净长波辐射测量

Campbell 公司介绍过一种利用 Kipp & Zonen 公司生产的 CG1 型地球辐射表制作的被称为 CG2 型净地球辐射表的仪器。实际上，它就是净长波辐射表（图 9.12）。由于 CG1 型地球辐射表的表罩是平面型的，所以朝下的那台仪器的表罩在图上看不到。更何况向下的传感器还有加装遮光器的要求，以避免受到低于传感器表面以下直射的照射。

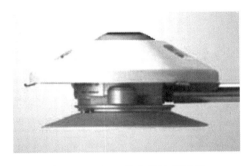

图 9.12　CG2 型净长波辐射表

CG2 型净长波辐射表是一体式仪器。当然也可以根据测量准确度的要求，购买两台性能更高的地球辐射表自行组装成一台净长波辐射表。

这种类型仪器的安装与反射日射表的要求相同。为了得到净长波辐照度，应将向上仪器测出的辐照度减去向下仪器测出的辐照度[①]。

9.5.3　净全辐射测量

Blonquist et al.（2009）曾致力于解决许多目前净辐射表的准确度问题。他们发现，在一般情况下，准确度的增加与净辐射表的成本相关联。四分量系统是最好的，其次是双成分系统，最后是净全波辐射表，也就是仅使用一个探头测量 4 种成分的测量系统。这其实也不言自明，因为仅就总日射来说，最佳的测量结果也并非是使用总日射表自身，而是使用直接日射表测量的法向直射与加遮光的总日射表测量的散射之和。本来，每种仪器就有各自的不足，如果硬要"毕其功于一役"，必然会遇到各种问题的累积，使误差增大。

在这方面，我国是有实际经验的。自 20 世纪 90 年代以来，我国就在全国一、二级辐射站上（共计 50 个）设有净全辐射的观测。所用的净全辐射表系国产，其外观与图 9.2 相似，只是没有外侧的环状加热器。聚乙烯罩的内部未通干燥空气，外部也没有气流吹过，罩的半球形系依靠血压计的加压气囊充气维持。我国的《地面气象观测规范》虽然要求聚乙烯罩每月更换一次，并随时加压以维持两个半球的形状，但各站实际执行情况并无法掌控。从计量站所收到待检仪器的情况来看，并不十分乐观。特别是沙尘频繁地区的待检仪器，有的几乎被已经干燥的泥层全部覆盖。这样得出的数据完全没有代表性。迄今，在我国尚未见到利用净全辐射测量数据所作的研究论文和应用成果。

---

① 这种仪器是在 Campbell 公司的广告材料中出现的，在 Kipp & Zonen 公司的产品介绍中并未见到。另外，在型号表达上，二者也有一些差异。我们只是作为一个例子引用。

瑞士达沃斯物理气象观象台为探测辐射收支与云量关系,曾经组装了一台名为 TURAC 的仪器。TURAC 就是温度、湿度、辐射和云的英文缩写。为了减少所用仪器的数量,它只用了一台总日射表和一台地球辐射表,这样可避免两套相同仪器在性能上的差异所引起的不良影响。另外,运用机械旋转机构定时地将仪器翻转 180°,以分别测量向下和向上的辐照度。图 9.13a 的左侧是 TURAC 的电动旋转机构,仪器周边的铜环是加热器,下部是通风器,以确保仪器表面无沉积。加罩后 TURAC 的外观如图 9.13b 所示（Ruckstuhl et al.,2001）。

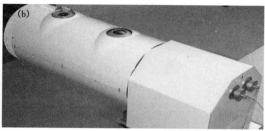

图 9.13　TURAC 的内部构造(a)和加罩后的 TURAC(b)

9.6　净全辐射标准

目前世界上并不存在一个独立、单一的净全辐射标准。由于净全辐射是由各种向上和向下的长、短波辐射所构成,其标准器自然也就为各个分量的最佳测量仪器。Kondratyev(1970)在 20 世纪 70 年代就曾指出,缺乏测量净辐射的标准具有决定性影响。Halldin et al.(1992)也曾通过对比试验研究了 20 世纪 90 年代使用的 6 种净全辐射表,可以想见,尽管当时也得到过一些结论,但以现代眼光视之,它们除具有历史意义外,并无实际的参考价值。

参考文献

中国气象局,2003.地面气象观测规范[M].北京:气象出版社.

Blonquist J J M, Tanner B D, Bugbee B, 2009. Evaluation of measurement accuracy and comparison of two new and three traditional net radiometers[J]. *Agricultural and Forest Meteorology*, **149**: 1709-1721.

Brotzge J A, Duchon C E, 2000. A field comparison among a domeless net radiometer, two four-component net radiometers, and a domed net radiometer[J]. *Journal of Oceanic and Atntospheric Technology*, **17**: 1569-1582.

Coulson K L, 1975. *Solar and terrestrial radiation: method and measurements*[M]. New York: Academic Press.

Halidin S, Lindroth A, 1992. Errors in net radiometry: comparison and evaluation of six radiometer designs [J]. *Journal of Oceanic and Atmospheric Technology*, **9**: 762-783.

Kondratyev K Ya, 1970. Global atmospheric research programme (GARP) and radiation factors of weather and climate. Radiation including satellite techniques. WMO Tech. Note No. 104. WMO-No. 248

Michel D, Philipona R, Ruckstuhl C et al, 2008. Performance and uncertainty of CNRI net radiometers during a one-year field comparison[J]. *Journal of Oceanic aizd Atmospheric Technology*, **25**: 442-451.

Ruckstuhl C, Philipona R, 2005. TURAC-A new instrument package for radiation budget measurements and cloud detection[J]. *J. Atmosph. Ocean. Technology*, **22**: 1473-1479.

Smith E A，Hodges G B，Bacrania M et al，1997. *BOREAS net radiometer erzgineering study*. NASA Contractor Report（NASA Grant NAGS-24471，NASA Goddard Space Flight Center，Greenbelt，MD，pp. 51

WMO CIMO，1993. Adridged final report of the eleventh session，WMO No. 807.

WMO，2014. Guide to meteorological instruments and methods of observation，7-th edition. WMO No. 8.

Янишевский Ю Д，1957. Актинометрические приборы и методы наблюдений. Гидрометиздат，Ленинград.

10　光量子型光合有效辐射表

10.1　一些基本概念

光合有效辐射（PAR）是指波长在 400～700 nm 的辐射。这部分辐射对于光生物学、植物生理、生态、农业、林业、园艺等学科是十分重要的环境因素。研究发现，首先，光合有效辐射影响生态系统对碳的吸收；其次，当光合有效辐射散射成分增强时，植物对碳的吸收也增强；第三，光合有效辐射范围内的光谱辐射分布，对于了解光合作用十分重要，因为作物的光合作用在光合有效辐射范围内的分布是不均匀的，也就是说，不同光谱对光合作用所起的作用是不同的。历史上，为测量光合有效辐射，观测者曾凭借主观臆断采用过照度计测量光照度（勒克斯，lux）；后来，演变成测量光合有效辐射范围内的辐照度。所以，产生了带有两种不同牌号有色光学玻璃半球罩的总日射表，其中一种光学玻璃的起始波长在 395 nm，另一种的起始波长在 695 nm，而其截止波长大致一致，将二者的测量结果相减，正好可以得出 400～700 nm 的辐照度。相关科学家们在如何量化这部分能量上的看法曾长期不一致。后来，在 Federer et al. (1966) 以及 Biggs et al. (1971) 等研究的基础上，关于光合有效辐射的定义，科学家们达成了一致意见。这也推动了光合有效辐射测量仪器的标准化，进而推动多种测量光合有效辐射的传感器的制造。

McCree(1972a)认为，需要光合作用测量的标准定义。其论点的基础是，光合作用由叶子吸收的光子数驱动，因此，叶子吸收的光子数与光合速率成比例。他表示担心光合作用中所用光源的光谱分布在各种研究之间差异较大，并指出为了比较光合速率的大小，每位科研人员都使用相同的标准来定义光，对光合作用的研究是至关重要的。

只有被叶片吸收的光才能用于光合作用。透射或反射的光是不会被利用的。叶片吸收的光谱，通常使用光谱辐射计来测量。

McCree(1972b)比较了光合作用与不同测量光的方法之间关系的变化，当光合作用归一化为量子通量（$\mu mol/(m^2 \cdot s)$）而不是辐照度（W/m^2）时，变异减少了两倍。这意味着 400～700 nm 任何波长的光子都能以相似的效率驱动光合作用。在数量上，我们知道光合反应每固定 1 个 CO_2 分子需要 8～10 个光子。

实验数据表明，由于物种变化以及生长历史，光合作用的光谱响应可能会有显著变化。因此，无法为所有植物（除非是光谱辐射计）定义具有完美光谱响应的单个传感器，虽然吸收蓝光量子的光合效率总会略低于吸收红光量子的光合效率；科学家们还是认为，理想的传感器应对 400～700 nm 波长范围内的所有光子具有均匀的响应，即响应在整个光谱范围内保持平坦。由于几乎所有的光合作用都由 400～700 nm 波长范围内的光子所驱动，人们已经普遍接受：理想的传感器是对 400～700 nm 以外的光具有清晰的截止（图 10.1）。这个约定允许我们定义和测量光合有效辐射作为 400～700 nm 入射的量子通量，而不涉及任何实验设备的响应（McCree，1972b）。

　　后来就有利用光电二极管加上镀干涉膜制成的滤光片,这样,一方面截去 400 nm 以前和 700 nm 以后的辐射,另一方面,使中间部分的光谱透射比尽可能的平直,就可供直接测量光合有效辐射了。

　　图 10.1b 是一种使用磷砷化镓光电器件作为光合有效辐射探测器的具体实例。曲线部分是这种器件的实际光谱响应。从图中,我们可以粗略地看到它偏离理想响应的程度。据此,凡是实际曲线超出理想响应的部分,均会导致仪器的高估;反之,凡是实际曲线低于或小于理想部分的,则会导致低估。所以,一台仪器性能的好坏,以其响应最接近矩形者,性能为最优。此处,还有另一个缘由,由于理想响应是平直的,也就是说,它对光谱是没有选择性的,因此能更好地适应光源中光谱存在变化的情况。

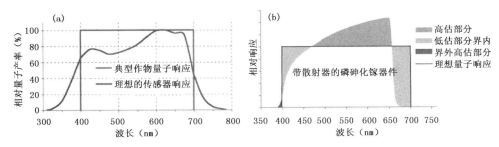

图 10.1　理想传感器响应和典型作物的响应(a)和磷砷化镓器件作传感器的误差情况(b)
(LI-COR Tech. Note #126)

10.2　光量子型光合有效辐射表的结构

　　所有光量子型光合有效辐射表均为测量半球向辐射而设计,结构比较简单,如图 10.2 所

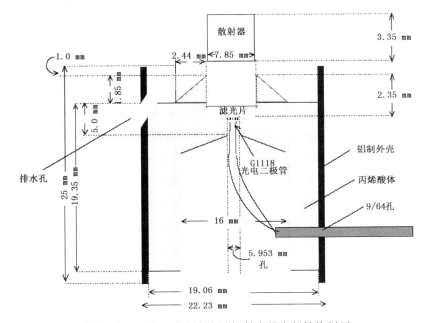

图 10.2　光量子型光合有效辐射表的内部结构剖面

示。仪器的关键部分是滤光片,它在多大程度上能够做到光谱上无选择性,决定着该传感器的合格程度。这里无选择性指的是仪器在以能量为单位的情况下,400～700 nm 波段内的光谱响应曲线应尽可能地平直,最好呈现为矩形。其他的内部结构,不同厂家的产品自然有细节上的差异,但原则不会改变。

10.3　几种常用的光量子型光合有效辐射表

10.3.1　LI-COR 的光量子型光合有效辐射表

图 10.3 就是美国 LI-COR 公司最早制作的一台光量子型光合有效辐射表。这也是最早面市的光量子型光合有效辐射表。其外观与该公司生产的以能量为单位的仪器外观相同。只是二者的换算单位不同。其最初的型号为 191-SEB。经过不断改进,最近推出的 LI-190R 型是新产品。仪器的外观虽无变动,但其性能已得到改进。这可以从图 10.4 与图 10.5 的比较中得出。因为后者是新产品,它与理想曲线(矩形)的接近程度,已经较前者有了重大改进。实际上,这一点也可看作是仪器质量的重要指标;重合度越高,仪器的质量越好。这从不同厂家给出的响应曲线,立即就可作出判断。至于图 10.4 与图 10.5a,b 两图并无实质性的区别,差异仅在于其表达的单位不同而已。正如前述,光合有效辐射表并不是一开始就采用光量子作单位测量的,一开始使用的是辐照度,也就是能量型的,所以,当时的光合有效辐射表,给出的光谱响应曲线,均是如图 10.4a 的样子。这也不难理解,既然是以能量为单位,其光谱曲线就要求尽量平直,表示没有或很少有光谱选择性。后来才演变成使用光量子为单位,这时仪器的

图 10.3　LI-COR 公司 191-SEB 型光合有效辐射表

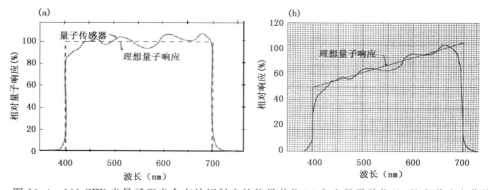

图 10.4　191-SEB 光量子型光合有效辐射表的能量单位(a)和光量子单位(b)的光谱响应曲线

内部并无实质的变化,改变的只是最终的表达方式,所以才出现了如图10.4b的表示方式。我们可以仔细观察对比一下10.4a,b两图,10.4a曲线相对直线有4处高于,3处低于理想光量子响应情况之处,10.4b同样是如此。同图10.5相比,可以看到产品技术的进展。

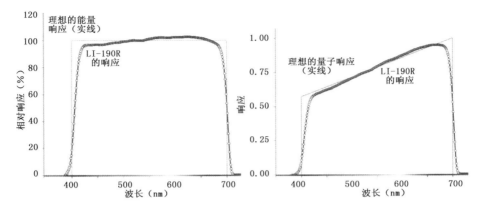

图10.5 LI-190R光量子型光合有效辐射表的能量响应(a)和光量子响应(b)的光谱响应曲线(LI-COR,2015a)

LI-COR公司所给出的新仪器性能,如表10.1所列。

表 10.1 LI-190R 的技术规格(LI-COR,2015b)

参数	指标
灵敏度	典型的:75 μA/(1000 W/m^2)
线性度	最大偏差 1% 直至 3000 W/m^2
响应时间	<1 μs(在 2 m 电缆端接 147Ω 负载情况下)
温度依赖性	最大±0.15%/℃
余弦响应	至入射角达 82°均进行了修正
方位响应	在高度角 45°情况下,360°范围内<±1%
倾斜响应	无
操作温度范围	−40～65 ℃
相对湿度范围	RH:0%～95%,无冷凝

10.3.2 Delta-T 公司的 QS2 光量子型光合有效辐射传感器

Delta-T公司推出量子仪器已有多年。该种仪器的外观如图10.6a、b图所示,而其光谱曲线则如10.6c所示。其各项性能如表10.2所列。

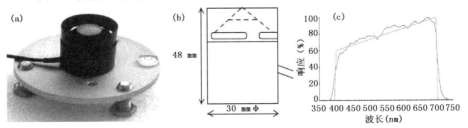

图10.6 Delta-T 公司制作的 QS2 型光量子型光合有效辐射传感器:外观(a),结构示意(b)和光谱曲线(c)
(Delta-T Devices Ltd.)

表 10.2　QS2 光量子型光合有效辐射传感器的技术规格（Delta-T Devices Ltd.）

参数	指标
灵敏度	$10.0~mV/(m^2 \cdot s)$
准确度	5%（在 20 ℃）
校准溯源	溯源英国 NPL
线性度	$\pm 1\%, 0 \sim 2~nmol/(m^2 \cdot s)$
方位误差	$\pm 1\%$ 在 360°范围内
稳定度	优于$\pm 2\%/a$
响应时间	$10~\mu s$
温度依赖性	灵敏度$<0.2\%/℃$
余弦响应	在 70°以内，余弦修正在$\pm 5\%$
测量限	$0 \sim 3~mmol/(m^2 \cdot s)$
温度限	操作范围：$-10 \sim 60$ ℃ 存储范围：$-20 \sim 100$ ℃

10.3.3　Apogee 公司 SQ-100 和 SQ-300 光量子传感器

　　Apogee 是一家美国公司，生产多种辐射传感器，各种传感器的外观大体一致。其中也包括光量子传感器。在 Apogee 出品的量子辐射仪中，又区分为全光谱和原始光谱两种（其外观可参见图 6.14）。

　　全光谱量子传感器拥有一个改进的探测器，可以应对所有种类的光源，包括对 LED 光源进行测量。而原始光量子传感器的成本则较低，可用于测量除了某些颜色的 LED 以外的其他光源，并需要经测量校正因子订正后，才能获得准确的读数。两种传感器的性能如表 10.3 所列。比较图 10.7 中的两条曲线可以看出，全光谱的曲线确实要比原始的曲线更接近理想的平直状况。实际上，只有平直，才是真正的对波长的无选择状态，进而可以应对各种不同光谱的光源。但其起始和截止的情况很不理想。

表 10.3　Apogee 公司两种类型光量子传感器的功能（Apogee instruments Inc.）

项目	全光谱传感器	原始传感器
光源	所有光源，包括 LED	可测量除了某些颜色的 LED 以外的所有光源，测量后需要使用校正因子。
光谱范围	$389 \sim 692 \pm 5$ nm（响应大于最大值的 50%的波长）	$410 \sim 655$ nm（响应大于 50%的波长）
输出选择	提供多种模拟选项，连接到带数字输出的手持式读数器，和作为使用 USB 通信和定制软件的一个智能传感器。	提供多种模拟选项，连接到带数字输出的手持式读数器，和作为使用 USB 通信和定制软件的智能传感器。
防水	有此项功能	有此项功能
线型	无此项功能	可选择线型量子传感器

　　不过，细看 Apogee 公司所生产量子传感器的光谱响应，不难发现，其在这方面的表现，确

实不如前述 LI-COR 和 Delta-T 等的类似产品(对比图 10.4、图 10.5 与图 10.6)。

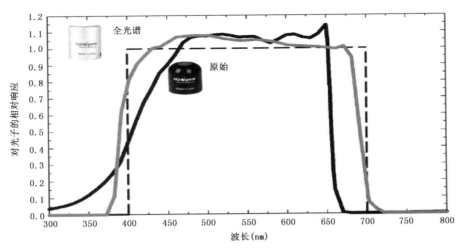

图 10.7　Apogee 光量子产品传感器的光谱响应(Apogee instruments Inc.)

10.3.4　Skye 公司 SKP 215 光量子型光合有效辐射传感器

Skye 是一家英国公司,自 1983 年以来,一直专注于辐射传感器,其生产的 SKP 215 光合有效辐射量子传感器的外观和光谱响应度如图 10.8 所示。其性能规格如表 10.4 中所列。厂家认为其所有的设计、制作和校准,均按照最高标准进行。它生产三种类似的产品,即:光量子型光合有效辐射、特殊光合有效辐射和光合有效辐射能量模式。产品均附有英国国家物理实验室(NPL)的校准证书。它是以 $\mu mol/(m^2 \cdot s)$ 为单位校准的。

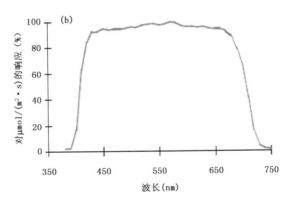

图 10.8　Skye SKP 215 光量子型光合有效辐射传感器的外观(a)和光谱响应曲线(b)

表 10.4　Skye SKP 215 光量子型光合有效辐射传感器性能指标(Skye 公司网站)

项目	性能指标
余弦误差	3%
方位误差	<1%
温度系数	+0.1%/℃

续表

项目	性能指标
长期稳定性	+2%
响应时间	10 ns
内阻	<350 Ω
工作温度范围	−35～+75 ℃
湿度范围	0～100%
线性误差	<0.2%
绝对校准误差	典型的<3%，最大5%

10.3.5　光合有效辐射线型传感器

　　LI-COR 是最早生产这种产品的公司。这种仪器的目的在于，如果使用单个传感器在植株间进行光合有效辐射测量，无论仪器摆放在何处，所获得的结果是随机选择的，但确是没有代表性的。因为植物冠层内的光影情况千变万化，极难选定一个具有代表性的测量位置。为了解决此问题，LI-COR 最先推出了线型传感器，即在具有一定长度的条形杆子内，以并联的方式镶嵌了若干个同样的传感器（其灵敏度事前应进行统一调整），这样，测量的结果就是这些传感器的平均值，从而增强了测量结果的代表性。图 10.9 就是 LI-COR 产品的外观。后来，其他公司也生产了类似产品。如 Apogee 公司目前提供数种线型产品，其外观则如图 10.10 所示。此外，还依据其供电方式、校准光源（区分阳光和电光源等）以及所含光量子传感器数量的不同而进行了更多的细分。

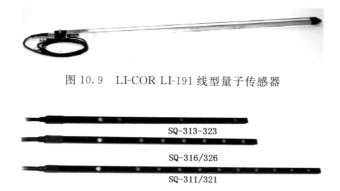

图 10.9　LI-COR LI-191 线型量子传感器

SQ-313-323

SQ-316/326

SQ-311/321

图 10.10　Apogee 所生产的多种线型光量子传感器

　　除了上述 Apogee 公司以外，Skye 仪器公司也提供一种线型光量子传感器。它由 1 m 长的 U 型阳极氧化铝杆，其上覆以丙烯酸散射器，沿 850 mm 长的灵敏表面，内装 33 个光电二极管并附有水准器，其均匀度优于 2%。外观如图 10.11 所示。

　　由于有的线型传感器，未附有水准器，所以在使用线型光量子传感器时，还应注意其放置的水平状态。测量时，勿使其过分偏离水平状态，以免影响测量结果的代表性，除非测量另有目的。

　　另外，由于线型传感器所含传感器的数量众多，其相互间的一致性难以保证得很好，一般

图 10.11 Skye 公司出品的 SW-11L 线型光量子传感器

控制在 $\pm 10\%$ 的范围内。

10.4 光合有效辐射的单位

10.4.1 光子的量和单位

光子数(N_p):对于频率为 ν 的单色辐射,则有 $N_p = Q/h\nu$,式中 Q 是辐射能。N_p 单位:1。

光子通量(Φ_p)$= dN_p/dt$,单位:1/s。

光子照度(E_p):照射到表面一点处的面元上的光子通量除以该面元的面积,单位有如下 3 种:

(1)量子/(s・m²)(每秒平方米);

(2)μEinstein/(s・m²);

(3)μmole/(s・m²)。

这里,1Einstein$= 6.022 \times 10^{23}$ 量子$= 1$ mole。

曝光子量(H_p)(光合光子辐照量):实际上就是光子照度对时间的积分,单位:1/m²(mol/m² 或 μmol/m²,对括号内单位的进一步解释,见下节)。

10.4.2 光(辐射)能与光量子的换算

光和微观粒子(量子)既具有波动,又具有粒子的双重属性。正如光具有波、粒二象性一样,实物粒子(如电子、原子、中子、量子等)也均具有波、粒二象性,它们的波动频率 ν 和波长 λ 与粒子能量 E 的关系为:

$$E = h \cdot \nu \tag{10.1}$$

式中 h 为普朗克常数,$h = 6.626 \times 10^{-34}$ J・s,而波长 $\lambda = c/\nu$,单位为 nm。c 为真空中的光速,$c = 3.00 \times 10^{17}$ nm/s,$N_p(\lambda)$ 个光量子的能量又可以写成:

$$E(\lambda) = N_p(\lambda) h \cdot c / \lambda \tag{10.2}$$

从式(10.2)可知,光的波长越短,每个光量子所具有的能量就越大;反之,光的波长越长,所具有的能量就越小。在 $\Delta\lambda$ 中含有的光量子数 $N_p(\lambda)$ 为:

$$N_p(\lambda) = \lambda/(h \cdot c) \cdot E(\lambda)$$
$$= E_\lambda^q \cdot E(\lambda) \tag{10.3}$$

由于计算出来的 N_λ^q 数值巨大,使用起来非常不便,所以引入了阿伏伽德罗常数 N_A。N_A 是单位物质量的分子数($N_A = 6.022 \times 10^{23}/mol$),正因为公式中含有了 N_A,单位中就有了摩尔(mol)。摩尔是物质量国际单位制的基本单位,被定义为单位物质量所含的基本单元数,即阿伏伽德罗常数。阿伏伽德罗常量的近似值为:$6.022 \times 10^{23}/mol$。在使用摩尔时,基本单位应予说明,可以是原子、分子、离子及其他粒子。

将 h,c 和 N_A 的数值代入再除以 N_A,E_λ^q 则可简化为:

$$E_\lambda^q = \lambda/119.7(\mu mol/s \cdot W) \tag{10.4}$$

E_λ^q 是光量子传感器的光谱响应,也是响应曲线呈现斜直线状的源头所在(王炳忠等,2008)。

LI-COR 在其使用说明中,将图 10.4a 的图标称为用量子单位表示的,而将 10.4b 称为用能量单位表示的。作者认为,这是不对的,应是相反的。查阅 LI-COR 公司的生产历史可知,其最早生产的光合有效辐射仪器是能量型的。当时给出的响应曲线,就是如图 10.4b 所示的一条平直线。这也很好理解,因为,既然测量的是 $400 \sim 700$ nm 的能量(辐照度),自然,追求在此波段内的光谱选择性越小越好,也就是线越平直越好。只有当出现了量子型仪器后,才出现了斜直线。此线之所以变斜,主要是不同波长的量子效率不同所致。

10.4.3　光子的量和单位

光合光子通量密度(PPFD):实际上就是光子照度(单位:$1/(s \cdot m^2)$),只是为了不使测量结果的数值过大,所以除以阿伏加德罗常数 N_A(单位:$1/mol$),这样,其单位就出现了 mol,整体上,可简化为 $\mu mol/(s \cdot m^2)$。

光合光子辐照量:实际上就是曝光子量,也就是光合光子通量密度对时间的积分,其单位为 mol/m^2。

这两个单位是目前国际上,光生物学和光化学领域中经常使用的,但它们不是国际单位制(SI)中的单位。

另外,还有一个称为爱因斯坦(Einstein)的单位,它被定义为 1 mol(6.022×10^{23})光子中的能量。所以:

$$1 \text{ Einstein}/(m^2 \cdot s) = 6.022 \cdot 10^{23} 量子/(m^2 \cdot s) = 6.022 \cdot 10^{23} 光子/(m^2 \cdot s)$$

在 $400 \sim 700$ nm 波段,对于全部日光大约为 2000 μEinstein/$(m^2 \cdot s)$。

以下公式用于计算从光源输出的量子通量。光源以 W/m^2 为单位的通量密度(ΔE)在波长增量为 $\Delta\lambda$ 的情况下,可以表达为:

$$\Delta E = E(\lambda) \cdot \Delta\lambda \tag{10.5}$$

式中 ΔE 是光源在波长 λ 处的光谱辐照度。

在 $\Delta\lambda$ 范围内,每平方米·秒的光子数(N_p):

$$N_p = \frac{\lambda}{h \cdot c} \cdot E(\lambda) \cdot \Delta\lambda \tag{10.6}$$

这样就可以累计出 $400 \sim 700$ nm 的光子数:

$$N_p/(m^2 \cdot s) = = \frac{1}{h \cdot c} \int_{400 \text{ nm}}^{700 \text{ nm}} \lambda \cdot E(\lambda) d\lambda \tag{10.7}$$

这个结果除以 $6.022 \cdot 10^{17}$,就得出以 μEinstens/m^2 为单位的结果。

10.5　有关光量子传感器的一些问题

(1)用于测量光合有效辐射的仪器,由于能量型的传感器面世在前,而光量子型的传感器面世在后,但从其响应曲线看,能量型为平直状,光量子型则呈倾斜状,从而给人造成了一种量子型仪器其响应曲线,似乎必须是倾斜的印象。其实,光量子型仪器的响应之所以表现为倾斜,主要是不同波长的光量子效率不同所致,即使此时的能量响应在 $400\sim700$ nm 是平直的。所以曲线的平直与倾斜主要是由所用单位不同所致。这从最近 LI-COR 在网上发布的辐射测量原理(Principles of radiation measurement)材料所附的图及说明就可以看出(图 10.5)。

(2)使用哪种单位表达并非关键,因为二者实际上是一回事。这从各厂商提供的响应曲线(指曲线围绕直线上下波动)极为相似也可看出。关键是要使实际响应曲线(图中的粗线)尽可能地接近直线。接近程度越高,仪器性能越好。比较一下 LI-COR 早期产品的曲线(图 10.4),也不难看出,其最新产品的进步幅度。

(3)光量子照度归根到底是计算出来的,而不是测量出来的。因为迄今为止,世界上尚无光量子计量标准。计算的依据只能是原能量传感器的光谱测量结果。为了证明这一点,我们将 LI-COR 1982 年出版的仪器使用说明书(LI-COR,1982)第 34 页中的两个例子合并如表 10.5 所示。

表 10.5　不同灯种光谱段计算个例(LI-COR,1982)

波长范围(nm)	波段 $\Delta\lambda$(nm)	中心波长 (nm)	3200K 卤素灯 (W/m²)	白色荧光灯 相对光谱辐照度	量子响应 公式(10.5)
$400\sim425$	25	400	0.0274	0.08	3.34
$425\sim475$	50	450	0.0546	0.24	3.76
$475\sim525$	50	500	0.0894	0.25	4.18
$525\sim575$	50	550	0.1280	0.40	4.59
$575\sim625$	50	600	0.1650	0.50	5.01
$625\sim675$	50	650	0.1970	0.13	5.43
$675\sim700$	25	700	0.2260	0.03	5.85

卤素灯的光量子输出为 190 μmol/(s·m²),而荧光灯的光量子输出为 360 μmol/(s·m²)。从上述结果不难看出,无论使用的是何种灯,给出的光量子输出的依据均为该种灯的光谱能量。所以,重要的是尽可能获得详尽、准确的光谱能量值,因为它是计算光量子单位的基础。

(4)带外杂光。这里所谓带外杂光指的是<400 nm 或>700 nm 波长的辐射,这一点从图 10.1 中或其他类似的图中均可以看到。不过,对于图 10.7 来说,就不仅仅是>700 nm,甚至还存在<700 nm 的问题了。总之,一切偏离矩形范围的均属此范畴。就其实质而论,这是由于人工制作的干涉滤光片,其两端是无法在 400 nm 和 700 nm 处做到理想的垂直状态所引起的。另外,只要校准时,严格地掌握标准的波长范围,也会减少这部分带外杂光带来的影响。

(5)光量子单位与能量单位间的换算问题。在过去的文献中,当涉及光合有效辐射的光量子单位与能量单位之间换算时,总会看到这样的说法:它们之间的关系不是固定的,只能近似地认为：$1\ \mu mol/(s \cdot m^2) = 4.71\ W/m^2$（左大康 等，1991）或 $1\ \mu mol/(s \cdot m^2) = 4.6\ W/m^2$ 等等。究其原因，主要在于光谱的组成不同。一天之中，早晨与中午的太阳光谱是有差异的；标准灯的光谱与太阳的差异就更大，这些都是不争的事实。所以，只要所用传感器的光谱选择性足够小，光谱变化所能引起的误差，就不会很大。这是问题的一个方面；另一方面，就是校准光源的选择。中国计量科学研究院是国家光谱辐照度基准的保有、量值传递和计量的部门。在辐照度标准方面，我国的水准一直处于国际先进行列（Emma et al.，2006）（详见第 21 章）。也就是说，在光谱辐照度计量方面，我国的光谱辐照度的计量水准是毋庸置疑的。

问题在于，对于具有一定光谱变化的实际仪器来说，不可能经常使用标准灯和分光光度计进行分光校准，那样做既不现实，也不经济，因为标准灯本身价格很高，有效使用期限需要累计、且有效时段不长；再加之其本身也要定期溯源，且自身操作相当繁琐。

更常用的做法是，选出一台各方面性能相对优秀的工作用表，经标准灯—分光法校准后如果预期仪器在自然阳光下使用，则还须在阳光下对照分光光度计进行校准，然后将其当作工作标准使用。如果预期某台仪器将在人工光源下使用，则需在相应的人工光源下作相应的校准。切不可随意将测量人工光源的仪器用于测量阳光，或者相反。因为那样做的结果，必然导致严重的光谱误差发生。不过，对于不同厂家的仪器，使用这种平行对比法也需慎重，因为不同厂家仪器的光谱曲线不同，如果硬性使用某一厂家的仪器当作工作标准，去校准其他厂家的仪器时，也会由于光谱响应的不同，而引入系统误差。当然，假如仪器的光谱响应曲线，就是一条平行于 X 轴的直线，问题就会简单许多。因为在此种情况下，就像热电传感器仪器一样，已经没有光谱选择性了。有关校准的问题，在后面的第 21 章中，我们还会讨论。

（6）在能量传感器的说明书中，给出如图 10.4a 的曲线，而在光量子传感器的说明书中则给出如图 10.4b 的曲线，极易使人产生如下的类比：既然能量型仪器的要求是尽量模拟平直线，那么，若想制作光量子传感器，则必须力求模拟那条理想的斜线。

多数仪器的使用者对仪器的了解有限，也易产生类似的误解。似乎如果不最大限度地追求逼近斜线，就不是光量子传感器了。这绝非耸人听闻，如图 10.12 所示，其中既有研究论文（Fielder et al.，2000），也有厂家说明书（Delta-T 2000，HOBO PAR Smart Sensor，2008），它们无一例外地追求逼近斜线。

正常情况下，人们确实努力追求使传感器的实际光谱响应曲线尽可能地平直，才能使传感器做到无波长选择性。但是，以斜线为理想的情况就令人费解了。因为如果人们经过努力，使响应曲线达到了理想斜线的状况，岂不等于人为地制造了光谱选择性吗？

这不免让人产生疑问，难道真的测量什么就需要模拟什么吗？果真如此的话，测量太阳光谱岂不就要模拟太阳光谱了？无选择性的要求岂不成了谬误？前面各章节所讨论的有关太阳辐射测量的传感器，也就会变为不合格，因为它们均达不到模拟太阳光谱的要求？

如前所述，无论是能量传感器，还是光量子传感器，它们在构造上是完全相同的，且都是相对仪器，不同的只是在校准过程和计算仪器灵敏度的方法，即校准仪器时的计算方法有差别，最后的表达不同而已。例如，在校准能量传感器时，只需将被检的仪器输出的短路电流与光谱辐射计在 $400 \sim 700$ nm 所得到的光谱辐照度累计值相比较，就可得出其能量灵敏度（$\mu A/(W/m^2)$）；而在校准量子传感器时，则需将相对仪器的电流输出与光谱辐射计每个波长的光谱辐照度经式（10.7）修订计算结果的累计值相比较，才可以得出量子灵敏度（$\mu A/(\mu mol \cdot s^{-1} \cdot m^{-2})$）。因为校准所依据的都是 $400 \sim 700$ nm 光谱段的光谱辐照度，所以其理想的光谱响应

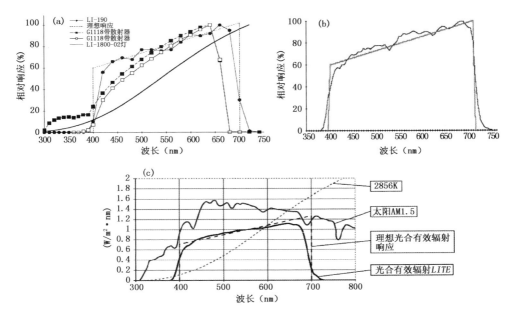

图 10.12 引自厂家说明书和相关文献的光谱响应曲线

(a)引自 Fielder et al.，2000；(b)引自 Delta-T 用户手册；(c)引自 Kipp & Zonen 说明书

图均应为类似图 10.4a 那样的与横坐标相平行的虚线，而绝非类似图 10.4b 那样的斜线。斜线只是单位换算的结果。

由于微电流的测量要比相应微电压的测量困难得多，通常的做法是在电流回路中串联一个低温度系数的固定电阻，再从其两端测量电压。但这样做要比测量短路电流的结果略差。对于校准等严格场合，还是应直接测量其短路电流为宜。

(7)Forgan 曾提出过，需研制光合有效直接日射表来解决光合有效辐射表的校准问题，也就是把用直接日射表校准总日射表的思路向光合有效辐射表上移植。对于以能量为单位的仪器来说，上述思路是可行的，而对于以光量子为单位的仪器则不起作用，因为这里需要光谱辐照度，而没有后者是无法严格地换算成以光量子为单位的数据的。

(8)在光合有效辐射仪器的国际比对中发现，同一厂家的仪器一致性较好，但不同厂家的仪器之间存在着系统误差。这也不难理解，从图 10.4 至图 10.6 可以看出，不同厂家在拟合理想曲线的过程中，由于所采用的技术方案不同，导致结果各异，特别是在起始和终止波长附近。另外，各个厂家在校准技术上的不一致，也会形成差异。这就需要 WMO 的相关部门尽快制定出相关的规定、技术要求、计量方法和比对措施等。

BSRN 已将光合有效辐射的测量纳入其测量范围，并正式将记录存档。关于光合有效辐射的测量，由承担扩展测量任务的 BSRN 站进行。获取的辐射参数亦是每分钟 60 个采样的最大值、最小值、平均值和标准差。

10.6 光合有效辐射表的校准

同普通能量型光合有效辐射表的校准相比，光量子型光合有效辐射表的校准要复杂得多。

因为从前面 10.5 节的介绍可知,每个波长的光量子效率是不同的。所以,要求必须分波长处理。而要区分波长,则必须:一要有光谱辐射计;二要有标准灯。光谱辐射计和标准灯均为操作较为复杂、且精密的仪器设备。一般单位,没有必要购置;需要校准时,可送有相关资质的单位去校准,这里关键的要求是:

(1)用标准灯对光谱辐射计进行校准;

(2)用被校准过的光谱辐射计与被校准的光量子型光合有效辐射表,在阳光下同步地进行测量。光谱辐射计的光量子出射度,可以写作:

$$E(i,j) = \int_{400}^{700} K_a^q E_{s,\lambda} \mathrm{d}\lambda \qquad (10.8)$$

式中:$E_{s,\lambda}$ 为光谱辐射计在波长 λ nm 处测量的光谱辐照度,单位为 W/(m² · nm);

(3)由于光谱辐射计扫描一次所用的时间,会比读取光量子型光合有效辐射表的长许多,为了避免由此引入不相对应的误差,需要选择在天空晴朗的中午时段进行;并且在光谱辐射计扫描时段内,读取尽可能多组的光量子型光合有效辐射表的数据,并取其平均值作为与光谱辐射计相对应的计算值;

(4)对 400~700 nm 读取若干组光谱数据后,再分波长地,对每一组的数据进行波长订正,就是计算出其光量子光谱灵敏度(按照式(10.3)计算出 E_λ^q);其次,依照式(10.8)进行累计计算;最后,将累计结果与同步读取的光量子型光合有效辐射计读数的时段平均值相比较,最后得出光量子型光合有效辐射计的灵敏度。

有关标准灯和光谱辐射计的问题,在第 21 章中会有详细介绍,这里不拟重复。

10.7　光合有效辐射的测量

由于所有光合有效辐射表均为测量半球向辐照度而设计,所以安装要求与总日射表的完全一样。如果实际需要,也可倾斜安装或将仪器翻转 180°朝下安装测量反射辐照度。但如果需要测量的是植株间的光合有效辐照度,由于株间明暗情况复杂,将仪器放在任何一处均有极大的偶然性而不具代表性。解决的方法有两种:一种方法是使用前面介绍过的线型光量子传感器,使用时应尽可能地使感应面在长度方向保持水平,如有可能,最好移动地进行多次重复测量;另一种方法是在植株之间设一个金属水平桁架,将光合有效辐射传感器置于其上,边测量,边移动。无论使用上述哪一种方法,均需关注保持测量仪器的水平状态。

参考文献

王炳忠,胡波,刘广仁,2008.光合光量子传感器校准的一些问题[J].太阳能学报,**29**(1):1-5.

左大康,1991.地球表层辐射研究[M].北京:科学出版社.

Apogee instruments Inc. Quantum sensor models SO-100 and SQ-300 series. http://www. spogeeinstrments. com.

Biggs W, Edison A R, Eastin J D et al, 1971. Photosynthesis light sensor and meter[J]. *Ecology*, **52**: 125-131.

ΔT Delta-T Devices Ltd. PAR quantum sensor type QS2. User Manual 1.0. http://www.delta-t.co.uk.

Emma RW et al, 2006. The CCPR K-1 key comparison of spectral irradance from 250 nm to 2500nm: measurements, analysis and results[J]. *Metrologia*, **43**: S98-S104.

Federer C A, Tanner C B, 1966. Sensors for measuring light available for photosynthesis[J]. *Ecology*, **47**: 654-657.

Fielder P et al, 2000. Construction and testing of an inexpensice PAR sensor, Ministry of Forests Research Prog. URL: http://www.for.Gov.bc.ca/hfd/pubs/Docs/Wp/Wp53.htm.

HOBO PAR Smart Sensor. 2008. http://www.microdaq.com/occ/hws/par.php. Kipp & Zonen. 2004. Instruction manual PAR-LITE. http://www.kippzonen.com

LI-COR, 1982. Radiation measurements and instrumentation, *Publication No.* 8208-*LM*(随仪器出售所附使用说明书).

LI-COR, 2015. Principles of radiation measurement. P/N 980-15606 8/15 2nd Edition. www.licor.com/enc/PDF Files/Rad—Mers.pdf

LI-COR, Comparison of quantum sensor with different spectral sensitivities, Technical Note ♯126. http://www.ecosearch.info/sites/default/files/prodotti_documentazione/TechNote126_quanti.pdf

McCree K J, 1972a. The action spectrum, absorptance and quantum yield of photosynthesis in crop plants[J]. *Agric. Meteorol.* **9**: 191-216.

McCree K J, 1972b. Test of current definitions of phtosynthetically active radiation against leaf photosynthetically data[J]. *Agric. Meteorol.* **10**: 443-453.

SKP 215 PAR quantum sensor, Skye Instruments Ltd. http://www.skyeinstruments.com.

11 紫外辐射表

11.1 引言

已知太阳的紫外(UV)辐射对生物圈包括陆地和水生生态系统以及公众健康具有不利的影响。对人而言,来自太阳的紫外辐射会引起皮肤癌、皮肤老化和眼睛白内障等疾病。它也可以影响人们抵抗传染病的能力和降低免疫接种效果。几种植物随紫外辐射的增加,光合作用活性降低或反应下降。浮游植物作为海洋食物链的第一个环节,也会受到太阳紫外辐射的损害。

来自太阳的紫外辐射会导致相当大的全球性疾病负担,包括对皮肤、眼睛和免疫系统的急性或慢性健康影响。世界上每年由紫外线引起的死亡人数约6万,其中大部分是缘于恶性黑色素瘤。许多与紫外线有关的疾病和死亡可以通过一系列简单的预防措施来避免。但是,另一方面,紫外线又是人类必不可少的维生素D的产生者。新的证据表明,维生素D水平是健康风险的一个指标(WHO et al., 2002),它与癌症、心血管疾病和多发性硬化以及与肌肉-骨骼健康等有确定的联系。

20世纪末,由于观测到平流层臭氧浓度下降和南极臭氧洞,预计在高纬度和中纬度地区的紫外线水平会增加。除了太阳紫外线辐射的固有风险外,地球上的生命均面临着紫外线进一步上升的威胁。臭氧与紫外辐射之间的相关性通常会部分地被云层所改变,或者被对流层污染或大气中气溶胶含量所掩盖。这些事实使得紫外线趋势的评估变得复杂,并促进了对太阳紫外线测量的重视。

由于现在计算地球上多云条件下的紫外辐射的能力仍然是有限的。因此,为了量化太阳紫外辐射对生物圈当前的和未来的影响,需要高准确度地测量太阳紫外辐射。然而,这些测量并不那么简单。由大气臭氧吸收所引起的UV-B范围内太阳辐射急剧下降,以及由臭氧的衰减引起的地表UV-B辐射的增强,增加了测量的困难,导致测量结果不确定度的进一步升高,特别是用于此目的的光谱辐射计,不符合特定要求或者运行中未进行妥善的维护。

WMO科学咨询小组(SAG)就紫外辐射监测及其检测仪器起草了一系列文件,其目的就是统一这类仪器的性能规格。这是进行UV可靠测量的前提。

紫外辐射通常分为三部分:

(1)UV-A是波长在315~400 nm的紫外辐射[①]。它不受大气臭氧含量的影响,对人类皮肤的晒黑有一定的作用,此外,无更多的生物活性。

[①] 目前也有将UV-A与UV-B的界限定为320 nm的,我们则遵循的是WHO,WMO,UNEP和ICNIRP等国际组织的意见(WHO et al.,2002)。

（2）UV-B 是波长在 $280\sim315$ nm 的紫外辐射，它受大气臭氧含量的影响最为显著，其生物活性在很大程度上取决于波长；对人类皮肤的影响主要表现在引发显著的红斑效应。这种效应的表现就是使人类的皮肤变红，强者灼伤，甚者引发皮肤癌；长期曝于阳光下，还可诱发白内障和导致免疫力下降等。

（3）UV-C 是波长在 $100\sim280$ nm 的紫外辐射，它在大气的上层就已被臭氧吸收殆尽，因此，无法到达地面，但其生物活性极强。

波长<100 nm 者称真空紫外辐射，地面上根本观测不到，不属本书讨论的范围。

对于紫外辐射的测量来说，目前存在着 UV-A，UV-B，UV-A＋UV-B（简称全紫外）以及专测红斑效应（简称 UV-E）的数种仪器。不过，它们均限于测量半球向紫外辐照度，即水平面的紫外总辐照度。紫外辐射测量标准化的困难在于测量仪器的多种多样。而一些国家的紫外辐射测量系由卫生或环境保护部门承担，这就进一步增加了标准化的难度。

在 WMO 全球大气监测计划中，提出了对测量 UV-B 仪器的技术要求，具体内容详见表 11.1。

表 11.1　测量 UV-B 仪器的技术要求（WMO，2014）

特性	要求
余弦误差[a]	(a)$<\pm10\%$，对于入射角度$<60°$
	(b)$<\pm10\%$，对于积分各向同性辐亮度
最低光谱范围	$290\sim325$ nm[b]
带宽（FWFM）	<1 nm
波长精密度	$<\pm0.05$ nm
波长准确度	$<\pm0.1$ nm
狭缝函数	据中心 2.5FWHM 处$<$最大值的 10^{-3}
采样波长间隔	$<$FWHM
最大辐照度	>1 W/(m² · nm)，和如果适用在 400 nm 处 2 W/(m² · nm)
探测阈值	$<5\cdot10^{-5}$ W/(m² · nm)，对于半宽为 1 nm 处的信噪比（SNR）$=1$
杂散光	$<5\cdot10^{-4}$ W/(m² · nm)，当在最低太阳天顶角时仪器曝于阳光下
仪器温度	监控和足够稳定的保持整体仪器的稳定性
扫描时间	每个光谱<10 min，例如，便于与模型进行比较
整体校准不确定度	$<\pm10\%$（除非受到检测阈值的限制）
扫描日期和时间	这样记录每个谱，每个波长定时在 10 s 以内
	法向直射光谱辐照度或散射光谱辐照度
	臭氧柱总量，例如，得自法向直射光谱辐照度的测量
	用宽带辐射计测量的红斑加权辐照度
辅助测量要求	大气压
	云量
	用照度计测量的光照度
	用直接日射表测量的法向入射的直射辐照度
数据频率	至少每小时扫描一次和在此外在当地正午的一次扫描

注：a 更小的余弦错误是可取的，但对于目前正在使用的大多数仪器来说是不切实际的。

　　b 整体校准不确定度以 95% 的置信水平表达，包括与辐射校准相关的所有不确定度（例如，标准灯的不确定度、传递不确定度、校准期间的对准误差和仪器在校准之间的漂移）。更多细节见 Bernhard et al.（1999），Cordero et al.（2008），和 Cordero et al.（2013）。

　　c 对于建立与生物应用有关的紫外气候学来说，延伸到更长的波长是需要的，见 WMO（2001；2010b）

在紫外辐射测量中，由于人们关心的角度不同，具体的表达方式也有所不同，这里主要指的是测量单位。如果从能量的角度看,紫外辐射的能量一般均不大,但是从其生物效应看却不然,能量低的 B 波段,对人类的作用要远大于能量大的 A 波段。特别是对于白色人种来讲,在 UV-B 的作用下极易导致人的皮肤发红,即紫外辐射的红斑效应。所以人们更习惯于采用相应的最小红斑剂量等单位表达。近期的研究发现,除了 UV-B 外,原来被忽视的 UV-A 也有一定的导致皮肤变黑、老化的作用。下面先对紫外测量中常用的一些名词和术语做些介绍。

11.2　紫外辐射的相关术语

随着波长的改变,紫外辐射引发人类皮肤红斑的能力发生着显著的改变,这种改变在 $250 \sim 400$ nm 的波长最大可达到 4 个数量级。因此,无法采用紫外辐射剂量表达受照射对象皮肤的红斑效果信息。如接受 10 kJ/m^2 的 UV-A 辐射照射,除那些对光极度敏感的个体外,都不会产生红斑响应;而在未经滤波的高压汞灯或日光型荧光灯下,同样剂量的紫外辐射却会在大多数白肤色个体的皮肤上形成深色红斑。长期以来,光生物学者认为,需要使用经红斑效应参照谱加权的辐射剂量来表示遭受紫外辐射曝晒的程度。

这个曾被广泛用作红斑辐射度量的最小红斑剂量(MED),是个不恰当的术语。因为 MED 决非是个标准度量,正好相反,它包含着个体对紫外辐射敏感性的可变因素。影响 MED 的因素包括:光源的光学特性和辐射测量特性;曝光定量,如递增速率和范围大小等;皮肤特性,如色素沉着、以前是否被照射过和解剖学部位等;判断因素,诸如终点定义、照射后判断反映的时间和测试环境的照明等。

为了避免进一步滥用 MED 这个词和由此所引起的混乱,仅保留这个术语,用于观察人类及其他动物的研究中,而采用标准红斑剂量(SED)作为引发红斑的紫外辐射的标准度量。

国际照明委员会(CIE)于 1998 年对原有的关于光生物效应、剂量关系和测量的正式建议——《紫外线致人体皮肤红斑的效应谱》(载于 CIE 出版物 106/4-1993,重印自 CIE 会志 6/1 17—22 1987)进行了细致审查和研究,之后提出了 CIE S 007/E-1998《红斑效应参照谱和标准红斑剂量》。该标准涵盖了光生物效应、剂量关系和测量领域的最新认识,但是并不意味可以免除人体试验者的安全责任和其他相关的责任。在得到 CIE 的各成员国国家委员会的表决通过后,CIE S 007/E-1998 取代了 CIE 的原有建议。

出于在国际间协调形成统一定义的目的而编制的 CIE S 007/E-1998 标准,是关于光和照明的数据定义的简明文件,也是国际上普遍接受和认可的定义,无需修正即可引入任何标准系统。于是,国际标准化组织(ISO)直接采用 CIE S 007/E-1998 作为国际标准 ISO 17166:2000。2007 年我国也已将其主要内容在经过适当修订和补充后制定为《紫外红斑效应参照谱、标准红斑剂量和紫外指数》国家标准(GB/T 21005—2007)。

下面着重介绍上述国家标准的内容,以及世界卫生组织(WHO)、世界气象组织(WMO)、联合国环境计划署(UNEP)和国际非离子辐射防护委员会(ICNIRP)联合推广的全球太阳紫外指数(UVI)(WHO et al.,2002)等内容。

红斑效应谱:红斑效应谱(erythema action spectrum)以符号 $s_{er}(\lambda)$ 表示,是紫外辐射使人类皮肤产生红斑的能力随波长而变化的关系函数。红斑效应谱 $s_{er}(\lambda)$ 为单色波长的紫外辐射导致皮肤产生红斑所需最低量值,与某一参照波长相应量值之比对波长 λ 的函数,也可将其视为光谱红斑效率。$s_{er}(\lambda)$ 通常按其极大值进行归一化,并以图和公式的方式表示,无量纲。

红斑效应谱作为一个理论和实验的研究题目，迄今已经有超过 70 年的历史。CIE 早在 1935 年就首次提出了标准红斑曲线。

红斑有效辐照度：红斑有效辐照度（erythemal effective irradiance）为发自某紫外辐射源的光谱辐照度与红斑效应谱加权乘积对波长的积分量，以符号 E_{er} 表示，E_{er} 的单位为瓦每平方米（W/m²），由式（11.1）表达：

$$E_{er} = \int E_\lambda \cdot s_{er}(\lambda)\, \mathrm{d}\lambda \tag{11.1}$$

或

$$E_{er} = \sum_\lambda E_\lambda \cdot s_{er}(\lambda) \cdot \Delta\lambda \tag{11.2}$$

式中 E_λ 为光谱辐照度，单位为瓦每平方米纳米（W/(m²·nm)）；$s_{er}(\lambda)$ 是按其极大值归一化的红斑效应谱，λ 为辐射波长，单位为纳米（nm）。

这里的 E_λ 指的是紫外总辐射的光谱辐射照度。所谓紫外总辐射，系单位水平面上接收的紫外波段的太阳直射和天空散射之和。

红斑有效曝辐[射]量：红斑有效曝辐[射]量（erythemal effective radiant exposure）的同义词为有效剂量（effective dose）或红斑剂量（erythema dose），它是红斑有效辐照度的时间积分，以符号 H_{er} 表示，H_{er} 的单位为焦耳每平方米（J/m²），由式（11.3）表达：

$$H_{er} = \iint E_\lambda \cdot s_{er}(\lambda)\mathrm{d}\lambda\mathrm{d}t \tag{11.3}$$

或

$$H_{er} = E_{er} \cdot t \tag{11.4}$$

式中 t 为接受辐射照射的时间，单位为秒（s）。

最小红斑剂量：最小红斑剂量（minimal erythema dose）为暴露于紫外辐射 24(±2) h 后，在皮肤样块上引发红斑的最低辐射剂量，以 MED 表示。

（1）最小红斑剂量是对皮肤发红的一种主观度量；它取决于诸多因子，如对紫外辐射的个体敏感度、光源的辐射剂量特性、皮肤的色素沉着、解剖位置、受辐照与判断反映的时间（典型值为 24 h）等。仅保留在对于人类和其他动物的观察研究中使用。

（2）由于最小红斑剂量是一定时段辐照度的累计量，所以其实质是紫外辐射的曝辐量，它的单位为焦耳每平方米（J/m²）。

（3）目前欧、美各国对最小红斑剂量的定义各不相同，例如，欧洲定义为 250 J/m²；而美国的定义为 210 J/m²。

标准红斑剂量：标准红斑剂量（standard erythema dose）是导致人体红斑的紫外辐射曝辐量的标准化度量，以 SED 表示。

一个标准红斑剂量的红斑有效曝辐量为 100 J/m²，用 Φ 来表示。以标准红斑剂量为单位来表示某一时段的红斑有效曝辐量时，按照式（11.5）进行换算：

$$A = H_{er}/\Phi \tag{11.5}$$

式中，H_{er} 为红斑有效曝辐量，单位为焦耳每平方米（J/m²）；A 为以标准红斑剂量为单位表示的红斑有效曝辐量，单位为标准红斑剂量（SED）。

值得注意的是根据光生物学可知，许多光生物过程随波长变化。因此，标准红斑剂量（SED）中的"红斑"二字，清晰地表达出该量是具有明确生物效应的暴露剂量。

Φ 作为用标准红斑剂量表示红斑有效曝辐量时的换算当量，其量值是人为规定的，并不存在一个最"正确"的量值。然而，不能将 SED 理解为一些特殊类型皮肤的 MED，以避免混淆

MED 与 SED 的概念和定义。如:1SED 相当于 100 J/m² 红斑有效曝辐量,当随着皮肤由 I 型到 Ⅵ 型,其 MED 可以预期在 150~600 J/m²,即 1.5~6.0SED。

紫外红斑效应参照谱:紫外红斑效应参照谱(UV erythema reference action spectrum)在 250~400 nm 波长的函数表达式如下:

$$S_{er}(\lambda) = 1.0 \qquad (250 \text{ nm} \leqslant \lambda \leqslant 298 \text{ nm}); \qquad (11.6)$$

$$S_{er}(\lambda) = 10^{0.094(298-\lambda)} \qquad (298 \text{ nm} < \lambda \leqslant 328 \text{ nm}); \qquad (11.7)$$

$$S_{er}(\lambda) = 10^{0.015(140-\lambda)} \qquad (328 \text{ nm} < \lambda \leqslant 400 \text{ nm}) \qquad (11.8)$$

红斑效应参照谱是红斑效应谱的标准,故以 S 代替 s,以示区别。紫外红斑效应参照谱的图形外观可见图 11.3 中的折线。

紫外指数:紫外指数(UV Index)表示地表太阳紫外辐射红斑有效辐照度水准的量化指标,文字叙述中以 UVI 表示,实际计算则按式(11.9):

$$UVI = k_{er} \int_{250}^{400} E_\lambda \cdot S_{er}(\lambda) d\lambda \qquad (11.9)$$

式中,k_{er} 为常数,其数值等于 40 m²/W[1](1/(0.025 W/m²)或 1/(25 mW/m²))[①];E_λ 为地表太阳紫外辐射的光谱辐照度,单位为瓦每平方米纳米(W/(m² · nm));λ 为辐射波长,单位为纳米(nm);$S_{er}(\lambda)$ 为式(11.6)至式(11.8)规定的紫外红斑效应参照谱,其波段范围对应于式(11.9)中积分的上下限。

由式(11.9)计算得到的紫外指数经修约后,以整数表示。在实际应用中,紫外指数可以用 5~10 min 的平均值报告其瞬时值和日最大值。云对紫外辐射透过大气有重要影响,未考虑云的影响时,称为晴空紫外指数或无云紫外指数。

注意,尽管 UVI 本身是个无量纲量,但由于它在式(11.9)中被 k_{er} 乘过,这就意味着每个 UVI 实际相当于(1/40) W/m²,所以也可将其视为具有辐照度单位的量。

暴露等级:暴露等级(exposure categories)是紫外辐射对无防护皮肤伤害程度划分的紫外指数范围(WHO et al.,2002)。暴露等级的划分如表 11.2 所示。

表 11.2　暴露等级(WHO et al.,2002)

暴露等级	紫外指数范围	暴露等级	紫外指数范围
低	≤ 2	很高	8~10
中	3~5	极端	≥ 11
高	6~7		

半宽:半宽(Full Width at Haif Maximum,FWHM)是指峰值高度一半处波段的宽度,如图 11.2 所示。图中的纵坐标是以峰值为 1 的相对标尺;横坐标是波长标尺。对于更宽波段的起始波长和终止波长也是遵循这个原则确定的。

前面介绍的一些定义和概念大多与辐照度和曝辐量有关,但对于与紫外辐射接触不多的读者来说,读后可能仍会觉得思路不够清晰,主要是因为没有将上述各项定义综合归纳。辐照度或曝辐量不管前面加上何种定语,其实质仍是辐照度或曝辐量,SED,MED 和 UVI 则不然。

---

① 对于 k_{er}＝40 m²/W,不容易直观地理解它。括号中的内容,则说明积分号内得到的辐照度值是 25 mW/m² 的若干倍。一方面,这说明了紫外指数的含义;另一方面,也更有助于了解 k_{er} 的含义。

下面将介绍以上列举的各个单位之间的换算关系,以加深对其的理解。

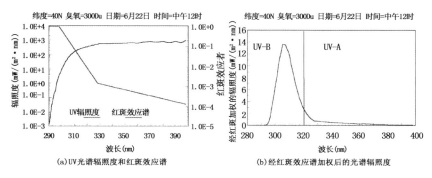

（a）UV光谱辐照度和红斑效应谱　　　　（b）经红斑效应谱加权后的光谱辐照度

图 11.1　红斑效应参照谱及其加权效应

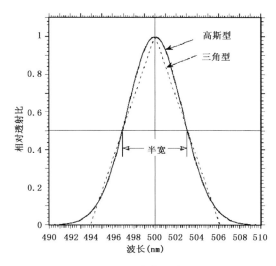

图 11.2　半宽的定义

（1）加权辐照度:UVI 与辐照度的单位换算关系见表 11.3。

表 11.3　UVI 与辐照度的单位换算

	辐照度（W/m²）	UVI
辐照度（W/m²）	1	40
UVI	1/40	1

（2）曝辐量:红斑剂量与曝辐量的单位换算关系见表 11.4。

表 11.4　红斑剂量与曝辐量的单位换算

	曝辐量（J/m²）	MED	SED
曝辐量（J/m²）	1	1/210（250）	1/100
MED	210（250）	1	2.1（2.5）
SED	100	1/2.1（2.5）	1

11.3　紫外辐射表的分类

11.3.1　概述

对紫外辐射的测量困难较多。首先,到达地球表面的紫外辐射本身就很少;其次,平流层臭氧含量多变以及随着波长的增长辐照度值本身快速增加。图 11.3 绘出了波长在 290~325 nm,大气层顶部和地球表面光谱辐照度的变化。紫外总辐照度主要受大气层中的臭氧以及诸如云等大气要素的影响,大气气溶胶的影响则相对较小。

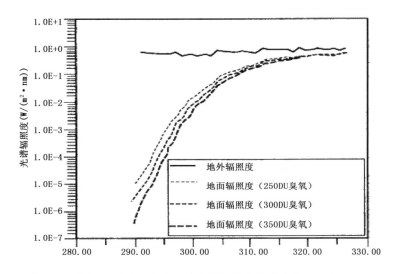

图 11.3　臭氧含量对到达地面的光谱辐照度的影响[①]（WMO,2014）

11.3.2　紫外辐射仪器的分类

WMO 执行理事会(EC)通过专家委员会发起了行动,环境污染与大气化学工作组高度优先地提高了有关改进"全球大气监测(GAW)"的质量和可用性。为了满足紫外线(UV)辐射的这些要求,1995 年成立了 WMO GAW 科学咨询小组(SAG),以开发和实施 GAW 中的全球紫外辐射监测网络。其中包括起草仪器性能规格指南,提出兼容观测标准,质量控制、质量保证和标准的校准系统,数据分析和数据归档等。紫外辐射监测和评估计划小组(UMAP)与 UV 科学咨询小组共同主办活动。活动内容包括紫外辐射仪器的规格分类以及下面要介绍的主要以德国科学家 Sekemeyer 为首的工作组的贡献。他们的工作以 GAW 系列出版物的形式出版(WMO GAW Report No. 125, No. 164, No. 190 和 No. 191 以及其他编号的如 95、120、126、127、139、141、143 等一系列报告文集均为有关紫外辐射测量仪器的相关内容)。

---

① 整层大气臭氧总量的单位有两种:一种是 mmSTP,即在标准大气条件下浓缩整层大气臭氧的 mm 总体厚度;另一种是 Dobson(DU)单位。二者之间的关系是 1 mmSTP＝100 DU。

UV 仪器的规格是基于 UV 研究的目标,具体包括:

(1)通过长期监测建立紫外线气候学,例如,在紫外光谱仪的网络内进行;

(2)在全球监测紫外辐照度趋势,特别是光谱分辨趋势;

(3)为特定研究过程提供数据,并验证辐射传输模型和(或)卫星反演地表紫外辐照度;

(4)了解全球光谱紫外辐照度的地理差异;

(5)获取关于 UV 实际水平的信息;

(6)测定 UV 指数等。

一些目标(例如趋势检测)需要具有性能优异且长期稳定的高精密度仪器,因为预期的 UV 变化趋势的幅度相当小。相比之下,对用于测定红斑加权的 UV 剂量和 UV 指数的仪器来说,则规格相对较低的也能满足。

依照 UV 仪器测量原理的不同,可以分作以下四种类型:

(1)宽带传感器(WMO GAW Report No. 164);

(2)多通道滤光片仪器 (WMO GAW Report No. 190);

(3)光谱辐射计 (WMO GAW Report No. 125);

(4)阵列光谱辐射计 (WMO GAW Report No. 191)。

接下来就分别予以简单地介绍。

11.3.2.1　宽带仪器

紫外宽带辐射表除了前述测量 UV-A 和 UV-B 的以外,还有一种被 ISO 标准化了的、被红斑效应参照谱加权的 UV-E 紫外辐射表,其测量的主要部分在 UV-B 范围内,不过也涵盖了部分 UV-A,但又不同于 UV-A+UV-B。图 11.1a 是自然条件下地面接收到的这种 UV 光谱辐照度(曲线)和标准化了的红斑效应参照谱(折线);而图 11.1b 则是二者加权后的综合结果,也就是紫外辐射对人类皮肤产生生物效应的实际分布。

获得红斑加权的方法之一是,首先用能透过 UV 的深紫色玻璃遮挡滤光片,将所有可见波长的光滤掉;剩余的紫外辐射投射在对 UV 敏感的荧光物质(磷光体)上,激发出荧光;最后,当荧光照射到砷化镓或磷砷化镓光电二极管之前,还要滤除非绿色光。仪器的质量取决于以下各点,诸如:外层防护用石英罩的质量、接收器的余弦响应、对温度变化的稳定性、玻璃和二极管的组合特性以及与标准红斑参照谱曲线相匹配的能力。其中对温度的稳定性是关键;其次,与磷光体受温度的影响也有关。磷光体效率的降低大约为 0.5%/K,它的波长响应曲线每 10 K 大约漂移 1 nm。由于在这些波长处的辐射曲线比较陡峭,后者的影响就显得特别重要。这种仪器的大致结构如图 11.4 所示。

最近,已经研制出使用薄膜金属干涉滤光片技术测量红斑加权 UV 辐照度的仪器,特别是研制出敏紫外的硅光二极管。这可以克服诸多与荧光材料有关的技术问题。

其他宽带仪器采用的测量技术,基本上均为使用玻璃滤光片与干涉滤光片组合的方式,测量相应的光谱段。对于测量 UV-A 和 UV-B 组合的仪器,其光谱段的半宽在 20～80 nm。

GAW 对测量 UV-B 光谱总辐照度在技术要求方面,提出了一个总体技术规格,具体内容见表 11.5。

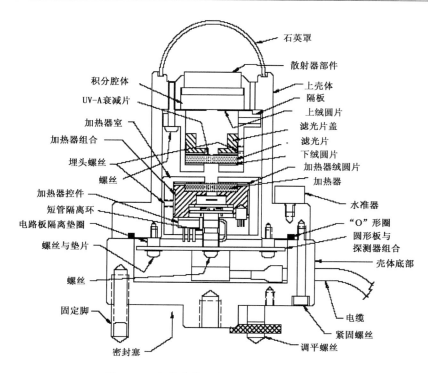

图 11.4　宽带紫外辐射表内部结构示意图

　　这些仪器被称为 B-1 型宽带仪器,以便与后面要介绍的光谱类型仪器 S-1 型和 S-2 型区分开来。下列仪器规格基于考虑为达到上述目标,当前技术所能提供的可能性。

表 11.5　GAW 计划对 B-1 型仪器建议的技术规格要求(WMO GAW Report No. 164)

项目*	指标**
1　　　　　光谱响应	(a) 辐射放大系数(RAF) 对于太阳天顶角 $Z=30°$ 和臭氧 300 DU 期望的:　　　　1.21±0.05 建议的:　　　　1.21±0.2 当前使用中的:1.21±0.4 (b) 在 300DU 的比值(CF75/CF30) 期望的:　　　　1.0±0.02 建议的:　　　　1.0±0.15 当前使用中的:1.0±0.3
2　　时间稳定性(时间尺度一年)	目前正在使用中:优于 5%,所需:2%
3　　　　　温度稳定性	在 ±1° 以内,最好记录温度
4　　　　　余弦误差	(a)对于入射角<60°<10% (b)对于整体各向同性辐亮度<10% (c)在 60°入射角时方位角的误差<3%
5　　　　　时间准确度	优于 ±10 s
6　　　　　响应时间	5 s,最好<1 s
7　　对可见和红外辐射的灵敏度	<1%,或在探测限以下

续表

项目*	指标**
8	检测阈值	$<0.5 \text{ mW/m}^2$
9	水平	$<0.2°$
10	采样频率	$\leqslant 1 \text{ min}$

* 原文为数量(Quantity),依据下面所列具体内容,转译为"项目"——本书作者注

** 原文为质量(Quality),转译为"指标"——本书作者注。

11.3.2.2 多通道滤光片仪器

所谓多通道,从字面上看,其定义并不明确,其实它就是带旋转机构的滤光片光谱辐射计。此类仪器中滤光片最宽的半宽为 10 nm,最窄的半宽为 2 nm(WMO GAW Report No.190)。

这些传感器使用多个干涉滤光片,以获得感兴趣紫外波段光谱的数据。这种滤光片对其带外抑制率有严格的要求,应等于或大于检测器整个敏感区的 10^{-6}。这种类型的高质量仪器使用珀尔帖(Poltier)冷却器,以便使仪器恒定地维持在 20 ℃;或者使用加热器将仪器的滤光片和二极管的温度固定在环境温度以上,通常为 40 ℃。但后者明显地降低了干涉滤光片的寿命。这种类型仪器的改进型,是使用光电倍增管来代替光电二极管,从而可以准确地测量所有被测波长范围内较短的波长和较低的能量,但其附属设备复杂。

还有一种得到较广泛应用仪器的代表,就是美国 Yankee 环境系统公司生产的 MFRSR。它是多滤光片旋转带辐射计的缩写,它又分为紫外(UV)和可见(VIS)两种子型号。UV-MFRSR 有 7 片滤光片,波长分别为:300,305,311.4,317.6,325.4,332.4 和 368 nm;而 VIS-MFRSR 则有 6 片滤光片,波长分别为:415,500,610,665,862 和 940 nm。由于仪器带有旋转遮光带,故可分别测量各波长的半球向散射和总日射,并且还可以通过计算得出直射(图11.5)。遮光带每旋转一圈大约 20 s,每分钟可测量 3 次,一切均由微处理器自动控制完成。有关这种仪器的更详细的介绍可参阅第 12 章的相关内容。

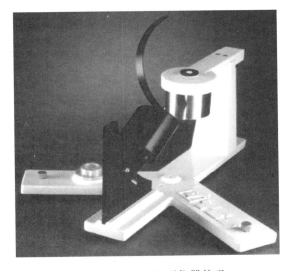

图 11.5　MFRSR 型仪器外观

这种仪器一方面可由分散的个别波长的光谱测量,通过模式计算得到整个波段的结果;另一方面,除了必要的紫外辐射要素外,也可利用其不同透射波长的测量结果,反演出整层大气中的臭氧、水汽和气溶胶光学厚度等重要气象参数。

仪器的结构必须使得辐射通过滤光片时接近正常入射,从而避免波长向较短波长方向偏移。例如,取决于滤光片的折射率,偏离正常入射 10° 可能导致 1.5 nm 的波长漂移。对于带宽非常窄的滤光片(<1 nm)而言,温度的影响会改变其中心波长约 0.012 nm/K,这也是需要特别关注的。

不过最近厂家又将其产品做了优化,目前已由个别波长测量转而进行光谱测量了。仪器的接收器由光电二极管改为 1024 位的电荷耦合器件(CCD),因而产品型号也相应地改为 UVRSS-1024(波长为 290～360 nm)和 RSS-1024(波长为 360～1100 nm),实际上这已属于下面将要介绍的光谱辐射计的范畴了。

有关多通道滤光片仪器的技术规格要求,见表 11.6。

表 11.6　UV-B 窄带总辐照度测量的技术规格要求(WMO GAW Report No. 190)

项目*	指标**
余弦误差	(a)对于入射角<60°<±5%, (b)对于积分各向同性辐亮度<±5%, (c)在入射角为 60°情况下方位误差<3%
最小光谱范围	305～360 nm
波长稳定度	<0.03 nm 对于中心波长
波长准确度	不适用
带宽(半宽)	<10 nm
带宽稳定度	<0.04×半宽
杂散光包括对可见光和红外辐射的灵敏度	对于天顶角<70°,对 2.5 半宽波长信号的贡献<1%
在扩展到一年以上的时间稳定性	信号的变化 正在使用中的:优于 5% 期望的:2%
最低通道数	中心波长<310 nm 的至少一个波长 中心波长>330 nm 的至少一个波长
最高辐照度	仪器的信号必须不能为地面所能遇到的辐射水平饱和
探测阈值	SZA=80°和臭氧总量 300 DU 情况下,对于辐照度 SNR=3
仪器温度	被监测和足够稳定以维持整个仪器的稳定性
响应时间	<1 s
复用时间	<1 s
时间准确度	优于±10 s
采样频率	≤1 min.
水平度	<0.2°
校准不确定度	<10%(除非受检测阈值限制)

　＊ 原文为数量(Quantity),依据下面所列具体内容,转译为“项目”——本书作者注

　＊＊ 原文为质量(Quality),转译为“指标”——本书作者注。

11.3.2.3　光谱辐射计

现代最完善的光谱辐射计的分光部件为光栅或全息光栅,使入射辐射色散成光谱。与可见光谱相比,由于 UV 辐射的能量很低,需要强烈地抑制带外干扰。这可以使用双单色仪或屏蔽滤光片来实现,后者在与单单色仪结合时,只允许透过 UV 辐射。光电倍增管最常用于测量单色仪的输出。有些价格不太昂贵的仪器使用光电二极管。这些仪器不适用于测量波长最短的 UV-B 辐射,因为存在着杂散光与信号弱等相关问题。

在这方面,全球大气监测(GAW)提出了区分光谱辐射计为 S-1 和 S-2 两种类型的建议:

S-1 型仪器的主要目标是:

(1)通过长期监测建立紫外气候学,如在紫外光谱仪网络内,允许不同类型的仪器;

(2)了解全球紫外光谱辐射的地理差异;

(3)获得实际的紫外线水平信息;

(4)允许确定紫外线指数。

S-1 型仪器的性能规格,见表 11.7。

表 11.7　S-1 型光谱辐射计性能规格(WMO GAW Report No. 125)

项目[*]	指标[**]
余弦误差[§]	(a)<±10% 对于入射角度<60° (b)<±10%对各向同性辐亮度
最小光谱范围	290~325 nm[+]
带宽(峰值半宽)	<1 nm
波长精密度	<±0.05 nm
波长准确度	<±0.1 nm
狭缝函数	距中心 2.5 倍峰值半宽(FWHM)处,<最大值的 10^{-3} [#]
采样波长间隔	<FWHM
最大辐照度	如果适用,在 325 nm 处>1 W/(m²·nm) 在 400 nm 处 2 W/(m²·nm)　(中午最大)
探测阈值	<5·10^{-5} W/(m²·nm)(对于 1 nm 半宽情况下,信噪比=1)
杂散光	<5·10^{-4} W/(m²·nm),当仪器在最低太阳天顶角下曝光于阳光下
仪器温度	监测和足够稳定以保持整个仪器的稳定性
扫描时间	为了便于不同仪器间比较,例如,每个光谱<10 min
总体校准不确定度★	<10%(除非受检测阈值限制)
扫描数据和时间	按已知的最佳计时,即每个波长 10 s,来记录每个光谱

　＊原文为数量(Quantity),依据下面所列具体内容,转译为"项目"——本书作者注

　＊＊原文为质量(Quality),转译为"指标"——本书作者注。

　§　较小的余弦误差是可取的,但对于目前使用的大多数仪器来说是不现实的。

　★整体校准不确定度包括与辐照度校准相关的所有不确定度(例如:标准灯具的不确定度,传递不确定度,校准期间的校准误差以及仪器在校准之间的漂移)。

　＋对于建立与生物学应用有关的 UV 气候学来说,延长波长是可取的。

　#对于 S-2 型仪器来说,狭缝函数的形状被额外规定在距函数中心 6.0 倍半宽处。由于 S-1 型仪器的光谱范围有限,此处不包括类似的规格。

S-2 型仪器的一个目标是,试图检测总臭氧层变化 1‰导致的光谱紫外辐照度的变化。主要关注的是臭氧总量减少导致的紫外线增加。上述这些考虑因素和目标是由平流层变化检测网络(NDSC)提出的(McKenzie et al.,1997),并为 S-2 型仪器所需的整体精度奠定了基础,主要用来:

(1)了解大气成分(例如,臭氧,气溶胶,云)在 UV 区域的变化的光谱后果;

(2)了解总紫外光谱辐照度的地理差异;

(3)监测紫外线辐射的长期变化;

(4)制定预告 UV 数据,提供给社区。

S-2 型仪器性能规格,如表 11.8 所列。

表 11.8　S-2 型光谱辐射计性能规格(WMO GAW Report No. 125)

项目*	指标**
余弦误差§	(a)<±5%对于入射角度<60° (b)<±5%对各向同性辐亮度
最小光谱范围	290~400 nm+
带宽(峰值半宽)	<1 nm
波长精密度	<±0.03 nm
波长准确度	<±0.05 nm
狭缝函数	距中心 2.5 倍峰值半宽(FWHM)处,<最大值的 10^{-3} 距中心 6.0 倍峰值半宽(FWHM)处,<最大值的 10^{-5}
采样波长间隔	<0.5 FWHM
最大辐照度	如果适用,在 325 nm 处>1 W/(m² · nm) 在 400 nm 处 2 W/(m² · nm)(中午最大)
探测阈值	10^{-6} W/(m² · nm)(对于在 1 nm FWHM 情况下,SNR=1)
杂散光	<10^{-6} W/(m² · nm)(对于在 1 nm FWHM 情况下,SNR=1),当仪器在最低太阳天顶角下曝于阳光
仪器温度	监测和典型温度稳定度<±2 ℃以达到整个仪器的充分稳定性
扫描时间	为了便于不同仪器间比较,例如,整个光谱<10 min
总体校准不确定度★	<±5%(除非受阈值限制)
扫描数据和时间	按已知的最佳计时,即每个波长 10 s,来记录每个光谱

*原文为数量(Quantity),依据下面所列具体内容,转译为“项目”——本书作者注

**原文为质量(Quality),转译为“指标”——本书作者注。

§希望有较小的余弦误差,但对目前在用的大多数仪器来说,是不切实际的。

+对于建立与生物学应用有关的 UV 气候学来说,延长波长是可取的。

对于检测紫外的趋势,一个较小的波长范围如 290~360 nm 可能已足够,然而,更大的波长范围对于生物学中的许多应用是需要的,因为生物加权函数通常包括波长大于 360 nm。

★整体校准不确定度包括与辐射校准相关的所有不确定度。

对 S-1 和 S-2 型仪器的组成部分没有规定,也就是说,它们可在下列各点之间选择:

(1)不同的入口光学器件(例如,扩散器或积分球);

(2)单色仪;

(3)不同的探测器(例如,光电倍增管或二极管阵列);

(4)恒定的或可变的扫描速度;

(5)不同的放大技术(例如,脉冲计数,锁相或模拟)。

这两种类型的定义是基于对紫外研究目标、定义等科学需求的不同,从而确定了光谱辐照测量所期望总体准确度。因此,下面所介绍的规格是根据仪器性能而不是仪器设置给出的。一些参数,如波长准确度,是参考通过后处理,从原始数据导出的最终数据的准确度。因此,可以应用订正,以提高结果的准确性。它们包括,例如:

(1)通过相关方法改善波长对准;

(2)运用去卷积算法来减少或标准化带宽;

(3)余弦误差校正方法提高了测量辐照度的准确性。

现在已经有一些具有自检功能的光谱仪器。电子测试包括检查光电倍增管的运行和模式转换;测试仪器的光学部件是否正确地工作,则需用内置水银灯或标准石英卤素灯供检测仪器。当这些检测没有给出绝对校准数据时,它们可为操作者提供有关仪器在光谱调准和强度两方面稳定性的信息。

市场上可购置到的仪器均设计成具有从 290 nm 至可见光中段的测量能力,测量的带宽通常在 0.5～2.0 nm。完成整个光栅扫描所需的时间取决于波长分辨率和所测量的全部光谱范围。以小步长执行一次从紫外到部分可见光范围(290～450 nm)的光谱扫描:快速方式所用时间不到 1 min,传统高质量方式所用时间约 10 min。在天气条件不稳定的情况下,无疑会使测量结果不准确。

随着科学技术的进步,特别是 CCD(电荷耦合技术)检测技术的发展和应用,使光谱测量工作又上了一个新台阶。CCD 技术的最大优势在于测量速度快,不足之处则在于光谱分辨率较差。不过上述 UVRSS-1024 的波长稳定度已经可以达到±1 像素,其在 300 nm 处的波长分辨率为 0.3 nm。

根据国外研究文献报道,自 20 世纪 90 年代以来至 21 世纪初,在近 17 年间已组织过近 21 次紫外光谱辐射计的国际比对。这一方面与白色人种对紫外线更敏感、更易受其伤害有关;另一方面,也与紫外辐射自身量值小、测量难度大、难于准确有关。图 11.6 表明,在此期间,不同仪器之间的差异逐渐缩小,这应当归功于仪器软、硬件的不断创新、完善,以及订正和质控程序的逐步改进。例如,余弦误差就从 20 世纪 90 年代的 10%,改进到如今最好的仅为 2%。再进一步减少测量不确定度,就需要改进测量基准在传递过程中的不确定度和不稳定性的影响了。因为辐照度基准在从主基准向下传递的过程中,每传递一次均会使不确定度增加,经过数次传递,其累积的综合不确定度的影响不可小觑(详见第 21 章)。

11.3.2.4 阵列光谱辐射计

这种仪器在本质上虽然仍是一台光谱辐射计,但是其测量原理与前者不同。它不是依靠旋转光栅在出口狭缝上扫描接收,而是将整个所需要的光谱成像到检测器,例如二极管阵列上。因此,整个感兴趣的光谱区域,在本质上是同步测到的。这也就是所谓的多重优势。

阵列光谱仪的主要优点是检测快速。一般光谱辐射计进行一次光谱测量,快速的通常也需要数分钟,而阵列仪器仅需 1s,甚至更快。因此,有利于在外界条件不断变化的情况下,进行快速的光谱测量。其他特点还包括:

(1)由于设计紧凑而方便携带;

（2）没有运动部件而更具稳定性和可靠性；

（3）其探测部件是光电二极管，其稳定性要优于光电倍增管。

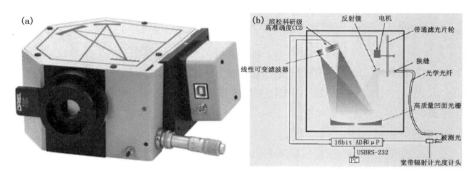

图 11.6　LineSpecTM-CCD 阵列光谱辐射计外观（a）和原理（b）（见彩图）

至于其主要缺点，则是：

（1）难以减少杂散光的干扰。在传统的光谱辐射计中，可以采用双单色仪来减少杂散光，而在阵列仪器中，此选项是不可用的；

（2）较高的检测阈值；

（3）不同二极管之间暗电流可能有所不同；

（4）对温度的依赖性较高。

不过随着现代计算机技术，特别是 CCD 光学技术日新月异的进步，近年来的情况已与 WMO GAW Report No. 191 发布 2010 年的情况不可同日而语。

典型的阵列光谱仪如图 11.6 所示。更多种阵列光谱仪如图 11.7 所示，其技术规格列于表 11.9 中。

表 11.9　对阵列光谱辐射计建议的技术规格（WMO GAW Report No. 191）

规格	总光谱辐照度	光化学光谱 辐照度	直射光谱 辐照度	光谱 辐亮度
视场	180°	360°	<2°	<5°
角度响应	余弦误差	所有角度的		
（a）对入射角	对于<60°，<±5%	偏差<±10%	不适用	不适用
（b）对积分各向同性辐亮度	<±5%	<±10%		
（c）方位误差		<±3%		
光学定位准确性	<0.2°（水平准确度）	<1°（水平准确度）	<0.2°	<1°
400 nm 处最大辐照度（正午）	>2 W/(m²·nm)	>4 W/(m²·nm)	>2 W/(m²·nm)	>1 W/(m²·nm·sr)
探测阈值		<10⁻³ W/(m²·nm)		<10⁻³ W/(m²·nm·sr)
杂散光（正午）		<10⁻³ W/(m²·nm)		<10⁻³ W/(m²·nm·sr)

续表

规格	总光谱辐照度	光化学光谱 辐照度	直射光谱 辐照度	光谱 辐亮度
典型光谱范围	280~400 nm			
半宽	<1 nm			
狭缝函数	在距中心 2.5 倍半宽处<最大值的 10^{-3}			
采样波长间隔	<0.2 半宽(>5 像素/半宽)			
波长精密度	<±0.05 nm			
波长准确度	<±0.1 nm			
仪器温度	监测和充分稳定,以保持仪器的整体稳定性			
记录光谱频率	>0.1 Hz			
整体校准不确定度	<±10%(除非受到检测阈值的限制)			
扫描仪器和时间	在 1 s 内记录的光谱			
非线性度	对于超过检测阈值 50 倍以上的信号,<2%			

图 11.7 参与世界辐射中心举办阵列光谱仪比对的 14 种仪器(Egli et al.,2016)

2014 年 7 月根据 EMRP"Solar UV"项目,为了评估现有市售的阵列光谱辐射计(ASRM)的质量,在达沃斯世界辐射中心举办了各国阵列光谱辐射计的比对活动。参比的仪器如图 11.7 所示(具体仪器生产厂家略)。参加比较的 14 台 ASRM,产生了以下结果:

测试的市售 ASRM,需要对照着太阳 UV 测量,进行彻底的校准和技术特性测定,以便能够可靠地测量太阳紫外辐射。

一些技术特性良好的仪器可以确定紫外指数,在 SZA<50°的情况下,与 QASUME 标准值相比较,在 5% 以内。

另外,在欧洲 EMRP-ENV03"太阳紫外线"项目结束时,阵列光谱辐射计的比对于 2014

年 7 月 7 日至 17 日在 PMOD/WRC 测量平台上测量了总紫外辐照度。比对结果显示，目前用于太阳紫外线测量的阵列光谱辐射计通常在所有的大气条件下，同样是无法以小于 5% 的不确定度来确定紫外线指数(Egli et al.，2014)。

几乎所有被测仪器，在所有采样的大气条件下，均受到波长＜310 nm 杂散光的干扰。在较小的太阳天顶角下，如果杂散光减少，标准仪器与几台仪器之间的比值在 0.95~1.05，可以根据 Nevas 拟定的方法或使用光学滤波器进行杂光修正。

参与比对的 ASRMs 仪器中，没有一台能具有与双单色仪相同的质量，来检测波长短于 310 nm 的太阳紫外辐射。

基于该研究的评估结论，不建议使用市售的这类仪器进行高质量的太阳紫外测量。

总之，市售的 ASRM 在测量太阳总紫外辐射方面仍要限制。为了进一步提高 ASRM 测量太阳 UV 的光谱的质量，仍需要做出努力。根据 EMRP 项目 ENV03 的结果，PMOD/WRC 的 UV 辐射世界校准中心，正在进一步开发 ASRM 技术性能指标的测量体系及技术，以提高全球太阳紫外线辐射测量的质量。

11.4 几种常用的紫外辐射表及其结构

11.4.1 全波段紫外辐射表

这里所谓的全波段指的是 UV-A+UV-B 波段，至于 UV-C 波段，由于在平流层已经全部被臭氧吸收，无法到达地面，所以不包括在内。下面凡未提具体波段，谓全波段者均属于此类。这也是目前应用最广泛的紫外辐射测量仪器。

11.4.1.1 TUVR 型紫外辐射表

TUVR 型紫外辐射表是美国 Eppley 实验室最早的紫外辐射产品，它最初是由 Drummond 和 Wade 设计的，供测量紫外辐照度的仪器(Drummond et al.，1969)。它的传感器是阻挡层硒光电池，其光谱特性和结构如图 11.8 所示。最上边的散射器是用聚四氟乙烯材料制作的。

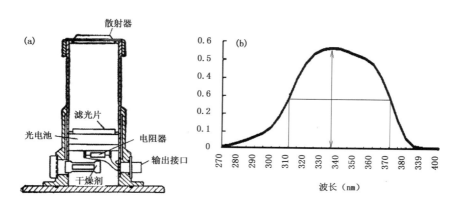

图 11.8　TUVR 型紫外辐射表示意图(a)及其光谱透射曲线(b)(Drummond et al.，1969)

11.4.1.2　CUV5 型紫外辐射表

CUV5 型紫外辐射表是 Kipp & Zonen 公司出品的最新型号的紫外辐射表,它是原 CUV3 的改进型。其光谱响应范围如图 11.9 所示,而外观除了感应面部分系由一聚四氟乙烯 材料制作的散射器代替外,其他部分外观上则与一般总日射表无异。与原 CUV3 型紫外辐射 表相比较,新研制的仪器在波长范围方面更具代表性。像 Kipp & Zonen 公司其他辐射仪器 一样,此种辐射表,也有数字输出型 SUV5。

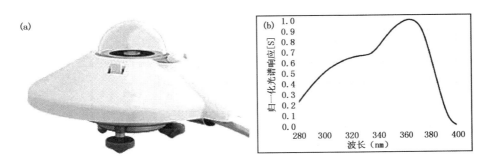

图 11.9　CUV5 型紫外辐射表的外观(a)及其光谱响应(b)(Kipp & Zonen 网站)

11.4.1.3　UVR1-T 型紫外辐射表

UVR1-T 型紫外辐射表是澳大利亚 Middleton 仪器公司的产品。它是利用经阳极氧化的 海洋级铝材制作的仪器外壳。带积分腔体的新型余弦修正器(散射器)使得 UVR1-T 具有优 良的方向响应。以大面积的硅二极管作传感器,并附低噪声放大器。前置滤光器已将大部分 可见光滤掉后再到达主滤光片,这种组合配置,可保证极其有效地将非紫外辐射滤掉。主滤光 片和传感器一起放置在控温且与仪器外壳绝热的腔室内,这样可确保由温度引起的误差降到 最低。控温电路与测量电路是完全分离的,以免相互影响。UVR1-T 型紫外辐射表的相对光 谱响应如图 11.10 所示,仪器的内部构造与图 11.4 的类似。

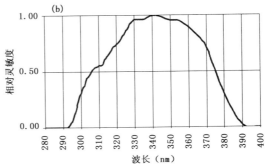

图 11.10　UVR1-T 型紫外辐射表的外观(a)及其光谱响应(b)

11.4.2　分波段宽带紫外辐射表

11.4.2.1　UVB-1 型宽带紫外辐射表

UVB-1 型宽带紫外辐射表是美国 Yankee 环境系统公司生产的产品,外观和结构如图 11.11 所示。

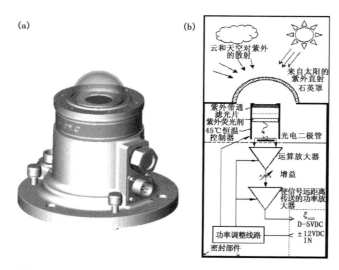

图 11.11　UVB-1 型紫外辐射表外观(a)及其内部结构(b)

这种仪器的工作原理就是前述的利用紫外辐射激发荧光,过滤出绿色光后再进行测量的。为了保证测量环境恒定,紫外荧光剂、带通滤光片和光电探测器均置于 45 ℃恒温状态下(环境温度＞45 ℃时,无法进行冷却)。

11.4.2.2　SL-501 型宽带紫外辐射表

SL-501 型 UV-B 宽带紫外辐射表是美国 Solar Light 公司生产的产品,外观如图 11.12 所示。其工作原理也是利用紫外辐射激发荧光,然后再用磷砷化镓光电二极管接收荧光。这种仪器的最大优点在于其光电二极管和荧光器均利用珀尔帖器件恒温在 25±1 ℃的范围内。

上述两种 UV-B 紫外辐射表,实际上应称为红斑加权辐射表即 UV-E,因为它们的光谱曲线是模拟标准红斑效应参照谱的。其工作原理与前述宽带传感器相同,它们同样也有的不足之处。主要的问题就是余弦响应极差。这是因为它们受工作原理的限制,均无余弦修正散射器,其表面呈镜面状。图 11.12b 就是为显示接收器镜反射而特意拍摄的。这种类型的仪器如果加了散射板,就会更大降低入射辐照度,以至达到无法测量的地步。根据国外的实测研究,不仅在入射角度小的情况下严重偏离余弦响应,而且还有明显的不对称现象,甚至有完全相反的情况发生(图 11.13)(WMO GAW Report No. 141)。

其次,实际仪器的红斑加权效果,个体间差异也较大,这一点可从图 11.13 中看到。图 11.14 是 20 台仪器的实测结果(WMO GAW Report No. 141)。

根据我们使用 UVB-1 型紫外辐射表的经验,该辐射表不仅可以给出红斑有效辐照度,还可以提供 UV-B 波段(280～315 nm 和 280～320 nm)的辐照度,这并不意味着它有三个探头,而只是在校准时,就同时进行不同波段光谱辐照度的累积以及是否进行相应红斑效应参照谱的加权而已。另外,对在测量紫外光谱辐照度中,所发生的余弦误差的修正问题可参阅 Feister et al.(1996)所介绍的方法。

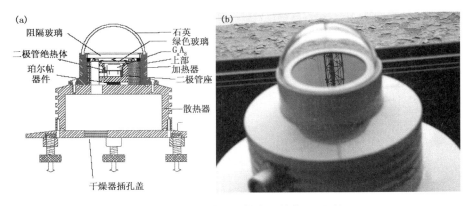

图 11.12 SL-501 型紫外辐射表的结构(a)和外观(b)

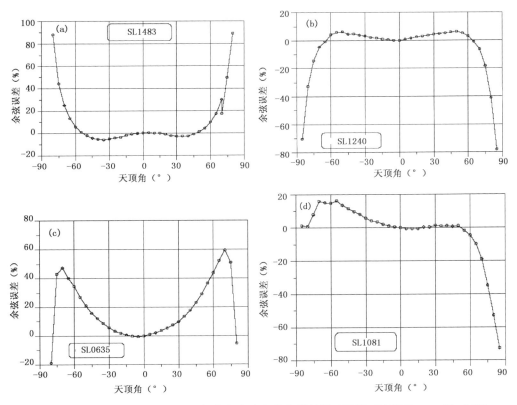

图 11.13 4 台 SL-501 型紫外辐射表余弦响应的实测结果(WMO GAW Report No. 141)

11.4.2.3 Kipp & Zonen 系列宽带紫外辐射表

图 11.15 是 Kipp & Zonen 公司生产的系列紫外辐射表的透射波段。从图中不难看出,该公司的品种比较齐全,除了 UVS-A-T、UVS-B-T 和 UVS-E-T 型号的紫外辐射表外,还生产 UVS-AB 以及 UVS-AE 型号的紫外辐射表。型号中的 AB 表示可同时单独测量 UV-A 和

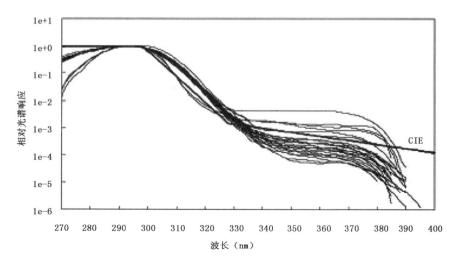

图 11.14　20 台 UV-E 辐射表实测的红斑效应谱与标准红斑效应参照谱(CIE)的比较

（Leszczynski，2002）

UV-B,而 AE 则表示可同时单独测量 UV-A 和 UV-E。至于 UV 后面的 S 并无特殊含义。

　　Kipp & Zonen 公司的所有紫外产品均使用硅光电器件,附加珀尔帖器件进行恒温调节,并均附有透紫外的聚四氟乙烯的散射器,从而改善了仪器的余弦响应。除 CUV3 的外观与该公司生产的总日射表相同外,其余各种紫外辐射表的外观均如图 11.16 所示。

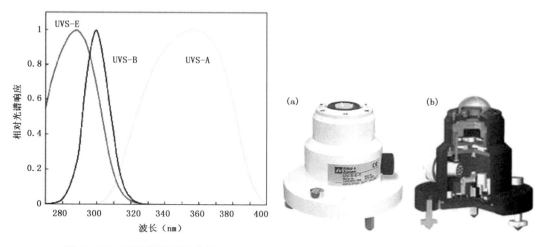

图 11.15　系列紫外辐射表的
透射波段

图 11.16　分波段紫外辐射表外观(a)及
内部构造(b)

11.4.2.4　国产 UV-B 宽带紫外辐射表

　　2003 年中国气象局曾经组织过一次国产 UV-B 紫外辐射表的全国比较测试,参加测试的共有 4 家。经过室内静态测试和半年的室外动态测试以及专家组对测试结果的评审,一致认为,北京师范大学光电仪器厂所生产的 OUV-B 型紫外辐射表的性能最佳。试验结果详见参考文献(汤洁 等,2005a;2005b)。

图 11.17 是 OUV-B 型紫外辐射表的内部结构(张保洲 等,2006)。其主要特点在于带外杂散光小和对传感器进行恒温处理,以减少由于温度变化对测量结果的影响。显示单元设有计算机接口,并开发了专用的软件,图 11.18 是使用该软件的测试显示界面。

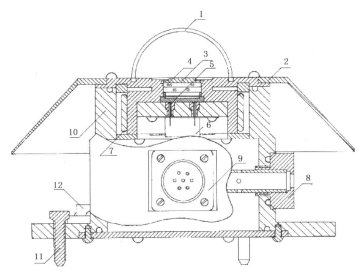

图 11.17　OUV-B 型 UV-B 紫外辐射表内部构造(张保洲 等,2006)

1. 石英防护罩;2. 遮阳罩;3. 余弦校正片;4. 带通滤光片组;5. 敏紫外光电池;

6. 温控器;7. 加热环;8. 硅胶棒;9. 连线插座;10. 探头壳体;11. 调节水平螺栓;12. 水准器。

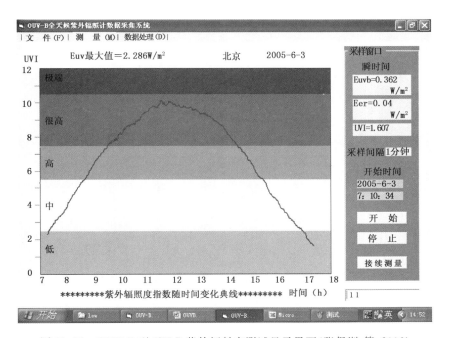

图 11.18　OUV-B 型 UV-B 紫外辐射表测试显示界面(张保洲 等,2006)

11.5　紫外辐射测量概况

11.5.1　欧共体的紫外测量活动

20世纪下半叶,由于正值南极臭氧洞的形成之时,大气中臭氧量减少,致使到达地面的太阳紫外辐射增强;而白种人的皮肤相对更易受到紫外辐射的侵害。所以当时欧美国家对太阳紫外的研究、测量,特别重视。仅在欧共体内,就有 ELDONET (Hader et al.,1999),即欧洲光剂量测试网;QASUME 即"太阳紫外光谱辐射测量质量保证"计划;COST-726 以及 UVNEWS 等项目分别在开展。

ELDONET 其全称为 European Light Dosimeter Network(Hader et al.,1999),即欧洲光剂量测试网。它是欧共体的一项计划,在欧洲组建测量太阳紫外和可见辐射的站网,共计有20多个测量站,其他在南美、非洲、亚洲和大洋洲也有零星分布。参加站点使用统一的仪器,测量的内容不仅有紫外辐射 UV-A 和 UV-B,还包括光合有效辐射(图 11.19)。

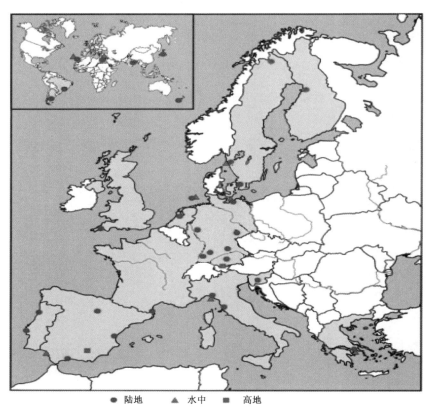

图 11.19　ELDONET 站点分布

其所公布的相关国际会议,均是 20 世纪举办的。目前,在网上所能搜索到相关信息表明,会议状态:已完成,均结束于 20 世纪末。

QASUME 是过去在欧洲执行的"太阳紫外光谱辐射测量质量保证"(Quality Assurance

of Spectral Ultraviolet Measurements in Europe)计划的缩写。其核心思想是开发一种便携式光谱辐射测量装置,经过试验和确认后,巡访欧洲各个紫外光谱测量站,同当地的光谱辐射计进行比较,以便评定 UV 光谱测量的质量。便携式光谱辐射测量装置由高质量的紫外光谱辐射计构成,直接溯源于国家标准实验室的辐照度主基准,并配备一套也经主基准校准过的标准灯,以便在野外随时进行再校准。目前,其所开发的标准仪器,已经在 PMOD 具体使用。原有官网网址 http://lap.phys.auth.gr/qasume/,现已无法查询。

COST 是欧共体科学与技术领域合作的简称,为科技工作者提供仪器支持的长期运行计划,它有 35 个成员国和多种研究项目。COST-726 是欧共体组织的有关紫外辐射的研究活动之一,全称是“欧洲紫外辐射的长期变化和紫外辐射气候学”计划。这项研究活动的主要目标有:

(1) 提供有关可利用的 UV 资料(包括光谱、宽带以及卫星的资料)的详细目录;

(2) 促进 UV 计算模式改善;

(3) 改进对紫外生物学的了解;

(4) 促进紫外辐射对生态系统影响的了解;

(5) 利用上述各点得到的先进知识,进行全面的分析和累积基本信息,以利于改进民众的生活;

(6) 创建欧洲宽带仪器标准组。

目前其官网网址 http://www.cost726.org/仍可查到,但其具体内容最后更新日期为 2009 年某月或 2010 年某月,实际上,已经终止活动。

11.5.2 美国的紫外测量活动[①]

在美国,有一个关于紫外辐射测量的部门间合作计划。在该计划下由各部门分别建立起来的 UV 观测站网如图 11.20 所示。参加该计划的部门有:美国国家海洋大气局、能源部、农业部、国家科学基金、环境保护局和斯密松研究所等,观测站共计约有 60 个。观测仪器主要分为 3 种:宽带测量仪、旋转带多通道辐射仪和光谱辐射计。不同部门由于侧重各异,因而选择了不同的测量仪器,但是也有的站点同时布置了 3 种仪器。仪器统一由国家海洋大气局下属的中央紫外校准实验室(CUCF)校准。同类仪器数据存档的格式也是相同的,下面所介绍的是 21 世纪之初情况,随着臭氧洞问题的缓解,目前的活动情况已大为缩减。

但是,站点的测量工作,各站网均继续运作着。例如:

(1)USDA UV-B 监测和研究计划:是美国农业部研究、教育和推广服务局下的一项计划(USDA UV-B Radiation Monitoring Program)。该计划于 1992 年发起,经科罗拉多州立大学同意,共同开展此项工作。计划主要是提供有关 UV-B 在美国的地理分布和时间变化趋势的信息。这项信息增加人们对控制地表 UV-B 因子的了解,提供评估由于 UV-B 水准的增长对人类健康、生态系统和原材料影响的必要数据。该计划由研究网络和气候网络两部分组成。研究网络利用现代化的、高分辨率的光谱辐射计在 6 个选定的地点进行协作研究;而气候网络的要求则用性能相对较低的仪器进行宽带 UV-B 辐射的测量。站网从 1993 年开始建立,逐步增加,也有 2006 年加入的,迄今共有 37 个站点,分布如图 11.21 所示。

---

① 引自 http://www.arl.noaa.gov/research/program/uv.html。

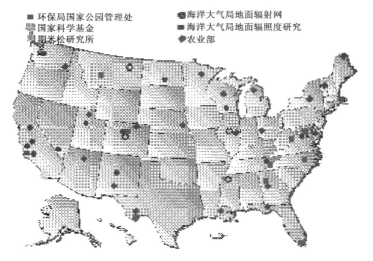

图 11.20　紫外辐射的部门间合作计划观测站点分布

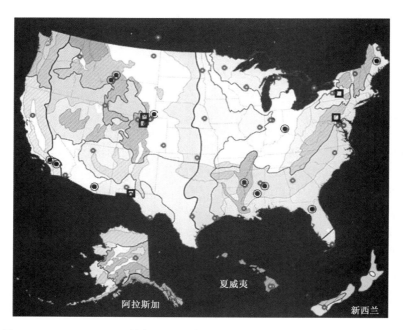

图 11.21　USDA UV-B 研究和监测计划网站分布　◉:气候,▣:研究,◉:关闭

　　图 11.22 是一个研究站点的仪器配置情况。所用仪器有旋转遮光带多通道紫外辐射仪（UV-MFRSR,右侧）、旋转遮光带多通道可见光辐射仪（VIS-MFRSR,左侧）、UVB-1 宽带紫外辐射表以及温、湿度传感器等。

　　(2)美国国家科学基金会(NSF)极地 UV 监测网[①]：极地 UV 监测网是 1987 年由美国国家科学基金会极地计划部,为应对南极地区臭氧严重损耗而建立的(NSF UV Monitoring

──────────────
　　① 引自 http://www.biospherical.com/NSF/。

图 11.22 研究站上的仪器配置（下载自网页）

Network）。1988 年由生物仪器公司在南极安装了第一台 SUV-100 扫描式光谱辐射计，此后
网络开始运行，迄今共建有 7 个站，主要分布在南、北美洲和南极（图 11.23a）。网络研究臭氧
损耗对陆地和海洋生物系统的影响，网络的数据也用来确认卫星观测和验证通过大气的辐射
传输模式。

监测网所用仪器除了 SUV-100 型扫描式光谱辐射计外（图 11.23b），还有 GUV-511 和
GUV-541 型多通道辐射计以及 Eppley 实验室的 PSP 型总日射表和 TVUR 型紫外总日射表。
从这些站点所用仪器设备观之，它们属于高等级研究性观测站。

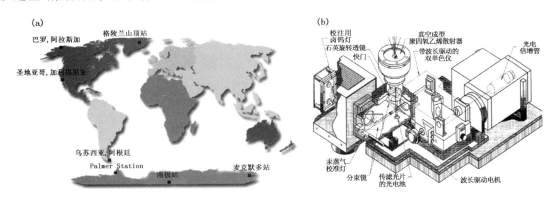

图 11.23 NSF 极地 UV 监测网站点分布(a)与 SUV-100 型紫外光谱辐射计剖面
(b)(Bernhard et al.，1999；Bernhard，2008)

（3）美国环境保护局紫外监测计划（EPA UV-NET Program）[①]：EPA UV-NET Program
主要负责并维持遍布美国的 Brewer 光谱辐射计网络，测量全天空在 UV-A 和 UV-B 区域内
的太阳光谱辐射，并从数据中导出辐照度和臭氧柱总量。Brewer 光谱辐射计有以下几种型
号：MK Ⅱ、MK Ⅲ 和 MK Ⅳ。MK Ⅱ 和 MK Ⅳ 都是由单单色仪组成的，其光谱范围是 290～
325 nm，MKI Ⅴ 是 MK Ⅱ 的改进型，目前均已停产。而 MK Ⅲ 是由双单色仪组成的，其光谱
范围是 286.5～363 nm。14 个监测站均位于美国国家自然保护区内，由其负责运作，并作为

---

① 引自 http://www.epa.gov/uvnet/。

保护区研究和强化生态网络监测工作的一部分(EPA Ultraviolet Monitoring Program),主要目的是:提供 UV 和臭氧在美国境内的分布和时间变化趋势;提供 UV 和臭氧的长期记录。

　　(4)美国国家海洋大气局(NOAA)紫外监测[①]:美国国家海洋大气局在美国大陆上原有两个紫外监测站网,一个是综合地面辐照度研究(ISIS)网,共有 9 站,此监测网目前在网上已经无法搜到;另一个是地表辐射收支测量站(SURFRAD)网(图 11.24),共有 8 站。它们也进行 UV-B 的观测。目前,后者仍可在网上查询到。

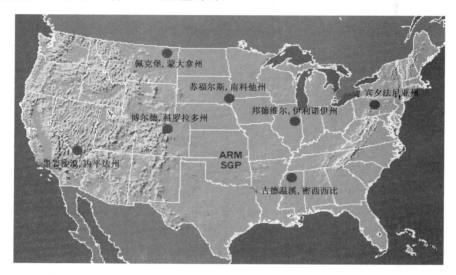

图 11.24　SURFRAD 站网分布(图中 ARM SGP 为大气辐射测量基地)

11.5.3　世界气象组织对紫外辐射的监测活动

　　WMO 范围内紫外辐射测量工作的重点,集中在全球大气监测(GAW)计划中(WMO GAW Report No.143),测量内容不仅包括臭氧柱总量,还有紫外光谱辐照度以及引发人类皮肤红斑的宽带 UV-B 辐射。臭氧柱总量的测量实质仍是紫外光谱的测量,只是波长范围有所限定,为了保证测量质量,一直采用固定型号的仪器。

　　具体工作中,特别重视所用仪器的校准、比对与选型,为此 WMO 曾专门邀请专家对测量紫外光谱辐射测量仪器进行细致的对比分析,并针对不同的仪器,分别提出了具体性能指标(WMO GAW Report No.125;WMO GAW Report No.164)。为保证仪器测量的一致性,还分别组织数次不同仪器间的国际比对;对红斑加权紫外辐射表也组织过数次国际比对(WMO GAW No.141);为加强紫外辐射测量的质量保证和质量控制,也发布过相应的技术文件(WMO GAW Report No.126;WMO GAW Report No.146);为配合世界卫生组织(WHO)等国际组织发布紫外指数预报,防止紫外辐射对皮肤的伤害,还组织过有关 UV 指数标准化及其向公众发布的专家会议(WMO GAW Report No.127)。此外,WMO 每隔一年举办一次有关 Brewer 臭氧和 UV 光谱辐射计操作、校准和数据报告的咨询会(WMO GAW Report No.139)。

---

　　① 引自 http://www.srrb.noaa.gov/isis/ 和 http://www.srrb.noaa.gov/surfrad/index.html。

11.6 紫外辐射仪器的校准

前面所介绍的内容,均为世界气象系统内部所关心紫外辐射的方方面面,正因为紫外辐射涉及领域广泛,所以其他领域对紫外辐射的关注重点,自然会与气象部门不同。也正因为如此,所用测量仪器的特性以及关注重点出现差异,也就不足为奇了。据《紫外辐射的科学基础及应用》(刘玮 等,2013)报道,"为了满足气象、辐射固化、光生物光化学、材料老化等领域的特殊需求,我院(中国计量科学研究院——作者注)已建立特殊领域的紫外辐射照度(能量)计量标准。例如:气象领域……;辐射固化领域(UV 波段:250~410 nm);光生物光化学领域(UV-A+UV-B 波段:280~400 nm,UV-A 波段:315~400 nm);材料老化领域(340 nm,420 nm,300~400 nm,300~800 nm)等。当前,市场上常见 UV-A 型商业紫外辐射计的起止波长范围、峰值波长、半宽度有较大差异。这些商业仪器的起始波长分别为 300 nm,310 nm,315 nm,320 nm,终止波长有 390 nm,也有 400 nm。峰值响应波长多为 365 nm,也有 350 nm,352 nm,360 nm。"正因为如此,需要强调的是,不是任何计量部门均可校准气象部门所使用的测量太阳紫外辐射的专用仪器的。这里并不涉及国家光谱辐照度基准,而仅涉及在标准传递中所用的具体方法。这里,一定要有用标准光谱仪测量太阳这一关键步骤,然后,才能再用其去执行太阳紫外辐射计的校准工作。可是在实际执行中,包括一些地方计量部门的具体人员,对此并不了解。他们可能会使用校准一般测量紫外灯的辐射照度计的方法,去校准测量太阳辐照度仪器的现象。这绝非危言耸听。另外,甚至在国际上也出现过类似概念混淆、方法不当的情况,所以有必要进行阐述。

11.6.1 校准波长存在的问题

前面已经介绍过有关紫外辐射的各个波段的概念,但在实际仪器校准中,就会遇到如何确定起始和终止波长的问题。例如,在美国材料和试验协会发布的相应标准(ASTM G 130-06)中,首先对带宽作了定义:峰值一半处的波段宽度(FWHM,即半宽)≤20 nm 者称窄带;20~70 nm 称中宽带(broad);≥70 nm 称宽带(wide)。其次,强调用太阳作光源,标准光谱辐射计首先需经标准灯校准过;为了保证校准的高准确度,积分应针对被检辐射表的半宽进行:

$$E_s(j) = \int_{\lambda_1}^{\lambda_2} E_{s,\lambda}(i,j) \mathrm{d}\lambda \tag{11.10}$$

式中,$E_s(j)$:与被检表第 j 次测量系列相对应的积分辐照度;λ_1 和 λ_2:半宽定义的积分波长限;$E_{s,\lambda}(i,j)$:波长间隔 $\mathrm{d}\lambda$ 内第 i 个光谱辐照度。

对每个积分辐照度值 $E_s(j)$,应计算被检表在光谱辐射计测量相应的第 j 个时段内的平均电压 $V_r(j)$:

$$V_r(j) = \frac{\sum_{i=1}^{n} V_r(i,j)}{n(j)} \tag{11.11}$$

式中,$V_r(i,j)$:被检表在第 j 测量系列中的第 i 个读数;$n(j)$:第 j 测量系列中读数的个数。

计算被检表的灵敏度:

$$F(j) = \frac{\sum\limits_{j=1}^{m} V_r(j)}{E_s(j)} \qquad (11.12)$$

式中,m:测量积分辐照度 $E_s(j)$ 期间所得到的 $V_r(j)$ 值的个数。最后,从所有的 $F(j)$ 计算最终的灵敏度:

$$F = \frac{\sum\limits_{j=1}^{m} F(j)}{m(j)} \qquad (11.13)$$

在该标准的文本中,虽然也提到了不同厂家所生产仪器之光谱响应函数的半宽可能存在差异,并提出,在此情况下,用户或仪器规格中,应严格规定校准时所用的波长间隔,但是,实际上,这并未能解决问题。

问题在何处? 对于宽带辐射仪器来说,理想的传感器应是无光谱选择性的,形象地说,应当呈现"门"字形。因为唯有如此,才可以应对实际光谱的可能变化。在具体应用中,对于光合有效辐射来说,由于可有效控制的手段多一些,所达到的效果也就能相对较满意些(参见图10.4)。对于宽带紫外辐射表来说,就无此幸运了(参见图 11.8,11.9 和 11.10),它们均远远偏离理想的状况,从而大大增加了带宽测量的不确定度。

在 ASTM 方法中,虽然明确指出了采用半宽法更准确,但也指出了不同厂家的仪器,由于采用的技术手段不同会产生界限不一,进而影响测量结果的问题。如何解决这一问题,该标准并未给出答案。

问题的严重性还远不止于此,按照 ASTM 建议的半宽法,以 TUVR 型为例(参见图 11.8),其半宽处的波长分别为 310 nm 和 370 nm。用该仪器所测到的只能是 310～370 nm 范围的紫外辐射。如果说,低于 310 nm 的紫外辐射很小,与总量相比可以忽略不计的话,那 370～400 nm 的辐射也能忽略吗? 再来看 CUV4 紫外辐射计,其半宽处分别为 300～360 nm,被它忽略掉的则是 360～400 nm 的辐射。同时用上述两台仪器进行测量,究竟应当相信哪一台更正确?

假如有技术可以做到,一台紫外辐射表的光谱透射曲线的半宽恰恰就处在 300～400 nm,可是其长波端半宽以下的部分已经进入可见光范围,这样的紫外辐射表还能使用吗? 这里的太阳辐射能量骤增,即使其位置已处于半宽以下,也是不可忽略的。大概也正因为如此,没有一种仪器,其中止波长是超过 400 nm 的。

我们认为"半宽"概念的提出,主要是针对窄带(数 nm)或外形非常陡峭的,即所谓锐截止型的情况。至于具体到紫外辐射表,则根本不宜使用"半宽"这一概念。因为低于 50% 的部分并不会因人为地规定了界限而自动"失效",仪器输出中仍含有其份额。当我们对带外杂光的抑制要求达到 10^{-3},甚至更严格时,对这一部分反而"视而不见"岂不自相矛盾(王炳忠 等,2009;杨云 等,2012)。

11.6.2　波长界限的确定

按照我们的理解,波长界限的确定不应涉及半宽的概念。此外,就是依据 WMO《气象仪器和观测方法指南》中的有关规定,要测量的紫外辐射只有 UV-A(400～315 nm)和 UV-B(315～280 nm)。至于 UV-C(280～100 nm),由于它在高空易被吸收殆尽,地面上是测量不到的。因此,测量太阳紫外辐射的仪器就只有 UV-A、UV-B 和 UV-A+UV-B 之分。

我们的测量对象是太阳的自然光照,校准自然也应在室外用太阳作光源进行。所用的方法与前面介绍的 ASTM 的方法相同。唯一的不同点就是摒弃半宽的概念,完全严格遵从 WMO 规定的各种紫外波长界限。对于 UV-A＋UV-B,公式(11.10)就写作:

$$E_s(j) = \int_{280}^{400} E_{s,\lambda}(i,j)\mathrm{d}\lambda \tag{11.14}$$

对于 UV-A,写作:

$$E_s(j) = \int_{315}^{400} E_{s,\lambda}(i,j)\mathrm{d}\lambda \tag{11.15}$$

对于 UV-B,写作:

$$E_s(j) = \int_{280}^{315} E_{s,\lambda}(i,j)\mathrm{d}\lambda \tag{11.16}$$

以上所谈到的,都是针对紫外辐射能量的,也就是以辐照度为单位的仪器。

可是,对于紫外辐射而言,还有一种仪器就是要测量与皮肤红斑现象有关的,即所谓 UV-E 的仪器,又当如何校准呢? 其实,方法完全相同,只是要求在式(11.14)至式(11.16)中,添加相应的紫外红斑效应参照谱即可。应当注意,此时计算结果的单位也要作出相应的改变。

由于光谱辐射计本身体量大,重量重,通常只适宜于在实验室中使用;而标准灯的使用与校准,更需要一系列精密且复杂设备和暗室的支持与保障。但并非每个单位均具备此种条件。

一方面,考虑到上述因素;另一方面,也是为了增加全球测量的紫外辐射数据的可比性、系统性和一致性,世界辐射中心建立起紫外辐射校准中心。定期要求各国将自己的紫外仪器标准送至紫外辐射校准中心进行统一校准。在第 21 章将对世界紫外辐射中心的紫外标准装置作介绍。

参考文献

刘玮,等,2013. 紫外辐射的科学基础及应用[M].北京:人民卫生出版社.

汤洁,王炳忠,姚萍,2005. 国产紫外辐射表仪器性能测试(Ⅰ):室内静态性能测试[J].太阳能学报,**26**(2):183-186.

汤洁,王炳忠,刘广仁,2005. 国产紫外辐射表仪器性能测试(Ⅱ):室外测试及与国外同类产品比较[J].太阳能学报,**26**(3):313-320.

王炳忠,丁蕾,杨云 等,2009. 宽带紫外辐射表校准方法新探索[J].太阳能学报,**30**(7):855-860.

杨云,权继梅,丁蕾,2012. 光合有效辐射和紫外辐射测量标准的性能检验[J].气象科技,**49**(5):707-712.

张保洲,王术军,李子英,2006. 全天候气象专用 B 波段紫外辐照计的研制[J].计量学报,**27**(1):25-27.

中华人民共和国国家标准,2007. 紫外红斑效应参照谱、标准红斑剂量和紫外指数[S].GB/T 21005—2007,北京:中国标准出版社.

ASTM G 130—06,Standard test method for calibration of narrow and broad-band utraviolet radiometers using a spectroradiometer[S].

Bernhard G,Seckmeyer G,1999. Uncertainty of measurements of spectral solar UV irradiance[J]. *Journal of Geophysical Research-Atmospheres*,**104**(D12):14321-14345.

Bernhard G,2008. Instrumental and methodological developments in UV research. Biospherical Instruments Inc. San Diego USA. http://www.biospherical.com/nsf/

Cordero R R Seckmeyer,G,Pissulla D et al,2008. Uncertainty evaluation of spectral UV irradiance measurements[J]. *Measurement Science and Technology*,**19**(4):1-15.

Cordero R R, Seckmeyer G, Damiani A et al, 2013. Monte Carlo-based uncertainties of surface UV estimates from models and from spectroradiometers[J]. *Metrologia*, **50**(5):L1-L5.

Drummond A J, Wade N A, 1969. Instrumentation for the mesurement of solar ultrafiolet radiation[J]. (*Urbacu, F. ed.*) *Pergamon*,391-407.

Egli L et al, 2014. Quality Assessment of solar UV irradiance measured with an array-spectroradiometer. PMODWRC Annual Report 2014, p. 31.

Egli L et al, 2016, Quality assessment of solar UV irradiance measured with array spectroradiometers[J]. *Atmos. Meas. Tech.*, **9**: 1553-1567.

Feister U et al, 1996. A method for correction of cosine errors in measurements of spectral UV Irradiance[J]. *Solar Energy*, **60**: 313-332.

Hader D et al, 1999. ELDONET-European Light Dosimeter Network hardware and software[J]. *J. of Opotochemistry and Photobiology B: Biology*, **52**(1): 51-58.

Leszczynski K, 2002. Advances in traceablity of solar ultraviolet radiation measurements. STUK-Radiation and Nuclear Safety Authority, Department of Physical Sciences, Faculty of Science University of Helsinki, Finland. STUK-A189/Lokakuu 2002.

McKenzie R L, Johnston P V, Seckmeyer G, 1997. UV spectroradiometry in the network for the detection of stratospheric change (NDSC)[J].

WHO, WMO, UNEP, ICNIRP, 2002. Global solar UV index: a practical guide. WHO.

WMO GAW Report No. 95, WMO/TD No. 625, 1994. Report of the WMO meeting of experts on UV-B measurements, data quality and standardization of UV indices.

WMO GAW Report No. 120, WMO/TD No. 894, 1996. WMO-UMAP Workshop on broad-band UV radiometers (Garmisch-Partenkirchen, Germany, 22 to 23 April 1996)

WMO GAW Report No. 125, WMO TD No. 1006. Instruments to measure solar ultraviolet radiation, Part 1: Spectral instruments.

WMO GAW Report No. 126, WMO TD No. 884. Guidelines for site quality control of UV monitoring (lead author Webb A R)

WMO GAW Report No. 127, WMO/TD No. 921. Report of the WMO-WHO meeting of experts on standardization of UV indices and their dissemination to the public.

WMO GAW Report No. 139, WMO/TD No. 1019. The fifth biennial WMO consultation on brewer ozone and UV spectrophotometer operation, calibration and data reporting.

WMO GAW Report No. 141, WMO/TD No. 1051, Report of the LAP/COST/WMO intercomparison of erythemal radiometers thessaloniki, Greece, 13-23 September 1999).

WMO GAW Report No. 143, WMO/TD No. 1073, 2001. Global atmosphere watch measurements guide.

WMO GAW Report No. 146, WMO TD No. 1180, 2001. Quality assurance in monitoring solar ultraviolet radiation: the state of the art.

WMO GAW Report No. 164, WMO/TD No. 1289, 2008. Seckemeyer G et al. Instruments to measure solar ultraviolet radiation, Part 2: Broadband instruments measuring erythemally weighted solar irradiance.

WMO GAW Report No. 190, WMO/TD No. 1537. Seckemeyer G et al, 2010a. Instruments to measure solar ultraviolet radiation, Part 3: Multi-channel filter instruments.

WMO GAW Report No. 191, WMO/TD No. 1538. Seckemeyer G et al, 2010b. Instruments to measure solar ultraviolet radiation, Part 4: Array spectroradiometers.

WMO, 2014. Guide to meteorological instruments and methods of observation, 7-th edition. WMO No. 8.

12 气溶胶光学厚度(AOD)测量

12.1 引言

气溶胶(aerosol)是由固体或液体小质点分散并悬浮在气体介质中,所形成的胶体分散体系,又称气体分散体系。其分散相为固体或液体小质点,其大小约为 $0.001\sim100~\mu m$,分散介质为气体。它们能作为水滴和冰晶的凝结核、太阳辐射的吸收体和散射体,并参与各种化学循环,是大气的重要组成部分。雾、烟、霾、轻雾(霭)、微尘和烟雾等,都是天然的或人为原因造成的大气气溶胶。气溶胶粒子能够从两方面影响天气和气候。一方面,可以将阳光反射到太空中,从而冷却大气,同时它还会使大气的能见度变差,减少到达地面的太阳辐射;另一方面,又能通过微粒散射和吸收部分太阳辐射,减少地面长波辐射外逸,而导致大气升温。

气溶胶光学厚度的英文名称为 Aerosol Optical Depth,简称 AOD,其定义为介质的消光系数在垂直方向上的积分,是大气对所通过的太阳辐射总消光的一种表示。大气浑浊度是大气气溶胶对太阳辐射削弱程度的一种度量。它通常用整层大气柱内的气溶胶光学厚度来表示。当然,并非只有颗粒物质才是影响大气透明度的因子,其他大气成分,如空气分子(瑞利散射体)、臭氧、水汽、二氧化碳、二氧化氮等气体对消光也有贡献。因此,为了准确测量气溶胶光学厚度,一方面,要尽量选择不受其他成分影响的适当波段;另一方面,对于实在无法排除影响的成分,只能采取订正的方法。

大气浑浊度不仅是表示大气透明程度的指标之一,也是气候变化研究中的重要参量。准确地测量大气浑浊度,保证观测数据的可靠性和可比性,是进一步研究气溶胶环境、气候效应的基础。

气溶胶光学厚度,是太阳直接日射被通过观察点与大气顶部之间的气溶胶所散射和吸收的消光垂直归一化的定量测量。它是综合整个气柱内气溶胶负载的一种度量,也是测定直接日射效应唯一最重要的参数。AOD 可以通过从地面使用太阳光度计(指向太阳的辐射计),通过在一些光谱段内进行辐射衰减的测量来确定。这里大气痕量气体的衰减可以忽略不计。通常,AOD 是在不同波长的太阳光谱中确定的,因为 AOD 的光谱依赖性还包含粒子大小的信息,例如,归因于亚微粒尺寸和超微粒尺寸的部分 AOD,也能被估算。用多光谱仪器以更复杂的采样方法,除了测量 AOD 之外,还可以获得天空的辐亮度;可以使用反演方法导出额外的、气柱平均的气溶胶特性。其中包括在光敏范围内的粒度分布($0.05\sim15$ mm)、气溶胶形状(球形或非球形)的信息以及在敏感波长的折射率等。折射率的虚部可量化气溶胶吸收,其中,如果 AOD 值较大,则对吸收的估算更可靠。

AOD 是评估大气总气溶胶负载的唯一最全面的变量,并且代表了最一般的共同特性;借助它可对地面遥感、卫星反演和气溶胶性质的全球建模进行比较。

　　2016 年世界气象组织全球大气监测（GAW）发布了 227 号报告，其内容涵盖了从采样技术、化学测量、气溶胶辐射特性的就地测量、粒子数量浓度和粒度分布、云凝结核、AOD、气溶胶雷达以及档案程序等一系列有关气溶胶方方面面的测量方法、指南和建议。它也是本章撰写中的主要参考文献。

　　世界上有几个区域 AOD 网络以及覆盖全球的网络（WMO，2005）。AERONET（AErosol RObotic NETwork）(Holben et al.，1998;2001) 是主要的全球太阳光度计网络之一。它集成了数百台相同的太阳光度计，并增加了天空扫描功能。AERONET 使用一个共同的协议，按照其中的要求，将数据立即发送至处理中心，可使数据产品在网络上数小时之内就可以提供使用（http://aeronet.gsfc.nasa/gov），并要求定期校准和定期监测，以确保数据的高质量。其他网络则有各自特殊的关注焦点，如 GAW-PFR（精密滤光片辐射计）(Wehrli，2005) 主要聚焦于本底站；SurfRad（地面辐射收支网络）(Augustine et al.，2008)，专注于美国本土各地；SKY-NET（天空辐射计网络）侧重于东亚、南亚和欧洲（Nakajima et al.，2007）。这些网络中的每一个都有不到 50 个观测点，数据存储在各自的档案中，而访问数据通常只有经过较长时间后才可以。SKYNET 网络是对 AERONET 的最佳补充，因为它们的辐射计同样可以在天空辐亮度模式下工作，可以使用相同的反演方法对气溶胶大小等细节和气溶胶吸收进行估算。

12.2　测量原理

　　基于地面测量的 AOD 衰减是非常准确的，它不同于从卫星的反演。卫星反演通常从定向太阳反射的微小变化中提取 AOD，通常是在背景（地表反射）无法准确定义的情况下进行的。因此，基于地面的 AOD 观测，对于从卫星进行的 AOD 校准和验证是不可或缺的。由于反射的阳光转化为 AOD 还取决于气溶胶的大小和吸收，所以需要从衰减测量中（Ångström 指数，精细模式 AOD 分数估计）提供补充信息，并且需要从太阳/大气获得（吸收，形状和详细尺寸分布）的信息。这些对于更详细地测试、反演或评估模型是非常有用的。AOD 直接关系到太阳光谱的大气传输。对于给定波长的太阳辐照度 $E(\lambda)$ 可以表示为：

$$E(\lambda)=E_0(\lambda)\exp(-m\delta(\lambda))=E_0(\lambda)\exp(-\delta(\lambda)/\cos(z)) \tag{12.1}$$

式中，E_0 为大气上界的太阳光谱辐照度，m 是大气光学质量，它描述了扩展路径与垂直方向之比。在太阳高度大于地平线 10° 时，m 可以用 $1/\cos(z_\odot)$ 来确定，这里 $z_\odot$ 是太阳的天顶角：

$$E(\lambda,z_\odot) = E_0(\lambda)e^{-[\delta_R\cdot m_R(z_\odot)+\delta_A\cdot m_A(z_\odot)+\delta_O\cdot m_O(z_\odot)]} \tag{12.2}$$

如果没有大气散射（空气分子，云）和（或）吸收（微量气体，云），在选定的太阳窄光谱段内，则 δ＝AOD。δ 是 λ 波长处的总光学厚度。大气光学厚度主要由气溶胶光学厚度（A）、分子散射光学厚度（R）、痕量气体吸收（G），臭氧（O）、二氧化氮和可能的云污染（C）等几部分构成（分别以下角标 A、R、G、O 和 C 表示）。因此，测量 AOD 的光谱段是优选的，在这里，气溶胶-辐射之间的相互作用，可被忽略或易于量化（例如通过空气分子的散射，通常称为瑞利散射）。从总光学厚度获得 AOD 其他成分，可以依照下式计算：

$$\delta_A=\delta-\delta_R-\delta_G-\delta_C-\delta_O \tag{12.3}$$

　　由于测量日期不同，日地距离也就不一样，需要强调的是，其订正系数究竟采用的是偏心率还是地球向径是需要特别关注的，因为国内外使用的习惯不同。

　　另外，从式（12.2）中我们可以看到，m_R，m_A 和 m_O 项处于大气质量的位置，它们分别是瑞

利散射、气溶胶(水汽)和臭氧的大气质量。严格地讲,这几项不能使用一般的大气质量来顶替。它们的计算式分别为:

对于瑞利散射: $$m_R = \frac{1}{\sin(e) + 0.50572(e + 6.07995)^{-1.6364}}$$ (Kasten,1989)(12.4)

对于臭氧: $$m_O = \frac{R+h}{\sqrt{(R+h)^2 - (R+r)^2 \times \cos^2(e)}}$$ (12.5)

式中,$R = 6370$ km 是地球半径,r 是测站的海拔高度

对于气溶胶: $$m_A \approx m_{H_2O} = \frac{1}{\sin(h) + 0.0548 \times (h + 2.65)^{-1.452}}$$ (Kasten,1966)

(12.6)

以上 3 个公式直接引自 Kazadzis(2015)在网上的 ppt 文献。

12.2.1 波长和视场

在辐射观测业务中,光谱测量始于在热电堆直接日射表的入口处,放置有色光学玻璃滤光片。使用这类滤光片进行测量,有其历史原因。早年在 Ångström 补偿式绝对辐射表上就配备有这类配置(参见图 2.8)。利用其进行观测的具体方法直至 2008 年出版的 WMO《气象仪器和观测方法指南》(第 7 版)中,仍有介绍。这些滤光片通常使用的是德国 Schott 厂制造的锐截止形滤光片。主要的牌号有:WG295、OG530、RG630 和 RG695 等。其中第 1 个字母表示颜色,第二个字母为玻璃的缩写,后面的数字表示半宽的起始波长。主要透过带的透射曲线通常均比较平直,且均维持在 90% 以上。图 12.1 所显示的虽不是与上述牌号一一对应的滤光玻璃,但由于它们在透射性能上极其相近,故引用来作为参考。

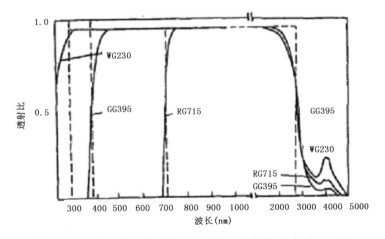

图 12.1 Schott 厂滤光玻璃的典型透射比曲线(王炳忠,1988)

随着科学技术的进步,使用宽带滤光技术测量 AOD 的弊端日益显露。1959 年 Volz 就首先设计制作出了使用干涉滤光片测量 AOD 的太阳光度计。但是,一切事物的演变都是渐进的,WMO 在《气象仪器和观测方法指南》(2014 版)中正式删除了用玻璃滤光片测量 AOD 的内容。

为了规范干涉滤光片的使用,WMO 早在 1986 就曾统一提出了进行各项太阳光度测量所用滤光片中心波长的建议(表 12.1)。当然,任何事物都不是绝对的,突破表中所规定的波长

而另作选择也是有的。不过在 WMO GAW Report No. 227 中要求,至少应从 WMO(1986)所推荐的中心波长表中,选择 3 种不同波长进行:例如,368、412、500、675、778、862 nm,其带宽为 5 nm。这些光谱带能确保具有较强的气溶胶信号,以避免痕量气体吸收所引起的污染,同时还覆盖一定的光谱范围,以便对气溶胶的估算尽可能达到最佳。

GAW-PFR 网络的仪器共使用 368、412、500 和 862 nm 四个 AOD 测量通道。虽然其他网络根据其具体情况(卫星传感器的验证,建模工作等)规定了不同的波长,但大多数网络中通常均使用 500±3 nm 和 865±5 nm 进行测量。AERONET 所用的波长为 340、380、440、500、670、870、940(对水汽)和 1020 nm 为中心的狭窄的太阳光谱段(新测试仪器增加了 410 nm 和 1600 nm 波长)。对于 AERONET 在 440、670、870 和 1020 nm 波长的反演,均需要直接衰减和沿地平纬圈的扫描数据(两个方向上)。直射光束辐射计的视野几何尺寸应符合 WMO (2014)关于直接日射表全开敞角为 5°、斜角为 1°的规格要求。除了滤光片辐射计外,也有使用各种直接指向太阳的光谱辐射计来确定 AOD 的,例如:Brewer(UV),Pandora(UV-VIS),精密光谱辐射计(UV-VISNIR)等来提供各相关谱带中心测量的 AOD 信息。

表 12.1　太阳光度测量中所用的波长(Fröhlich et al. ,1986)

用途	通 道 波 长 （nm）											
	368	412	450	500	610	675	719	778	817	862	946	1024
气溶胶												
最低的	＊			＊				＊				
扩展的	＊	＊		＊		＊		＊		＊		
臭氧		＊		＊	＊			＊				
水汽												
弱吸收						＊	＊	＊	＊	＊		
强吸收										＊	＊	＊
一氧化二氮	＊	＊	＊									
3 通道	＊			＊				＊				
6 通道	＊	＊		＊	＊			＊		＊		
9 通道	＊	＊		＊	＊	＊	＊	＊		＊		
12 通道	＊	＊	＊	＊	＊	＊	＊	＊	＊	＊	＊	＊

12.2.2　采样方式

网络测量应采用每分钟一次的采样率,以便实现客观的质量控制和云过滤算法。这就排除了使用手持式太阳光度计进行的日常观测;后者的应用仅限于特殊程序中,例如,船载出航活动(Smirnov et al. ,2009)。

作为瞬时观测,即以比采样速率短得多的积分时间进行测量,而不是在采样间隔内对信号进行平均。这个规范源自于需要将每个观测结果与特定的大气光学质量相关联,因为当太阳天顶角度大时,其变化可能是快速的。

每个瞬时观测应以 UTC 为单位记录时间。数据采集时钟对 UTC 的追溯应准确在 ± 5 s 内。

暗信号也应作为采样的一部分进行测量。对于没有配备快门或"暗"滤光片的仪器,暗测量也可在夜间进行,或者通过每日至少遮挡一次入口孔径进行测量。

在网络协议下进行的光谱辐射测量,可能会使用不同的采样方式。AERONET(Holben et al.,1998)通常每15 min对直接衰减进行采样,在1 min内顺序作3次测量。天空辐亮度数据,每小时采样一次,但是在日出和日落(每半个空气质量因子变化)则时间频率较高。

12.2.3　辅助测量

计算AOD观测地点上方的瑞利光学厚度,需要测量大气压力。压力测量应准确到3 hPa以上,以确保瑞利校正的不确定度保持在0.0025光学厚度以下。由于晴天中午的气压可能超过日或年平均值3 hPa,这样就需要每小时或以更短的时间分辨率进行测量。

此外,还至少需要逐日的臭氧气柱总量,才能正确考虑Chappuis带的臭氧吸收。在500 nm和675 nm处,对于300DU的臭氧柱浓度,臭氧的光学厚度大约为0.01。观测站附近的Dobson或者Brewer观测站所测得的臭氧总量数据,可从世界臭氧和紫外线数据中心获得(http://www.woudc.org)。臭氧监测仪(OMI)的卫星数据则可以在http://ozoneaq.gsfc.nasa.gov近实时地获得。

12.3　测量仪器

12.3.1　宽带直接日射表

在修订前的第7版WMO《气象仪器和观测方法指南》(2008)中,依然保留了直接日射表加有色光学滤光片测量AOD的内容。但在第7版《气象仪器和观测方法指南》2014修订版中,已然将其删除,所以,这里也就不再介绍相关的内容了。

12.3.2　太阳光度计(sunphotometer)

这里所谓的太阳光度计,实际上就是选择使用在表12.1中所列波长的干涉滤光片,配上适合的光电传感器,再辅以符合直接日射表几何尺寸的光筒和光阑以及可以自动对准太阳的跟踪设备。就其实质来讲,它就是一台利用干涉滤光片作为分光手段的太阳分光辐射计。

由于目前世界上多个测量AOD的网络并存,各网络使用的仪器并不相同,但这些仪器工作的基本原理是相同的,下面分别介绍。

12.3.2.1　AERONET自动跟踪的太阳光度计CE-318

AERONET是气溶胶自动监测站网(Aerosol Robotic Network)的缩写,是美国航空航天局(NASA)为配合卫星观测组织执行的气溶胶地面监测计划。参加该活动的成员不限于美国,而是诸多国家机构、研究所、大学、独立的科学家等。该计划提供了一个长期的、连续的和易于访问的气溶胶光学公共数据库,用于研究气溶胶微观物理、对辐射特性进行性能评定和对卫星反演进行验证等,并可与其他数据库协同。它是目前涵盖地域范围最广的气溶胶观测网络。

AERONET测量气溶胶的仪器,统一采用法国CIMEL公司生产的CE-318型自动太阳天空辐射计。该仪器外观如图12.2所示。

2004年以前的仪器有两种8滤光片模式:

CE-318-1 标准模式带有：1020、870、675、440、936、500、340、380 nm 滤光片。

CE-318-2 极性模式带有：1020、870P1、675、440、870P2、870、936、870P3 nm 滤光片。

带有字母 P 的表示为偏振滤光片。这些仪器使用滨松生产的光电探测器，一个紫外增强的硅探测器用于太阳准直器(model S1336)和一个硅探测器用作天空准直器(model S2386)。

仪器由光学探头、自动跟踪装置和控制箱组成。探头有两个准直管，测量太阳的准直管不带透镜，测量天空的准直管带透镜，它们的半开敞角均为 1.2°。测量天空的是边扫描、边测量辐亮度，目的是得出整层大气的水汽量和臭氧量。

图 12.2　CIMEL CE-318 型太阳光度计

12.3.2.2　精密滤光辐射表(PFR)

精密滤光辐射表(PFR)是世界辐射中心专门为测量 AOD 而研制的滤光片辐射计(PMOD/WRC 2005)。其设计者前后有 Roth et al. (2000)和 Wehrli(2005)。1997 年 10 月为版本 1.0，后经 2.0、3.0、3.1、3.2、3.3、3.4、3.4a、3.5 和 4.0 逐个版本的不断改进。其外观如图 12.3 所示，内部的结构如图 12.4 所绘。仪器的开敞角 2.5°，斜角 0.7°，瞄准范围 ±0.75°。仪器有 4 个通道，分别为：368、412、500 和 862 nm，它们的半宽是 5 nm。仪器呈圆柱状，直径 88 mm，长 390 mm，重约 3kg，设有恒温装置，可使仪器工作在 20±0.1 ℃；为了克服信号过小所引起的误差，加装了前置放大器。另外，为了克服过去采用的手持方式不稳定所带来的隐患，目前已普遍安装在太阳自动跟踪器上，并借助软件自动采样。

12.3.2.3　PREDE 天空辐射计(POM-01L 和 POM-02)

PREDE 天空辐射计是日本 PREDE 公司生产的仪器。它是 SKYNET 网络的专用仪器。SKYNET 是一个专门用于气溶胶-云-辐射相互作用研究的观测网络。它是在 WCRP/GAME 项目下启动的，并将重点放在东亚，作为 ADEOS/GLI 验证活动。SKYNET 的主要目标是：

(1)定量评估气溶胶，云和大气辐射的长期变化；

(2)通过气溶胶-云-辐射相互作用了解其对气候的影响。

SKYNET(Takamura et al. , 2004)是总部位于日本的国际网络，致力于研究气溶胶及其与云和太阳辐射的相互作用。它包含约 60 个站点，并在几个区域建有子网。欧洲 SKYNET 辐射计网络(Campanelli et al. ,2004)是设在欧洲区域的子网，建立于 2010 年，由意大利国家研究委员会大气科学与气候研究所(ISAC/CNR)和瓦伦西亚大学(西班牙)管理。SKYNET 最近被包括在 WMO-GAW 网络中，并可追溯 CIMO 定义的标准仪器和算法，参与主要仪器的

图 12.3　PFR 仪器外观

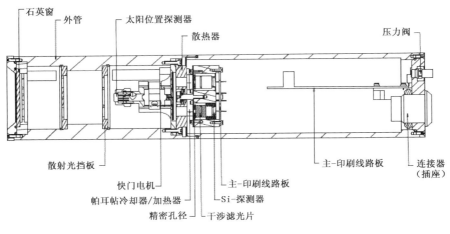

图 12.4　PFR 内部构造图

比较和校准,以便使 SKYNET 的产品与其他 WMO-GAW 网络的有可比性,这一点是十分重要的。

　　天空辐射计的外观如图 12.5 所示。两种子型号的差异主要在于波长的不同。

　　POM-01L 型的波长选择:315、400、500、675、870、940 和 1020 nm

　　POM-02 型的波长选择:315、340、380、400、500、675、870、940、1020、1627 和 2200 nm。其半视场角均为 0.5°;

　　最小散射角:3°;

　　滤光片带宽:紫外 2 nm,可见 10 nm,红外 40 nm;

　　探测器:硅光电二极管;

　　测量周期:时间模式和大气质量模式;

　　扫描方向:水平和垂直方向的组合。

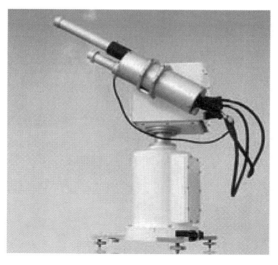

图 12.5　POM 型天空辐射计外观

12.3.2.4　多滤光片旋转遮光带辐射计(MFRSR)

它是由 Michalsky 等人于 20 世纪 80 年代研究设计的,后来交由 Yankee 环境系统公司生产,具体型号为 MFR-7。其外观和内部结构如图 12.6 所示。MFR-7 保留一个宽带硅通道和 6 个半宽为 10 nm 的干涉滤光片通道,其中 415、500、615、673 和 870 nm 用于计算 AOD,中心为 940 nm 的通道适用于计算整层大气水汽量。MFRSR 不同于前面介绍的 RSR 之处,在于在其旋转过程不是匀速的,而是中间有 3 个停顿:第 1 次停顿在刚刚遮蔽散射器时;第 2 次:正好遮蔽在特氟隆散射器上;第 3 次:在遮蔽散射器后的瞬间(与第 1 次停顿相对称)。额外停顿的目的并非阻挡太阳直射落到散射器上,而是允许估算被较宽遮光带遮掉的部分散射辐照度。真正带有滤光片的接收器在仪器体内的底部,呈六角状分布,再加上中间部位的一个,共计 7 个传感器。

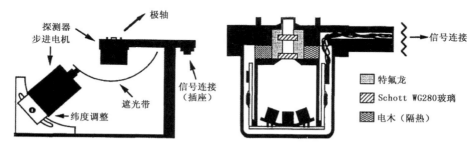

图 12.6　MFRSR 外观及内部结构图

从 MFRSR 户外所操作的原始测量,是未经订正的水平总辐照度和遮光的水平散射辐照度,后者要使用两个边带测量的平均值,并从未经订正的水平总日射中扣除,以便纠正多余的天光,即太阳被遮时所进行的测量。这种改进的计算以方程式的形式可表达为:

$$改进的散射 = 总辐射 - \frac{(第 1 次停顿 + 第 3 次停顿)}{2} + 第 2 次停顿 \qquad (12.7)$$

式中的第 2 次停顿就是完全遮光时测量的散射。其他两次停顿就是为了修正多余的环日辐射的。

$$水平直射＝水平总辐射－改进的散射 \tag{12.8}$$

需要强调的是,对于 MFRSR 测量的各种光谱辐照度,它不会存在光电总日射表中的那种光谱上"以偏(指窄波段)概全(指宽波段)"的问题。但是对于其中的宽带硅通道,这个问题依然存在。

正因为如此,目前制造商开发了一种用微型热电堆传感器代替光电传感器的仪器。微型热电堆具有 ms 级的响应时间,它用在 MFRSR 仪器中,对解决光谱适用性问题是适宜的,对其温度的控制也是卓越的。在 Boulder 的 3 月份实际温度变化中,发现在室温下 95％ 的时间内,能稳定在±0.02 ℃以内。这样的温度稳定性可排除任何温度订正的需要。MFRSR 仪器多用于美国本土的一些站上。

后来,Yankee 环境系统还提供了两种外观相同的测量紫外部分的仪器:UVMFR-4:滤光片的中心波长为:300、305.5、311.4 和 317.6 nm(2 nm 半宽);UVMFR-7 的滤光片中心波长为:300、305.5、311.4、317.6、325.4、332.4 和 368 nm(2 nm 半宽)。在有角度修正的情况下,它们的辐射测量准确度为 2％~3％。它们是以总辐射与散射辐射之差值获得直接辐照度的,并折算到相应的太阳天顶角。

以上所有类型滤光片辐射计,通过不同种类仪器之间的比较,显示出良好的一致性,对于直接指向型仪器来说,大约在 0.01 量级的光学厚度,而对于遮光带类的仪器,则在 0.015 量级。

12.3.2.5　旋转遮光带光谱辐射计

2003 年在美国能源部支持下,科学办公室下属的生物和环境研究室在大气辐射测量基地,开发了一种旋转遮光带光谱辐射计。其基本思想仍是沿着前述旋转遮光带的思路,只是被遮挡的是一台以 CCD 作为传感器的光谱辐射计,也就是说,其研究的光谱范围更宽了。从 360~1050 nm 的所有光谱元素(像素)均可同时测量其光谱辐照度。

图 12.7a 是旋转遮光带光谱辐射计的剖面图,图 12.7b 为其分光光路放大图,仪器经过试用及改进,取得了一定的效果。

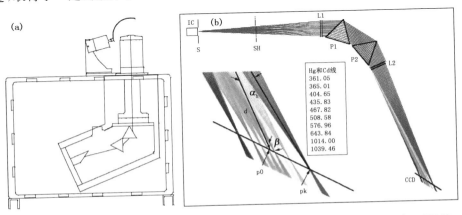

图 12.7　旋转遮光带光谱辐射计剖面(a)及其分光光路图(b)(Kiedron et al., 2006)

　　此外，Solar light 制造的手持式太阳直射滤光片辐射计（microtops 型）（太阳跟踪需要手动操作）是移动平台（例如船舶）的理想测量工具。手持滤光片辐射计在以往的网络（如 BAP-MoN）操作中，一直被质量控制问题所困扰，如果没有严格的质量控制和质量保证计划，不推荐它们在 GAW 站上使用。此外，传统的光谱辐射计（例如 Brewer 仪器）已被直接用于 AOD 测量，也可用于其他微量气体的推演（主要是臭氧的柱总量）。最后，带太阳跟踪系统的太阳光谱辐射计，例如在瑞士 PMOD-WRC 制造的精密光谱辐射计和 SciGlob8 制作的 Pandora 系统，也是能提供 AOD 反演的。

　　类似的测量 AOD 的太阳光度计还有多种，就不一一列举了。

12.4　校准问题

12.4.1　校准方法

　　正因为存在多种 AOD 测量仪器，各种仪器均有各自的校准程序和标准。在低气溶胶负载的条件下，例如，在 500 nm 处 AOD 为 0.05，此时，1% 的校准误差可导致日平均 AOD 的误差为 12%，中午甚至会更高。WMO 已经建议（WMO，1994），对于可接受的数据，0.02 光学厚度的估计不确定度是一个绝对限制，<0.01 则作为不久的将来要实现的目标。这些规格要求在日常操作使用中，光谱辐射计需要维持优于 2% 的校准不确定度。由于太阳光度计和光谱辐射计的灵敏度随着时间的推移而趋于恶化，因此这些仪器每年应校准一次，通常这意味着辐射计必须从站上移走数周至数月。

　　大部分测量 AOD 光谱辐射计的校准，是根据其大气外（大气顶部）的 E_0 值。它可以通过在地面不同大气光学质量（m）下，得出一系列 $E(m)$ 的数值，最后，借助 $\ln(E(m)) = -m\delta\ln(E_0)$，外推至大气质量 $m=0$ 而得出。这种方法通常被称为 Langley 法，以纪念 Langley S P 于 1910 年首次使用它。Langley 法校准的依据是：在校准过程中，光学厚度 δ 具有高度的时、空稳定性。但是，这样的观测地点却很难找到，除非在高海拔地区（图 12.8）。因此，排除仪器在一般观测现场进行这类校准的可能。经典的 Langley 法后来产生了诸多变异，例如，Herman et al.（1981）和 Schmid et al.（1995）。然而，即使存在统计上完美的回归，仍可能导致产生错误的 I_0。因为在校准期间，δ 仍会有系统变化（Shaw，1976）。这些误差只能依靠数量足够大（>20）的 Langley 图进行平均来克服，并假定 δ 的系统变异呈正态分布。因此，Langley 法通常仅限于对选定的仪器类型进行校准，然后作为并排放置的相同类型的其他多个测量仪器校准的标准。此外，也有改良的 Langley 技术（例如 SKYNET），他们又恢复了原地校准的程序（Campanelli et al. ，2016）。AERONET 则提供 CIMEL 仪器的校准。

12.4.2　世界辐射中心—AOD 部

　　世界气象组织原有一项大气本底污染监测网络（Background Air Pollution Monitoring Network，BAPMoN），1989 年由 GAW 接管。在 1993 年研讨会期间，建议先前在 BAPMoN 下进行的气溶胶光学厚度（AOD）测量应暂停，直至新的仪器、观测方法和协议建立，以便继续收集有质量保证的 AOD 数据。

　　后来，根据 GAW 专家 1995 年的建议，于 1996 年在 PMOD/WRC 成立了全称为世界光

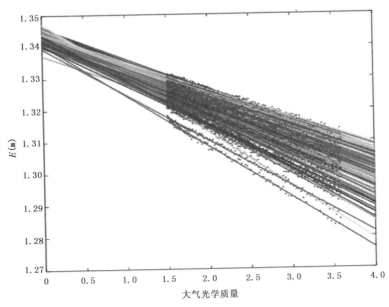

图 12.8　2015.11—2016.04 在 Muana Loa 观象台作的校准(Kazadzis,2017)(见彩图)

学厚度研究与校准中心(WORCC)的单位。同时也作为瑞士对全球大气监测(GAW)的一项贡献。此后,世界气象组织气溶胶科学咨询小组(SAG)已经向 WORCC 提供了建议。同时,瑞士政府提供了 12 台"N"型 PFR 仪器,部署在现有的 12 个 GAW 气溶胶观测站上运行。WORCC 所赋予的各项任务如下:

(1)开发光谱辐射测量的标准以便确定 AOD;

(2)制定确保全球 AOD 观测同质性的程序;

(3)开发 AOD 新仪器和新方法;

(4)在 GAW 全球观测站实施 AOD 试点网络,包括质量控制和数据质量保证,称为 GAW-PFR;

(5)培训操作员使用和维护 AOD 仪器。

在 GAW 本底站的 PFR 型仪器,可以通过与共同在区域或世界校准中心校准过的标准仪器进行比较校准。世界光学厚度研究和校准中心(WORCC)所提供的 PFR 仪器校准的标准组系由分别在瑞士达沃斯、西班牙的伊札纳和夏威夷的莫纳罗亚火山的 PFR 仪器构成的一个所谓三件套(Triad)组成。自 2000 年开始,PMOD/WRC 在举办 IPC 的同时,也举办 PFR 的比对活动,至 2015 年为止,共举办过 4 次。其中,以 2015 年的 PFR 比对活动规模最为盛大。全球属于不同 AOD 网络的仪器均受邀参加。共计有 12 个国家 15 个单位合计 30 台各型仪器参加了此次比对活动(图 12.9)。这次活动的目标是比较各种全球的或国家的网络的 AOD 仪器,量化偏差的主要可能因素,以实现在全球的尺度上 AOD 数据均质化的目的。各个网络虽不相互隶属,但比较测量数据间的一致性,还是共同的利益所在。根据 WMO(2005)的建议,制定了比较方案。参与的仪器代表了 AERONET,GAW-PFR,SKYNET,SURFRAD,澳大利亚 AOD 网络等最先进的滤光片辐射计和光谱辐射计。共计有:(1)9 台 PFR(用于 GAW-PFR 网络);(2)2 台 Carter-Scott SP02(用于澳大利亚网络);(3)3 台 Cimel CE318(用于

AERONET)；(4)4 台 MFRSR(用于 SURFRAD 网络)；(5)3 台精密太阳辐射计(PSR)；(6)4 台 POM-2 天空辐射计(SKYNET)；(7)4 台太阳光谱辐照度计(Cofovo Energy Inc)；(8)1 台 Microtops 手持式仪器。测量范围涵盖 340～2200 nm 的波长范围，其中通道 368±3 nm，412 ±3 nm，500±3 nm 和 865±5 nm 被确定为 AOD 相互比较的波长。仪器在可能的情况下测量了 1 min 的 AOD 值，在活动期间共评估了 5 个晴天。每个操作员使用自己的算法处理数据；还使用一个通用的评估算法，将所有 1 min 同步的数据同从 WORCC PFR 三件套标准组得出的平均值进行比较。WMO 对仪器比较天数和测量的建议，在 FRC-Ⅳ 期间均得到了实现。使用 U95 WMO 标准(95％的数据应在±0.005＋0.01/m 之内，这里 m 为大气质量)，在 500 nm 和 862 nm 波长处，29 台仪器中分别有 26 台和 24 台在此范围内。在 368 nm 和 412 nm 波长处，分别为 20 台中的 14 台和 24 台中的 16 台，不确定度范围在 95％以内。合计 5 天的比对结果，如图 12.9 所示。据估计，改进在 AOD 检索算法中所用输入数据的均匀性(常用的臭氧截面，NO₂ 光学厚度测定，空气质量计算和瑞利散射公式)，仪器的表征和辐射表的校准等方面，还有可进一步改善的余地。有关这次比对的更详尽的内容，可参阅 WMO GAW Report No.231。

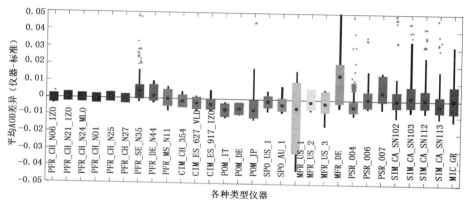

图 12.9　在 FRC-Ⅳ 比对的 5 天内，500 nm 处各参比仪器距 WORCC 三件套标准的平均差值。彩色框代表 10％和 90％百分位数，黑色线代表不包括异常值的分布的最小值和最大值。

(取自 Kazadzis et al.，2015)(见彩图)

通过规定光谱辐射计与世界标准组的溯源、周期性地举办滤光片辐射计国际比对以及进一步标准化评估算法等步骤，使得全球 AOD 数据均质化。

在 FRC-Ⅳ 期间取得了非常有希望的成果：大多数仪器在±0.02 以内相一致。未来在带有更高的 AOD 条件下进行比较将是可取的(图 12.9 左侧 6 台 PFR 即为标准组成员)。

12.5　数据评价

大多数 AOD 观测站均分属于全球网络当中的某一个，并遵守这些网络所制定的协议和评估计划。个别站点或国家网络可能不属于或不能参与上列网络的，可以在以下部分中找到常用的算法供选择。观测的辐射计信号是遵守布格-朗伯-比尔定律的：

$$S(\lambda, m, R) = S_0(\lambda) e^{-m\delta(\lambda)} R^{-2} + \varepsilon \tag{12.9}$$

式中 $S_0(\lambda)$ 是波长为 λ 在标准日地距离（1 天文单位）处大气层外的信号，m 为大气光学质量，δ 为总光学厚度，ε 项是太阳光度计视场内考虑环日天空辐亮度的量。总光学厚度 $m\delta$ 包括几项，δ_i 描述不同大气成分的消光：分子散射、气体吸收和气溶胶消光。由于这些成分具有不同的垂直结构，沿着折射倾斜路径通过大气的光学质量通常略微不同。因此，总的光学厚度要写成

$$\tau = m\delta = \sum m_i\delta_i \tag{12.10}$$

对布格-朗伯-比尔方程取对数并重新安排各项，导出确定气溶胶光学厚度的 δ_A：

$$\delta_A = \frac{\ln(S_0) - \ln(S-\varepsilon) - 2\ln(R) - \sum m_i\delta_i}{m_A} \tag{12.11}$$

这里下标 A 表示气溶胶特种项，下标 i 表示大气消光的单个成分。

在最后的式（12.11）中，S 是唯一测量得出的量，所有其他项都是基于大气消光模型或测量过程，用相对简单的表达式提供的。

（1）太阳高度

太阳天顶角 Z 是计算空气质量因子的要求，它同日地之间的距离 R 一起，可由给出的算法计算出来（Michalsky，1988；WMO，2014）。

（2）瑞利散射订正

瑞利光学厚度 $\delta_R(\lambda)$ 可以通过给定的算法算出（Bodhaine et al.，1999）。相应的空气质量 m 可以通过修正后的 Kasten 公式计算（Kasten et al.，1989）。

（3）臭氧订正

臭氧层的光学厚度 $\delta_O(\lambda) = a_O(\lambda)c$ 可以从光谱吸收系数 $a_O(\lambda)$ 和臭氧总含量 c 计算出来。在固定温度下（228K），Gueymard（1995）中给出了一个有用的臭氧吸收系数表。

（4）环日散射订正

光谱辐射计不可避免地接收到其有限的视野中的一些环日杂散辐射。所观察到的辐射计信号 S 会被散射成分 ε 所增加，从而导致光学厚度的低估。环日辐射正比于气溶胶光学厚度，并强烈地依赖于气溶胶散射相函数。在 Russel et al.（2004）中给出了一个经验模式，作为初始（被低估的）气溶胶光学厚度的校正因子。

（5）气溶胶大气质量 m_A

对于气溶胶浓度作为典型的标尺高度，是可以同水气标尺高度相比较的，Kasten 对于水汽光学厚度的公式（Kasten，1966）可以在平流层气溶胶低负载期间使用。

（6）氮氧化物订正

NO_2 能够影响 AOD 在某些带的高 NO_2 吸收波长上的反演。它可以使用 NO_2 吸收系数和 NO_2 总含量（测自卫星传感器或使用 NO_2 气候学）进行计算。

12.6 质量控制和保证

常规测量的质量控制（QC）应包括检查光学窗口的清洁度，太阳跟踪器的准确度和对无跟踪器的遮光带仪器检查其水平并调平。所有调整或故障检查均应记录于日志并与原测数据一起归档。进一步 QC 涉及在评估过程中的数据筛选，特别是对于仪器逐渐衰退的测量，和对于

在视线中出现可疑的云污染。

云筛选是一个非常困难的过程,因为光学薄云不容易区分光学厚度与粗模式气溶胶。几位作者(如 Harrison et al.，1994；Smirnov et al.，2000)基于各种假设的物理、时间、或气溶胶和云之间的光谱差异提出了各种算法。

AOD 数据的质量保证(QA)主要包括保持地外信号的适当校准,并保持不确定度在 1%～2%。旋转遮光带辐射计需要对其角度响应函数做额外的角度校准,因为它们与理想(余弦)响应并不总是相匹配的。另外,滤光片辐射计往往表现出个体老化的影响,很难推荐单个再校准间隔的期限,可能每年两次到每两年一次。

参考文献

王炳忠,1988. 关于滤光片透射系数的直接测定[J]. 太阳能学报,**9**(3):388-394.

杨志峰,等,2008. CE318 型太阳光度计标定方法初探[J].应用气象学报,**19**(3):297-305.

Augustine J A, Hodges G B, Dutton E G, et al, 2008. An aerosol optical depth climatology for NOAA's national surface radiation budget network (SURFRAD)[J]. *Journal of Geophysical Research*, **113**:D11204,doi:10. 1029/2007JD009504.

Bodhaine B, Wood N B, Dutton E G, et al, 1999. On Rayleigh optical depth calculations[J]. *Journal of Atmospheric and Oceanic Technology*, **16**:1854-1861.

Campanelli M, Nakajima T, Olivieri B, 2004. Determination of the solar calibration constant for a sun sky radiometer, Proposal of an in situ procedure[J]. *Applied Optics*, **43** n. 3, 20 .

Campanelli M, et al, 2016. The SKYNET radiometer Network：Aerosol Optical Depth retrieval performance at the FRC-IV campaign and long-term comparison against GAW-PFR and AERONET standard instruments. www. wmo. int/. . . /IOM-125_TECO_2016/Session_3/P3(29)_Campanelli. pdf

Fröhlich C, London J, 1986. Revised instruction manual on radiation instruments and measurements. WMO/TD. No. 149.

Gueymard C, 1995. SMARTS2 A simple model of atmospheric radiative transfer of sunshine[J]. *Report FSEC-PF*-270-95, Florida Solar Energy Center.

Harrison L, Michalsky J, 1994. Objective algorithms for the retrieval of optical depths from ground-based measurements[J]. *Applied Optics*, **33**:5126-5132.

Herman B M, Box M A, Reagan J A, et al, 1981. Alternate approach to the analysis of solar photometer data[J]. *Applied Optics*, **20**:2925-2928.

Holben B N, Eck T F, Slutsker I, et al, 1998. AERONET-A federated instrument network and data archive for aerosol characterization[J]. *Remote Sensing of Environment*, **66**:1-16.

Holben B N, Tanré D, Smirnov A, et al, 2001. An emerging ground-based aerosol climatology：Aerosol optical depth from AERONET[J]. *Journal of Geophysical Research*, **106**:12,067-12,097.

Kasten F, 1966. A new table and approximate formula for relative optical air mass[J]. *Archives for Meteorology, Geophysics, and Bioclin～atology-Series B*：Climatology, Environmental Meterology, Radiation Research, **14**:206-223.

Kasten F, Young A T, 1989. Revised optical air mass tables and approximation formula[J]. *Applied Optics*, **28**:4735-4738.

Kazadzis S, Kouremeti N, 2015. The 4Th Filter Radiometer Comparison(FRC-Ⅳ). *PMODWRC Annual report* 2015, p. 8.

Kazadzis S, 2017. Aerosol optical depth ground-based sensors, homogenization activities between different networks http://pre-tect. space. noa. gr/media/school/10Apr_Kazadzis. pdf

Kiedron P, Schlemmer J, Klassen M, 2006. Rotating shadowband spectroradiometer(RSS) handbook. ARM TR-051. https://www. arm. gov/publications/tech_reports/handbooks/rss...

Michalsky J, 1988. The astronomical Almanach's algorithm for approximate solar position (1950−2050)[J]. *Solar Energy*, **40**: 227-235, and errata in 41, 113 and 43, 323.

Nakajima T, Sekiguchi M, Takemura T, et al, 2003. Significance of direct and indirect radiative forcings of aerosols in the East China Sea region[J]. *Journal of Geophysical Research*, 108, D23, 8658.

Roth H, Philipona R, Wyss J, 2000. UV-Sky Precision Filter Radiometer, PMODWRC Annual Report 2000, p12.

Russel P B, Livingston J M, Dubovik O, et al, 2004. Sunlight transmission through desert dust and marine aerosols: Diffuse light correction to Sun photometry and pyrheliometry[J]. *Journal of Geophysical Research*, 109, D08207, doi:10. 1029/2003JD004292.

Schmid B, Wehrli C, 1995. Comparison of Sun photometer calibration by use of the Langley technique and the standard lamp[J]. *Applied Optics*, **34**: 4500-4512.

Shaw G E, 1976. Error analysis of multi-wavelength sun photometry[J]. *Pure and Applied Geophysics*, **114**: 1-14.

Smirnov A, Holben B N, Eck T F, et al, 2000. Cloud screening and quality control algorithms for Aeronet database[J]. *Remote Sensing of Environment*, **73**: 337-349.

Smirnov A, et al, 2009. Maritime Aerosol Network as a component of Aerosol Robotic Network[J]. *Journal of Geophysical Research*, 114, D06204.

Takamura T, Nakajima T, 2004. Overview of SKYNET and its activities, Opt. Pura Apl. **37**: 3303-3308.

Wehrli C, 2000. GAW trial network, *PMOD/WRC Annual Report* 2000, p. 8-10.

Wehrli C, 2005. GAWPFR: A network of Aerosol Optical Depth observations with Precision Filter Radiometers. In: WMO/GAW Experts workshop on a global surface based network for long term observations of column aerosol optical properties, GAW Report No. 162, WMO TD No. 1287.

WMO GAW Report No. 43, WMO TD No. 143, 1986. Recent progress in sun photometry: Determination of the aerosol optical depth.

WMO GAW Report No. 101, WMO TD No. 659,1994. Report of the WMO Workshop on the Measurement of Atmospheric Optical Depth and Turbidity, Silver Spring, USA, 6−10 December 1993, (Editor B. Hicks).

WMO GAW Report No. 162, WMO/TD No. 1287,2005. Experts workshop on a global surface-based network for long term observations of column aerosol optical properties.

WMO GAW Report No. 227, WMO No. 1177, 2016. Aerosol Measurement Procedures, Guidelines and Recommendations, 2nd Edition.

WMO GAW Report No. 231, Fourth WMO Filter Radiometer Comparison (FRC-Ⅳ), Davos, Switzerland, 28 Semtenber −16 October 2015, 65pp. November 2016.

WMO, 2008. Guide to meteorological instruments and methods of observation, 7-th edition. WMO No. 8.

WMO, 2014. Guide to meteorological instruments and methods of observation, 7-th edition. WMO No. 8.

13　日照时间的测量

13.1　引言

以往日照时间(以下采用 SD 表示)并无严格的定量定义,一般认为就是有无太阳在天空中照射。这样就引出一个问题,如何定义太阳的有无? 正因为如此,在早期,有关测量日照仪器的设计,也就显得比较随意。在我国不同年代出版的《地面气象观测规范》中均介绍了如下两种日照计。

Jordan 日照计。这是 Jordan 于 1838—1841 年间设计出来的。当时氯化银(AgCl)的光敏现象刚被发现不久,于是 Jordan 就以涂有 AgCl 的纸作为记录日照的感应器。由于其整体上附有旋转机构而显得复杂,直至 1885 年,才由其子完成最后的改进,并成为后来使用的样子(图 13.1)。在我国,这种仪器被称为暗筒式日照计。

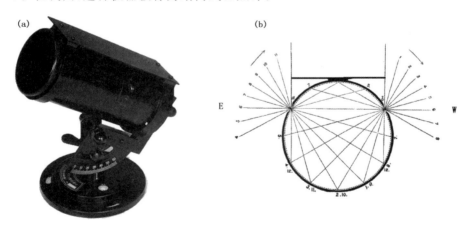

图 13.1　Jordan 日照计外观(a)和内部(b)光路

它也是我国气象台站上迄今仍普遍使用的仪器。在仪器筒壁上左右各有一微孔(其上下午的进光位置上、下错开),且由于是小孔,只能允许太阳的直射光进入,在内壁上形成光斑,而散射光进入后,由于其无方向性,不能引起化学反应。外筒壁上的平板用于阻挡中午时分的阳光,使其只能从一个孔进入。筒的内壁上固定好带有时间刻度的感光纸,由于左右微孔是错开的,上、下午的感光印记也就可以分开。仪器按当地纬度倾斜,并加以固定。日落后,取出感光纸,依据其感光印迹和时间刻度,判定当日的日照时间。目前的感光剂早已不用氯化银,而是用赤血盐、柠檬酸铁铵和水按固定比例由各站自行配制药液。配制好的药液,在暗室中涂在记录纸上,晾干后放入仪器筒中,并要求将纸上的两个孔对准桶里的两个孔,即可。

图 13.2　Campbell-Stokes 日照计

　　Campbell-Stokes 日照计。该仪器最先由 Campbell 于 1853 年设计,使用一个充满水的玻璃球体作为球形透镜,将太阳光先汇聚在一个直径 10 cm 的白色石制的碗壁上,壁上刻有小时线,并涂上油漆或清漆。有直接日射时,被聚焦的阳光会将漆层烧蚀。后来又改用木材制作的碗状容器(参见图 2.5),由于每天的太阳高度角不同,故其痕迹不会重叠,这样每半年更换一次木碗即可。1857 年,充水球体改为实心玻璃球体。1879 年 Stokes 对该仪器作了重要的改进,主要是用纸卡片代替了木碗,这样可每天更换纸卡,记录更加方便、可靠(图 13.2)。此类仪器,在欧洲各国得到了普遍的应用;前苏联各站也使用这种仪器。中华人民共和国成立初期,我国也曾有部分站点使用过这种仪器。在我国这种仪器被称为聚焦式日照计。

　　当然,历史上的日照计绝不只上述两种,如 20 世纪 50 年代以前,美国使用的日照记录器是 Maring-Marvin 日照计(参见图 2.9)。20 世纪 50 年代以后开始使用 Foster-Foskett 光电日照记录器。据 Michalsky(1992)文献的记载,1980 年美国还有 161 个机场气象站仍在使用这种仪器观测日照。

13.2　日照计的标准和日照的定义

13.2.1　暂时标准日照计(IRSR)

　　由于各种日照计的设计原理不同,得到的记录就不会一致,仪器之间的差值可达 20%。因此,WMO 仪器和观测方法委员会(CIMO)于 1962 年召开的第 3 届会议上决定,采用英国生产的 Campbell-Stokes 日照计和法国生产的日照计用纸作为"暂时标准日照计(IRSR)"。并规定了它们的具体规格。同时规定其他日照计均应同 IRSR 进行比较,求出各自的订正系数。但由于 IRSR 也并非理想的仪器,其记录同其他日照计一样会随着纬度、季节、云量和记录纸的潮湿程度的不同等而有差异。所以,有关日照标准的问题并未因此而得到解决。另外,这与日照定义也有一定的关系,因为过去是将日照视作"太阳照射的时间"。这样的定义并不严格。日照计无法做到太阳一离开地平线就能记录到,也就是说,存在一个阈值。而实际上各种日照计的阈值并不相同。这是日照测量中的一个重要的误差源。

1977 年召开的 CIMO 第 7 届会议上,初步建议日照的阈值为 200 W/m²,但不作定论。

英国对 IRSR 进行的后续实验表明:

(1)由于记录纸的性能不稳定,纸被烧灼的阈值在 106～245 W/m²,清晨的平均阈值为 193 W/m²,傍晚的为 154 W/m²;

(2)由于玻璃球上存在附着物,阈值可升至 400 W/m²;

(3)多云天空日照时有时无,灼迹常被过量估计。这是最大的误差源。

法国用 IRSR 与直接日射表同 200 W/m² 和 120 W/m² 两种阈值进行了比较,结果是:

(1)以 120 W/m² 为阈值得出的每日日照时数的误差较集中,分散度较小;

(2)以 120 W/m² 为阈值得出的月日照时数与 IRSR 相比,比值在 0.974～1.032,年平均值为 0.993;

(3)以 200 W/m² 为阈值得出的月日照时数与 IRSR 相比,比值在 0.879～0.977,年平均值为 0.928。

从统计学的角度看,使用比 120 W/m² 更低的阈值更好。

13.2.2　日照定义

基于以上研究,1981 年 CIMO 在墨西哥城召开的第 8 届会议上,一致建议(WMO CIMO,1981):

(1)用直接日射辐照度 120 W/m² 作为日照的阈值;

(2)使用上述阈值,允许±20% 的误差;

(3)取消 IRSR 作为标准;

(4)日照的标准仪器是直接日射表;

(5)允许保留 Campbell-Stokes 日照计直至统一阈值的新日照计普及为止。

概括起来,一定时段内的日照时间被定义为直接太阳辐照度超过 120 W/m² 的时间总和。上述建议已经 WMO 第 34 届执行委员会批准。

不过,由于当时还允许直接日射表有不同的开敞角,故两个具有不同视场角的直接日射表的测量结果,存在差异是必然的,特别是日周有云的时候。此外,在 WMO《气象仪器和观测方法指南》中还提到了"直接日射表的等级不同也会形成误差",这也是需要注意的。特别是当使用直接日射表作标准去校准日照计的时候。

在无云天空的情况下,日照计的传感器由于阈值或光谱依赖性的不完善(取决于传感器受污染情况)会产生误差。

13.3　世界气象组织推荐的方法

这里世界气象组织推荐的方法,指的是 WMO《气象仪器和观测方法指南》第 8 章中(WMO,2014)所包括的内容。

13.3.1　直接日射测量法

这种方法系依据 WMO 有关日照定义直接测量的结果,因此,也可以认为是获得日照标准值的最准确的方法。另外,还要求有一台全天候的直接日射表和一台可靠的全自动太阳跟踪装置,以保证在全天内测量直射辐照度＞120 W/m² 的持续时间。有关直接日射表的测量误差,前面已经有所叙述,不再重复。不过有关其误差源还需补充几点:首先,任意两台直接日射表所得出的结果,可能会由于视场角不一致而不同,特别是在有霾情况下;其次,直接日射表的典型误差,即温度响应、非线性和零偏移等也取决于直接日射表的等级。

13.3.2　总日射测量法

无论是在 WMO《气象仪器和观测方法指南》2014 年的新修订版中,还是在原来的 2008 年版中,均将总日射测量法列于直接日射表法之后、Campbell-Stokes 之前,可见其对此种方法的重视,继而又进一步区分为:

(1)总日射表测量法导出日照时间:基于从测得的总日射辐照度(E_g)与散射辐照度(E_d)相减得出直射辐照度,经太阳高度订正后,再同日照阈值相比较,进而判断出有无日照,即:

$$E \cdot \cos(z) = E_g - E_d \tag{13.1}$$

式中,z 为太阳天顶角,$E \cdot \cos(z)$ 则为太阳直射的水平成分。最后按照公式(13.2)判断有无日照。

$$(E_g - E_d)/\cos(z) \geqslant 120 \text{ W/m}^2 \tag{13.2}$$

此式既适用于瞬间读数,也适用于一定时段内(例如数分钟)的平均辐照度。

(2)用一台总日射表测量的总日射辐照度(E_g),可粗略地判断有无日照,例如 10 min 内有无日照。

在使用此方法时,应关注的要点包括:

①总日射表的选择;

②使用遮光环或使用遮光片的几何特征(遮蔽角);

③遮光环损失量的订正。

另外,作为一种特殊的修订,公式(13.2)中的规则被一个统计公式所替换(避免太阳高度角的确定),供在更简单的数据采集系统中使用(Sonntag et al.,1992)。

这种仅用一台总日射表的测量结果估计 SD 的方法,是基于对辐照度和云量之间的关系,存在如下两个假设:

(1)潜在地球表面的总辐照度相当准确的计算,是基于计算地外辐照度(E_0)并考虑了其在大气层中的消光。衰减因子取决于太阳高度 h_0 和大气的混浊度 T。在实测的总辐照度与计算的晴空总辐照度之间的比值,是对是否存在云量的一个很好的度量;

(2)10 min 间隔期间内,如果总辐照度的最小值和最大值之间有明显差异,则可推定太阳暂时被云层所掩,即认定为暂无日照。反之,如果没有这样的差异,则认定在此 10 min 内有日照(也就是说,非 SD=0 min,即 SD=10 min)。

基于上述假定,一种算法应运而生(Slob et al.,1991),从每个 10 min 内的 SD 之和计算出 SD 的日总量。在此算法中,确定随后 10 min 内的 SD(也就是 $SD_{10} = f \times 10$ min,这里 f 是缩减因子,表示有日照的份额,$0 \leqslant f \leqslant 1$)。$f$ 在很大程度上取决于阳光通过的大气质量数(m)。并且这个路径与太阳的高度有关,$h_0 = 90° - z$。尽管通常 $f=0$ 或 $f=1$,但特别应关注的是 $0 < f < 1$ 这一部分。

上述方法具体实施起来,不同研究者各有不同的算法。可分为 Slob-Monna 算法、卡庞特拉(Oliviéri)算法、Massen 的简化算法和 Hinssen 和 Knap 算法(简称 H&K 算法)等几种,下面分别介绍。

13.3.2.1　Slob-Monna 算法

这是 WMO《气象仪器和观测方法指南》第 8 章中推荐的方法,是只用一台总日射表的测量值估算日照时数的方法。这种方法是建立在辐照度与云量之间存在前述两种假设的基础上的。它是从每个 10 min 内的日照之和,计算出全天日照的算法(Slob et al.,1991)。具体的算法列于表 13.1 中。通过最近的工作(Hinssen et al.,2007;WMO,2012),日照日总量的不确定度大约为 0.6 h;扩展不确定度($k=2$)可能超过 1 h。

所用到的变量有:

$E_{g,0}$　大气外水平面上的总辐照度;

E_0　太阳全辐照量(太阳常数),具体内容可参阅第 14 章;

$h_\odot$　太阳高度角,单位:°;

E　法向直射辐照度,单位:W/m²;

E_g　水平面上的总辐照度($E_{g,min} \leqslant E_g \leqslant E_{g,max}$),单位:W/m²;

$E_{g,min}$　10 min 内测到的总辐照度最小值,单位:W/m²;

$E_{g,max}$　10 min 内测到的总辐照度最大值($E_{g,min} \leqslant E_g \leqslant E_{g,max}$),单位:W/m²;

E_d　水平面散射辐照度,单位:W/m²;

T_L　林克混浊因子(无量纲)。

方程中使用的:

$E_g = E_0 \sin(h_\odot)$,$E_0 = 1367$ W/m²(大气外的法向直射辐照度)

$E = E_0 \exp(-T_L/(0.9 + 9.4 \sin(h_\odot)))$,

$c = (E_g - E_d)/(E \sin(h_\odot))$,

这里 $T_L = 4$。如果 1.2 $E_{g,min} < 0.4$,$E_d = 1.2 \cdot E_{g,min}$,否则 $E_d = 0.4$。

表 13.1 中列出的 WMO《气象仪器和观测方法指南》所推荐的方法有两个重要的问题:一是在许多站上 T_L 和 E_d 是未知的;二是要求 10 min 的时间间隔内测量并强制性要求了解其中的最小和最大值。

13.3.2.2　卡庞特拉(Oliviéri)算法

估计每日的日照是基于 10 min 间隔的份数 f 之和,即,$SD = \sum SD_{10}$,这里 $SD_{10} = f \leqslant$ 10 min。

卡庞特拉法假设计算 1 min 平均总日射辐照度 E_g 超过日照阈值($E_{g,thr} = 120$ W/m²)是现场条件下最频繁出现的大气浑浊度和太阳高度($h_\odot$)的函数。其具体算法见 WMO《气象仪器和观测方法指南》第 8 章附录 8B。

这种方法由 WMO 位于法国卡庞特拉的区域辐射中心开发,并由 Oliviéri 撰文发表(WMO,1998)。所以也有的文章将其称为 Oliviéri 法(Massen,2011)。该算法是通过实测的 1 min E_g 的平均值,并与日照阈值($E_{g,thr}$)相比较,通过 A,B 两个系数和太阳高度角 $h_\odot$(sin($h_\odot$))进行参数化。

表 13.1　根据 10 min 内的总日射辐照度判定有无日照的具体标准（WMO，2014）

太阳高度	$\sin(h_\odot<0.1$，$h_\odot<5.7°$	$0.1\leqslant\sin(h_\odot)\leqslant0.3$ $5.7°\leqslant h_\odot\leqslant17.5°$	$\sin(h_\odot)\geqslant0.3$ $h_\odot\geqslant17.5°$					
其他条件	无进一步判定条件	$E_g/E_{g,0}\leqslant\{0.2+\sin(h_\odot)/3+\exp(-T_L/0.9+9.4\sin(h_\odot))\}$ 同时 $T_L=6$ 吗？	$E_{g,max}/E_{g,0}<0.4$ 吗？					
			如果"是"	如果"否"				
				在 $T_L=10$ 时，$E_{g,min}/E_{g,0}>\{0.3+\exp(-T_L/(0.9+9.4\sin(h_\odot))\}$？				
				如果"是"	如果"否"			
					$T=10$ 时，$E_{g,max}/E_{g,0}>\{0.3+\exp(-T_L/(0.9+9.4\sin(h_\odot))\}$ 和 $E_{g,max}-E_{g,min}<0.1E_{g,0}$？			
					如果"是"	如果"否"		
		如果"是"	如果"否"				$C<0$	$0\leqslant C\leqslant1$	$C>1$
结果	$f=0$	$f=0$	$f=1$	$f=0$	$f=1$	$f=1$	$f=0$	$f=C$	$f=1$

所使用的参数有：

$h_\odot$ 太阳高度角；

E_g 水平面总辐照度（W/m²）（1 s 采样的 1 min 平均）。

所用的方程式：

$$E_{g,thr}=F_c\times Mod \tag{13.3}$$

$$Mod=1080(\sin(h_\odot))^{1.25} \tag{13.4}$$

$$F_c=A+B\times\cos(2\pi d/365) \tag{13.5}$$

式中：

Mod 代表从无云晴天模式得到的总辐照度（晴天和浑浊度的平均值）；

F_c 代表一个因子，其经验值大约为 0.7；

d 为积日。

F_c 因子通常在 0.5～0.8 变化，依赖于当地的气候条件。A，B 系数为通过长期与直接日射表测量的 SD 相比较，计算出的经验值（Morel et al.，2012）。另外，在附近或现场最好有平行观测大气浑浊度的仪器；以便改进所确定的 F_c 因子。A 和 B 系数随纬度有变化（B 趋于负值，A 则随纬度而减少）。

算法为每分钟运行一次，依表 13.2 所示的内容运行来判断。

表 13.2　卡庞特拉法运行判据

太阳高度	$h_\odot<3°$	$h_\odot\geqslant3°$	
判断标准	无结果	$E_g\geqslant E_{g,thr}$？	
		如果"是"	如果"否"
结果	$SD=0$ min	$SD=1$ min	$SD=0$ min

每分钟计算太阳高度必须与太阳时角同步，赤经和赤纬则根据 WMO《气象仪器和观测方法指南》附录 7D（详见本书附录 D 中）的天文公式计算。

在主试验执行之前,所用的数据需要滤除掉($h_\odot<3°$),同时由于模型尚不完善、低太阳高度角和大气折射所形成的错误也需滤除。对于要求在一年所有时间内不间断地观测太阳日照的探测器来说,地平线以上3°的公差是被认可的。通过数据过滤后,对 $h_\odot$ 所产生一个小的低估而引入的误差,由于其具有系统性,经过长期测量后,是能够被修正的。该方法与其他方法和标准日照数据的比较,在 WMO TECO－2012 中有报道。该算法也可简单概括为如图 13.3 所示的运算框图。

E_g＝总日射表读数

$h_\odot$＝太阳高度角＝90°－太阳天顶角 Z_s

d＝积日

f＝日照,如果有,$f=1$,否则 $f=0$

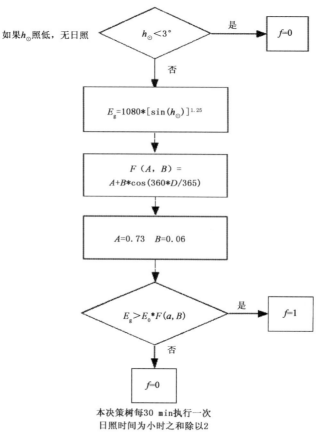

本决策树每30 min执行一次
日照时间为小时之和除以2

图 13.3　卡庞特拉算法框图

13.3.2.3　Massen 的简化算法

Massen(2011)简化算法也有流程图,这里就不展示了。有兴趣者可参看原文。

总日射辐照度和散射辐照度的测量误差,在计算中会传递到太阳直射辐照度中,并且随太阳天顶角的增加而被显著地放大。因此,用遮光环测量散射时,选择总日射表的质量对于减少结果的不确定度和对损失修正的准确度是很重要的。

在此方法中,保留有三个不同的太阳高度:

—— 当高度角 $h_\odot$ < 5.7°时,不计日照;

—— 当 5.7° ≤ $h_\odot$ < 17°的时候,混浊因子 T_L 假定为6;

—— 当 $h_\odot$ ≥ 17.5°,T_L = 10。

散射辐射参数 E_d 和原算法中的依赖参数 c 被忽略,从而减少了作出最终判断的参数。

13.3.2.4　Hinssen 和 Knap 的算法(简称 H&K 算法)

Hinssen 和 Knap(2007)提出的方法可以概括成框图13.4。

E_g = 总日射表读数

$h_\odot$ = 太阳高度角 = 90° − 天顶角 $Z_\odot$

f = 日照,如果 f = 1 为有日照,否则 f = 0 或 f = 分数

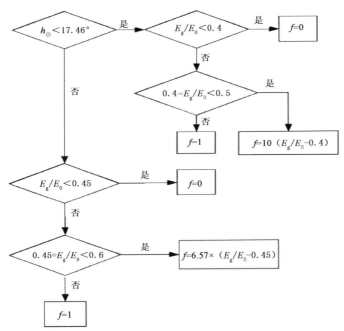

上列决策树每30 min执行一次,以小时为单位的日照时间=(所有 f 的总和)/2

图 13.4　H&K 简化算法流程框图

选择下列4个参数较为有利:

(1)参数来自地理上接近的迪基希站(指作者所选定的气象站);

(2)方法基于比较总日射表和直接日射表的辐照度;

(3)它是在引用文献里7种已发表方法中最新的一种;

(4)估算日照时数的不确定度(尽管测量在10 min间隔内)为已知,约0.5 ~0.7 h/d。

以上一共介绍了4种利用总日射表测量数据推算日照时数的方法。具体的方法当然绝不止于上列4种。在 Massen(2011)的文献中,还较详细地介绍了其他几种运用总日射表数据计算日照的方法。限于篇幅以及其具体应用效果相对较差,就不一一详述了。Massen 的一大贡献就在于利用2000—2010年共计11年的数据,对这些方法一一进行了检验(表略)。其中,验证不同模型的最好方法就是利用2003年这个欧洲热浪年,因为这一年具有创纪录的日照时数,利用上述各种方法计算同一年的日照总时数,并以 H&K 方法作相对标准与其他方法进

行比较,结果见表 13.3。遗憾的是其中未包括 Slob-Monna 法的结果。最后两项是利用 CSD3 日照记录器(详见下面对 CSD3 的介绍)的实测结果。

表 13.3　2003 年上述各种方法与 H&K 方法计算的年日照时数比较

方法	年日照时数	与 H&K 方法的偏差(%)
卡庞特拉(Oliviéri)法	2138	−1.0
Massen 的简化法	2445	+13.2
H&K 法	2160	—
Louche 1	2278	+5.5
Campbell	2284	+5.7
Glover	2507	+16.1
Louche 2	2252	+4.3
Campbell-Stokes	2278	+5.5
Echternach Haenni, CSD3	1811	−16.2
Merl Haenni, CSD3	1980	−8.3

从表中可以得出如下两点看法:

(1)卡庞特拉(Oliviéri)方法是目前利用总日射表得出日照时间偏差最小的一种。

(2)两项使用 CSD 实测的日照时间,并不比总日射表法计算的结果更好。

13.3.3　烧蚀法

烧蚀法指的就是 Campbell-Stokes 日照计。

由于这种日照计是定义现代日照测量标准的依据,并且不少国家仍在使用,所以它仍被认作是一种符合要求的日照计。并对其具体的技术要求作了规定(表 13.4)。

表 13.4　Campbell-Stokes 日照计(IRSR 级)的技术要求

玻璃球	球形截段面	记录卡片
形状:均一	材料:青铜或有相当耐久性的金属	材料:受水分影响小的优质硬纸卡
直径:10 cm	半径:73 mm	宽度:准确到 0.3 mm 以内
颜色:很浅或无色	附加规格:	厚度:0.4±0.05 mm
折射率:1.52±0.02	(a)横贯内表面刻上日中线	潮湿效应:在 2% 以内
	(b)可按照纬度调整球形截段面与水平面的倾斜角	颜色:暗,均匀,在白天漫射光中看不出差别
焦距:75 mm 对于钠"D"光	(c)有水平和方位调整装置的双重基座	标度:印有黑色小时线

在极地地区,由于部分季节的太阳高度角过低,为了保证正常记录日照,还有极地区域的专用款式,如图 13.5 所示。

这种方法的缺点,主要是记录纸的烧蚀取决于环境的湿度和温度(Ikeda et al., 1986)。由于其不具备防雨设施,在多雨地点更难获得准确记录。

近年来,国外也有人借助数字图像技术对记录纸进行处理,以获得高时间分辨率的直接太阳辐照度(Sanchez-Romero et al., 2014)。但它对前述弊端仍无法克服。鉴于我国很少站点使用过这类仪器,且它难适应于我国的季风气候。所以就不再详述了。

图 13.5　极地地区专用的 Campbell-Stokes 日照计

13.3.4　对比评估装置

Foster-Foskett 日照开关是 1953 年在美国气象站网中运行的设备（Foster et al.，1953）。它由一对硒光电池组成，其中一个被遮光环遮住直射阳光（供测量散射），另一个则不遮。对它们的一致性事前经过校正，使得在无直射阳光下，不产生信号。当直接太阳辐射超过约 85 W/m^2 时，开关被激活（Hameed et al.，1989）。遮光环的位置每年需要调整四次，以适应太阳路径的季节变化。

Foster-Foskett 日照开关的外观参见图 2.25 所示。

13.3.5　Jordan 日照计

其外观和基本的工作原理已如引言中所介绍，但它未能列入 WMO《气象仪器和观测方法指南》中，据此可以推断，其在世界各国的应用极为有限。但是，对于我国两千多个气象站来说，则属于每个站观测设备的标配。因此，也有必要予以介绍。从工作原理上讲，这种装置并不复杂，甚至可以说很简便。但是正如范文娟等（2009）所指出的"表面上简单、容易，但如果不认真对待，很容易造成日照记录不正确、缺测等一系列问题。"由于日照的记录主要用的是感光药剂（赤血盐和枸橼酸铁铵），所以其存放、配制等应避光；存放时间、环境对药效有影响，对涂覆药液的操作及其环境等均有一定的要求。由于各站分散操作，难免存在质量不一等问题，均是影响日照记录的因素。另外，由于进光孔很小，容易被堵（异物、水滴等），影响记录。

另外，陶祖文（1964）在 1958—1959 年曾组织过沈阳、上海、天津、郑州、河口、乌鲁木齐和喀什等 7 站进行 Jordan 日照计和 Campbell-Stokes 日照计之间的性能对比研究。根据日出、日落近 300 组平行观测数据的统计分析，Jordan 日照计起始感应的直射辐照度为 223 W/m^2，而 Campbell-Stokes 日照计的为 265 W/m^2。

陶祖文还指出"由于日照计的感应需要一定的 S_{min}，而直接日射辐照度 S 和太阳高度角有着密切的关系，所以可以确定出相应于 S_{min} 的最小太阳高度角 $h(S_{min})$，因此，日照计所测得的日照时数 n 代表太阳高度角 $h > h(S_{min})$ 时间内的日照时数。"并确定出临近日出、日落时 h 和 S 的对应关系（表 13.5）。

表 13.5 临近日出、日落时 h 和 S 的对应关系(单位:W/m²)

地点	h 的范围(°)	h(平均)	S(平均)
6 地平均	5.0~6.0	5°42′	244
	4.0~4.9	4°15′	188
二连	5.0~6.0	5°42′	349
	4.0~4.9	4°20′	251
海口	5.0~6.0	5°45′	223
	4.0~4.9	4°05′	160

虽然,它比后来国际上所采用的 120 W/m² 高出许多,但毕竟开创了这方面工作的先河(陶祖文原文中所使用的数量单位,为当时流行的 cal/(cm² · min),这里进行了单位换算)。

最后,他在结语中写道,Jordan 日照计的主要缺点是,自记纸的感应性能是不固定的,Campbell-Stokes 日照计也未能避免,而且由于空气温、湿度的影响而更为明显。在当时条件下,这些看法是颇有见地的。

13.4 现有商售日照计评述

目前在已有的科技文献中,有关日照的测量及相应的研究很少。特别是一些有关不同仪器的试用研究。所以这里所谓的评述,只能根据科学概念的推导,当然,如果有材料的支撑,我们会加以引用。

自 1981 年 WMO 发布日照的定义以来,曾有多种新日照计发布。在符合日照定义的新产品中,以日本 EKO 出品的 MS-093 型日照计相对严谨(图 13.6)。

这实际上就是一台带反射镜的直接日射表,其特点是:

(1)所用传感器为热释电器件,光谱范围 300~2500 nm;

(2)旋转镜与太阳同步,将直接辐射反射进入顶部装有传感器的光筒内;

(3)太阳赤纬在 ±23.5°范围内的变化,系利用菲涅耳反射原理制作的反射镜,可自行调节入射角度,使之垂直于光筒底部的传感器入射;

(4)菲涅耳原理是法国物理学家 Fresnel 发明的,目前可利用精密数控机床工艺、电铸模具工艺或 PE(聚乙烯)材料压制工艺制作,即将有一定厚度的透镜或凹面镜压缩成平面状(图13.7)。图中显示的是凸透镜,凹面反射镜同理。仔细观察该仪器的旋转镜,可以发现,它并非是平面镜,而是带有横向条纹的金属镜面。它实际上就是一台带有凹面反射镜的直接日射表。

正如前面提到的,有的在扁平状多面体的四周安有多个传感器,每个负责一定的角度。这样的产品如德国 Logotronic 公司出品的 SD6 日照计。其外观和传感器部分如图 13.8 所示。

传感器共计 18 个,每个负责 20°的范围(合计 360°),故入射角度所引起的误差不大。该仪器的输出为 0~14 mA,加热功率:直流 12~48 V,交流 24 V(相关的技术材料可参阅 Logotronic 官网)。从原理上讲,这也是一台符合要求的日照计。

原理相同的设计还有意大利 DELTA OHM 公司的 LP SD 18 日照计。类似的设计 1981 年也曾被瑞典 Lau (1981)提出(图 13.9),后来并未见到正式产品使用的报道。

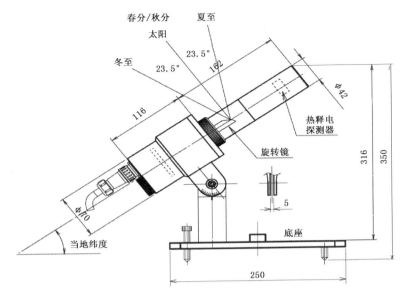

图 13.6　EKO MS-093 型日照计

图 13.7　菲涅耳原理示意图(仪器中实为凹面镜)

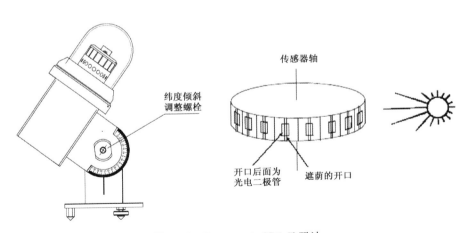

图 13.8　Logotronic SD6 日照计

　　SD4 日照传感器是澳大利亚 Middleton 公司出品的一种日照计,其外观和结构如图 13.10 所示。

　　这种仪器在散射器下有 4 个完全相同的硅光电传感器,在玻璃半球罩下有一个分成 4 瓣的金属遮光器,并经由微控制器对比评价,区分总日射和散射,进而得出直射辐照度。以便判定有无日照。厂家给出的该仪器的性能如表 13.6 所列。

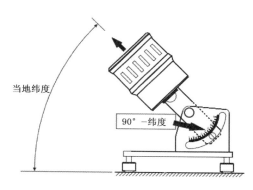

图 13.9　Lau 式日照计(Lau ,1981)

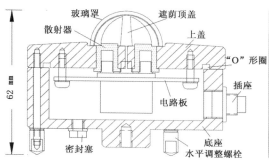

图 13.10　SD4 日照计结构和外观

表 13.6　厂家给出的性能(Middleton Solar)

性能规格	WMO 要求	SD4 具备
日照时间不确定度	±0.1 h	优于±0.1 h
日照时间分辨率	0.1 h	0.02 h(0.01 h 可选)
日照阈值(直射辐照度)	120 W/m² ±20%	120 W/m² ±15%
准确度(月日照时数)	—	>90%
地平以上能观测到太阳	>3°	>3°

尽管厂家自己评价颇高,但从原理上讲,该仪器实际所测到的并不是真正意义上的"总日射"和"散射辐射",只是二者被遮蔽的部分大体相近,所以可大约地认为相互抵消了共同的部分。可是实际上云量在天穹上的分布是随机的,所谓抵消只是理想的假设情况。根本的原因,还是普遍认为对日照测量的要求不高(0.1 h)。其实,这个 0.1 h 也并非轻易就能达到。

BF3 日照计是 Delta T 公司早期出品的产品,外观如图 13.11 所示。从图中不难看出,它在外观上与第 14 章中要介绍的 SPN1 完全一致,测量原理也相同,故不赘述。目前该型号的日照计已从 1999 年的 BF2,升级为 2002 年 BF3。BF2 和 BF3 的传感器均为 GaAsP 光电二极管。Wood 等人在题目为《一种新光电传感器测量总日射、散射辐照度和日照时数的评估》(Wood et al. ,2003)中有介绍。该文在研究中,使用了 2 台 Kipp & Zonen 的 CM11(供测量总日射和散射辐射)以及 BF3。测量时段为 2001 年 2 月 22 日至 7 月 3 日。由于研究的内容很多,无法一一详述,感兴趣者可参阅原文。该研究结论认为:"BF3 提供了可靠的总日射和散射辐射直接测量,而无需极轴对准或定期调整。它也提供了一种日照时数的测量,后者在世界气象组织的准确度要求以内。"后来,厂家又推出了 BF5。虽然厂家没有说明 BF5 与 SPN1 在结构上的差异,从列出来的光谱响应范围可知,BF5 为 400~700 nm,据此可以推断,因为仍然是光电器件,所以各方面的性能上要比 SPN1 来得差。应当说明的是,尽管标题上标明为"BF5 日照传感器",在诸多牌号的 BF 系列仪器中,除辐射和日照外,同时还包括光照度、光合有效辐射等其他测量内容,实际上可视其为多功能一体机。

在 14 章中介绍的旋转遮光带辐射表,由于可以同时得到总日射和散射辐射,二者之差就是水平直射,再经过太阳高度角的订正,即可得到法向直射辐照度,进而判断出该瞬间是否有日照。这里的关键是看用的是什么探测器。热电型的没有问题,光电型的对测量总日射没有问题,对测量直射和散射,就不可以了,详见第 15 章 6.2 节。

CSD 日照传感器是荷兰 Kipp & Zonen 公司生产的一种日照计。它共有 3 个光电二极管探测器(图 13.12)D1、D2 和 D3。每一个探测器的外边,都罩着一个聚四氟乙烯散射器;D1 的四周没有遮挡,可以测量所有入射的太阳辐射,即"直射"+"散射"(="总辐射")。D2 和 D3 则各有一对两两相对的、通透的窗口,D2 和 D3 的"窗口对"呈 90°交叉。所以 D2 探测器见到的天空,D3 是见不到的,反之亦然。原设计者意图是:用无遮挡的 D1 测到的数据,被认定为"总辐射",而 D2 或 D3 测得数据中的偏小者,被设定该输出代表着 1/3 的"散射",因为 D2 或 D3 的输出较小者,肯定是未被太阳照射到的;而另一个较大者,则是被直射照射到了。修正系数 C 是针对窗口面积而设定的修正因子。即:

D1−C×(D2 或 D3 中的小者)=水平面"直射"。

如果"直射">日照的阈值 120 W/m² ,则该时刻记为有日照,否则记为无日照。

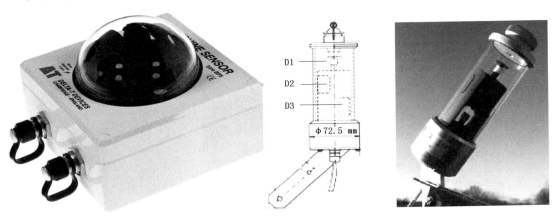

图 13.11　BF5 日照计　　　　　　　图 13.12　CSD 日照计

"总日射"与"散射"之差等于"水平面直射"。然后,再根据当时的太阳高度角订正为"法向直射",进而按照 WMO 的日照标准判断此刻有无日照。这里之所以对名词加上引号,是因为它们不符合真正意义上各种辐射的定义。因此,也就难以对其进行不确定度报告。

从一些实践结果看,这种仪器之所以还能有效果,主要是因为它仅涉及日照阈值一个小的辐照度范围,即 120 W/m² ,并不像其他仪器那样,还兼有其他范围使用的功能要求。但是,该仪器选择在何种光谱下进行校准是十分重要的。选择日出后和日落前的时刻进行校准最自然不过,但是此时段时间短促,机会难以把握。不少地区障碍物颇多,见不到日出、日落。利用室内人工光源校准最为方便,但一盏标准灯的有效使用时间仅有 50 h,超过就需要重新校准,且该系统的使用与维护相当繁琐。

20 世纪末,中国科学院生态网络系统(CERN)的 30 多个站,就使用了 CSD 仪器测量日照,但由于当地没有配备准确跟踪器,所以无法与直接日射表的测量结果作出比较。当时最大的问题就是使用了一年以后,CSD 仪器无法进行再校准。当时的说明书中,仅有简单地调节电阻的说明,至于是在何种光源下进行操作,并未列出。所以均未能得到及时地校准。后来厂家改称,建议 CSD 日照计的校准由厂家进行。这就更不方便了。

不过,对 CSD3 型日照计也有人进行过对比研究(Matuszko,2014)。Matuszko 将 CSD3 与 Campbell-Stokes 日照计进行对比后认为,电子器件的日照计其灵敏度高于 Campbell-Stokes 日照计大约 2 倍,因此,在日出后和日落前 1 h 内以及在多云时的差异偏大。该作者认为,还需加强类似的比对研究工作,而不能对出售的仪器拿来就用。英国国家气候信息中心的 Tim Legg 也进行过类似的研究,遗憾的是,它们都是与 Campbell-Stokes 日照计进行比较的,而不是与日照的定义——直射 120 W/m² 进行比较。由于比对的双方均存在着误差,很难得出恰当的评价(这项工作是从网上下载的 PPT 文件看到的,未写具体年份,根据其列举的参考文献可以推定,是 2010 年以后的工作)。

对于 SPN1 总日射表—日照计,由于其使用的是热电器件,可靠程度会高出许多。在高新技术不断涌现的今天,使用微型热电器件,当不会是一件难事,故值得研究和推广应用。有关 SPN1 的更多内容,详见第 15 章。

另外,根据上面介绍的各种各样的日照计,我们也愿意提出一种新的设计思路。由于目前已经存在微型热电式的总日射表,将其中一台用遮光环遮住(图 13.13),另一台则不遮,这样,一套微型的辐射站就建成了。由于它是热电器件,不存在光谱方面的误差。它还可同时测量完全符合定义的总日射、散射日射辐照度、计算出的直射辐照度和日照时数,并能够完全符合所有相关的定义,且没有运动部件。这里的关键就是要掌握微型热电器件的制作工艺。目前,美国 Apogee 公司就有微型热电总日射表的产品;SPN1 也使用的是热电器件,所以不存在技术性问题。

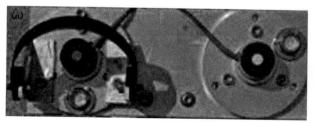

图 13.13　设想中的热电型小型辐射站示意图,测量散射的和测量总辐射的(a)。
图中所示的传感器(b)实际是光电型,应改用最左侧热电型的传感器

值得注意的是,目前,Huksflux 公司所生产的各等级的总日射表,均已配有利用总日射辐照度计算日照时间的软件(所用具体方法不详)。但是,也必须指出,在我国有总日射测量的站点,实际上是很少的。以目前我国的实际状况为例,有总日射观测项目的站点(加上自动站)不

超过 200 个站。目前我国 2000 多个气象站均配有 Jordan 日照计。如果普遍使用 CSD 方案，且不论其工作原理是否正确，就其目前实际价格而论，其一台就足以抵得上 3 台一级进口的总日射表。所以，总日射表法还是值得考虑的一种方案，何况它还是 WMO《气象仪器和观测方法指南》中所推荐的一种。从另一角度讲，如果普及了总日射表，不仅解决了日照问题，还可使得我国每个气象站均拥有总日射辐照度的数据，十分有利于辐射资源的普查和新能源的开发利用。所以有必要对各种已有的方法进行比较和研究。

13.5　可照时间

可照时间亦称可照时数，WMO《气象仪器和观测方法指南》中指出，日照时间的物理量显然是时间。使用的单位是分钟或小时。为了气候的目的，使用诸如"每日小时数"或"每日日照时数"等派生术语以及百分比，例如"相对日照时间"。其中 SD 可能相对于外部可能的（SD_0）或最大可能的日照持续时间（SD_{max}）。测量时段（日、旬、月、年等）是这个单位的重要补充。测量日照时间的误差为 ± 0.1 h，分辨率为 0.1 h。

按照一般的理解 SD_0 通常就是日长。这就又涉及到日出和日落的定义。在这点上，气象学与天文学存在着差异，天文学定义的日出时刻为日面上边缘与地平相切的瞬间，这也容易理解，因为下一瞬间，太阳就露出地平了；日落的定义也同样为日面上边缘与地平相切的瞬间。《大气科学辞典》介绍的是使用计算太阳高度角的公式（参见式(1.1)）。当将太阳高度设为 $0°$ 时，利用式(1.1)就能求出日出或日落的时角，从而得出可照时间。这实质上，与前述天文学的日长前后仅相差了一个太阳直径，相差很小。原中央气象局 1954 年编印的《气象常用表（第 3 号）》的日照时间表中，从列出的计算公式可以看到，实质上也是依据天文学的算法。该表中列出了从纬度 20° 至 60° 每间隔 4° 各月的日照时间总和（区分平年与闰年）。为了计算逐日日照百分率，在另外的表中，列出了各纬度每月 1 日、6 日、11 日、16 日、21 日和 26 日的逐日可照时数。鉴于该书为内部用书，且年代久远，不易查找。并且限于当时的计算条件，数据间隔较大，使用时需要内插。近期的研究发现该表中所刊的一些数据有些错误。现特将计算公式提供如下：

$$\sin \frac{1}{2}t = \sqrt{\frac{\sin(45° - \frac{\varphi - \delta - r}{2})\sin(45° + \frac{\varphi - \delta + r}{2})}{\cos\Phi\cos\delta}} \tag{13.6}$$

式中：t：半日可照时数；φ：为当地的地理纬度；δ：为当日的太阳赤纬；r：为蒙气差，取约数 $34'$。

各地如仍需要，最好依据所在测量地点的纬度自行进行有针对性地计算，而不要再使用原表经内插查找。

原表格中的数字，或出于当时的计算条件，或出于当时排版或校对中的疏忽，出现不少错误数据。尽管目前已有更方便、快速的方法处理此事，但是历史数据已经形成，也存在需要纠正的问题。毕竟该表已在全国各站使用了数十年。或许有的站还在使用也未可知，因为日照还一直进行观测。

计算可照时间，主要是用于计算日照百分率。有关原查算表中一些存在错误的情况，可参阅王丽娜等（2018）发表的文章。

论可照时数，还有一点需要提及，任意地点，即使终日无云，使用上述方法得出的可照时数去计算日照百分率,也无法达到 100%,而这是不合理的。主要是因为任意地点的实际日出总要等待太阳直射辐照度达到 120 W/m² 后,也就是说,测量仪器是有阈值的,并且不同种类日照计的阈值还不相同。而可照时数却是依据球面几何关系计算的。两者之间实际并无可比性。陶祖文(1964)曾根据他当时(20 世纪 50 年代)所主持的在沈阳、上海、天津、河口、乌鲁木齐和喀什等 6 个地点进行的 Campbell-Stokes 日照计和 Jordan 日照计对比实验项目,提出取太阳高度角 5°为计算可照时间,较为妥当,因为这时仪器才开始有响应,但并未引起相关部门的关注。在 WMO《气象仪器和观测方法指南》中也没有专门讨论可照时数的问题。

$$N_0 = 24.0 - \frac{2}{15}\cos^{-1}\left[\frac{\sin h(s_{\min})}{\cos\varphi \cdot \cos\delta} - \tan\varphi \cdot \tan\delta\right] \tag{13.7}$$

式中 φ 为地理纬度,δ 为月平均太阳倾角,t 为真太阳时时角。陶祖文在其文章中,同时给出了纬度从 0°~70°、逐月和(平)年总量可照时数的计算结果。

如果说过去由于日照定义无法定量化,而造成可照时数的计算存在着不相对应的问题,现在,既然日照定义已经明确地定量为直射辐照度 ≥120 W/m²,就应及时地对可照时间的计算作出调整,以避免出现一方面是全晴天,另一方面日照百分率却处于<90%的尴尬情况。也就是说,需要计算出各地逐月直射辐照度 ≥120 W/m² 的持续时间。这一点完全可以利用 SM-ARTS 模式以 0.005 h 为步长(即 18 秒),对纬度 20°~55°,以 5°为间隔,对各月份的可照时数进行计算。计算中所选用的条件应为标准大气,能见度 200 km,气溶胶类型:乡村模式,即现实中可能出现的最佳气象条件。这些极好条件的选择,主要是为了避免出现超出 100%的情况出现。这样就能得出各纬度、各月份(或具体到日期)较为合理的可照时数来。经过这样的改进,相信会对利用日照百分率计算各地太阳能资源的准确度有所助益。

13.6 日照仪器的校准

在《气象仪器和观测方法指南》中,对此有详尽的论述。下面仅择其要者,介绍如下。《指南》中首先给出以下几点概述:

(1)日照计(SD)的校准尚无一种标准化的方法;

(2)室外校准必须使用直接日射表来获得日照阈值;

(3)由于日照计的设计不同于直接辐射表,校准必须通过长期(数月)比较确定;

(4)通常,SD 检测器的校准需要一个特定的程序来调整其阈值(对于光电设备用电子方法,对于总日射测量系统用软件方法);

(5)对于具有模拟输出的光电设备,校准周期的持续时间应该相对较短;

(6)室内方法(用灯)建议主要用于现场仪器稳定性的定期检查。

应当说明的是,这里所说的校准,显然不是指目前仍在广泛使用的 Campbell-Stokes 日照计和 Jordan 日照计,因为它们不涉及数值的定量,因此无需校准。这里所说的仅指各种新型光-电式日照计。也正因为如此,在日照计校准方面可以说,无任何经验可谈,但是,鉴于气象观测自动化已是必然的趋势,所以了解这方面的有关规定,特别是其精神实质,还是十分必要的。

具体方法首先区分室外法和室内法,下面就简单说明之。

13.6.1　室外法

具体又可以区分为如下 3 种方法：

（1）日照时间数据比较法

日照计校准的标准自然是一台架设在太阳跟踪器上的直接日射表，以及能分辨日照阈值（直射辐照度为 120 W/m² ）的鉴别器。比较结果必须是从长时间的数据集中统计得出的。之所以强调长时间，是因为日照计阈值的准确度是随气象条件而变化的。

如果将该方法应用于某个时段总的数据集（具有典型的云量条件），则第一个校准结果是比值：

$$q_{tot} = \sum\nolimits_{tot} SD_{ref} / \sum\nolimits_{tot} SD_{cal} \qquad (13.8)$$

式中下标 tot 代表总量，ref 表示标准值，cal 表示被校准值。

对于 $q > 1$ 或 $q < 1$ ，阈值等效电压必须分别被调整到较低的或较高的值。由于所需调整量与 q_{tot} 没有强的相关关系，所以需要进一步的比较，以便通过近似 $q_{tot} = 1$ 验证理想阈值的方法迭代出来。整个校准周期可能需要持续 3 至 6 个月。

（2）模拟信号比较法

这种方法仅限于具有模拟输出的日照计。该模拟输出对接收到的太阳直接辐照度呈线性响应，至少在＜500 W/m² 范围内。从这样的数据集进行线性回归分析，可以得出最佳拟合线，并从中得出 120 W/m² 阈值的等效电压。＜500 W/m² 范围这样的要求，对于像前述 CSD 型的日照计来说，从原理上讲，显然是无法达到的。

对于具有明显光谱响应的探测器，由于光谱会引起更强的非线性，应删除太阳高度角低于 120 W/m² 的实测数据。

（3）平均有效辐照度阈值法

所谓平均有效辐照度阈值（Mean Effective Irradiance Threshold，MEIT）法是基于确定待校准日照计每小时的平均有效辐照度阈值 E_m 。

作为这种方法的第一步，SD 值的 $SD_{ref}(h_k, E(n))$ 必须从计算机控制的直接日射测量法对小时的 h_k 和虚拟阈值辐照度 $E(n)$ 在 60～240 W/m² 来确定（这样就意味着 $E(n) = (60 + n)$ W/m² ，其中 $n = 0、1、2、\cdots 180$ ）。作为第二步，探测器的 SD 小时值 $SD(h_k)$ 必须同 $SD_{ref}(h_k, E(n))$ 进行比较，以找出 $SD(h_k)$ 等于 $SD_{ref}(h_k, E(n_k))$ 。$E(n_k)$ 表示的是小时 h_k 的 MEIT 值：$E_m(h_k) = (60 + n_k) W/m²$ 。如果没有直接找到 n_k ，则必须从相邻值进行内插。

13.6.2　室内法

由于在室内难以模拟太阳的直射和散射的分布，只能推荐备用校准，适用于阈值等效电压可调的 SD 探测器。实验室测试设备由一个稳定的太阳模拟器和一个可局部精确调整的 SD 探测器和一台在户外仔细校准过的 SD 探测器组成，用后者当作标准。标准和被校准的 SD 探测器的型号应该是相同的。

在测试过程开始时，标准探测器精确定位于灯的光束中，并通过它确定光束是否达 120 W/m² 。之后，标准设备将被测试设备替换，并应通过进一步交换仪器来检验结果的可重复性。

参考文献

范文娟,等,2009. 日照记录存在问题的原因分析及处理方法[J]. 气象研究与应用,**30**(3):99-102.

陶祖文,1964. 关于日照计的感应性能和实际日照百分率的确定[J]. 气象学报,**34**(2):248-252.

中国气象局,2003. 地面气象观测规范[M]. 北京:气象出版社.

中央气象局,1954. 气象常用表(第三号)[M]. 中央气象局编印.

DELTA-T-Model SPN1-Sunshine pyranometer for solar power system. https://www. energy-xprt. com/products/delta-t-model-spn1-sunshine-pyranometer-for-solar-power-system-762.

Foster N B, Foskett L W, 1953. A photoelectric sunshine recorder[J]. *Bulletin of the American Meteorological Society*, **34**: 212-215.

Hameed S, Pittalwala I,1989. An investigation of the instrumental effects on the historical sunshine record of the United States[J]. *Journal of Climate*, **2**:101-104.

Hinssen Y B L, Knap W H, 2007. Comparison of pyranometric and pyrheliometric methods for the determination of sunshine duration[J]. *Journal of Atmospheric and Oceanic Technology*. **24**: 835-846.

Ikeda K, Aoshima T, Miyake Y, 1986. Development of a new sunshine-duration meter[J]. *Journal of the Meteorological Society of Japan*, **64**(6): 987-993.

Lau PA, 1981. Sunshine monitor for auto registration of sunshine duration[J]. *Arch. Fur Met. Geophys. Biokl.*, *Ser. B*. 29, 39, 1981.

Massen Francis, 2011. Sunshine duration from pyranometer readings. Ver. 1. 0 03 June 2011,http://meteo. lcd. lu

Matuszko Dorota, 2014. A comparison of sunshine duration records from the Campbell-Stokes sunshine recorder and CSD3 sunshine duration sensor[J]. *Theoretical and Applied Climatology*.. 115, Nos. 3-4. 2014.

Michalsky J J, 1992. Comparison of a national weather service Foster sunshine recorder and the World Meteorological Organization Standard for sunshine duration[J]. *Solar Energy*, **48**(2): 133-141.

Middleton Solar, SD4 sunshine duration sensor, https://www. middletonsolar. com

Morel J P, Vuerich E, Oliviéri J et al, 2012. Sunshine duration measurements using the Carpentras method. Baseline Surface Radiation Network meeting, Postdam, Germany, 1-3 August 2012.

Oliviéri, Jean, 1999. Aspect géométrique du rayonnement solaire. Note technique 36. Meteo France, Dec. 1999.

Sanchez-Romero A J A. González, Calbó J, Sanchez-Lorenzo A, 2014. Using digital image processing to characterize the Campbell-Stokes sunshine recorder and to derive high-temporal resolution direct solar irradiance[J]*Atmos. Meas. Tech. Discuss.*, **7**: 9537-9571,

Slob W H Monna, W A A, 1991. Bepaling van een directe en diffuse straling en van onneschijnduur uit 10-minuutwaarden van de globale straling. KNMI TR136, de Bilt.

Sonntag D, Behrens K, 1992. Ermittlung der Sonnenscheindauer aus pyranometrisch gemessenen Bestrahlungsstärken der Global-und Himmelsstrahlung [J]. *Berichte des Deutschen Wetterdienstes*, No. 181.

WMO CIMO, 1981. Abridged final report of the eighth session, Mexico, WMO No. 590.

WMO, 1998. Sunshine duration measurement using a pyranometer (Oliviéri J C). *Papers Presented at the WMO technical conference on meteorological and environmental instruments and methods of observation (TECO*-98). Instruments and observing methods report No. 70 (WMO/TD-No. 877). Geneva.

WMO, 2012. Updating and development of methods for worldwide accurate measurements of sunshine duration (E Vuerich, Morel J P, Mevel S, Oliviéri J). *Paper presented at the WMO technical conference on meteorological and environmental instruments and methods of observation* (TECO-2012). Instruments and observing methods report No. 109. Geneva.

WMO, 2014. Guide to meteorological instruments and methods of observation, 7-th edition. WMO No. 8.

Wood J et al, 2003. Evaluation of a new photodiode sensor for measuring global and diffuse irradiance, and sunshine duration[J]. *Journal of Solar Energy Engineering*, **125**: 43-48.

14　太阳常数的测量

14.1　引言

太阳常数是太阳所发射辐射通量密度的度量,是日地平均距离处垂直于辐射方向上单位面积的太阳全辐射照度,通常用符号 E_0 表示,单位为 W/m^2。它随波长的变化称为太阳的光谱分布,其单位为 $W/(m^2 \cdot nm)$。

确定太阳常数的具体数值具有重要的科学意义。因为掌握了太阳在外太空的准确数据,配合地面上所测得的辐射数据,才能推算出大气中的衰减和变化情况。因此,太阳常数的测定一直是日射测定学(Actinometry)中的一项重要内容。

但是,由于我们身处地球之上,即使是像美国斯密松研究所的工作人员对太阳进行逐日测量,长期坚持不懈,也未能发现其与太阳黑子有着正相关的联系(参见图 14.10)。究其原因,正是"不识庐山真面目,只缘身在此山中"。

进入太空时代,卫星和各种宇宙飞船、太空站不断进入太空。这对太阳常数的测量有着极大的促进作用。只有在外太空对太阳进行直接地观测,才能得知其变化的具体大小和缘由。这些宇航器本身的热状况直接影响着放置于其上的仪器的正常工作,而它们自身的热状况又直接受舱外太阳辐射的影响,所以准确测定太阳常数,也成为航天工作者努力追求的目标。

此外,由于太阳辐射涉及地球上的诸多过程,而在大气层中,正是由于太阳辐射能被吸收,产生着各种天气变化,调节着气候的变迁。现代研究证明,地球上的气候与太阳活动之间,存在着密切的关系。当太阳常数的长期变化幅度超过 1% 时,就可能引起地球的平均温度变化 1~2 K。这表明对测量太阳常数准确度的要求是非常高的,误差最好控制在 0.1% 以下。这样的要求也只有从外太空进行直接观测才有可能达到。

多年持续对太阳常数的测量结果表明,太阳常数并不是个常数。正因为所谓的"太阳常数"并不是个严格物理意义上的常量,所以,近年来,国际上普遍使用"太阳全辐照度(TSI)"这一名词,来替代"太阳常数"的称谓。在下面的叙述中,我们也将使用 TSI。另外,正是由于 TSI 与太阳黑子的多少存在着正相关关系,也就是说,TSI 一直都在变化着。那么又该如何定义 TSI 呢?

太阳黑子随时间呈现正弦波式的变动,太阳黑子高值期,称为太阳峰年;低值期则称为太阳谷年。所谓的太阳常数就被定义为太阳谷年的 TSI。

尽管如此,了解早期从地面以及从高层大气中测量 TSI 的仪器设备和方法,掌握 TSI 测量的进展过程也极具科学价值。

14.2　历史沿革

14.2.1　20 世纪前半叶

国外文献公认看法是,对 TSI 的观测始自于法国的物理学家 Claude Pouillet(1790—1868)。他在 1837—1838 年第一次测量了这一天体的基础物理量。对于 TSI 的首次估算值为 1228 W/m²,与目前的测量值大体接近。除了给出一幅其所使用的仪器图片外(参见图 2.3),并无更多的详述。1875 年 Jules Violle 重复了前者的工作,他是在法国的阿尔卑斯山勃朗峰峰顶进行的,得到的数值较大,约为 1700 W/m²。1884 年 Langley 从加利福尼亚的惠特尼山估算 TSI,通过在一天中不同时间的读数,并纠正大气吸收的影响后,他提出的最终值为 2903 W/m²,这个数值显然过大了。由于当时尚未建立辐射测量标尺,所以,除具有历史意义外,并无实际价值。

这些差异,首先因为全太阳辐照度本身就不是一个恒定的量,对其最大的影响因素就是太阳黑子。其次,过去只能在地面上进行测量,即使是在高山顶部,也难免受其之上大气成分变化的影响。早期测定的 TSI,基本上都是借助外推法:即在一天之中不同的太阳高度下,测定太阳辐照度,借以寻找太阳辐射随大气质量(m)减少而变化的规律。最后,利用得到的规律,再外推至 $m=0$,即无大气时的数值,进而得出大气上界的 TSI。

20 世纪以来,以美国斯密松研究所天体物理观象台的工作最为引人注目,它除了长期坚持 TSI 的观测外,还创立了早期两个日射标尺之一的 SS-1913,设计了水流式和搅水式绝对直接日射表,以及供传递标准使用的银盘直接日射表。Langley、Abbot 和 Aldrich 等是其著名科学家的代表。Abbot 及其工作团队除了在美国本土,还在非洲、南美洲等地的高山顶部进行了测量;即使在第二次世界大战期间,男性奔赴战场,他们的夫人仍继续了观测工作,从而积累了丰富的长期观测数据。一些学者使用这些数据,揭示了太阳的输出存在长期缓慢且具有周期性的变化,而另一些研究者用同样的数据却得出了太阳的输出是不变的结论。这使得美国学者 Hoyt(1979)认为有必要对所有数据重新作一次审查和检验。经过仔细的分析后,他指出斯密松研究所进行的 TSI 测量工作,在其内部一致性上存在着严重问题。这种内部的不一致性,既存在于各个观测站之间,也存在于所采用的冗长法和简洁法之间,而在源数据的订正方法中,又未能将大气衰减的所有方面考虑周全。此外,辐射标尺的不适当订正也有一定的影响。如果从全部数据看,没有任何证据可以证明 TSI 存在着大于千分之几的周期性变化。1923—1954 年 4 个主要测站的测定结果见表 14.1。从数值上看,它们与现代所得结果相当接近。假如斯密松研究所的测定结果是符合实际的话,似乎可以这样推论:至少在数十年的时间尺度内,TSI 的变化可能不是气候变化的主因。尽管如此,太阳仍可能是引起长期气候变化的因素之一,所以科学家们仍然认为应当继续监测 TSI。

14.2.2　20 世纪 50 年代

这一时期并未再进行 TSI 的直接测定工作,而是利用当时所能得到的火箭,探测地面上所测不到的光谱段,进而对紫外波段和红外波段进行修订。

表 14.1　1923 年 8 月至 1954 年 12 月斯密松研究所在各地测定 TSI 的次数及结果(W/m²)

测站	简捷法		冗长法	
	次数	结果	次数	结果
智利 Mt. Montezun	19519	1357.92±3.35	927	1357.78±6.70
美国 Table Mountain	12012	1358.13±4.12	682	1357.22±7.26
美国 Tyrone	1619	1357.29±3.63	149	1358.62±7.74
埃及 Mt. Katherine	2202	1358.27±3.42	198	1357.99±4.74

在这方面从事研究的有 Nicolet（1949）、Johnson（1954）等。由于每位研究者所依据的数据资料不同，所用的方法在细节上也存在差异，所以结果也不尽相同：Allen 的太阳常数值为 1375 W/m²，Nicolet 的为 1382 W/m²，Houghton 的为 1361 W/m²，Johnson 的为 1397 W/m²。

应当指出，在 20 世纪 50 年代，Nicolet 的 TSI 得到了广泛的应用，1957 年举行的国际辐射会议上，曾通过将 Nicolet 的太阳常数光谱数据作为整理国际地球物理年辐射数据必要参数的建议。同时确定 TSI 值为 1.98cal/(cm² · min)（这是当时测量太阳辐照度的通用单位，1 cal/(cm² · min)＝697.8 W/m²），相当于 1381.64 W/m²。

这里还必须注意到一个辐射标尺问题。1957 年以前，国际上，同时存在着两个并行的辐射标尺，即 AS-1905 和 SS-1913。前者流行于欧洲，后者则通行于美洲和部分亚洲国家。由于两者之间存在着大约 3.5% 的差异。所以，即使测量的数值相同，实际上也是不相等的。为了便于对国际地球物理年所有观测数据的统一处理，1956 年 9 月在国际气象学和大气物理协会辐射委员会上，决定推行一个新的国际直接日射测量标尺——“IPS-1956”，作为国际上唯一通行的日射测量标准。它实际上是将 AS-1905 提高 1.5% 或将 SS-1913 降低 2% 构成。这样也给此后的太阳辐射测量提供了一个国际统一尺度。后来，又发展出了更为精确的世界辐射测量基准（WRR）（详见第 18 章）。

14.2.3　20 世纪 60 年代

随着太空时代的到来，对太阳常数感兴趣的学科领域不断扩展。特别是航天部门的参与，为尽快提高太阳常数乃至辐射测量标准的整体水平，起了巨大的促进作用。在此期间，观测地点已由地面移至大气层乃至外层空间，运载工具包括高空气球、飞机、火箭，甚至卫星。

1969 年美国国家航空航天局出于宇航工程设计标准的需要，专门成立了一个太阳电磁辐射委员会（CSER），从事对当时新获得的 TSI 测量结果的评审工作（Thekaekara et al.，1971；Thekaekara，1976）。该委员会的评审对象列于表 14.2。它首先排除了所有从地面进行测量的结果，主要集中审定和分析研究从高空及其以上所得到的数据，并讨论了各种误差源。主要可以区分以下 4 种误差源：(1)辐射标尺的差异；(2)大气底层变化剧烈的水汽成分，因此，红外段的误差是不够确定的；(3)太阳光谱的最外两端，在大气中是测不到的；(4)在有大气存在情况下，所有外推至零大气的方法均存在问题。

该委员会主席 Thekaekara 先后两次报告结果。起初，未将 Willson（1973）的测定结果包括进去，但无论包括与否，按当时处理的办法，结果是相同的，这就是著名的 1353 W/m² 数值的由来。它曾长期被我国的航天部门所采用。但有一点不容忽视，即这一太阳常数值是以 IPS-1956 标尺为准的。鉴于该标尺已于 1981 年被废止，取而代之的是新标尺——WRR。因此，即使仍按习惯沿用 1353 W/m² 作为太阳常数值，也应进行标尺换算。1353 W/m² 在 WRR 下应为 1353×1.022＝1383 W/m²。遗憾的是我国的航天工作者，当时并未注意到这一细节，以致将 1353 W/m² 持续沿用了很长时间。

表 14.2   CSER1970 年和 1973 年确定的太阳常数值（W/m²）（The Kaekara et al.，1971;1976）

研究人员	仪器	估算误差±W/m²	TSI	1970 年权重	1973 年权重
Murevay et al	Eppley NIP	6	1338	4	1
Thekaekara et al	Å6618	26	1343	3	1
	Å7635	40	1349	3	1
	Hy-Cal	32	1352	8	1
	Cone	24	1358	8	1
Кондратьев Т Д	相对辐射表	14	1353	10	1
Plamondon	JPL TCSF	20	1353	10	1
Drummond et al	相对辐射表	13	1360	10	1
Willson	JPL ACR	7	1368	0	1
TSI				1353	1353
误差				14	21

14.2.4   20 世纪 70 年代

20 世纪 70 年代是科学技术迅猛发展的年代，高准确度自校准腔体式绝对辐射计在欧美多家研究机构研制，诸如美国 NASA 的喷气推进实验室（JPL）、美国国家标准技术研究所（NIST）、瑞士达沃斯物理气象观象台（PMOD）、比利时皇家气象研究所等。世界辐射测量基准（WRR）就是在此基础上建立的，其综合不确定度为±0.3％。20 世纪 80 年代初，英国国家物理实验室（NPL）研制出一种极具前景的新技术——深冷绝对辐射计，即工作在液氮温度下的绝对辐射计，其不确定度已可达到±0.01％。这项技术后来发展成国际标准制（SI）的辐射功率计量标准。1991 年 PMOD 的 Fröhlich 与 NPL 的 Fox 等一起把代表 WRR 的仪器与 NPL 的辐射功率基准通过间接的方法对同一激光光源进行了对比测试（因两者测量辐射量的数量级不同），结果表明两者的一致性为 0.3％（详见第 19 章）。

也就是说，实际测量的技术条件和手段当时已经大大改善，如果测量地点仍局限于地面，则不会有理想的结果。因为在地面测量，即使选择了更高的山地，也只能局限于数千米上下的高度。这里只能在一定程度上减少大气的干扰，但是仍无法完全避免。随着运载工具的改善，各国的科学家开始利用飞机、高空气球，甚至火箭进行测定。不过，这些运载工具所提供的测量时段均极为有限，因此所能得到的结果也是有限的。

例如 1976 年 6 月 29 日进行了一项火箭试验。运载火箭是 Aerobee-170。火箭的升空极限高度为 225 km。参加试验的仪器与结果由表 14.3 给出。

从表 14.3 可以看到，前面 4 种绝对辐射计的测定结果相对一致，而 ERB 与绝对辐射计则相差了 1.6％。随后又进行过几次火箭试验，结果仍是互有参差，不过总让人得到了一些有关 TSI 量值大小的较为确切的概念。至于其长期是否有变化，有多大的变化，则仍属未知。

表 14.3　太阳常数测定的初步结果(Duncan,1977)

测量仪器	TSI 值(W/m²)
ACR Ⅳ 通道 A	1368
ACR Ⅳ 通道 B	1368
PACRAD	1364
ESP	1369
绝对辐射计的平均值	1367
ERB(火箭)通道 3	1389
ERB(卫星)通道 3	1389
ERB 通道 3 平均值	1389
ERB 通道 3 与绝对辐射计差值百分比	1.6%

首次在太空中进行的 TSI 测量,是 1969 年美国的 Mariner-6 和 Mariner-7 在驶向火星的过程中,通过飞船上所载的控温通量监测仪(TCFM)进行的(Plamondon,1969)。其具体任务是:(1)提供宇航器在模拟试验环境中与在实际空间受太阳直射时的热性能比较;(2)在空间对 TSI 进行直接测量;(3)在前两项任务的基础上建立模拟试验标准。

通过上述实验,得到了如下四点认识:

(1)TSI 值为 1352 ± 14 W/m²(NBS 标尺);

(2)TCFM 的采样周期为 0.2 s,在此时间尺度内,未发现其有大于 $\pm0.2\%$ 的变化

(3)观测到的最大变化为 0.4%;

(4)并不像一些文献所报道的那样:在 10 天的周期内就达到 3% 的变化。

后来,利用 Nimbus-6 和 Nimbus-7 气象卫星进行监测;前者原计划 1974 年中发射,所以,卫星上各种仪器的准备工作早在 20 世纪 70 年代之初就已经开始。其任务之一就是要进行地球辐射收支(ERB)试验,Eppley 实验室为此专门设计了 ERB (Earth Radiation Budget)辐射计(Hickey et al.,1974)。这是一台多通道辐射计:1~10 为太阳通道,11~14 为地球通量通道,15~22 为扫描通道。Nimbus-6 卫星于 1975 年 7 月发射,两天后 ERB 开始工作,至 1978 年进行了近两年的连续测定。尽管 Nimbus-6 上没有绝对辐射计,且所得数据存在着这样、那样的缺陷,但是它开创了卫星记录 TSI 的先河。

由于 1975 年 WRR 尚未建立,Nimbus-6 上又没有绝对辐射计,其辐射通道只能采用 IPS-1956 作为标准进行溯源。Nimbus-7 于 1978 年 10 月发射,其上所用的仪器已经是绝对腔体辐射表了(Hickey et al.,1980;1982)。11 月 16 日开始有记录,仪器定期自检。因此,从 1978 年的数据开始被正式用作 TSI 数据库的数据。

前面提到的火箭发射试验,其中就含有对已经发射的仪器进行校准的目的。因为在初期,卫星是无法回收的,可是辐射仪器经过一段时间的运行,特别是在高辐照度下,极易老化和性能退化。而火箭的仪器是可回收的,这样,就可以利用在空滞留时段内的测量与相应的卫星仪器进行比对,达到对星上辐射仪器校准的目的。

14.2.5　20 世纪 80 年代至今

1980 年 SMM(Solar Maximum Mission satellite,太阳峰年号卫星)和 ERBS(Earth Radiation Budget Satellite)相继发射,气象卫星 NOAA 9 和 NOAA 10 也相继于 1984 年和 1986 年发射升空。这些卫星携带着太阳辐射计,共提供了 3 组 TSI 测量数据,并在网上发布 Solar-Geophysical Data(1994)。

如果一台观测 TSI 的仪器因故障而中断观测,那么,即使再发射一台新仪器,也难于将所获数据与前者毫无障碍地连接起来,除非新仪器能够与那些已停止工作的仪器彼此校准。航天飞机的出现,无疑大大地提供了便利。它不仅可以将卫星送入轨道,当卫星上的仪器出现故障时,还可以及时予以修理,如太阳峰年号(SMM)就出现过这种情况。更重要的是,利用航天飞机可及时回收辐射计,以便进一步判定出现问题的性质。

SPACELAB 1(空间实验室)于 1983 年 12 月首次成功飞行后,证明可以在空间校准仪器。这促使 NASA/ATLAS(美国国家航空和航天应用和科学管理/大气实验室)分别于 1992 年 3 月、1993 年 4 月和 1994 年 11 月连续安排 ATLAS 1、2 和 3 的发射。同时,ESA(欧洲航天局)/EURECA(欧洲可回收的载体)也于 1992 年 7 月发射,并于 1993 年 6 月成功运行 10 个月后回收 (Crommelynck et al. ,1994)。

随着科学技术的不断进步,卫星逐步小型化,其发射方式也有了显著的改进,特别是一些科研卫星。不再动辄就是使用巨型火箭,而是将火箭先悬挂在一架飞机的下面,利用飞机达到一定的初速度,再逐级点燃火箭,直至将卫星发射至预定轨道。

这些航天器,有的携带了单通道辐射计,有的携带了双通道差分绝对辐射计,在某些方面,这些仪器类似于最初由 Ångström 于 1895 年开发的绝对辐射计,但在诸多方面已经采用了新技术、新工艺,大大地改进了其计量特性。

在 ATLAS2 飞行期间,共有 10 台仪器同步观测太阳。当时太阳活动水平很低,数天内没有一个太阳黑子出现,它们中的 8 台仪器获得了 TSI 值,其结果的分散程度均在 0.1% 以内。这种独特的表现允许科学家,在此时段,定义一个平均的 TSI 值来代表当代绝对辐射计的最先进水平;并以此为准,为每台仪器确定了一个调整系数 C_i(图 14.1 括号内),使得数据一致起来,并称之为空间绝对辐射测量标准(SARR)(Crommelynck,1995),具体数值关系如图 14.1 所示。

经过调整后的 TSI 值,按下式计算:

$$S_i^{SARR}(t) = C_i \cdot S_i(t) \tag{14.1}$$

式中 C_i 为调整系数,S_i^{SARR} 为经过调整后的 TSI 值。

SARR 的建立与 1978 年建立的 WRR 类似。因为所参与的仪器均属于绝对辐射计,将偏离均值过大的仪器予以排除。这在当时对于 TSI 的测定来说,是具有积极意义的。

参与 EURECA 飞行的仪器(太阳变化实验的 SOVA1 和 SOVA2)和在 ATLAS2(SOL-CON 和 ACR)使用的仪器被带回地球。这相当于 8 台辐射仪器被取回来了。

因而,这些仪器经过短时间休整后又可以重新飞行。例如,一次航天飞机的飞行,对于其他仪器来说,可以充当 SARR 来校准那些长期处于飞行之中,而从未带回地球的仪器。不过,以这种方式,从不同的传感器重叠的数据集的一个简单比较看,并不能保证真正持续不断地进行下去。

比较遗憾的是,这次直接参与比对的仪器,大多数是比利时皇家气象研究所自己研制的辐射计,这也是后来并未得到推广的原因。

尽管 TSI 在具体数值上一直未有定论,但可以肯定的是,无论在任何时间尺度上,TSI 根

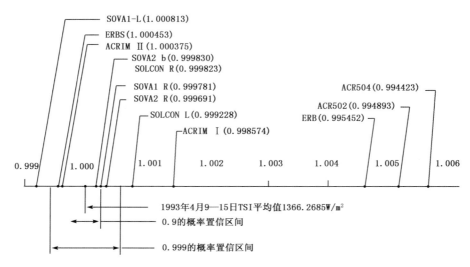

图 14.1　ATLAS2 运行期间各种仪器测量 TSI 结果的相对状态。8 台仪器被带回地球，每台的名称用
黑体字标出。每台仪器的调整系数在括号中给出（Crommelynck et al.，1997）

本就不是个物理意义上的常数。所以，目前国际学术界已不使用"太阳常数"这一术语，而是称
其为太阳全辐照度（Total Solar Irradiance，TSI）。这里 Total 之所以译为全，系指长波、短波
一并考虑之意。具体释意可参阅文献 Crommelynck et al.（1997）。但是，由于太阳全辐照度
一词比较生僻，太阳常数的使用已经太习惯了，所以也还有人在使用。

14.3　TSI 的研究团队

　　参与 TSI 监测的单位众多，例如首开先河的美国国家海洋大气局（NOAA），是利用气象
卫星来进行监测的。此项工作涉及仪器制作、计量校准、数据处理等，因为与气象服务并无直
接关连等原因，所以后来就未继续参与。多年来一直坚持从事这方面研究的科研团队，主要有
美国喷气推进实验室（JPL）ACRIM 科学团队、比利时皇家气象研究所（RMIB）、达沃斯物理
气象观象台（PMOD）和美国科罗拉多大学大气和空间物理实验室（LASP）等。下面分别予以
简单介绍。

14.3.1　喷气推进实验室(JPL) ACRIM 团队

　　喷气推进实验室是最早研究绝对辐射计的科研单位之一，始于 20 世纪 60 年代。最初主
要研制地面测量太阳直接日射的标准器。ACR 是主动腔体辐射计（Active Cavity Radiome-
ter）的英文缩写。后来，经不断地改进，成就了一个完整的系列。ACR Ⅰ 原称绝对腔体辐射
计（Absolute Cavity Radiometer，ACRAD），是最早开发出来的腔体式直接日射计之一。后来
Kendall 作了改进，将 ACR Ⅰ 中的圆锥型腔体改成具有更复杂形状的腔体，并称为 ACR Ⅱ 或
标准绝对腔体辐射计（Standard Absolute Cavity Radiometer，SACRAD），后来 Kendall 又增
加了补偿腔体，并改称 PACRAD。后来，它成为 WRR 标准组的一员（Kendall，1968；1969；
1973）。后来，Kendall 用自己的技术与 TMI 公司合作，生产出赢得广泛使用的 MK 型腔体式
绝对日射表。

Willson 也是在 20 世纪 60 年代末在 ACR Ⅰ 和 Ⅱ 的基础上,研制专门用于测量 TSI 的辐射计的。经过不断地改进,遂有 ACR Ⅲ、ACR Ⅳ 和 ACR Ⅴ 系列绝对辐射计先后面世(Willson,1973;1975;1979;1980)。这些辐射计的研制目的就是测量 TSI。

目前 ACRIM 是观测 TSI 所用的主要仪器之一(Willson,2011)。

有关 Willson 参与 TSI 的测量工作,在当时还是很令人瞩目的,20 世纪 60 年代他就参与过利用气球进行测定的工作,还参与了 20 世纪 70 年代的 3 次利用火箭的探测工作,以及 80 年代在太阳峰年号(SMM)卫星上的测量工作。将其先后测量工作结果进行综合,尽管时间持续 10 多年,测量的高度不同,仪器不断改进,而结果却较相近。也许正因为如此,以 Fröhlich 为主席的辐射工作组才向 WMO CIMO 第八届会议提出一份建议:将 TSI 值定为 1367 ± 7 W/m² (WRR),并获得了会议的通过(WMO CIMO,1981)。原计划将此建议提交 WMO 执行委员会,但迄今未见正式批准。以现在的科学发展现状观之,当时未作正式决定是正确的。

14.3.2   比利时皇家气象研究所(RMIB)

比利时皇家气象研究所对 TSI 的研究工作,始于 20 世纪 80 年代。1984 年 Crommelynck 等就在《自然》杂志发表了介绍 TSI 测量进展的文章(Crommelynck et al.,1984)。随后,以他为首的工作团队就开始了从仪器制作、调试、性能鉴定到实际测量的工作。RMIB 所设计的测量仪器是差分式绝对辐射计(DIARAD),以后,随着时间的推移,在各个方面不断改进,名称也随着工作的进展而有所更换,如 1992—2003 年 SOLCON(SOLar CONstant)先后 6 次参加航天飞机飞行;1992—1993 年 SOVA(SOlar VAriability)(Crommelynck et al.,1993)在欧洲可回收的 EURECA 的飞行;1996 年 DIARAD/VIRGO 在 SOHO 上的观测和 2009 年 SOVAP(SOlar VAriability PICARD)、SOVIM(SOlar Variability and Irradiance Monitor)在 PICARD 卫星的发射等等。DIARAD 的总体结构如图 14.2 所示。

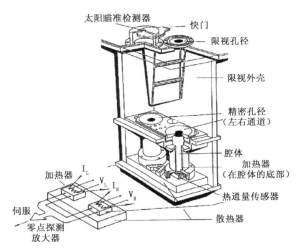

图 14.2   DIARD 绝对辐射计内部结构图

这是一个类似于 Ångström 绝对补偿辐射计的设计,其特点在于两个腔体并列左右。一个腔体是另一个腔体的补偿腔体。而其他绝对辐射计大多采用将其前后分列的方式。这样的做法可以使补偿的作用更充分;并且可以互为补偿腔体,可当作两台辐射计使用。RMIB 先后所发射过的 TSI 测量仪器,如表 14.4 所列。

近年来,计划中还安排在中国的极轨风云卫星 FY-3E 上安装 RMIB 测量 TSI 的仪器,这个卫星对于太阳观测是理想的(类似于 PICARD 卫星),设计寿命为 8 年。目前已经在仪器设计、制作、性能测试和环境试验等均作好了具体、细致的时间安排。在当时预计 2018 年 3 月发射。不过,由于经费方面的问题,RMIB 已经终止了此项计划,转由 PMOD/WRC 接手,继续执行。

表 14.4　RMIB 所发射过的测量 TSI 仪器一览

运载工具	卫星机构	日　期	持续期间	辐射计
空间实验室 1	NASA/ESA	1983-11	10d	SOLCON Ⅰ
ATLAS-Ⅰ	NASA	1992-03-24	9d	SOLCON Ⅱ
EURECA	NASA	1992-07-31	10 mon	SOVA
ATLAS-Ⅱ	NASA	1993-04-8	10d	SOLCON Ⅱ
ATLAS-Ⅲ	NASA	1994-11-03	11d	SOLCON Ⅱ
SOHO	NASA/ESA	1995-12-02	卫星寿命	VIRGO
HITCHHIKER/TAS-01	NASA	1997-08-07	13d	SOVA
HITCHHIKER/IEH-03	NASA	1998-10-29	8d	SOLCON Ⅱ
HITCHHIKER/FREESTAR	NASA	2003-01-16	15d	SOLCON Ⅱ
HITCHHIKER 4	NASA	?		SOLCON Ⅱ
International space station	NASA/ESA	2008-02	>365d	SOVIM
PICARD	CNES	2010-06		SOVAP

14.3.3　达沃斯物理气象观象台(PMOD)

这里是世界辐射中心所在单位,20 世纪 70 年代在著名科学家 Fröhlich 的主持下,对多台绝对辐射计进行了多次比对后,建立了世界辐射测量基准 WRR,代替了原来的辐射测量标准——IPS-1956,并成立了世界辐射标准组(WSG)。该组中就包括几种 PMOD 的 PMO 型号的绝对辐射计。后来,该机构不断生产的 PMO6 型绝对辐射计,提供世界各国气象辐射计量单位作为各自开展太阳辐射测量的标准器。有了这样的基础,用作观测 TSI 的绝对辐射计自然不在话下。所以在欧洲航天局组织的一些有关太阳的科研活动中,都可以看到各种基于 PMO6 型号的测量 TSI 仪器的身影。PMO6 绝对辐射计的结构可参见图 7.10。这种类型仪器的特点是,补偿腔体位于主测量腔体的背后。在这一点上与 Willson 的 ACRIM 相同(图 14.3)。在前面提到过的 SOHO 试验中和在国际空间站的工作中,PMOD 的科学家均积极地参与了观测工作。VIRGO 所使用的仪器(PMO6 和 DIARAD),就是在 PMOD 具体制作的,后来 Fröhlich 虽已退休,但仍然担任台里的专家顾问,出席每次有关 TSI 的科学研讨会,并仍有科学文章面世。更重要的是他开启了构建综合太阳全辐照度时间序列的工作。后面在 14.4.2 节中所讲述的 TSI 的数据处理,就是由他开创的。现任台长 Werner Schmutz 也是这方面的专家。为了配合法国 PICARD 卫星空间实验任务,由他主持了 PREMOS (PREcision MOnitoring Sensor)的研制任务。它既观测 TSI,同时还观测 6 个固定波长(210、215、266、535.69、607.16 和 782.26 μm)的光谱辐照度。PREMOS 中测量 TSI 的仪器仍然以 PMO6 型绝对辐射计为基础设计、制作的。此外,2009 年又开始了一项新任务,即 DARA(Digtal Abso-lute RAdiometer)。这是一项新启动的 PRODEX 短期项目,用于连接被延迟的欧洲航天局的 PROBA-3 项目。DARA 还可被视为 PMO6 型空间辐射计的替代者。其最大的特点是:(1)有 3 个独立控制的测量腔体(图 14.3);(2)PID 控制快门的开闭;(3)测量周期降至数秒。3 个腔体的优点在于,其中两个可以互为补偿腔体,进行 TSI 的日常监测;第 3 个腔体可以长期保存,仅供在空间间歇地校准其他两个腔体之用。这项工作于 2009 年开始制作;2010 年试运转;2011 年电子器件、辐射计校准并在 LASP 实验室与低温辐射计进行比较,2012 年测量导线加热效应和空气一真空比,2013 年测量吸收比并进行电磁兼容测试。苏黎世大学(Universität Zürich)的一名博士生 Markus Suter 在其就读期间参与了此项工作(Suter,2013)。

　　CLARA(Compact Light-weight Absolute RAdiometer)是紧凑型轻量化绝对辐射计的缩写,是 DARA 辐射计的增强版(图 14.4),也是 PMOD 最新设计的辐射计(Finsterle et al.,2014b)。在 2013 年初,CLARA 被挪威太空中心选中,作为卫星 NORSAT-1 的一个有效载荷仪器。CLARA 将继续 TSI 的长期系列空间测量工作。NORSAT 卫星已于 2016 年 4 月 14 日成功发射。

图 14.3　DARA 绝对辐射计的 3 个测量腔体

14.3.4　科罗拉多大学大气和空间物理实验室(LASP)

　　这个科研团队以 Kopp 为首。相对上述其他团队来说,起步较晚。但其突出的贡献有三:

　　(1)所设计的 TIM(Total Irradiance Monitor)辐射计与其他同类辐射计的最大不同点在于:将精密孔径放在了限视孔径的前面(图 14.5)。这也是该团队作出的最大贡献,因为在外太空,由于没有了大气,太阳周围也就没有了日晕。如果此时,仍然沿用地面上直射仪器的几何设计,必然会有大量杂散的辐射进入仪器,从而导致测量的数值偏高。

　　图 14.5a、c 显示的是衍射光所引起的误差,图 14.5b、d 则显示大部分光在进入 TIM 仪器之前就被屏蔽掉了。一般仪器如果有额外的辐射进入仪器后,可能被散射到腔体中的其他部分。而 TIM 仪器则在大部分辐射进入仪器之前就被阻断。也正因为如此,TIM 测量的 TSI

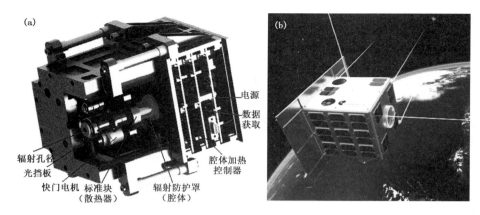

图 14.4　NORSAT 卫星及其 CLARA 辐射计,(a)CLARA 辐射计剖面图,(b)NORSAT-1 卫星外观

从一开始就远低于以往测得的 TSI。这从 TSI 数据库(参见图 14.11)也可以清楚地看到。尽管开始时对此也曾存在不同的意见,但从道理上讲,可以从 Finsterle W(2014)绘制的图中清楚地看到,过去所用仪器在太空中的弊端(图 14.6)。由于开口较大,进入不少多余的辐射,经衍射和多次反射(见仪器中部背景较深部分),也会有部分辐射落入探测器中,进而构成测量误差和结果数值偏高。

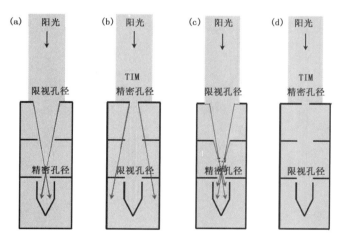

图 14.5　TIM 辐射计与以前各种测量 TSI 辐射计在孔径安排上的差异和由衍射所引起的差异(Kopp,2007)

　　这个问题的起源在于 WMO《气象仪器和观测方法指南》,其中对于直接日射表的几何尺寸作了规定。从地面测量太阳直接日射的角度看,由于存在大气的缘故,日面周围存在着日晕(也称华盖)。测量时,应将其包括在内。这种规定是必须的,于是,在直接日射表的前端放置了一个尺寸较大的限视孔径,在后面贴近接收器的部位放置尺寸较小的精密孔径。可是在卫星上,由于不存在大气,太阳周围没有了日晕,此时太阳对仪器的张角实际上不足 1°,如果此时仍然放置了一个像在地面上所用的较大的限视孔径,显然会进入很多无用的杂光,进而使所测到的 TSI 值偏大。这从图 14.5 和图 14.6 中可以清楚地看出。

　　TIM 辐射计的实际内部剖面图如图 14.7 所示。

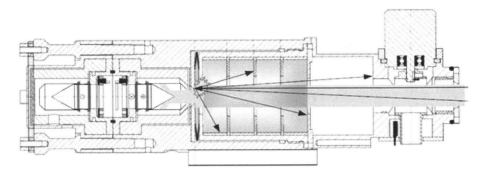

图 14.6　PMO6 的内部结构和在太空中由于入射孔径过大所造成的影响(Finsterle，2014a)

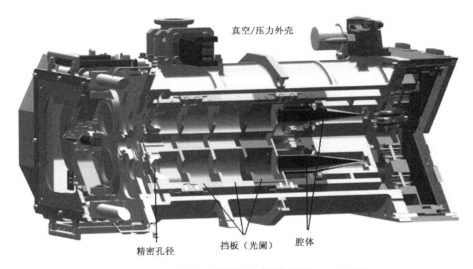

图 14.7　TIM 绝对辐射计内部剖面(Kopp，2007)

　　反过来的情况也一样，2010 年 TIM 仪器参加了由世界辐射中心主持的 IPC-Ⅺ 活动。在 IPC-Ⅺ 期间恰逢一次撒哈拉沙尘事件，就连一般常用的标准绝对直接日射表均由于在几何尺寸上的不同而深受影响；TIM 的表现更是无法形容。这方面的具体情况，请参阅第 18 章。

　　(2)为了校准 TIM，专门设计了一种 TSI 辐射计校准设施(TSI Radiometer Facility)，简称 TRF(图 14.8)。

　　TRF 的设计是用来对照着标准低温辐射计对 TSI 测量仪器进行辐照度校准的。其特点：

　　①定制一个太阳能量级别的低温辐射计作为绝对标准；

　　②设计一个可容纳 TIM 和其他 TSI 测量仪器于真空中进行所有测试的箱体，模拟空间条件，以减少比较中的光学差异；

　　③在太阳功率水准上，使用光束旋转扫描技术产生一束均匀的照明光束。

　　这个装置的具体目的有 3 个：

　　(a)改进测量 TSI 仪器的校准准确度；

　　(b)建立一个新的地基日射辐射级别的测量标准；

　　(c)为现有各种地基 TSI 测量仪器提供如同在太空条件下，进行校准的一种手段。

　　图 14.8 中 L-1 标准低温辐射计直接溯源于美国国家计量科学研究院(NIST)SI 标准。该装置的最大特点是将原来只能作为点源的激光束,经过快速旋转镜进行螺旋式地放大,形成一个面辐射源(图 14.9)。这样就可避免在直接日射计向 SI 标准溯源对比时,只能以功率方式进行,而不能以辐照度方式进行的弊端了(详见第 18 章)。

　　注:激光只能作为点源,而点源是没有面积的,所以只能以功率方式;辐照度是含有面积单位的,这就要求光源要有一定的面积。

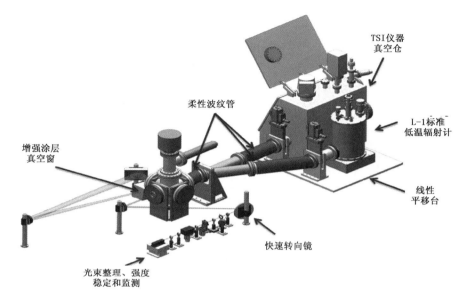

图 14.8　TRF 装置外观

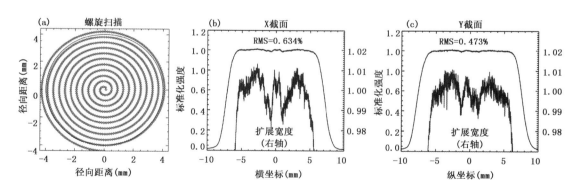

图 14.9　快速反射镜的螺旋束高频扫描响应光束(a)和横跨直径良好的
均匀性,非线性主要体现在光束的中心部分(b,c)

　　光束截面的直径在 6 mm 的范围内是可调控的。由于与低温辐射计(代表 SI 标尺)进行比对校准的仪器均置于真空仓内,所以无需进行大气订正。

　　PREMOS、PMO6、ACRIM 以及 RMIB 等仪器先后均利用此装置进行过校准。

　　在 TRF 进行的实验已经证明,TSI 信号的增加,主要源自对光的衍射和散射的订正不够准确。

除了 TIM 以外,所有测量 TSI 的仪器均将其精密孔径放置在接近辐射计腔体的位置,而将限视孔径置于最前端,如图 14.5 所示的那样。特别是在太空中,太阳辐射充满限视孔径的结果,就会使额外的杂光进入到感应器。因此,多余的信号就会被叠加到测量信号中。在某些情况下,所需的校正值达到了 0.51%。

另外,由于工作腔体一直暴露在 TSI 的直接照射下,腔体的退化是不可避免的(图 14.10)。以前,这是一个难以解决而又具有严重影响的问题。如果使其短时间工作后就返回地面校准,则失去了测量的连续性;而不及时校准又会使测量的准确度出现问题。也就是在此情况下,Fox 等提出了建立低温绝对辐射计(CSAR)的设想。当时的目的就是要解决仪器在太空中校准的问题。但实施起来,实属不易。其重量重就是一个难以解决的问题。

为了解决此问题,PMOD/WRC 在设计太空用新绝对辐射计时,均采用了 3 腔体结构(参见图 14.3)。一为工作腔,二为补偿腔,三为校准腔。正是由于有了可以不常使用的校准腔的存在,才得以了解工作腔退化的进程,进而探讨修正的方法。

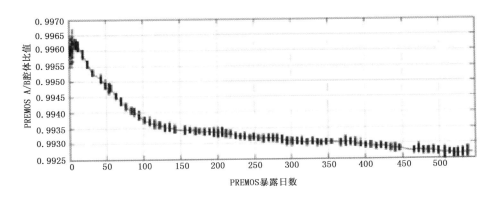

图 14.10　PREMOS 工作腔体退化进程

TRF 装置中,低温辐射计的技术要求如表 14.5 所示,低温辐射计估算的不确定度如表 14.6 所列,而运用 TRF 进行比对的不确定度则列于表 14.7。

表 14.5　TRF 低温辐射计的要求(Kopp et al.,2007)

参　数	要　求	单　位
额定测量辐照度	1360	W/m²
准确度	67.2	1×10^{-6} ppm
低温辐射计孔径面积	0.50204956	cm²
孔径(半径)	3.9976	mm
孔径(直径)	7.9952	mm
额定测量功率水平	68.3	mW
噪声,$k=1$	2	1×10^{-6} ppm
	0.000137	mW
TSI 仪器孔径面积	0.505886	cm²

参　数	要　求	单　位
TSI 仪器孔径半径	4.0128	mm
低温辐射计与 TIM 孔径一致性	7584	1×10^{-6} ppm
测量时间	10	min
电功率线性	10	1×10^{-6} ppm
	0.000683	mW
光谱范围(额定)	532	nm
光谱范围(操作)	400~1550	nm
最低持续运行时间	13	hrs

表 14.6　低温辐射计估算的不确定度(Kopp et al.，2007)

订正项目	值(1×10^{-6}ppm)	σ(1×10^{-6}ppm)
孔径	1,000,000	31
衍射	452	46
锥体反射比	5	5
非等价性	0	7
伺服增益	5.000	5
标准电压＋DAC	1,000,000	10
线性度	1,000,000	10
标准欧姆＋导线	1,000,000	10
暗信号	2500	10
被散射的光	200	30
瞄准(孔径较直)		1
测量可重复性(噪声)		1.0
总 RSS		67.2

表 14.7　利用 TRF 进行比对的不确定度(Kopp et al.，2007)

参数	σ(1×10^{-6}ppm)
低温辐射计的不确定度	67
TSI 仪器的不确定度	100
光束稳定性	100
热背景	104
散射光差异	50
孔径面积差异	10
定位阶段	1
瞄准	54
总 RSS	202

(3)LASP 对测量 TSI 的贡献除了上述两项之外,本身也在太空开展了对 TSI 的直接测量。其中,最著名的要数 SORCE 试验(SOlar Radiation & Climate Experiment),它是由 NASA 发起的卫星任务:提供最新的 X 射线、紫外线、可见光、近红外和太阳全辐射的测量。

SORCE 提供的测量结果具体针对长期气候变化、自然变化和加强气候预测、大气臭氧和 UV-B 辐射的测量。这些测量对太阳的研究至关重要；也涉及到对地球系统的影响和对人类的影响。SORCE 航天器于 2003 年 1 月 25 日在 Pegasus XL 运载火箭上发射，为 NASA 的地球科学事业（ESE）提供精确的太阳辐射测量。SORCE 拥有四台仪器，包括光谱辐照度监测器（SIM），太阳能恒星辐照度比较实验（SOLSTICE），总辐照度监测器（TIM）和 XUV 光度计系统（XPS）。2018 年也是 SORCE 发射 15 周年。SORCE 的使命在许多方面都超出了预期。另外，太阳全辐射和光谱辐射传感器（TSIS-1）也于 2017 年 12 月 15 日利用 Space X Falcon 9 火箭发射，2018 年 2 月 17 日抵达国际空间站，并由站上的宇航员用机械手捕获。几天后，它被放置在空间站的顶部顺利开展观测活动。

14.4　TSI 数据

14.4.1　TSI 数据库

其实，在前述各种测量 TSI 的卫星之后，仍不断有新的卫星升空开展 TSI 测量。遗憾的是，没有一个卫星能够做到持续不断地测量，因为卫星是有寿命的。即使有同系列的卫星被后续发射，中间亦难免存在数据的间断。因此，就有了如图 14.11 所示的各种卫星数据的汇总。这项工作最初由瑞士达沃斯物理气象观象台（PMOD）完成，并且每年年初均会将前一年的相关数据添加上去，并公布在其网站上。由于各种卫星所用的测量仪器不同，年代不一，所以测量结果会出现差异，特别是在 TSI 开始观测的早期。尽管 ERB 系列卫星测量数据，偏离其他卫星的较多，但由于其起始年代最早，在图 14.11 中仍可见其身影。自 2015 年起，PMOD 官网上不再出现这部分原始素材的内容。同时为了体现出 TSI 的变化与太阳黑子之间的关系，作者引用了 Kopp(2016)文献中的图，如图 14.11 所示。

这是自从利用卫星直接测量 TSI 以来，全部测量结果的综合，故称之为 TSI 数据库。当然，真正的数据库要包括各种卫星在各自观测年代里的详尽数据资料。这是进行更进一步研究的基础。

图 14.11 中用不同的颜色代表不同的卫星和相应仪器的测量。从中不难看出，TSI 的总体数值有随年代的推进而逐渐下降的趋势，即越是新的卫星，测量结果越低。图 14.12 则更清晰地用长方框表示不同的卫星及其测量 TSI 仪器的存在时段。值得庆幸的是，TSI 的测量工作总体上一直得以延续。但并非所有种类的仪器都是如此幸运。例如另一台 TIM 原计划随同 Glory 卫星一起发射，可是由于 Glory 发射失败，其数据延续的计划暂时遭遇困境。当然该图仅是截至 2016 年的情况。从世界范围的情况讲，2017 年挪威的 NORSAT-1 以及美国 TSIS 的成功发射均能使这项工作继续下去。

14.4.2　TSI 数据的复合处理

由于 TSI 数据库中的数据，特别是早期的数据都是断续的，无论对于哪家科研机构来说均是如此。尽管所用仪器均为绝对式的，也存在标尺不统一的问题。如何在整体数据均不够完整的情况下，一方面以自己的数据为主，将自己数据中断的部分与其他经过校正的数据相链接；另一方面，对其他早期数据也应尽量利用起来。这就成了众多科学家一直努力工作的方

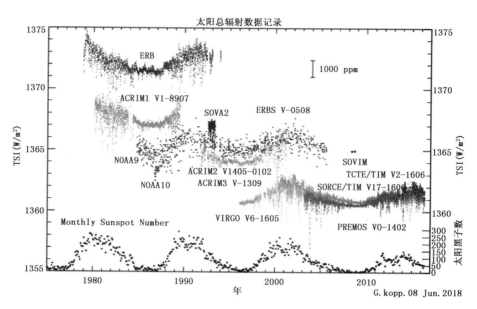

图 14.11　1978—2011 年各种卫星对 TSI 的检测结果，不同颜色代表不同年代不同卫星所获得的 TSI 值
（Kopp et al.，2016）（见彩图）

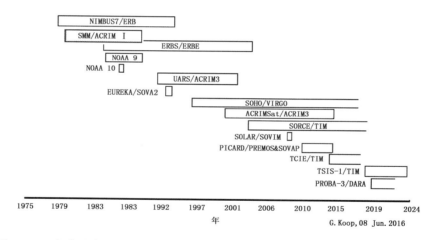

图 14.12　各种具有 TSI 监测使命卫星的升空时段（方框右侧未封者，表示观测持续）。

向。尽管这其中离不开数学工具，但是在具体运用中，各家各有千秋，考虑重点也不一致。其中还包括天体物理因素、仪器性能退化、标准的一致化以及插补算法等诸多方面的问题。贡献突出者当属 PMOD 的 Fröhlich 及其团队。这里主要涉及：

（1）1978 年以来早期从 Nimbus-7 H-F 测量数据的修正处理、以考虑其早期的增加和退化等问题（Fröhlich，2002；Fröhlich et al.，2004）。具体处理不同来源的 TSI 数据的方法已经超出本书的范畴，感兴趣者可参阅发表的系列文献；

（2）评估 ACRIM-Ⅰ早期的增加与退化问题；

（3）详细评估 ACRIM-Ⅱ记录中许多操作中断的影响（Fröhlich，2002；Fröhlich et al.，2004）。

在 PMOD/WRC 的网页上,每年均会更新发布自 1978 年至当前 PMOD、ACRIM 和 RMIB 等三个团队的拟合结果,并给出详细地说明。图 14.13 就是 2018 年度发布的 3 个单位数据的拟合结果。不同的色段代表不同仪器的数据源。这里,当然不是简单的数据拼凑与连接。而是已经经过对所用他人测量数据的校正。每位研究者可能有自己不同的处理方法,但面对的问题是同样的。

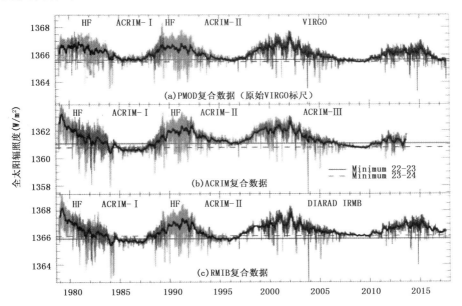

图 14.13　PMOD 复合数据与 ACRIM 和 IRMB[①] 两种复合数据的比较,PMOD 的复合数据使用的是
VIRGO 原标尺(下载自 2018 年 PMOD/WRC 网站)(见彩图)

这里应当注意的是,PMOD 和 RMIB 的数据,使用的是 VIRGO 原标尺。如果改用 VIR-GO 新标尺,则情况就像从图 14.14 所看到的,此时的 TSI 值就十分接近 1361 W/m² 了。

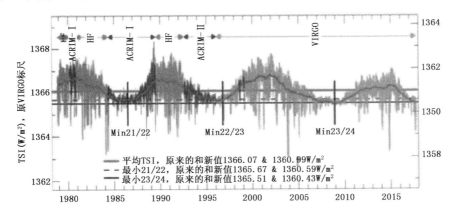

图 14.14　扩展的 PMOD 复合 TSI 的日值数据,不同颜色表示不同源的结果。同时显示了最小值之间的
差异以及三个周期的振幅(下载自 2018 年 PMOD/WRC 网站)

---

① IRMB 为图 14.13 中 RMIB 的法文缩写。

2016 年 Kopp 在其文章中也首次公布了 LASP 团队 TSI 数据的合成结果(图 14.15)。至此,虽不能说学术界已就 TSI 达成了完全的一致,但毕竟大大地向前迈进了一步。

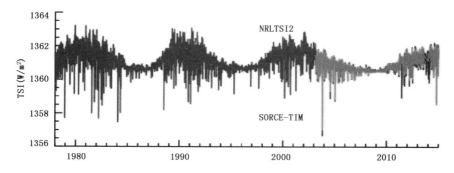

图 14.15　LASP 团队合成的 TSI 复合数据集（Kopp，2016）
（图中深色为美国海军研究室拟合的整体数据,浅色为 SORCE 测到的数据）

如果从不同仪器不同年代测得 TSI 的平均值来看,从表 14.8 可以清晰地看到其逐步下降的趋势。

表 14.8　不同年代不同仪器测量 TSI 的结果一览（转引自 Meftan，2014）

仪器	年代	TSI	出处*
ERB/NIMBUS	1978—1993	1371 W/m²	Hickey et al.,1980,1988;Kyle et al.,1993
ACRIM-Ⅰ/SMM	1980—1989	1367 W/m²	Willson et al., 1981
ERBE/ERBS	1984—2003	1365 W/m²	Lee et al.，1987
ERBE/NOAA 9	1985—1989	1364 W/m²	Barkstrom et al.,1990
ERBE/NOAA10	1986—1987	1364 W/m²	Barkstrom et al.,1990
ACRIM-Ⅱ/UARS	1991—2001	1365 W/m²	Willson et al., 2001
SOVA 1/EURECA	1992—1993	1365 W/m²	Crommelynck et al.,1993
DIARAD/VIRGO on SOHO	1996—	1365 W/m²	Dewitte et al., 2004
PMO6V/VIRGO on SOHO	1996—	1365 W/m²	Finsterle et al., 1997, 2006
ACRIM-Ⅲ/ACRIMSAT	2000—	1365 W/m²	Willson et al., 1999
TIM/SORCE	2003—2013	1361 W/m²	Kopp et al.,2005
PREMOS/PICARD	2010—	1361 W/m²	Schmutz et al.,2013
SOVAP/PICARD	2010—	1362 W/m²	Meftah et al.,2014(Solar Phys.)

*表中出处一栏,系原作者所列,非本书作者引用,故未能一一列出。

尽管上面已经列举了将不同年代、不同卫星在空间测量到的 TSI 值综合起来,进行复合处理并得出的多种结果。但是,正如上面看到的,各个团队测量 TSI 所得结果,已经渐趋一致。正如图 14.16 的对比测量结果所显示的那样,3 种不同型号的仪器在近 1 年的时间内,所得到的 TSI 测量结果的一致性是令人印象深刻的。正因为如此,在 2015 年召开的国际天文学联合会(IAU)通过的 B2 决议中,将 TSI 值定为 1361 W/m²。

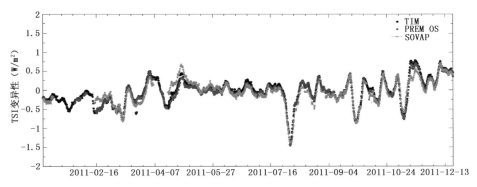

图 14.16　TIM、PREMOS 和 SOVAP 所测量的 TSI 变化时间序列(平均超过 6 h)
(Meftan et al.，2014)(见彩图)

14.4.3　TSI 的研究活动

由于国际学术界的广泛关注,新世纪以来几乎每年不断有关于 TSI 方面问题的各种学术会议召开。

TSI 的准确测量不仅仅是气候学界和辐射测量学界关心的问题,也牵动着天文学、特别是航天学界的关注。2005 年由美国航空和航天局(NASA)与国家标准与技术研究院(NIST)等发起了一次国际研讨会,吸引了世界相关学者的普遍关注。研讨会的目标明确为:(1)识别/评估当前在轨测量 TSI 差异的潜在来源;(2)推荐测量和基于一些算法来解决这些差异的途径。研讨会的日程安排为 3 个阶段:

第一阶段:卫星 TSI 测量不确定度阶段。量化/验证绝对差异的重要性;

第二阶段:卫星和地面的 TSI 测量比较阶段。审查过去/现在/未来测量的比较;

第三阶段:基于实验室比较和性能鉴定阶段。审查过去/现在/未来计量学应用中的差异。

值得关注的是,与会者不仅有一直从事 TSI 测量的学者,也有各相关专业从事计量的专家。现代科技发展之精细,一般的相关知识对于高准确度的计量来说,已远远不敷应用之需求。而精密的 TSI 测量,更涉及到方方面面的准确计量。会上专门对曾在各种卫星上的测量仪器分别作了全面的自述和评述。特别关注到了各种仪器的性能退化程度问题(Willson,2003)。会上 NIST 的专家专门介绍了精密孔径的设计和面积的准确测量。由于要求提高测量准确度,如果精密孔径的面积计量不准确,则会直接影响到 TSI 的结果。这里的孔径面积,远不是一般理解的 πr^2。它不仅仅涉及半径的测量,还需要利用更专业的计量器具。有的与会专家还介绍了有关衍射的理论计算和测量,这对在 TSI 测量中,考虑衍射的作用具有促进作用。

除了上述会议之外,还有下列各种会议讨论与 TSI 有关的议题:

美国地球物理联盟(AGU)(每年);

科罗拉多大学大气和空间物理实验室(LASP)SORCE 系列科学会议(每年);

国际空间科学研究所(ISSI)也分别于 2012 年 3 月、2013 年 5 月和 2014 年 6 月召开过工作组会议,并进行了学术交流。

此外,欧洲还有太阳计量学学术研讨会(Solar Metrology Symposium),迄今已经召开了3届。

这些会议不仅为相关学者提供了及时交流信息和讨论问题的平台,同时也大大促进了有关 TSI 研究的进展。

14.4.4　TSI 的光谱

人们在关注 TSI 量值的同时,也关注其光谱组成。这一项工作的难度远高于前者,尤其是紫外端的光谱,因为它们在到达地面被观测之前,早已被大气吸收殆尽。不过人们对真理的追求从未停止过,哪怕其困难远高于对 TSI 的测量。在 20 世纪,比较有名的工作,有 Nicolet H,Labs D 和 Johnson F 等人的工作。1957 年举行的国际辐射会议上曾通过建议,将 Nicolet 通过光谱累积所得出的 TSI 值,作为整理国际地球物理年测量数据的必要参数。

太阳辐射计算模式的推出,也急需太阳光谱值的配合,因为作为基础数据,没有具体的分光谱数据,后续的模式计算是无法进行的。所以,这项工作一直在持续不断地变化着。

其中比较著名的、且经正式发布的,有如下两项:

(1)1981 年在墨西哥举行的 WMO CIMO 第 8 届会议上,正式认定 TSI 值为 1367 ± 7 W/m^2,并同时发布了其 $250\sim25000$ nm 的光谱分布值。

(2)2006 年 ASTM 发布了"太阳常数和零大气质量下的太阳光谱辐照度标准"(ASTM E490-00a:2006),其光谱范围远超过前者,是从 $0.1195\sim1000$ μm。

此外,我们在 SMARTS 模式的使用手册中,还发现了以下数种地外太阳光谱辐照度值:

(1) MODTRAN(Cebula/Chance/Kurucz):1362.12 W/m^2;

(2) MODTRAN(Chance/Kurucz):1359.75 W/m^2;

(3) MODTRAN(New Kurucz):1368.00 W/m^2;

(4) MODTRAN(Old Kurucz):1373.16 W/m^2;

(5) MODTRAN(Thuillier/Kurucz):1376.23 W/m^2。

上列 5 种 TSI 具体的光谱辐照度值可以在 SMARTS 模式相应的文件夹中找到。其中第一种太阳光谱值的总量与目前认定的 TSI 值最为接近。但是,这并不意味着就可以用它来正式代表 TSI 的光谱数据。因为在光谱的细节上,还存在着诸多的差异。另外,还有一点需要指出,就是由于要配合 SMARTS 模式计算的需要,各种光谱的起止波长一律限定在 $280\sim4000$ nm。所以上列各种 TSI 的光谱值,并不一定就是原作者的 TSI 光谱范围和光谱值。

可喜的是,在 SORCE 所携带的仪器中,就包含一台光谱辐照度监测仪(SIM),经过在轨多年的实际测量,相信会有助于 TSI 光谱辐照度值的最终确定。

14.5　我国 TSI 测量的进展

我国在 TSI 测量方面的起步较晚。20 世纪下半叶才由中国科学院长春精密机械光学研究所开始研制绝对辐射计。首先研制了平面型辐射计,90 年代又研制了腔体式绝对辐射计(方伟 等,1992;2003),并于 2000 年首次参加了在瑞士达沃斯举办的 IPC-IX。由于当时世界辐射中心也正缺少新型的绝对辐射计,以弥补世界标准组(WSG)因老旧仪器逐渐失效的不足。因此,邀请我国将该种仪器留下两台,参加与世界标准组的长期比对。仪器的型号为

SIAR。结构如图 14.17 所示。2002 年 8 月专门为此研制的两台仪器 SIAR-2a 和 SIAR-2b，正式参与比对。

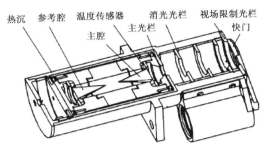

图 14.17 SIAR 结构图(方伟 等,2009)

"神舟三号"飞船 TSI 监测器,系由 3 台相同的半视场为 7.5°的 SIARs 依次呈 15°扇形排列而构成,在飞船轨道舱的朝天面上,3 台辐射计所在平面与飞船飞行方向相垂直安装,在飞船轨道面上形成±22.5°的观测太阳的视场。2002 年 3—7 月"神舟三号"飞船经历了半年的对 TSI 的在轨测量,并采用了在飞船扫过视场期间,进行非跟踪太阳方式的太阳辐照度测量(禹秉熙 等,2004)。

2008 年第二代极轨气象卫星风云 3 号 A 星发射,该卫星搭载了太阳辐射监测仪(SIM),它包括 3 台宽视场 SIAR 辐射计,构成了 3 个通道。风云 3 号卫星采用的是太阳同步运行方式,轨道周期 101 min。每一轨道可进行 1 次 TSI 测量。仪器在轨运行模式为两个通道长期测量,另一通道定期测量,以便校正由于长期暴露于强紫外线下所引起的探测器锥腔吸收率下降等问题。据研究表明,经过对所获数据的各种必要的处理和订正后,所测定的 TSI 值在 WMO 所推荐的(1367±7 W/m²)范围内(方伟 等,2009)。

另外,中国气象局国家卫星气象中心的科技工作者,在 2014 年法国巴黎召开的"太阳计量学学术研讨会"上所作的报告中,作了更详细的介绍(Jin et al.,2014)。风云 3 号卫星共计有 8 颗,其中 5 颗搭载太阳辐射监测仪,即:

FY-3A:上午轨道发射于 2008 年 5 月 27 日;

FY-3B:下午轨道发射于 2010 年 11 月 5 日;

FY-3C:上午轨道发射于 2013 年 9 月 23 日;

FY-3E:晨昏轨道计划于 2019 年发射;

FY-3E:上午轨道计划于 2020 年发射。

太阳辐射监测仪拥有 3 种观测模式:自测试模式、太阳模式和冷空模式。

FY-3A/3B 卫星携带的为太阳辐射监测仪 I 型仪器,没有跟踪系统,视场角±13.3°。以 3 台 SIAR 为主要探测器,它们按照固定的安装角组成,当卫星飞越极地太阳扫过探测器视场时,探测器进行观测(方伟 等,2009)。由于 FY-3A/3B 星 SIM-I 采用宽视场非跟踪的观测方式,不同时间太阳光入射到探测器视场的角度不同且偏角较大,经典余弦角度修正效应不好。基于腔温响应函数重新构建角度修正模型,修正后太阳总辐射照度的不确定度为 0.3%,相较国外同类数据仍呈现较大波动(王伟 等,2003;张佳琪 等,2011)。

借鉴 SIM 在轨运行和应用经验,FY-3C/SIM-II 增加太阳自动跟踪和精密温控功能,缩小视场孔径,改善入射光源和观测环境的稳定性。在轨实测数据显示跟踪精度优于 0.07°,温控精度优于 0.12 K(具体参数见表 14.9)。SIM-Ⅱ包含 2 台 SIAR,SIAR-1 用于观测,SIAR-2 用于相对校准,每月观测一日,监测 SIAR-1 在轨衰减变化以及探测器备份。

表 14.9　风云 3 号卫星上仪器的主要参数

参数	SIM-Ⅰ	SIM-Ⅱ
光谱范围	$0.2\sim50\ \mu m$	$0.2\sim50\ \mu m$
绝对准确度	0.5%	0.1%
相对准确度	0.03%/3a	0.02%/4a
视场角	$\pm13.3°$	$\pm2°$
跟踪准确度	—	$\pm0.1°$
温度控制准确度	—	0.3K

相比于 FY-3A/3B 卫星,FY-3C/SIM-Ⅱ 太阳总辐照度计算方程式中,加入多普勒效应影响因子并优化日地距离修正公式,其他各项影响因子受益于小视场孔径,数值结果的代表性和精度都显著提高,其观测结果可溯源至世界辐射中心建立的世界辐射基准(WRR)。

与国外同类测量仪器的同期测量结果相比,图 14.18,图 14.19 给出了 2014 年 3 月 5 日至 9 月 22 日期间,FY-3C/SIM-Ⅱ、美国 TIM 和比利时 RMIB 逐日 TSI 的比较结果。从图中可以看到,在此时段内,TSI 处于频繁波动中,3 套数据在变化的趋势上具有非常好的一致性;同时 3 套数据给出了 3 种 TSI 参考值。其源自于两个方面:首先,校准方法不一,TIM 所依据的是 TRF,国内研制的仪器所依据的是 WRR,RMIB 则是融合了多源观测数据平均的结果;其次,仪器设计上的差异,尤其是光阑的摆放位置不同,导致杂散辐射的影响程度不同。

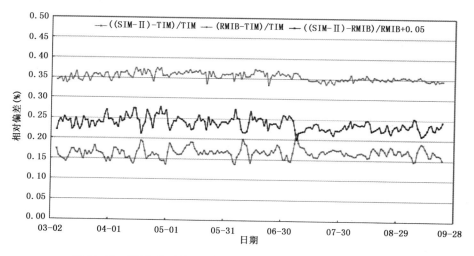

图 14.18　SIM-Ⅱ,RMIB 和 TIM 太阳总辐照度相对偏差时序变化

另外,据 PMOD/WRC2016 年年报显示,PMOD/WRC 将与我国的相关单位配合,进行 TSI 的探测工作。测量仪器采用 DARA 和 SIAR。其整体外观如图 14.20 所示,预计 2019 年发射。

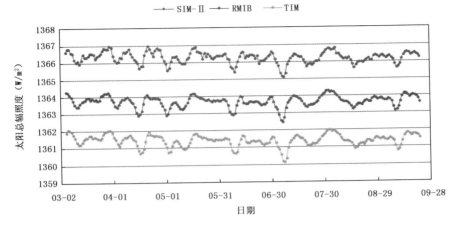

图 14.19 SIM-Ⅱ，RMIB 和 TIM 太阳总辐照度逐日观测结果时序变化(齐瑾 等,2015)

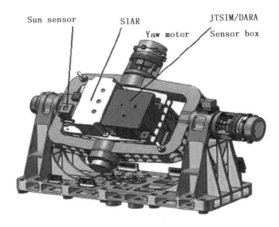

图 14.20 准备在中国风云卫星上监测 TSI 的仪器联合体
(Annual Report of PMOD/WRC,2016)

参考文献

方伟,金锡峰,1992.一种双锥腔补偿型绝对辐射计的研制[J].太阳能学报,**13**(3):406-411.

方伟,等,2003.太阳辐照绝对辐射计(SIAR)与国际比对[J].光学学报,**23**(1):112-116.

方伟,等,2009.太阳辐照绝对辐射计及其在航天器上的太阳辐照度测量[J].中国光学与应用光学,**2**(1):23-28.

齐瑾,等,2015.风云三号C星太阳总辐照度观测结果分析[J].科学通报,**60**(25):2447-2454.

王伟,方伟,禹秉熙,等.2003.FY-3卫星太阳辐照度监测仪星上测量校正因子的研究[J].长春理工大学学报,**26**:87-91.

禹秉熙,方伟,王玉鹏,2004.卫星宽视场绝对辐射计太阳越过视场时入射光变化与腔温响应函数[J].光学精密工程,**12**(4):353-358.

张佳琪,齐瑾,方伟,等,2011.太阳辐射监测仪观测角度变化的修正[J].光学学报,31.

Annual report of PMOD/WRC 2016. https://www.pmodwrc.ch

ASTM E 490-00a(Reapproved 2006) Standard solar constant and zero air mass solar spectral irradiance tables.

Crommelynck D, Domingo V, 1984. Solar irradiance observations[J]. *Science* **225**: 180-181.

Crommelynck D, Domingo V, Fichot A, et al, 1993. Preliminary results from the SOVA experiment on Board the European Retrievable Carrier (EURECA)[J]. *Metrologia*, **30**: 375-379.

Crommelynck D, et al, 1994. Total solar irradiance observations from the EURECA and ATLAS experiments https://www.researchgate.net/publication/253583792_Total_solar

Crommelynck D, Fichot A, Lee R B Ⅲ, et al, 1995. First realisation of the space absolute radiometric reference (SARR) during the ATLAS 2 flight period[J]. *Adv. Space Res.*, **16**: 17-23.

Crommlynck D, Dewitte S, 1997. Solar constant temporal and frequency characteristics[J]. *Solar Physics* **173**: 177-191.

Drummond A J, Hickey J R, 1968. The Eppley-JPL solar constant measurement program[J]. *Solar Enrgy* **12**: 217-222.

Duncan C H, et al, 1977. Rocket calibration of the Nimbus-6 solar constant mesurements[J]. *Appl. Opt.* 16. 2690.

Finsterle W, et al, 2014a. Of straying photons, shiny apertures and inconstant solar constants-*Advances in TSI radiometery SORCE* 2014 *Science Meeting*, 29 January 2014. ppt. lasp. colorado. edu/media/projects/SORCE/meetings/2014/presentations/...

Finsterle W, et al, 2014b. The new TSI radiometer CLARA, *Proc. SPIE* 9264, Earth Observing Missions and Sensors: Development, Implementation, and Characterization Ⅲ, 92641S (November 19, 2014); doi:10.1117/12.2069614;

Fröhlich C, 2002. Solar irradiance variability, *SORCE Meeting*, Steamboat Springs, July 17-19.

Fröhlich C, Lean J, 2004. Solar radiative output and its variability: evidence and mechanisms[J]. *Astron. and Astrophys. Rev.*, 12, pp. 273-320, 2004.

Hoyt Douglas V, 1979. The Smithsonian astrophysical observatory solar constant program[J]. *Reviews of Geophysics and space Physics*, **17**(3):427-457.

Hickey J R, Karoli A R,1974. Radiometric calibrations for the earth radiation budget experiment[J]. *Appl. Opt.* **13**: 523.

Hickey J R, et al, 1980. Initial solar irradiance determinations from Nimbus 7 cavity radiometer measurements [J]. *Science*, 208, 281.

Hickey J R, et al, 1982. Extrarestrial solar irradiance variability: two and one-half years of measurements from Nimbus 7[J]. *Solar Energy*, 29, 125.

Jin Qi, et al, 2014. The new total solar irradiance observations from FY-3C solar irradiance monitor. https://picard. cnes. fr/.../smsc/picard/PDF/Solar_Symposium/JinQI. pdf

Johnson F S, 1954. The solar constant[J]. *J. of Met.* 11, 431.

Joint Total Solar Irradiance Monitor (JTSIM), a payload onboard the Chinese FY-3 mission. *Annual report* 2016, PMODWRC.

Kendall J M Sr,1968. The JPL standard total-radiation absolute radiometer, *NASA Tech. Report* 32-1263, JPL, N68-24292.

Kendall J M Sr, 1969. Primary absolute cavity radiometer, *NASA Tech. Report* 32-1396, JPL N69-31956.

Kendall J M Sr, 1973. Factors affecting accuracy of radiometer measurements of solar irradiance and results of a measurement of the solar constant[J]. *Proceeding of Symposium on Solar Radiation*, November 13-15, 190-202.

Kopp G, 2007. Total irradiance monitor observations of total solar irradiance. https://www.researchgate.

net/publication/252188771_Total.

Kopp G，et al，2007. The TSI radiometer facility-absolute calibrations for total solar irradiance instruments [J]. *Proc. of SPIE* Vol. 6677，667709.

Kopp G，et al，2016. The impact of the revised sunspot record on solar irradiance reconstructions[J]. *Solar Physics*，The final publication is available at Springer via http://dx. doi. org/10. 1007/s11207-016-0853.

Kyle H et al，1993. The Nimbus Earch Radiation Budget (ERB) Experment：1975-1992[J]. *Bull. Amer. Meteorol. Soc.* **74**：815-830.

Meftan M et al，2014. SOVAP/Picard，a spaceborne radiometer to measure the total solar irradiance[J]. *Solar Phys.*，**289**：1885-1899.

Mureray D G，et al，1969. The measurement of the solar constant from high altitude ballons[J]. *Tellus*，21，p. 620.

Nicolet M，1949. Sarle probleme de la constante solaire[J]. *Ann. Astrophys.* 14，249.

Plamondon J A，1969. The Mariner Mars 1969 temperature control flux monitor. *Jet Probulsion Laboratory*，*Space Programs Summary* 37-59，vol 3，162，N70-22851-872.

PMOD/WRC 网站 https://www. pmodwrc. ch

Solar-Geophysical Data，1993. https://www. ngdc. noaa. gov/stp/solar/sgd. html

Suter M，2013. Measurements of the solar constant with the Digital Absolute Radiometer (DARA) Markus Suter，PhD Seminar 2013.

Thekaekara M P，Drummond A J，1971. Standard values for the solar constant and its spectral components[J] *Nat. Phys. Sci.*，229，6.

Thekaekara M P，1976. Solar Irradiance：Total and spectral and its possible variations[J]. *Appl. Opt.*，15. 915.

Willson R C，1971. Active cavity radiometric scale，international pyrheliometric scale，and solar constant[J]. *J. Geophys. Res.*，**76**：4325-4340.

Willson R C，1973. New radiometric techniques and solar constant measurements [J]. *Solar Energy*，14，203.

Willson R C，1975. Instrument for measurements of solar irradiance and atmospheric optical properties[J]. *SPIE* Vol. 68，(Solar Energy Utilization)，31-40.

Willson R C，1979. Active cavity radiometer type Ⅳ[J]. *Appl. Opt.* 18，179.

Willson R C，1980. Active cavity radiometer type Ⅴ[J]. *Appl. Opt.* 19，3256.

Willson R C，Mordinov A V，2003. Secular total solar irradiance trend during solar cycles 21 and 22[J]. *Geophys. Res. Let.*，**30**：1199-1202.

Willson R C，et al，2011. Revision of ACRIMSAT/ACRIM3 TSI results based on LASP/TRF diagnostic testing for the effects of scattering，diffraction and basic SI scale traceability. *AGU Session G21C Tuesday Dec. 6 2011.*

WMO CIMO，1981. Abridged final report of the eighth session，Mexico，WMO No. 590.

WMO，2014. Guide to meteorological instruments and methods of observation，7-th edition. *WMO No.* 8.

Кондратьев К Я，Никольский Г А，1970. Извести АН СССР，Физ. Атмосферы и океана. Том 6，No. 3，227.

15　太阳能应用的辐射测量

15.1　引言

　　本章所论及的内容,不仅限于太阳能应用,其他凡涉及辐射测量有关的领域,如农业、森林、生态等对测量准确度要求不严苛的部门、学科、行业等均会有所帮助。由于目前涉及太阳能利用的门类众多,要求也并不一致。因此,众多有针对性的新技术开发出来,并派生出一些相对简单,价格适宜,也更易普及的仪器供选择使用。

　　正因为如此,国际标准化组织(ISO)180 技术分委员会(太阳能)于 1990 年发布了国际标准 ISO 9060:1990《测量半球向太阳辐射和直接太阳辐射仪器的规范和分类》。这是世界上第一份有关日射仪器分类的标准,其中包括直接日射表和总日射表的具体分级及其分级的性能依据。世界气象组织 1983 年发布的《气象仪器和观测方法指南》(第 5 版)也包括总日射表和直接日射表的分级标准。在技术指标方面,两者之间大同小异,但各种等级的名称则不相同,因而也给使用者带来困惑。随着科学技术的进步,ISO 9060:1990,已经明显不符合当今的技术要求,国际标准化组织 180 技术分委员会于 2015 年开始启动修订工作。草案已有(参见附录 E 和 F),但迄今尚未经成员国投票批准。新版的最大特点就是照顾到本章所要讨论到的快速响应的器件(包括光电器件)。

15.2　光电型总日射表的特点

　　光电型总日射表是使用硅光电二极管作为传感器所制成的总日射表,其特点,可归纳成如下几点:

　　(1)响应速度快,通常属于秒以下的量级;

　　(2)原理基于测量硅光电二极管的短路电流,因为它与辐照度的大小成比例;

　　(3)输出信号可检测短路电流或开路电压;

　　(4)仪器响应度有温度依赖性;

　　(5)响应度依赖于入射辐射的光谱特性;

　　(6)响应度不受仪器倾斜的影响;但仪器倾斜会受到环境反射辐射的影响。

　　光电二极管通过监测流经低温度系数(精密)电阻的端电压,进而得出入射的辐照度。这相当于测量太阳电池的短路电流。相对于光电二极管来说,大面积的太阳能电池则是用来将太阳能转化为电功率的。因此,太阳能电池的工作原理不同于光电二极管,虽然太阳能电池的输出也与入射的太阳辐射能量相关。光电二极管总日射表的光电流能准确地计量入射的辐照度。光电二极管总日射表测量的准确度,通常使用一个光学输入装置来改进自身因角度响应不良的影响。

　　使用光电二极管构建的总日射表,初看起来,似乎相对简单。然而,光电二极管产生电流的外部量子效率还与入射光的波长有关,同时光电二极管使用的硅器件,对 450～900 nm 的波长有很好的响应。但对波长<300 nm 和波长>1100 nm 则没有有效的响应(图 15.1)。

　　在更高的温度下,光电二极管则更敏感。温度响应实际上也有较弱的波长依赖性,波长在900 nm 以下的为负温度依赖性;而高于 900 nm 则有较大的正温度依赖性,最终导致的净温度影响是正的。

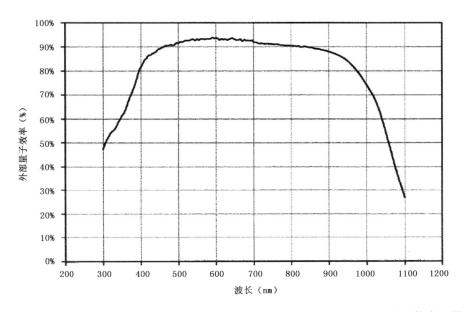

图 15.1　太阳电池作为波长函数的外部量子效率。量子效率是由太阳电池上的光子数除以所产生
电子的百分比。一个 90％的量子效率意味着 90％特定波长的光子入射到其上就会产生
一个电子。测量是在电压近为零的状态下进行,即短路电流(Vignola et al.,2012)

　　光电二极管的温度响应不同于太阳电池的温度响应。光电二极管工作于近短路电流状态,在电路中只有很小的压降。用于产生电力的太阳能电池板,则工作在最大功率点,这比真正的短路电压更接近于开路电压。开路电压随温度会显著降低,这将引起太阳能电池板的输出随温度而降低。

15.3　光电型总日射表的特性与分级

　　这方面的内容,在 WMO《气象仪器和观测方法指南》中并无叙述。仅见于新版 ISO 9060(草案)中。由于新版 ISO 9060(草案)尚未经过各成员国的正式投票批准,所以并未正式发布。感兴趣者可参阅附录 E。

　　LI-COR 给出的光电型总日射表的性能规格,如表 15.1 所列。

表 15.1　光电型总日射表性能规格

特性	LI-200	特性	SP Lite
灵敏度	90 μA/1000 W/m²	灵敏度	60～100 μV/(W/m²)
稳定度	1 年内变化＜2%	稳定度	＜2%
响应时间	10 μs	响应时间	＜＜1s
温度依赖性	＜0.15%/℃	温度依赖性	＜0.15%/℃
余弦响应	修正到入射角 80°	光谱范围	400～1100 nm
方位性	45°处 360°误差＜±1%	到 80°的方向误差	＜5%
倾斜效应	无定向误差	0～1000 W/m² 间的非线性	＜1%
工作温度	−40～65 ℃	工作温度	−30～+70 ℃
相对湿度	0%～100%	最大太阳辐照度	2000 W/m²
校准		视场	180°
探测器	高稳定度硅光电二极管（蓝光增强）		

这些光电型总日射表并不符合 ISO 9060:1990 以及 WMO《气象仪器和观测方法指南》中,有关热电型二级总日射表的规格要求,主要是因为它们的光谱响应区间有限。可是在某些应用中,这些光电型总日射表可执行许多热电型二级总日射表的工作。正因为如此,新版 ISO 9060(草案)中作出了重大改进。

根据目前新版 ISO 9060(草案)来看,最大的变化在于:首先依据辐射表所用传感器种类区分为:平坦光谱型(热电传感器)和亚秒型(光电传感器)。

15.4　光电型总日射表

光电型总日射表实际测量的波长范围如图 15.2 所示。从图中不难看出,其光谱范围仅限于 300～1100 nm,而且在此光谱范围内的光谱响应度极不均匀。也就是说,在某一种太阳高度角下校准的光电辐射表,在另一种太阳光谱下应用,就会因光谱的不匹配而出现问题。因此,气象学界对此种辐射表并不感兴趣。当然,实际上问题似乎还没有那么严重,这个问题在 15.6 节中探讨。

最早的以硅光电二极管为感应元件的总日射表,是 20 世纪 70—80 年代美国 LI-COR 生产的 LI-200 型总日射表,其外观如图 15.3 所示。

根据光电器件的工作原理,入射光的强弱与所产生的光电流成正比,而测量电流远比测量电压要复杂。为了便于测量,中间加装了一支 147Ω 的精密电阻,这样直接测量两端的电压即可。原公司给出的性能参数为:

校准:标准器为 Eppley 的 PSP 总日射表,误差为 ±5%;

灵敏度:75 μA/1000 W/m²;

线性度:到 3000 W/m² 最大偏差为 1%;

响应时间:＜1 μs;

稳定度:1 年内的变化＜±2%;

温度依赖性:在 −40～65 ℃,最大 0.15%/℃;

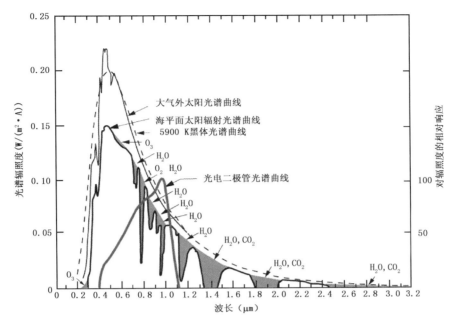

图 15.2 不同状态下的太阳光谱和硅光电二极管的光谱响应曲线(LI-COR,2015)

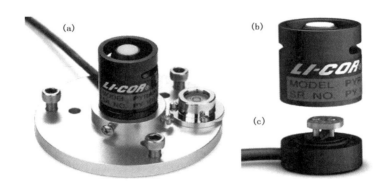

图 15.3 LI-COR 公司的 LI-200R 型光电型总日射表(LI-COR,2015)
(a)外观,(b)凹槽为防水设计,整体可互换,(c)可拆卸底座

余弦响应:余弦校正可以达到 82°的入射角;

方位响应:在入射角为 45°情况下,在 360°范围内优于±1%。

目前生产类似产品的厂家有多个,如 Kipp & Zonen 的 SP Lite,Apogee 的 SP-110 等。

15.5 旋转遮光带辐射表(RSR)

根据 Vignola et al. (2012)的介绍,旋转遮光带辐射表是 1982 年由 Wesely 所引入。它使用的就是 LI-200 光电总日射表。遮光带以匀速旋转,每 4~5 min 完全遮光传感器一次,旋转速度取决于所选择的电机。1986 年 Michalsky et al. (1986)构建了一台微机控制版本的旋转遮光带光谱辐射计,并由 Yankee Inc. 进行了商业化生产(型号 MFR-7)。遮光带每 4~5 min 旋转一圈,该仪器可进行多种波长的测量,其中也包含有一个光电管全波段的通道。

如果需要更精确的测量,可考虑使用第 12 章中所介绍的内容(参见式(12.7))。假如要求不高,也可不予考虑(详见第 12 章)。

后来,Kern 开发了一种有商业数据记录器控制的旋转遮光带辐射计(RSR-2)。该仪器高速转动遮光带和对光电总日射表进行快速采样,见图 15.4。

上述 LI-200R 之类的总日射表,由于其响应时间<1 μs,遮光带所遮蔽的时段,足以使光电总日射表充分感应。这样,未遮光时,光电总日射表测到的总辐射辐照度减去遮光时测到的散射辐照度,就能得出水平面上的直射辐照度,见图 15.5。经过测量时刻所对应的太阳高度角的修正,就可进一步得出此时刻的法向直射辐照度。这样,遮光带每转一周,即可得出总辐射、散射和直射三种辐照度成分。如果,对法向直射辐照度按照是否≥120 W/m^2 的日照标准来判断,还能确定有无日照,进而累计出全天的日照时数。

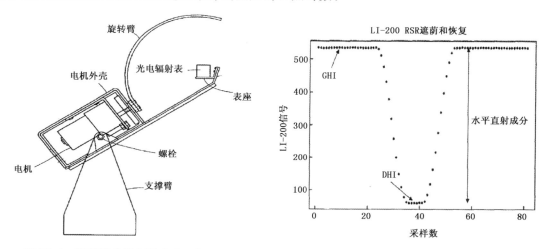

图 15.4　旋转遮光带辐射表(Little,2005)　　　　图 15.5　旋转遮光带辐射表测量原理

利用这种原理制作的仪器不止前述的 RSR,还有 CSP Services 的双传感器旋转遮光带辐照度计(图 15.6)。其突出特点是由于有两个传感器,传感器的冗余度可以保证数据统计上有更高的准确度。

只是用一种仪器就能测量出与太阳辐射有关的 4 种成分,这当然是一种不错的选择。问题是其测量的准确度究竟如何? 除了在下一节中所涉及的一些与光电型总日射表有关的问题外,还有一些这类仪器所特有的,诸如,与采样速率和遮光带旋转速率有关的问题。旧的 RSR 版本,采用的是每分钟只进行一次读数,结果所得到的数据分散度较大,并且是随机的。图 15.7 清楚地表明对于同一数据集,用 1 min 数据与 15 min 数据比较时分散度会下降。这其中的部分原因在于,旧版本的 RSR 的内存有限,太阳位置采用了近似算法。这导致太阳天顶角余弦的不确定度增大。

随着内存的扩大,采样时间从每分钟一次增加到 20 次。在快速变化的大气条件下,更高的采样率会产生更准确的结果。另外,还引入了对总日射表的温度测量,以便更好地对响应度进行温度修正。实验显示,对 RSR 数据的修正大大地改进了测量的准确度。用黑白型热电型总日射表和 RSR 光电型总日射表测量 DHI 的结果比较表明,在整个晴空指数范围内的一致

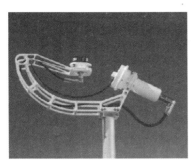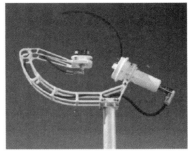

图 15.6　CSP services 的旋转遮光带辐照度计

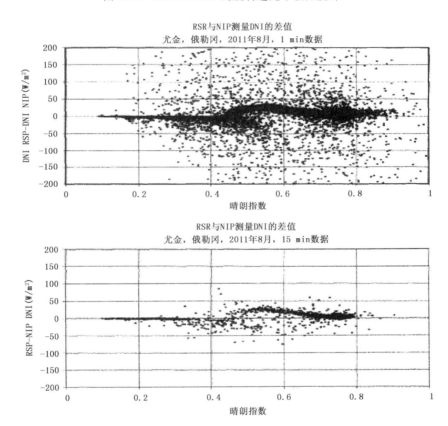

图 15.7　光电日射表采样频率对测量点分散度的影响（Vignola et al.，2012）

性仅在百分之几的范围内。但仪器不洁净则会引起测量误差，所以，一种供 RSR 仪器自动清洗的装置正在研发中。

15.6　光电型总日射表的一些问题

15.6.1　有关散射器的问题

光电型总日射表的设计者在制作过程中，主要考虑如下两个因素（Kerr et al.，1967）：

（1）总日射表的散射器的设计必须尽可能接近入射太阳辐射的朗伯响应。带有朗伯响应散射器的，会对从一个点源入射的辐照度，呈现正比于源的出射度乘以入射角的余弦。

（2）在一天的大部分时间内，这样的总日射表均应有类似的响应。

由于 LI-COR LI-200 型出厂时间较早，使用较多，因此，对其研究也较多，研究程度也较深入。图 15.8a 就是 2010 年 7 月一些晴天中进行的对比测量。LI-200 总日射表的输出作分子，除以 NIP 直接日射表与 Schenk Star 黑白型总日射表测量的散射之和（作为总辐射的标准值）的比值。数据取每分钟的平均值。

LI-COR LI-200 总日射表的典型响应，在一天之内还是相当平直的，仅在清晨和傍晚时段出现尖峰（戏称"猫耳"）。这些时段对应的太阳天顶角大约为 85°。一天内的表现虽然平直，但仍有些倾斜。Augustyn et al.（2002）的研究认为，这样的倾斜系由气温升降所引起，而"猫耳"则是散射器的边缘"突起"所形成。并开发了一个修正 LI-200 总日射表余弦响应的模型。鉴于一天上午的温度，通常要比下午的低，因此他们认为，是总日射表的温度依赖性产生了"斜坡"效应，并拟定了对温度影响的修正式：

$$1-0.0035(t-25\ ℃) \tag{15.1}$$

经过修正后的结果，明显得到了改善（图 15.8c）。

有关这方面的研究，还可参阅 Augustyn et al.（2002；2004）和 Vignola et al.（2006）等文献。

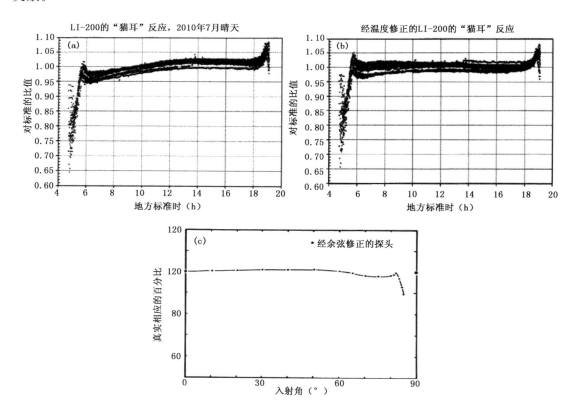

图 15.8　2010 年 7 月晴天 LI-200 型总日射表测量值与标准值的比值（未经温度订正的）
日变图(a)经过订正的(b)(Vignola et al.，2012)和原厂家给出的余弦响应(c)

其实,上述所谓的"猫耳"现象,也并非新发现,LI-COR 在介绍其光电总日射表产品的手册中,均附有如图 15.8 的余弦响应图,在低太阳高度角时就有类似的"猫耳"现象。

15.6.2 有关光电型总日射表的测量误差

按照 15.5 节的介绍,旋转遮光带辐射计确实是一种既简便、又实用的辐射仪器。那么它具有多大的可靠性呢?Myers D(2011)利用 SMARTS 模式模拟计算分析了海平面条件下和可再生能源实验室(NREL)当地的条件下,光电型总日射表和热电型总日射表测量的总辐射(GHI)和散射辐射(DHI)的结果,如图 15.9 所示。

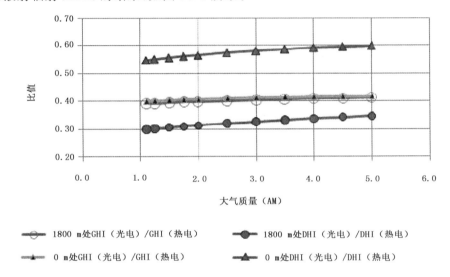

图 15.9　1800 m 高度处与海平面处用光电与热电仪器测量总辐射和散射辐射的比值(Myers,2011)

图 15.9 表明,两种仪器的测量差异,对于总辐射为 2%,对于散射辐射则为 5%。

王炳忠等(2012)同样使用了 SMARTS 模式,模拟计算了在标准、极端水汽含量和城市严重污染等 3 种大气情况下,经过硅光电器件光谱曲线加权后累计的(代表光电仪器)和未经加权直接累计(代表热电仪器)的比值。观察其随太阳高度角(或大气质量)的变化程度后所得的结果,如表 15.2 所列。尽管硅光电器件的光谱响应曲线与太阳光谱曲线相去甚远,但综合起来的结果,对总日射测量值的影响的确并不显著。根据对标准大气条件下及极端水汽和气溶胶条件模拟计算的结果,上述比值的变化范围为 0.53~0.60。如果校准时间选择较恰当,甚至可使之处于 0.56~0.57,可供在各种极端天气条件下使用(误差范围为 ±3.5%)。如果考虑其他方面(如温度、余弦响应等)的影响,LI-COR 在说明书中给出的,在自然光照条件下典型误差为 ±5% 是可信的。鉴于总日射与散射响应度的计算结果差距较大,因此,在对光电型总日射表进行校准时,以分别给出校准值的效果会更好。但是,如果按照此种方法直接处理直接日射和散射辐射,则由于光谱差过大,不建议使用。

在晴朗的日子里,法向直射和水平面直射的光谱特性是不同的,它们在一天内是有变化的。随着经过大气路径的增加,法向直射会向红外端偏移。日出、日落时的光色之所以偏红,就是因为此时蓝色光已被瑞利散射殆尽。在薄云的天气里,也会出现红移,因为云可以视为中性衰减器。

表 15.2 在标准大气、水汽含量极大值和严重污染情况下,光电型日射表与热电型日射表的比值随太阳高度角变化情况(王炳忠 等,2012)

时间	高度角	标准大气				极端水汽				严重污染			
	(°)	直射	总日射	散射	水平直射	直射	总日射	散射	水平直射	直射	总日射	散射	水平直射
06:00	4.8	0.35	0.58	0.55	0.00	0.39	0.60	0.64	0.39	0.00	0.55	0.55	0.00
06:30	10.5	0.50	0.58	0.58	0.05	0.54	0.60	0.64	0.54	0.05	0.56	0.58	0.05
07:00	16.2	0.55	0.59	0.60	0.15	0.58	0.60	0.63	0.58	0.15	0.54	0.60	0.15
07:30	21.9	0.57	0.59	0.61	0.23	0.59	0.60	0.62	0.59	0.23	0.53	0.61	0.23
08:00	27.5	0.58	0.59	0.62	0.30	0.60	0.60	0.61	0.60	0.30	0.53	0.62	0.30
08:30	33.0	0.58	0.59	0.63	0.35	0.60	0.60	0.60	0.60	0.35	0.53	0.63	0.35
09:00	38.3	0.58	0.59	0.63	0.38	0.60	0.60	0.59	0.60	0.38	0.53	0.63	0.38
09:30	41.3	0.58	0.59	0.64	0.41	0.60	0.60	0.59	0.60	0.41	0.53	0.64	0.41
10:00	47.9	0.58	0.59	0.64	0.42	0.60	0.60	0.59	0.60	0.42	0.53	0.64	0.42
10:30	51.8	0.58	0.59	0.64	0.44	0.60	0.60	0.59	0.60	0.44	0.54	0.64	0.44
11:00	55.0	0.58	0.59	0.64	0.44	0.60	0.60	0.58	0.60	0.44	0.54	0.64	0.44
11:30	57.0	0.58	0.59	0.64	0.45	0.60	0.60	0.58	0.60	0.45	0.54	0.64	0.45
12:00	57.8	0.58	0.59	0.64	0.45	0.60	0.60	0.58	0.60	0.45	0.54	0.64	0.45

总体来讲,光电型总日射表用于测量总日射,问题是不大的(±5%);如果用来测量其他成分(如直射或散射)误差会达到难于使用的程度。另外,正如 LI-COR 在其 LI-200 用户手册中所规定的,不得将其用于测量人工光源、温室中光源以及反射的太阳辐射。

对于太阳电池来说,在 0～40 ℃,温度系数可引入百分之几的偏差。当测量是针对不同波长进行时,太阳能电池短路电流的温度系数变化在 $-0.0004 \sim 0.0015/℃$。一个更详细的检查表明,硅光电二极管的温度系数在波长 850～1100 nm 为正、对于波长稍低于 850 nm 的波段为零或稍微负一点(Kerr et al., 1967)。为了尽量使温度依赖关系的不确定度最小化,一些光电型总日射表被加热,以便在高于环境温度下保持温度恒定。当关注环境温度对测量的影响时,却忽略了仪器校准值也会随温度有所变化。由此可见,问题还是相当复杂的,愈关注测量的准确度,所涉及的问题就会愈多。

Vignola(2006)用旋转遮光带辐射计测量的散射进行了订正,从图 15.10 中,可以看出订正的效果。

另据美国太阳能资源解决方案有限责任公司 2015 年的研究报告(Stoffel,2015):

对光电总日射表不进行温度和光谱订正,晴天散射辐照度的不确定度为:±30%;

对光电总日射表进行温度和光谱订正,晴天散射辐照度的不确定度为:±10%;

对全黑总日射表不进行热偏移订正和不安装通风器,晴天散射辐照度的不确定度为:±5%;

对全黑或黑白总日射表进行热偏移订正和安装通风器的,晴天散射辐照度的不确定度为:±2%。

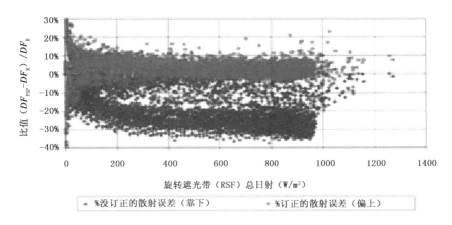

图 15.10　Vignola 散射订正用于 LI-200(Vignola,2006)。

15.7　SPN1 型日照总日射表

这是由英国 △T(Delta-T)公司设计生产的,符合欧盟统一认证(CE)的产品。SPN1 可以输出如下 3 种辐射量:

(1)总辐射;

(2)散射辐射;

(3)日照。

它最令人瞩目的是,可直接测量 400～2700 nm 的短波辐射,法向直射则通过电子制表软件计算。日照按照 WMO 规定的直射值 120 W/m² 日照阈值进行累计。辐射输出带有余弦响应校正。由此不难推断,其传感器不是光电器件,而是热电器件。据厂家介绍,SPN1 有如下几个特点:

(1)无需遮光带和太阳跟踪装置;

(2)无运动部件;

(3)响应速度快;

(4)无需进行各种调整;

(5)无需当地的经度和纬度;

(6)内置的加热器允许在潮湿或结冰的条件下使用。

SPN1 的电源供应要求为 2 mA,5～15 V;加热器则要求 12～15 V,1.5 A 的电源供应。

图 15.11 是 SPN1 的结构剖面图,它共有 7 个自行研制的微型热电传感器,图 15.12 是其特殊设计的遮光罩,属专利品(Wood J,1996)。它的特点是在有太阳的任何天空条件下,保证总会有一个传感器能被太阳直射到,以便能够测量总辐射。其他未能被太阳照射到的传感器则可供测量散射辐射。这 7 个传感器的使用是有选择条件的,选择具体器件和计算总日射、散射日射、法向直接日射和日照时间,则由计算程序完成。

SPN1 的各项性能指标:

光谱响应:因为 SPN1 光谱响应在 400～2700 nm,它仅遗漏了一些太阳光谱的紫外端,其结果是在非常清澈的蓝天下或在高海拔地区,散射成分较低;

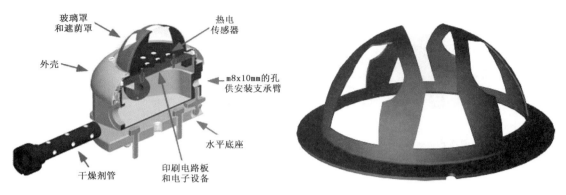

图 15.11　SPN1 结构剖面　　　　　　　图 15.12　SPN1 的镂空遮光罩

余弦响应:入射角在 $0°\sim90°$,$\pm2\%$;

方位响应:$\pm5\%$;

温度系数:$\pm0.02\%/℃$;

温度范围:$-20\sim70 ℃$;

响应时间:<200 ms;

非线性:$<1\%$;

零偏移:环境温度变化 5 ℃,偏移<3 W/m²;

零点:<3 W/m²。

　　该仪器的校准程序比较复杂,因为这里涉及 7 个传感器的选择,而其灵敏度又不可能完全一致,为了保证校准质量,厂家事前通过一个积分球光源进行统一测定(图 15.13),然后依据相应软件,自动处理。厂家要求每两年返厂进行再校准。其余校准程序与一般总日射表无异。

图 15.13　校准 7 个传感器的积分球光源设备

　　SPN1 的热电传感器是如光电二极管那样的小型热电器件。我国的上海工业自动化研究所早年也曾研制过,当然,其目的不是为了制作辐射计,而是非接触式测温、红外干涉报警、热金属位置检测等。其图案及外形如图 15.14 所示。

　　SPN1 生产厂家参加过 2007 年在克罗地亚举办的 RA Ⅵ东南欧次区域成员国的总日射表比对活动。比对结果可以从图 15.15a 看到,并可与一般总日射表的表现(图 15.15b)相对照。

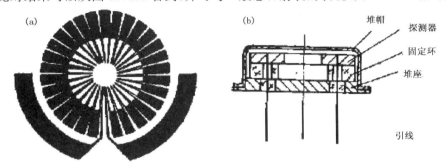

图 15.14　30 对薄膜热电堆图案(a)和结构示意(b)

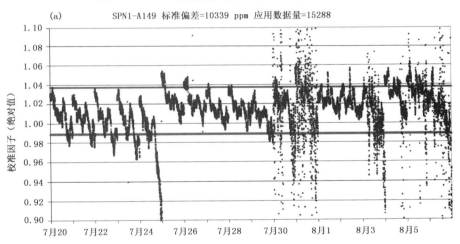

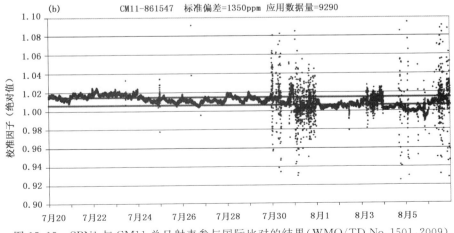

图 15.15　SPN1 与 CM11 总日射表参与国际比对的结果(WMO/TD No. 1501,2009)

这样的比对结果虽不能令人十分满意,但也已经相当不错了。正如一篇《北极宽带表面辐射测量的评价》文章中所评价的:"在恶劣的极地环境下,经常遇到各种不测情况,如太阳跟踪器故障,风雪和冰冻等(图 15.16),结果就可能致使辐射数据中断。在需要有仪器冗余度的前提下,配备一台 SPN1 是很有必要的。"其他有关 SPN1 的相关评论,可参阅文献。

图 15.16　SPN1 辐射计(图中 A),通风的 PSP 辐射表(图中 B)和通风的 PIR 地球
辐射表(图中 C)。PSP 表罩上有一薄层的霜清晰可见(Matsui et al.,2012)

从另一角度讲,相对于辐射测量准确度要求不是很高的太阳能应用行业来说,SPN1 是一种可供优先考虑的太阳辐射测量设备。

该产品还有其他副产品,就是将小型热电器件换成光电二极管,也可以利用同一原理改做成 BF5 型日照计。

15.8　倾斜面上的太阳辐射测量

无论是光热应用的太阳能集热器,还是光电应用的太阳电池板都是面向南方(北半球)倾斜放置的。具体放置的倾斜角度,迄今并无科学定论。虽然国内外的相关学者进行过一系列的探讨,但关键是实测数据极少。即使有了一段时间的实测,也无法构成气候数据系列。因此,使得相应的推算缺少了坚实的科学依据。目前通常的做法是依据当地的纬度。如果可以考虑调整,在当地纬度的基础上,夏半年倾斜角度略作减少,冬半年略作增加。

但可再生能源毕竟是个需要持续发展的事业。我们不可能长久地"凑合"下去。

在评估太阳能转换系统的性能时,有必要了解集热器上的辐照度情况。入射的太阳辐射可以从法向直射辐照度(DNI)和水平散射辐照度(DHI)值,或从测量到的入射辐照度来估算。对于聚光太阳能发电系统(CSP)来说,DNI 是唯一的需要通过实地测量或模型估算的辐照度,以便代表输入到集热器上的能量。倾斜面总辐照度(GTI)对于非聚焦的(平板)太阳能集热器也是最需要的。

当说明集热器倾斜角度和倾斜方向时,方向是从北(0°)起算的;倾斜程度则从水平面起算。例如,一个集热器面对南方且倾斜 30°时,应表示为 $GTI(30°,180°)$。

在任意倾斜和方位平面上,测量太阳辐照度以评估其太阳能资源是不可能的。因此,开发了专用模式:使用已经测量的或评估的 DNI 和 DHI 成分,计算出倾斜面上近似的 GTI。在一个倾斜的表面上,不仅接收从地面反射的辐照度,还将接收来自其视野内的附近物体所反射的辐照度。地面反射的辐照度往往很难计算,因为反射率在空间上不是均匀的,表面的吸收和反射特性也会随着日间的时刻而有变化。这里,不仅入射角度有变化,其光谱成分也在变化着。对于一个镜面反射面来说,反射角等于入射角。然而,自然表面通常呈现漫反射特性,所以只能使用一个近似式来估计地面的反射辐照度。用于计算 GTI 的通用公式为:

$$GTI= DNI \cdot \cos(sza_T)+ DHI \cdot (1+\cos(T))/2+GHI \cdot \rho \cdot (1-\cos(T))/2 \quad (15.2)$$

式中,sza_T 是 DNI 对斜面的入射角;T 为倾斜面对地表的倾角,ρ 为平均反照率或靠近倾斜面地表的反照率。当 DNI 可以很高的准确度测量时,sza_T 可以精确地计算出来,方程中另外两项则要求使用总日射表进行实地测量,以便得出必要的 GTI 来。

总日射表原本是为测量 GHI 而设计的,并安装在水平面上。其性能也是在这种情况下确定的。在其他不同于水平面的表面上进行测量时,例如倾斜时,总日射表的测量性能会有变化。变化的性质和量级取决于总日射表的设计和等级。三种类型的总日射表的表现有所不同,下面分别讨论:

(1)全黑热电型总日射表

全黑热电型总日射表从水平状态转变成倾斜状态时,会影响热电堆的对流损失和辐射损失(热偏移)。对于全黑热电型总日射表来说,传导损失仍大约维持着水平状态时的状态,因为定位是不影响传导的。对流损失的变化是因为半球罩内热对流的方式有所改变。总日射表倾斜到更陡的角度上时,热偏移实际上在减少,因为总日射表所"看"到的是更多较暖的地面和较少的冷天空。随着总日射表倾斜角度的增加,观察到的热偏移减少。面对地面的总日射表几乎没有热偏移。当然,辐射的损失量取决于目标的温度(例如天空穹顶温度)和环境温度(仪器温度)之间的差异。影响天空温度的因素,主要是云量和水汽。因此,热偏移最小的总日射表更适宜于倾斜测量。

倾斜对总日射表性能影响的试验,一般是在室内受控的条件下进行,因此,显示不出热偏移效应。倾斜对全黑型探测器热电器件响应度的影响是最小的(大约在 $\pm 1\% \sim \pm 2\%$ 的程度)。据推测,这些变化与对流损失的变化有关,但与其大小的确切程度会随总日射表的型号而不同。一些总日射表显示响应随倾斜有轻微增加,而另一些可能会有轻微的下降。

虽然在室内可以准确地测量出倾斜效应,但与户外的实际状况会有所不同;因为户外的条件变化多样,评估倾斜的影响非常困难。

(2)黑白热电型总日射表

黑白热电型总日射表的倾斜效应,是所有类型的总日射表中最大的。据实测,对流损失的不同是主要因素。

在实验室,测量总日射表性能时,大多使用垂直于总日射表的入射光源,然后调整仪器平台,使之与入射光源倾斜成不同的角度;此时,黑白型总日射表会显示出比全黑型总日射表更大的倾斜效应。黑白热电型总日射表的倾斜响应与水平总日射表相比的偏差约有 3%(Wardle et al.,1984;Wardle et al.,1996)到 8% 的变化(王炳忠 等,1991;McArthur et al.,1995)。因此,可以认为,带有单罩的黑白热电型总日射表更易受倾斜的影响。此外,黑白型响应还有方位依赖以及不完美的朗伯响应。从其他的影响中,将此 2%~8% 的倾斜效应再区分出来是充满不确定性的。

（3）光电型总日射表

这种总日射表的输出是不受倾斜状态影响的，因为其运行机制与热流完全无关。事实上，在实验室受控制的条件下，它还经常被用来作为测量热电型总日射表倾斜影响的"标准"。对它起限制作用的只有光谱辐照度。因此，在倾斜状态下，假如有从其他方向反射过来的光电二极管光谱范围以外的辐射，它就无法感应到（当然，在实验室内做此项测试实验时，是不会让这样的情况发生的）。在自然情况下使用时，就需注意了，地面反射的、特别是从植被反射的辐照度，更多会转移到光谱的红外部分。在 90°倾斜的情况下，地面反射的辐照度大致等于 GHI 的一半再乘以地面反照率。因此，地面的反射辐照度对一个 90°倾斜的总日射表的贡献大约是 GHI 的 10％，而对于倾斜 45°的总日射表来说，GHI 的贡献则只有 3％左右。在晴朗天气情况下，热电型和光电型总日射表的比较示于图 15.17。很难从倾斜反应的变化中区分开是由余弦响应差异所引起，还是由光谱反射率的变化所引起的。

总日射表在水平面上的规格和测量特性，有助于确定总日射表在倾斜时测量的质量。能够对 GHI 进行很好测量的总日射表，就有可能很好地进行 GTI 测量。当然，倾斜较小时，任何种类的总日射表都没有大的问题。黑白型总日射表有明显的倾斜效应，因此，不推荐用作倾斜面的测量。

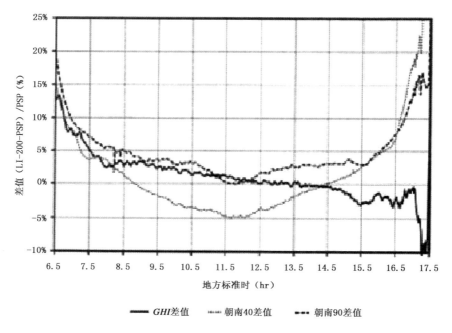

图 15.17　晴天 PSP 总日射表与 LI-200 型光电型总日射表朝南倾斜 0°、40°
和 90°下的差值（Vignola et al.，2012）

倾斜面所对的方向，如果环境比较均一，也可如图 15.18 所示的方式，利用光电型总日射表体积小巧来安排测量，以寻找出适宜当地的最佳倾角。因为光电式仪器毕竟比较便宜，体积小、重量轻，也易于安装。不过，首先应当在水平状态下，对所有的光电传感器进行统一校准。然后，再放置到不同的倾斜状态下，例如当地纬度、±5°和±10°等，或其他类型的角度组合的斜面上进行观测。

图 15.18　光电型总日射表倾斜排列（示例）

参考文献

王炳忠，1991. 总日射表倾斜效应的研究（Ⅰ）—实验装置计结果[J]. 太阳能学报，**12**(2)：214-224.

王炳忠，等，2012. 关于光电型总日射表光谱性能的研究[J]. 太阳能学报，**33**(12)：2122-2125.

Augustyn J，Geer T，Stoffel T，et al，2002. Improving the accuracy of low cost measurement of direct normal irradiance. *Proceedings of the American Solar Energy Society*，*R. Campbell－Howe and B. Wikins-Crowder(eds.)* American Solar Energy Society，Boulder，Cololado，USA.

Augustyn J，Geer T，Stoffel T，et al，2004. Update of algorithm to correct direct normal Irradiance measurements made with a rotating shadowband pyranometer. *Proceedings of the American Solar Energy Society*，*R. Campbell-Howe and B. Wilkins-Crowder* (eds.)，American Solar Energy Society，Boulder，Colorado，USA.

LI-COR，2015. Principles of radiation measurement. https：//licor. app. boxenterprise. net/s/liuswfu-vtqn7e9loxaut

Little R D，2005. Rotating shadowband pyranometer United States Patent，Little Patent No.：US 6，849，842 B2Date of Patent：Feb. 1，

Kerr J P，Thurtell G W，Tanner C B，1967. An integrating pyranometer for climatological observer stations and mesoscale networks[J]. *Journal of Applied Meteorology*，**6**：688-494.

Matsui N，et al，2012. Evaluation of Arctic broadband surface radiation measurements[J]. *Atmos. Meas. Tech.*，**5**：429-438.

McArthur L J B，et al，1995. Using pyranotneters in tests of solar energy converters. *International Energy Agency*，*Solar Heating and Cooling Programme*，*Task 9*，*IEASNCP-9F1.* Downsview，Ontario，Canada：Experimental Studies Division，Atmospheric Environmental Service.

Michalsky J J，Berndt J L，Schuster G J，1986. A microprocessor-controlled rotating shadowband radiometer [J]. *Solar Energy*，**36**：465-470.

Myers D，2011. Quantitative analysis of spectral impacts on silicon photodiode radiometers. Conference Paper NREL/CP-5500-50936 April 2011. Contract No. DE-AC36-08GO28308

NREL outdoor spectral data[EB/OL]. http：//www. Nrel. gov/midc/spectra /.

Stoffel T，2015. State of the practice for diffuse solar irradiance measurements. 2016 PV Solar Resource Workshop.

Vignola F，2006. Removing systematic errors from rotating shadowband pyranometer data. *Proc. of the 35th ASES Annual Conference*，Denver，CO. http://solardat. uoregon. edu/download/Papers/ *Removing-SystematicErrorsfromRotatingShadowbandPyranometerData. pdf*

Vignola F，et al，2012，*Solar and infrared radiation measurements*[M]. Boca Raton，CRC Press.

Wardle D L，McKay D C (eds.)，1984. Receizt advances in pyranometeiy. *Paper presented at the symposium proceedings of the Swedish Meteorological and Hydrological Institute*，Norrkoping，Sweden.

Wardie D I，Dahlgren L，Dehne K，et al，1996. Improved measurements of solar irradiance by means of detailed pyranometer characterisation. *International Energy Agency*，*Solar Heating and Cooling Programme*，*Task9*，*IEA-SHCP-9C-2*. Downsview，Ontario，Canada：National Atmospheric Radiation Centre，Atmospheric Environmental Service.

WMO，2014. Guide to meteorological instruments and methods of observation，7-th edition. WMO No. 8.

WMO/TD No. 1501，2009. Sub-regional pyranometer intercomparison of the RA Ⅵ members from South-Eastern Europe.

Wood，John，1996. Peak Design Ltd，Winster，Derbyshire，U. K. and protected by Patent No. EP1012633 & US6417500.

16　辐射测量的辅助设备

16.1　太阳跟踪器及遮光装置

太阳跟踪器是直接日射表的必备装置,目的是保证直接日射表的进光筒始终对准太阳。另外,随着对散射日射和长波辐射测量准确度的要求越来越高,当代的太阳跟踪器同时还承担着对上述仪器的自动遮光任务。

16.1.1　跟踪器的分类

跟踪器依自身工作原理可分为:赤道仪方式和地平坐标方式两种。根据操作方式可分为手动跟踪、半自动跟踪和全自动跟踪三种。随着自动化程度的提高,除个别场合,如绝对腔体式直接日射表比对活动外,手动跟踪已逐渐被淘汰;半自动跟踪由于无法始终保持准确跟踪状态,在要求连续工作的场合也处于被淘汰的局面,但在有人值守的情况下,特别是在高等级直接日射表比对、辐射仪器校准的过程以及短期科研活动中,还有使用。

下面按其工作原理分类介绍:

(1)赤道仪式跟踪器:这是早期最普遍使用的一种太阳跟踪器,迄今仍是天文观测中经常使用的一种(但在操控方式上,天文学中要精细得多)。仪器的主轴与地轴平行,可利用同步电机驱动主轴以 24 h 旋转一周的方式跟踪太阳,而太阳的仰角方向则依靠人工调节与主轴相垂直的水平轴来实现。图 16.1a 所示的就是同步电机驱动的和手动赤道仪式太阳跟踪装置。

由于受传动部件的加工精度、同步电机的运行准确度等方面的限制,上述跟踪器的跟踪还是需要人工干预的,随时检查、纠正其跟踪误差。因此,仪器上也必定附有可供调节的装置。

这类仪器的缺点,不仅在于赤纬的调整完全依靠人工,而且即使有这样一种电机能够完全达到 1 r/24 h 的要求,也不能达到准确跟踪的目的,因为从有关天文知识中可知,平太阳是每 24 h 转一周的,而真太阳则不是。另外,每天的赤纬也是不同的(严格地讲,随时在变)。所以,在准确跟踪太阳的过程中,也必然需人工调整。另外,为了次日清晨就能跟踪上太阳,电机一直转动必然会导致仪器输出导线对旋转轴的缠绕。看起来,这虽不是个大问题,但使用中却颇为棘手,解决起来也相当不易。

(2)地平坐标式跟踪器:这类仪器有相互垂直的两个轴:一为水平轴,一为垂直轴。可按当时仪器上的靶标与靶点的对正程度进行调整。Ångström 补偿式绝对直接日射表跟踪太阳就是利用这种方式的跟踪器(图 16.1b)。最初这是一种完全手动式的跟踪器。由于这种工作方式,需要调整的是太阳的高度角和方位角,它们是可以通过计算精确得出的;而驱动方式也由同步电机改为步进电机,所以现代太阳跟踪器就是以地平坐标方式为基础发展的。

图 16.1　赤道仪式太阳跟踪器 ST-3 型(a)和地平坐标式太阳跟踪器(b)

16.1.2　现代太阳跟踪器

现代太阳跟踪器又可以根据具体的工作方式分为两种:国外将其区分为被动式和主动式。我们则更倾向于将前者称为主动式,而将后者称为主动—反馈式。下面分别介绍。

16.1.2.1　主动式跟踪

这是一种全自动跟踪器,它按照程序分别计算出当时太阳的高度角和方位角,并用以控制相应的步进电机,驱动各自的旋转机构,以达到自动跟踪太阳的目的。从原理上讲,它与上述地平坐标式仪器的要求相同。图 16.2 是美国 Eppley 实验室生产的 SMT-3 型自动跟踪器。理论上讲,按程序计算出来的太阳位置是准确的,对太阳的跟踪应该没有问题。但在实践中却发现,在跟踪过程中仍会出现跟不准的现象,其偏离状况总是偏下和(或)偏后(根据多日上午

图 16.2　Eppley 实验室的 SMT 型自动跟踪器及自动遮光装置

的观察和试验),至少在所接触情况中,从未出现偏上和(或)偏前的现象。造成这种状况的原因,可能主要与下列情况有关:(1)步进电机在频繁启动中会出现"丢步"的情况;(2)机械加工中出现的一些工艺问题;(3)设计中仅采用了一级"涡轮—蜗杆"减速方式,较为粗放。当出现偏离情况后,由于未设手动调节机构,唯一的解决方法就是将跟踪器彻底复位(回到原点),然后再重新启动。这样做的结果虽然可以恢复准确跟踪,但会丢失复位期间的部分观测数据。这是 20 世纪 90 年代我们使用上述自动跟踪器时所亲身经历过的情况。

在 BSRN 的操作手册(McArthur, 2004)中将此种跟踪装置称为被动双轴跟踪仪。作者认为,此名称欠妥,因为它毕竟能够每天准时地"主动"去跟踪太阳,只是在跟踪的准确程度上存在问题。因此,不能将其"主动"的行为抹去,而冠以"被动"的称谓。另外,操作手册中将主动跟踪归结于四象限定位器,似乎也不够全面。正如下节中将要介绍的,四象限定位器仅在辐照度达到一定阈值后,才能启动工作。在其阈值以下,跟踪仍需遵循计算的结果,所以仍属于"主动"范畴。

16.1.2.2　主动—反馈式跟踪

前述主动式跟踪的缺点,主要是只能根据公式计算的结果去驱动步进电机,至于客观上是否达到了跟踪目的,是无从检验的。这里的问题不是出在计算上,而是机械运行的结果是否客观上达到了预想的目的。由于 20 世纪 90 年代一般的机械加工大多数尚属人工手动操作,不像现代,对于要求严格的机械部件可以采用数控机床等更高级的加工手段;其次,增加驱动层级是减少每一"步进"误差的重要步骤。可是不管如何精细加工,细微的误差总会存在,也就是说,实际运行的结果,并不会自动地保证跟踪太阳做到始终准确无误。因此,为达到准确跟踪的目的,加装反馈机制就成为必然。根据反馈机制的不同,又可以区分为:

(1)光学四象限定位装置(有的厂家将其称为"眼(eye)")。这类装置在对准太阳情况下其输出是平衡的,而在失衡情况下,仪器会根据失衡状况的大小和方向(上、下或左、右)进行调整,直至达到平衡为止。实践结果表明,这种反馈机制对于准确跟踪来说是绝对必要的。由于有了反馈装置,反过来又会降低对计算太阳位置程序的要求。在这里计算程序只起粗调作用,而四象限定位器所起的作用则属于微调。

值得注意的是,仅有四象限仪还是不够的。在计算机普及以前的年代里,也曾利用伺服电机研制过自动跟踪器,为了避免阴天后突然晴天跟踪不上太阳的问题,还在双轴跟踪器之下,另装了一台 1 r/24 h 的底座,以便基本保持与太阳大体运行同步。但是在多云天,受太阳附近云隙偶然形成光点(假"太阳")的误导,而致使整台仪器偏离太阳,甚至超出四象限仪角度调整的极限,以致当太阳从云中出来后,仪器已完全"盲"然,找不到太阳。在测量与控制很难简便地结合在一起的时候,这确实是个难题。但在数字化、微机化的今天,已不是个问题。因为四象限仪的视场设计得极小,不会随意跟踪其他范围的"假太阳"。图 16.3 和图 16.4 就是这种类型跟踪器的产品。BRUSAG 的四象限仪安装在仪器右侧法兰盘的边缘上(图 16.3 法兰盘边缘朝向左上方的小圆孔即是),而 Kipp & Zonen 四象限仪则犹如直接日射表的管状体(图 16.4 直接日射表上方的管状物)。

图 16.3　瑞士 BRUSAG 太阳跟踪器　　　图 16.4　Kipp & Zonen 2AP 型太阳跟踪器及遮光装置

目前 Kipp & Zonen 公司已研制出新型号的太阳跟踪器 SOLYS 2 型。它的特殊之处在于附加了一台 GPS 接收器。这样,在将跟踪器安装和调平后,GPS 会自动设定所在地点的经、纬度和时间。跟踪器将按照计算的太阳位置和简单的机械调整作准确的跟踪,而不再要求微机和相应的安装所要求的各种设定;也可免遭因内部时钟不准,需校准时间的不便。SOLYS 2 的外观如图 16.5 所示。

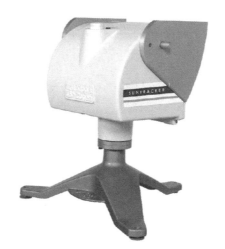

图 16.5　Kipp & Zonen 的 SOLYS 2 型太阳跟踪器

(2)光栅码盘光电定位装置。目前,这种装置已经广泛应用在光学经纬仪上,其准确度可以达到角秒级,并可自动显示在目镜中。计算的高度角和方位角是否准确达到,立即可以得到验证,如果不相一致,马上即可修正。这种装置对于计算公式有着较高的要求。因为如果计算结果本身不够准确,即使跟踪结果能与计算的做到完全相符,仍会出现跟不准的情况。这种装置只是我们的一种设计构想,并无正式产品面世。但它绝不是空想,因为目前市场上,光电经纬仪普遍有售。

另外,对于步进电机转速的选择和相关程序的设计也有需要特别关注之处,在中高纬度地区,这一点并不突出,但是在低纬地区夏至前后会遇到下述情形:图 16.6 是 2006 年 6 月 21 日北回归线地区中午真太阳时 11:45—12:13 太阳方位角和高度角的变化情况。从图中可以看出,在 11:59—12:00,方位角要从 −90° 转到 +92.5°,即转动 182.5°。这么大的一个旋转角度要在 1 min 甚至更短的时间内完成,一般的步进电机是有困难的,起码以目前所用步进电机的转速是难以达到的。而此时段的延长,必然会导致在运行中间直接日射表跟不上太阳和散射日射表而出现漏光的现象,并导致此期间以 1 Hz 速率采集的数据不正确。不过,据了解国外已有最大角速度为 9°/s 的产品。这一点对于用于低纬度地区的产品是特别需要关注的。

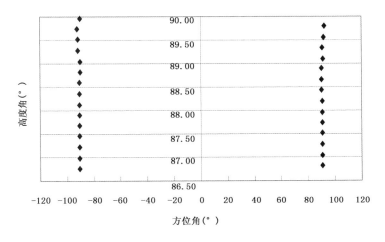

图 16.6 北回归线地区夏至日中午太阳方位角的变化情况

至于主动式和主动—反馈式跟踪器能否采用赤道仪式跟踪器,回答是肯定的。并且不存在上述个别时段要求大角度旋转的问题,在程序设计上也更简洁。关键是难于实现同步遮光多台仪器(最多只能遮光一台仪器)。

至于前述输出导线缠绕的问题,目前的产品均不存在,因为,所有的跟踪器,在日落后均会自动逆向水平反转回至正北处,处于待机状态。

另外,目前的跟踪设备已经比较齐备,但是多从成套性考虑,即同时兼供直射、总辐射、散射等要素同步测量之用。至于目前聚光发电、聚光取热等只对直射感兴趣的项目所需要的专供测量直射的跟踪设备,则考虑不足。此问题解决起来在技术上并不存在问题。例如可以直接借用 AOD 跟踪器的方式解决(参见图 12.2)。

16.1.3 跟踪遮光装置

16.1.3.1 联动型遮光器

由于跟踪器能够自动跟踪太阳,对其加装上适当的遮光(片/球)装置(二者的直径应一致),再把被遮光的总日射表摆放到适当位置,就能起到自动遮住太阳对总日射表的直接照射的作用(图 16.2 和图 16.4)。尽管对遮光的要求不如直接日射表跟踪太阳那样高,但如果直接日射表跟不准,遮光的效果也难以保证。从图 16.2 和图 16.4 可以看到的,只有在主动式和主动—反馈式太阳跟踪器问世以后,才使跟踪与遮光两项功能合二为一成为可能。在太阳跟踪器上的遮光装置,主要是利用了机械四连杆联动原理实现的。

在安放遮光装置时,特别需要注意的是,遮光片/球的大小和距离一定要根据配套使用的直接日射表和总日射表的型号,按照表 6.8 的要求来确定。图 16.7 给出了相应的个例。SMT-3 型和 2AP 型遮光球的距离或大小均无法调整是欠妥的。另外,对于长波辐射表遮光片/球的材质也应有考究,从物体的热物性出发,黑色比白色只是在吸收方面有所改善,在红外发射方面则改进不明显,最好使用反光的不锈钢材料。另外,不同类型或型号的仪器,由于其感应面的大小不一,应具有依据其具体尺寸,调节其至感应面距离的装置。

图 16.7　联动型遮光装置

16.1.3.2　独立型遮光器

这种装置是独立的自动遮光器,它只起到对总日射表连续遮挡直接日射的作用(图 16.8 和图 16.9)。从原理上讲,由于它属于被动式半自动跟踪,所以其遮光盘(球)每天仍需由人工进行调整。至于遮光环,正如前面已经指出的,对于准确的散射辐射测量来说,它是不宜使用的,因为它所遮挡的部分天空,不仅有必须遮掉的部分,还包括了较大不应遮去的部分,虽经事后订正,但由于订正是建立在天空各向同性假设基础上的,具有较大的局限性和不确定性。

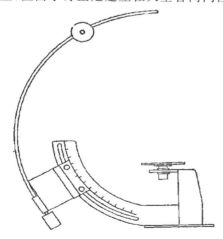

图 16.8　自动遮光太阳跟踪器(王炳忠,1986)

图 16.9　自动遮光太阳跟踪器
(McArthur, 2004)

此外,像目前我国大多数的辐射测量站,在测量散射日射时,仍使用遮光环。它也是一种遮光器具。其外观多种多样(图 16.10)。

  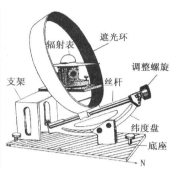

Kipp & Zonen　　　　　Eppley　　　　　中国(中国气象局,2003)

图 16.10　各种样式的遮光环

16.2　通风器

目前,国际上通风器已经成为总日射表的标准配置。它的作用主要用来清除总日射表玻璃罩上的沉积物、防止在罩上凝霜、结露并保持罩子的温度与气温相同。有的通风器附加了加热器,用于融冰化雪,同时加热还有减少热偏移的作用。

网上可查到多种类型的通风器,但商业上可明确提供的通风器,只有如下两种:

CVF4 型加热通风器:这是 Kipp & Zonen 公司的新产品,也是带加热器的产品。其外观、结构及通风效果如图 16.11 所示。通风可稳定辐射计的温度并抑制热偏移。集成加热器可用于分散降水和融化霜,甚至可以在寒冷气候中融化冰雪。

VEN 型通风器:是 Eppley 实验室通风器。这种通风器的结构简单,除轴流风扇外,并无更多的部件,也无加热器(图 16.12)。

图 16.11　CVF4 型加热通风器　　　　　图 16.12　Eppley 的 VEN 型通风器

世界辐射中心所用的自制通风器也带有加热器(图 16.13)。

但是,对于一些寒冷多雪的地区来说,如图 16.14 所示的情况,目前的通风加热装置显然是不足以应付的。

国外有的学者对此进行了研究和改进。图 16.15 所示的就是其改进的成果。图 16.15a

图 16.13 PMOD/WRC 改装的辐射仪器通风加热器(图中环状物为加热器)

图 16.14 大雪和雾凇后的总日射表

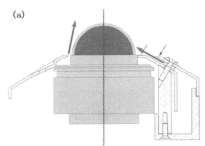 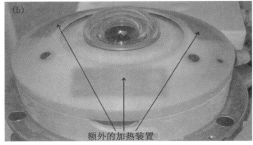

图 16.15 改进后的通风与加热装置(Long et al, 2014)

左侧是原来的通风情况,而右侧则是改进后的情况。其主要的改进在于:(1)风向更直接地吹向半球罩;(2)采用高速风机;(3)通风出口的角度设计使得气流更直接吹向外罩的底部;(4)改进了加热装置(图 16.15b)。

另外,最近 Hukseflux 公司对其 SR 30 型总日射表的通风系统也进行了改进,将对外层罩的吹扫的气流改为在两层罩之间进行(图 16.16)。这样做与原来的相比,其优点是可以降低能耗,但缺点是失去了对外罩的清洁作用。

在极地或高寒地区,一般通风设施已经不敷使用,需使用特制的功率加强型制品。

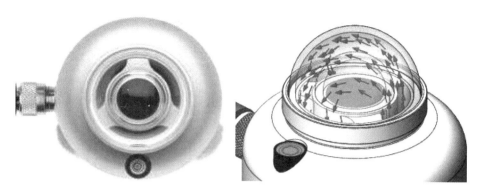

图 16.16 Hukseflux SR 30 型总日射表的新型通风系统

16.3 数据采集系统

16.3.1 技术要求(McArthur, 2004)

辐射基准站数据采集系统一般由 4 部分组成:

多路顺序开关:多路顺序开关跨接多个输入通道,使每一通道与一个测量传感器顺序连接;

模-数转换器:通过它将模拟信号(如电压、电阻)转换为数字信号。

记录系统:将内部、外部、缓冲器和永久存储单元组合起来的记录装置。

控制系统(内置和外置两种):根据使用者的指令管理和发送控制信号,达到运行的要求。

数据采集系统的技术性能中最重要的是准确度。当信号为 10 mV 时,准确度要求达到 1 μV(0.01%);而且要求每个通道的采样频率应达到每分钟 60 次(1 Hz)。对于数据采集系统中有关部件(多路顺序开关、模-数转换器与定时器的准确度)需要认真考虑。

多路顺序开关既可以由继电器构成,也可由半导体开关构成。继电器技术因其噪声很小 (1~2 μV),用于辐射测量更好,但是,一些继电器系统反应迟缓,当通道过多时,很难达到采样频率的要求。相反,半导体多路采集系统则要快得多,但其噪声或电压漂移可能大于 15 μV。无论哪种情况,测量前都要预留开关动作的时间,确保开关充分切换。

选择模-数转换器时,需要考虑转换类型、定时器、分辨率以及线性度。目前,高端台式数字多用表具有 24 位(二进制,下同)的分辨率,在稳定操作条件下,其不确定度为(10~15)× 10^{-6}。较粗劣的系统通常由 12 位或 16 位模-数转换器组成,它们均不能满足要求。当采用满量程为 5 V,分辨率合适而整个量程的准确度也满足要求的模-数转换器时,需要在传感器信号输出端加一个优质前置放大器,来增加传感器输出信号的强度,使数据采集系统满足 BSRN 的要求。在这种情况下,系统的总不准确度就应该是数据采集系统和前置放大器不确定度的综合。

选择数据采集系统还要考虑其编程能力。数据采集系统的最低要求是在每个通道的采样频率为 1 Hz 状况下,测量一组准确度为 0.01% 的信号;存档的数据应包括:1 min 的平均值、最大值、最小值和标准偏差。这样要求系统能存储每秒的数据和后处理结果或数据采集系统工况的特征值。在总存储需求和易于运行两方面,可编程的数据采集系统是更有吸引力的选择。

16.3.2　备选装置

通常有两种类型的数据采集系统可供考虑:

第一种类型是由数字万用表和多路转换器组合的工作系统。它们既可装在信号单元里,也可供外部连接。程序运行和最终数据存储都是通过一台台式电脑来完成的。这一类型的系统是高度程序化的,能够同时扫描几乎没有数量限制的多个通道,并且可正常测量电压、电阻和电流。这种类型的准确度高,其可配置的程度也很高,但是必须将其安置在试验室条件下,同时,它也是两种类型中最为昂贵的。Keithley,Fluke 或 Agilent Technologies 等是这类仪器设备的最主要供货商。

第二种类型是能采用电池供电的全天候数据采集系统。它们大多只能测量电压,这样就必须使用桥路对电阻测量进行转换。这类系统可以提供多种量程,并具有车载计算功能。数据可采用多种方式从内部独立存储器下载,包括直接与互联网连接。虽然它们大多数只可测量 10～12 个通道,但有些是可以扩展的,或者是可以连接到相似的系统上去,这样就可以作为一个独立的单元来使用(图 16.17)。Compbell Scientific,Climatronics 和 Vaisala 都是这类系统的制造商。

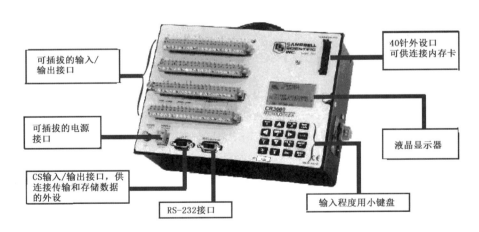

可插拔的输入/输出接口

可插拔的电源接口

CS输入/输出接口,供连接传输和存储数据的外设

RS-232接口

40针外设口可供连接内存卡

液晶显示器

输入程度用小键盘

图 16.17　全天候数据采集系统(McArthur,2005)

上面列举的实际上仅是个例,在数字技术飞速发展的今日,它很快就会过时,或者已经过时。

16.3.3　采样频率和时间

BSRN 要求所有辐射变量的采样频率为 1 Hz,并且进行 1 min 平均,每个变量的最后输出是 1 min 内平均值、最小值、最大值和标准差,这个规定是基于二等标准总日射表和直接日射表典型的 1/e 响应时间约为 1 s 而制定的。存档数据要求的是辐射要素的平均值、最小值、最大值和标准差。

　　时间对于测量序列的频率和观测的绝对时间都是关键的。要求所有观测的时钟保持在最频繁测量平均周期的±1‰内。对于 1 min 平均值来说,相当于 0.6 s 的时间准确度。因为人工设定时钟难以达到优于 1 s,因此,在 BSRN 科学评论研讨会上(美国科罗拉多州波尔多,1996 年 8 月 12—16 日),时间准确度被放宽到 1 s。

　　时间准确度在 1 s 以内,可以采用以下 3 种通用方法中的任意一种,很容易地在便携式计算机上实现:

　　(1)全球卫星定位系统(GPS)时间同步。

　　(2)转换由国家标准局发出的时间无线电频率信号。

　　(3)通过国际互联网获得时间校正。

16.4　窗口清洗器

　　在 BSRN 2008 年 7 月荷兰召开的第 10 届科学评论和研讨会上,美国 NASA 的 Denn 介绍了他研制的辐射仪器窗口清洗器,图 16.18 是总日射表清洗器,图 16.19 则是为清洗直接日射表的清洗器。由于受遮光罩的影响清洗直接日射表的喷头未能显现出来。水的导管连接到水泵上。清洗器虽然尚未推广,但其优点是可避免人工清洗时,对记录数据的影响,哪怕该影响仅仅局限于短短的 1～2 min。为了将清洗影响降至最低,可安排清洗在夜间定时进行。图 16.20 则是两台仪器清洗与否的效果对比。

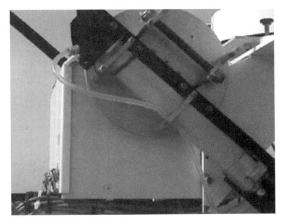

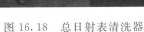

图 16.18　总日射表清洗器　　　　　　　　图 16.19　直接日射表清洗器

　　2010 年,网上有视频显示,在并排安放的两台总日射表和一台地球辐射表的平板北侧,固定着 3 台清洗机,按照统一的时间指令,3 台清洗机头同时翻转,扣在 3 台辐射仪器上。扣好后,从每个机头中部,滴下一定量的清洗液;随后罩内的风机开始加速旋转,罩面上的水迹快速分散消失;最后,机头抬起,恢复原样。类似的清洗活动,应安排在夜间进行,以避免日间对所有仪器的遮挡,影响辐射测量。虽然夜间清洗,对地球辐射表的记录也会有影响,但影响面已降至最低。清洗机头即将扣住仪器的瞬间,如图 16.21 所示。

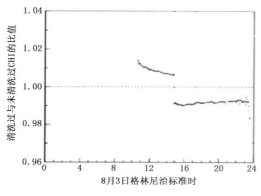

图 16.20　直接日射表清洗前后的比较　　　图 16.21　总日射表和地球辐射表自动清洗机(局部)

16.5　防鸟装置

　　在鸟类活动多的地区,诸如水体岸边、海岛以及其他特殊地区,鸟类有时会停留在仪器支架上,它的影子可能会直接影响到所记录的数据,为了防止其停落,增加一些附属装置,如图16.22、图16.23 所示的一些小的立柱就会起到防止鸟类停留其上,减少遮光的可能。

图 16.22　各种防鸟停落装置(Nozomu,2010)

图 16.23　防鸟装置

参考文献

王炳忠，1986. 总日射表自动遮光装置[J]. 太阳能学报，**7**(3):345-348.

中国气象局，2003. 地面气象观测规范[M]. 北京:气象出版社.

BRUSAG The INTRA(BRUSAG) Tracker. https://www. esrl. noaa. gov/gmd/grad/instruments/brusag. html

Long C，et al，2014. Report of cold climate issues WG. BSRN Ⅺ meeting 2010/04. http://www. gewex. org/BSRN/BSRN-11_presentations/Wed_Long_Cold_Clim_WG. pdf

McArthur L J B，2005. Baseline Surface Radiation Network（BSRN）. Operations Manual Version 2. 1，WCRP-121，WMO/TD-No. 1274.

Nozomu Ohkawara，2010. New BSRN station in Japan，11th BSRN Science and Review and Workshop，13 Apr. 2010. Queenstown，New Zealand.

17　测量设备的安装与维护

17.1　安装

虽然气象辐射仪器的种类较多,但由于大多数的仪器均涉及半球向辐照度的测量。因此,其安装可分为直接日射、方向向上的半球向辐射和方向向下的半球向辐射三类。

17.1.1　直接日射表的安装

要获得准确的直接日射测量,首要问题是保持仪器始终对准太阳。直接日射表或腔体绝对辐射表安装时,必须保证仪器牢靠地固定在太阳跟踪器上。当仪器随跟踪器支架运动时,仪器均必须始终维持水平状态。图 17.1 是直接日射表安装在跟踪器上的典型情况。

图 17.1　安装在太阳跟踪器上的直接日射表(McArthur,2005)

当仪器已安装在太阳跟踪器上后,跟踪器和仪器应当像一个完整单元那样工作,并且确保仪器的视场始终对准太阳。使用反馈式跟踪器时,必须小心保证直接日射表的视场与指向瞄准器始终对准太阳。由于指向瞄准器工作与否,取决于直接日射辐照度。因此,必须设定程序,使辐照度降到指向瞄准器阈值以下时,跟踪器不会"动作"。

所有的仪器接头均必须防水,并应适合所在观测地的气候条件,例如:在海洋环境或沿海岸地带,务必注意不要使用易受盐雾腐蚀的接头和其他紧固零件。

17.1.2　测量方向向下半球向辐照度辐射仪器的安装

这里主要针对的是总日射表和地球辐射表,由于光合有效辐射表和紫外辐射表与总日射表的情况相同,所以其安装要点除了不要求安装通风器外,其他要求与此基本一致。

（1）安装仪器的平台，宜使用金属支架，上面覆盖塑料格栅，而不用木制品，以避免受潮变形，影响仪器的水平状态。

（2）应保证仪器的输出插头朝向北方（北半球），安装太阳跟踪装置时，其底座上的接头亦应朝向北方。这样做的目的主要是避免太阳对接头的直接加热，以免引发附加热电势。

（3）仪器必须紧固在平台上（或通风装置上），使其在恶劣天气下不会发生位移。所用螺栓在装配前应加以润滑，以易于拆装，并加装弹性垫片。这些螺栓一般均不应一步拧紧到位，而是几个螺栓在拧紧的过程中，边随时关注仪器的水平状况，边轮换地拧紧。

（4）调平仪器时，三个调平螺栓应先调整靠近水准器的那一个。仪器应调至气泡位于水准器内圈的中央，此时表明仪器已达到辐射测量上所要求的水平程度，即水平度已调至±0.1°以内，在太阳高度角10°时，仅能引起＜±1%的高度角变化。

（5）安放并调整辐射屏蔽罩或通风罩，使其与热电堆表面相平或略低于该表面。

以上各点是安装测量向下辐射仪器的一般要求，当需要安装测量散射的总日射表和地球辐射表时，除了需要将其安装在带自动遮光的太阳跟踪器上，即安装平台有所不同外，其余安装要求与此相同，所以不再重复。

17.1.3 测量方向向上半球向辐照度仪器的安装

测量方向向上的半球向辐射仪器，其感应面应水平朝下。传感器安装在离地表至少3～7 m高度处，30 m更好，以增加其视野的代表性。地表应选择对当地环境具有代表性地段。将仪器假设在1.5 m高处的人工草皮上，其测量结果并无实际应用意义。

架设仪器的塔杆应稳固，同时必需具备供维修人员上塔维护或更换仪器时可供放倒塔杆的装置，以便于操作。有空隙的塔比同样尺寸的实体塔对辐射通量测量的干扰要小。另外，应将仪器装在远离塔身的悬臂上，以减少塔体自身对辐射测量的影响。在直径为 D 的实体塔情况下，如果距塔心的悬臂长为 L，则塔本身所截去的辐射部分为 $D/2\pi L$。

理想情况下，传感器应安装在塔的南侧，这样可消除地面塔身阴影所造成的影响；有时为了维持塔身的平衡，也有将仪器安装在塔顶东西向横臂的两端（一侧为反射率表；另一侧为长波表）的情况（图 17.2）。

图 17.2　东西向（a）和南向（b）安装的测量向上辐射仪器的架设（塔体为通透型）

测量方向向上辐照度的半球向辐射仪器也必须调平。然而要实现这一点，却不容易，因为在仪器朝下的情况下，附设在仪器上的气泡式水准器已经不起作用，即使勉强看到，气泡均已处在水准器顶部，不再具有显示水平的功能。BSRN 推荐了两种调平方法（McArthur，2004），但作者并未实践，理解也不够深透，感兴趣者可直接参阅原文（McArthur，2004）。

下面，根据作者曾经实施过的一种方法，作些介绍。准备一块两面平行的平板，将仪器固定在平板的一侧，先调整好平板的水平，再调整好其上仪器的水平并加以固定；然后，将该平板围绕自身的水平轴旋转 180°。如果此时将另一水准器置于平板反面的表面上，经调整使其呈现水平状态的话，则可以认为，向下的辐射仪器的感应面，也呈水平态。

实际工作的难点在于，如何将仪器安装到高塔或立柱的顶端后，也能够使其符合要求。如果高塔附设攀登装置，情况可能会容易些；如果本身就是个立柱，则在其底部应有良好的地基和底座，底座与立柱底部的连接，最好是两块钢板侧边用合页连接，目的是当进行检查、检修、校准和更换仪器时，便于将立柱放倒和立起。立柱顶部设有拉线环座，可供固定 4 根牵引钢索之用，其方向应置于立柱的东、南、西、北四个方位，目的是便于调节水平，地面亦应设有相应数量的锚碇和紧线器。

事前，应加工一条横杆，要求其与立柱呈 90°相交；横杆两端各设有一块安装仪器的金属板（其长度较长的一侧与横杆应呈 90°，其余具体要求同前所述），在地面加工时，就要求调节好，使其与横杆呈水平状态，并在地面将一切该做的预先调整做好。立柱竖起后，应先将立柱与底座固定好；再借助水平经纬仪，在两个水平方向（横杆和金属板较长一侧）上，测量其水平度和立柱与大地的垂直度，并借助两两相对钢索的松紧度进行调节。当然这是一项费时费力的工作。

17.2　维护

如果要获得长期、准确的记录，一贯、优质的现场维护至关重要。不仅对仪器进行维护，还须将观测员对仪器所做的所有工作，详细地记录下来。假定对仪器系统的清洁工作做得不够好，也必须记录在文件中。所有维护方式、仪器性能的变化和检测仪表外观的变化，连同相关的日期、时间必须全部记录在案。

17.2.1　日维护

根据辐射基准站的维护要求，应每天进行下列工作：

17.2.1.1　清洁

（1）总日射表和直接日射表：每台仪器外部的光学表面每天至少必须清洁一次。清洁最好在太阳落山后进行。一旦出现任何形式的降水或引发信号减弱的大气现象后，如果有可能，应尽快清洁。每次清洁仪器时，均应在站点文件中记录具体时刻和持续时间。

擦拭半球罩之前，应先轻轻吹去浮尘或颗粒物（照相机刷就是一个不错的工具）。然后，再用柔软不起毛的织物将半球罩擦拭干净。如果罩上黏附有任何物质，在清洁之前，用去离子水或用乙醇（或等效物品）浸湿织物进行擦拭，勿直接向罩上浇注清洁剂。必须注意，在此过程中，决不能刮擦半球罩，也不能移动仪器。还必须清除清洗剂在罩上的任何残留痕迹。有几种清除罩上霜或冰的方法，这要视其严重程度而定。轻微的沉积，可像一般的清洁方法那样，用不起毛的织物轻擦表面加以清除；沉积较重时，织物上应浸润乙醇溶液。不能直接用乙醇去除冰，观测者(根据天气条件)可将手放在罩上融冰。严重情况下，可用手持式电吹风机。最严重情况下，应将仪器搬入室内解冻。但不允许用任何尖锐物凿冰。无论用哪种方法将冰层融化后，均应使用乙醇清洁罩面，再用不起毛的织物擦干。所用方法和必要的时间应记入文件。在清洁半球罩时，还应进行检查，以判定前次清洁以来，是否发生任何擦伤或碎裂。有无被砂子或冰雹划伤、砸伤的痕迹。如果半球罩已经受损，则应更换备份仪器。

(2)地球辐射表：也应每天清洁地球辐射表的半球罩。方法与总日射表的相同。CGR4型地球辐射表球冠形外罩的表面镀有一层褐色保护膜，清洁时应小心注意，切勿划伤。

17.2.1.2　检查

应检查辐射表外罩内表面上是否有任何凝结物。如果有，应取下外罩，置于干燥、干净处进行清理并寻找产生的原因。最可能的原因是干燥剂维护不佳。查看干燥剂是否需要更换，如果干燥剂已换过，可能的原因是"O"形密封圈密封不良，需要更换。如果发现内罩的内表面有水汽凝结，应用一台备份仪器替换，并将该仪器送去维修和重新校准。

如果干燥剂不呈鲜亮的蓝紫色而呈现粉色，就应更换。更换后，将防护罩复位，并保证防护罩的顶端低于仪器接收器的表面。干燥剂应在相对湿度较低的条件下更换。从任何仪器上取下的干燥剂均应保留下来，放在烘箱内烘烤数小时，干燥剂将返回其原有的颜色。烘好的干燥剂应储存在气密的容器内备用。

检查感应面的色泽和状况，如发现褪色或变淡，热电堆表面出现粗糙、破裂或老化等异常现象，仪器应取下并用备份仪器替换。

(1)检查每台仪器(例如总日射表、地球辐射表)的水平状况，必要时应进行调整。圆形气泡水准器的气泡应处于内圈的中央。对于大多数仪器来说，这表明仪器的水平度在±0.1°以内。

(2)检查从仪器到数据采集系统或接线盒电缆的磨损、残破状况：除更换电缆，或者必须的清理外，否则仪器均不应与电缆中断连接。所有关于电缆的情况均应作记录。如果电缆虽仍起作用但已老化、破损，应选择适当时间更换，最好选择在进行半年度或年度的维护期间更换电缆。

(3)检查通风器电机：如果电机运转不正常，应予纠正或更换。所有情况和工序也应记录，包括工作的起止时间。如果知道风机何时开始出现故障(例如遭受雷击)，也应记录在日志内。当通风器罩同时作为防辐射罩时，该罩的顶部必须位于辐射表感应面以下。

(4)检查瞄准系统：对于直接日射仪器来说，只有晴天时才能检查光点是否对准。

(5)主动—反馈式跟踪器：一台主动—反馈式跟踪器可对系统瞄准的微小变化进行修正。在太阳信号低于设定的太阳辐照度阈值期间，系统以主动模式运行。系统初始化后，跟踪就会一直维持在良好的运行状态。即使出现任何偏差，主动—反馈系统会立即予以修正。除非跟踪器或控制跟踪器的计算机断电或者系统时间不准确。

(6)检查遮光装置：每台被遮光的仪器都应检查，以保证遮光装置完全遮住仪器的外罩。这些检查与前述的直接日射表类似。

(7)数据采集/计算机系统：

① 检查数据采集系统，保证正常运行。仅简单地看看计算机屏幕是不够的，应设计出一些试验方法去检测数据是否成功获取，时间标记是否已作出以及系统自上次检查以来是否

出现过故障。

② 因为数据是在 1 s 间隔内获取的,所以时间正确与否是重要的。不幸的是,许多 PC 兼容计算机的时钟系统质量低劣。所以每天均应记录时钟偏离情况,若这些偏离大于 1 s,就要进行订正。如果时钟每天变化多达 10 s 以上,则应更换新时钟。每月变化率小于 1 s 的系统是理想的。最好是随时用 GPS 对所有需要计时的系统进行时间校正。

(8)数据评估:站点操作人员应利用第 24 章所述的评判标准,借助程序评估前一天的数据,并将评估结果告知当天的值班员,使其了解所发生的任何重要变化并寻找合理的解释。

17.2.2 长期维护

17.2.2.1 半年维护

(1)测量总日射和散射日射的总日射表,应半年交换一次位置。

(2)导线有破裂或变脆的应予更换,开始有腐蚀迹象的接头均应更换。

(3)检查并用硅脂润滑所有封闭外壳的密封条,必要时应进行更换。

17.2.2.2 年维护

年维护最理想的情况是在一日内完成,并在日落后进行,具体内容如下:

(1)用备份仪器替换所有现用仪器,并送检。

(2)所有现场支承部件应进行水平检查和结构完整性检查。

(3)所有的螺栓应松开、润滑、再拧紧。这种预防性维护在易发生腐蚀的气候条件恶劣的地区尤为重要。

(4)通风罩内的风扇应清洗、润滑或更换(根据采用系统的类型而定)。

(5)在数据采集系统中所用的数字电压表(或等效物)也应校准。由于试验系统和校准的综合特性(它不只是将一个已知信号源接入输入端),因此,这个测试过程只能由有资质的专业人员来做。校准均应送交国家授权的计量检定单位进行。更详尽的介绍可参阅文献。

参 考 文 献

McArthur L J B, 2005. Baseline Surface Radiation Network operations manual version 2.1 WCRP-121 *WMO/TD-No*. 1274.

18　短波辐射测量标准

由于气象辐射测量的对象——太阳和地球环境有其独特的性质:被测量值大且由于受大气的影响而呈现出多变状态。我们根本无法复制出一个像太阳那样的短波辐射源和像地球那样的长波辐射源,所以太阳辐射的测量标准只能依靠研制高准确度探测器,这样一种方法来解决。国家计量部门建立的辐射功率标准,仅限于低辐照水准,无法直接作为计量太阳辐照度的依据。因此,历来国际气象界就将太阳辐射的测量标准视为一项独特的计量项目,开展了一系列专用仪器的研究、设计和量值传递体系。

广义来讲,地球辐射是红外辐射的一部分,但由于地球辐射来自环境的四面八方,远不像在实验室中,测量某一固定温度范围内的红外辐射那样单纯。这些均说明由于气象辐射测量的特殊性,决定了其标准计量器具需要单独研制。我国出于上述气象辐射计量的特殊性,在20世纪50年代国家计量部门创建之初,就曾特别授权气象部门独立开展气压、风速、气温和辐射等量值的溯源、传递和校准工作。

不过,从严格的意义上来讲,气象计量工作再特殊,还是应当向国际计量局下国际单位制(SI)体系下各相关标准溯源。这个问题在具体领域的科学家那里并不构成问题,例如,20世纪90年代,贯彻新的"90温标"以及下面将要提到的世界辐射测量基准(WRR)与SI体系下的辐射功率标准互比等就是实例。问题是世界气象组织与国际计量局(BIPM)两大国际组织之间建立起正式的联系,却是21世纪初的事情(Report on the WMO-BIPM workshop,2012)。

18.1　直接日射测量标准

18.1.1　辐射测量标尺沿革

从20世纪之初,以瑞典人Ångström使用双探测器制作的绝对直接日射表为基础,建立了AS-1905标尺(Ångström Scale),该标尺主要用于欧洲;几乎与此同时,美国Abbot等人以水流式和搅水式直接日射表为基础,建立了SS-1913标尺(Smithsonian Scale),从而形成了两标尺并列的局面。自出现两个并列标尺之日起,其间存在量值差异的问题,一直备受有关学者的关注。1912年Kimball首次报告的比对结果是:SS比AS的数据高约5%;1923年则认定SS比AS高3.5%;1935年进行的强化比对结果是:SS比AS高5.5%;到1957年国际地球物理年时,基于举办世界范围的大规模科研活动,数据必须具有一致性的要求,经协调一致同意,定义一个新的世界统一的国际直接日射测量标尺(IPS-1956,International Pyrheliometric Scale)。这个标尺实际上也是一种折衷,即两个标尺间的差值仍维持33年前所确定的3.5%基础上,IPS-1956以SS-1913减少2%或AS-1905增加1.5%来实现。为了实现IPS-1956这一标尺,1959年在瑞士达沃斯举办了第一次国际直接日射表比对(IPC-Ⅰ)。当时,只是以原瑞典斯德哥尔摩的标准仪器 Å158 作为标准器,将其校准常数增加了 1.5%,并以此为准,通过实际比对来确定其他各参比仪器的校准常数。这表明实际操作所实现的 IPS-1956 标尺,并未完全遵从原来的定义,从而隐含了一个未被发现的重要疏漏。这恐怕也与 SS-1913 的原标准器体积庞大,难于移动有关,而其日常用来作传递的银盘日射计本身并不是一台绝对式仪器,只是由于其性能异常稳定而代行 SS-1913 标准器的传递职责。

1969 年举办的第Ⅵ区(欧洲)国际比对以及 1970 年举办的 IPC-Ⅲ 期间均发现标准仪器 Å158 及其配套使用的电流表有未判明的故障,导致测量结果与其他同类标准仪器之间的误差达到 1.2%。当时,为了避免再发生类似情况,决定启用 7 台 Ångström 仪器,即 Å140(前东德)、Å212(前苏联)、Å525(瑞士)、Å542(南非)、Å561(苏丹)、Å576(尼日利亚)和 EÅ2273(美国)作为一个标准组。它们仍然沿用 IPC-Ⅰ和 IPC-Ⅱ期间所确定的常数,并以它们的平均值代替实现"IPS-1956"。不过,这已不是原来所定义的 IPS-1956 了,所以加上了引号,以示区别。

自 1970 年以来,由于航天事业发展的要求,更多的科研部门参与到绝对直接日射表的研制事业中来。先后共计有 10 种 15 台绝对直接日射表参加了数次在达沃斯举办的比对活动。比对结果表明,这些绝对日射表无论在一致性还是稳定性上,均远优于原 Ångström 仪器的表现。这表明,可以据此来定义一个新的国际日射测量标准——世界辐射测量基准(WRR,World Radiometic Reference)。

太阳辐射标准发展的历史沿革如图 18.1 所示。

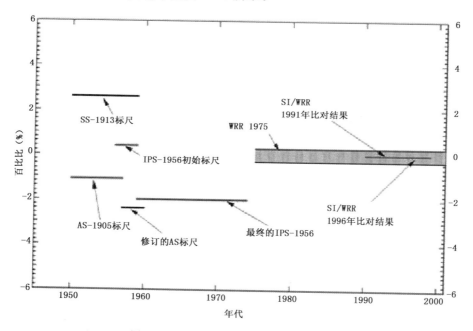

图 18.1　太阳辐射测量标尺的历史沿革

18.1.2　世界辐射中心的建立

创办于 1907 年的瑞士达沃斯物理气象观象台(PMOD),由于经常在这里举办各种辐射仪器的比对活动,在 1978 年召开的 WMO 第 30 届执行委员会议上,通过决议:指定 PMOD 为世界辐射中心（WRC），作为全球气象网络的国际气象辐射标准校准中心，并为此维持、保管相应的标准仪器。瑞士政府向 WMO 提供运营，作为自己对世界天气监测计划的贡献。

世界辐射中心应满足以下要求：

（1）拥有和维护一组至少由三台稳定的绝对式直接辐射计构成世界标准组，以保持世界辐射测量标准（WRR），其可追踪的 95% 不确定度小于 1 W/m²，并且在直接辐照度高于 700 W/m² 的稳定晴朗日光条件下，直接太阳辐照度的任何单次测量其 95% 不确定度可预计在 4 W/m² 以内；

（2）应接受辐射专家的培训；

（3）中心的工作人员应有持续性，并应包括具有广泛辐射测量经验的合格科学家；

（4）应采取一切必要措施，始终确保其标准和检测设备达到最高质量；

（5）它应作为一个中心，负责将 WRR 传递到各区域中心；

（6）它应有必要的实验室和室外设施，以便同时比较大量仪器；

（7）它应密切关注并推动气象辐射测量标准的不断改进和方法的发展；

（8）应受到国际机构或 CIMO 专家的评估，至少每 5 年核实一次直接太阳辐射测量标准——对 SI 的可追溯性。

后来，随着辐射测量事业的发展，辐射中心的任务也在不断地扩展。目前世界辐射中心下设 4 个部门：

（1）太阳辐射部（SRS）；

（2）红外辐射部（IRS）；

（3）世界光学厚度研究和校准中心（WORCC）；

（4）世界校准中心－紫外部（WCC-UV）。

其中，后两个部门已经分别在第 12 章和第 11 章介绍过；而太阳辐射部是世界辐射中心建立时就有的。也就是说，它是世界辐射中心最初的核心部门。负责世界各国直接辐射标准的传递。具体的方式是：举办国际直接日射测量比对（IPC）。

后来，IPC 制度化地演变为：每 5 年在当地（达沃斯）举办一次，迄今已举办过 12 次。

18.1.3　世界辐射测量基准（WRR）

20 世纪 70 年代，由于 Ångström 补偿式直接日射表日渐显现出有失先进性，而腔体式绝对直接日射表的研制正在广泛地进行中，且种类繁多。1970—1976 年间先后有 10 种类型共 15 台绝对日射表参加了在达沃斯举行的比对。此间共进行了 25000 多次测定，其中大部分是在 1975 年 8 月和 10 月举办第 4 次国际直接日射表比对（IPC-Ⅳ）期间进行的。出于历史的原因，将美国 PACRAD 型绝对直接日射表作为比对的标准。其他参比仪器的型号如图 18.2 所示。通过比对可看到，1970 年 IPC-Ⅲ 期间的 205 次同步测定比值为：

$$\frac{\text{“IPS-1956”}}{\text{PACRAD}} = 0.9812$$

1975 年 IPC-Ⅳ 期间 226 次同步测定的比值为 $\frac{\text{“IPS-1956”}}{\text{PACRAD}} = 0.9803$ 两者相差不到 0.1%。

这说明 PACRAD 和代表 "IPS-1956" 的标准仪器之间具有很高的稳定性。

另外，参加比对的 15 台绝对直接日射表的测量值相当一致，均集中在以高于 PACRAD

0.2％为中心的±0.8％的范围内,其中有一半甚至落在±0.15％这一狭窄的范围内(图
18.2)。数值如此集中表明,国际单位制全辐照度的真值就在此范围内。

　　为了考虑仪器的类型,而不是每台仪器个体,因此,仅计算了各种类型仪器的平均值,权重
因子按反比于每种仪器原定的绝对准确度的均方根取值。各类绝对直接日射表的综合结果与
PACRAD 的比值为 1.0019,即

$$\frac{\text{WRR/PACRAD}}{\text{"IPS}-1956\text{"/PACRAD}}=\frac{\text{WRR}}{\text{"IPS}-1956\text{"}}=\frac{1.0019}{0.9803}=1.022$$

　　这就是新、老标准之间的换算系数。

　　WRR 提供的全辐照度物理单位的不确定度优于 0.3％。WMO 执委会决定并建议各国
采用 WRR。WRR 已于 1981 年开始启用。迄今为止,世界各国通用的太阳辐射测量标准就
是 WRR。

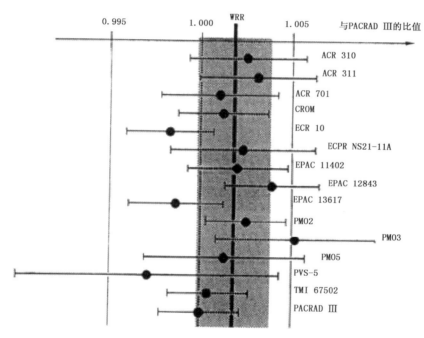

图 18.2　世界辐射测量基准的建立(阴影代表 WRR±0.2％范围)

(摘自 http://www.PMOD/WRC.ch/index.html)

18.1.4　世界标准组(WSG)

　　为了保证新辐射基准的长期稳定,规定采取 4 种不同设计类型的绝对辐射仪器组成世界
标准组(WSG)。在组成 WSG 时,对组内的每类仪器均给出了折算系数,以便将各自的测量结
果修订为符合 WRR 的数值。WSG 对组中每台仪器的具体要求是:

　　(1)长期稳定性必须优于±0.2％;

　　(2)仪器的准确度必须限制在 WRR 的不确定度范围内(0.3％);

　　(3)仪器的设计必须不同于组内的其他仪器。

　　通过以往长期的对比试验,上述 10 种仪器中有 4 种 5 台仪器均满足上列 3 项要求。它们

是 ACR310，ACR311，PMO2，CROM 和 PACRAD Ⅲ。最后决定 WSG 由 ACR310，CROM，PACRAD Ⅲ 和 PMO2 组成。

这些仪器被保存在达沃斯世界辐射中心。为了确切了解仪器的稳定性，WSG 内的仪器每年至少比对一次。

1980 年在举行 IPC-Ⅴ时就发现 ACR310 出现了问题，而退出了 WSG。经过较长时间的分析研究，决定重建 WSG。新的 WSG 由 PMO2，PMO5，CROM 2L，CROM 3L 和 PACRAD Ⅲ 等 5 种仪器组成。1990 年将商业上出售较多的 Eppley 实验室的 H-F 型和 TMI 公司的 MK 型两种型号的绝对直接日射表，各选出一台参加 WSG，即 TMI 公司的 MK67814 和 Eppley 实验室的 H-F18748。此时的 WSG 系由 7 种仪器所组成。近年来发现，随着使用年限的延长，仪器会逐渐老化，当前 PMO2，H-F18748 和 PACRAD Ⅲ 的状况均已逐渐变差。在 IPC-Ⅹ 特别委员会的报告中，特别指出，委员会检查了一些候选仪器的情况，迄今尚无候选仪器具备进入 WSG 所需的长期可追溯性和稳定性的材料。然而，IPC-Ⅹ 特别委员会注意到，候选仪器中的 3 个，有能在 IPC-Ⅺ 期间增补到 WSG 的可能性，即 SIAR-2a，SIAR-2b 和 AHF32455。这里的 SIAR-2a 和 SIAR-2b 就是中国科学院长春光学精密机械与物理研究所研制的绝对辐射表（方伟 等，2003）。

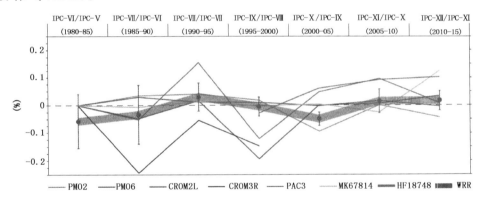

图 18.3　1980 年以来各次 IPC 期间归一化的 WRR 因子的变化（PMOD/WRC Annual Report，2015）

多年运行实践表明，WRR 的长期稳定性优于 $2×10^{-4}$。图 18.3 就是 WRR 确立以来，各次 IPC 期间 WSG 的 WRR 因子相对前一届的百分比。所有 WRR 校准常数都被均一化。图中宽线是所有腔体仪器的平均值。它可以理解为，在各个 IPC 期间内 WSG 的稳定性（测到的偏移为 $0.017±0.035％$）。

18.1.5　大气透明度对比对的影响

在 2010 年 10 月 IPC-Ⅺ 期间，遇到了一次撒哈拉沙尘事件，由于空中粒子的增多，引起了散射辐射的增加，进而导致环日辐射的增大。在此背景下，各种直接日射表几何尺寸差异的影响就显露了出来。表 18.1 就是各种直接日射表的几何尺寸。

根据世界气象组织的定义（CIMO Guide，2014），太阳直接日射包括来自太阳的辐射及日面四周窄环天空的辐射，即环日辐射或称华盖辐射。WMO《气象仪器和观测方法指南》建议，使用限视半角为 2.5° 和斜角为 1° 的视场几何尺寸。根据 WMO《气象仪器和观测方法指南》所建议视场几何尺寸标准,大多数现代的直接日射表执行了此标准。然而,由于 1956 年国际辐射委员会曾有过较为灵活的规定(参见第 6 章 6.1 节中的介绍),导致一些旧的和(或)原型仪器的视角几何尺寸偏离现行标准的规定。最引人注目的是 WSG 当中的仪器 PMO2、PMO5 和 CROM 2L,它们或半开敞角或斜角偏离规定值较多(表 18.1)。

表 18.1　各种直接日射表的几何尺寸 *（Finsterle,2011）

仪器	显示孔径(mm)	精密孔径(mm)	孔径间距(mm)	半开敞角(°)	斜角(°)
PMO2	3.6	2.5	75.0	2.75	0.84
PMO5	3.7	2.5	95.4	2.22	0.72
PAC Ⅲ	8.18	5.64	190.5	2.46	0.76
CROM 2L	6.29	5.0	144.05	2.50	0.51
H-F 18748	5.81	3.99	134.7	2.47	0.77
MK 67814	8.2	5.56	187.6	2.50	0.78
TIM *	3.99	7.62	101.60	2.55	−2.05

　* TIM 的数据取自 Winkler R(2012)。由于 TIM 的显示孔径与精密孔径的位置与其余各种辐射计的正相反,所以其斜角的数值为负。

　　在 IPC-Ⅺ 期间,由于撒哈拉沙尘事件的影响,WSG 中的不同仪器有不同的视场几何尺寸,故其修正因子也就有差异(图 18.4)。差异偏大的有:PMO2 和 PMO5(这是就 WSG 内部而言)。如果关注到根本不考虑环日辐射的 TIM,则其偏差最大。这表明,在太空测量 TSI 与在地面测量太阳直射,对仪器几何尺寸的要求是完全不同的。在肯定 Kopp 对在太空中测量 TSI 仪器孔径改动是正确的同时,也必须认识到其片面性。在测量带有大气的地面太阳直射时,还是应当严守 WMO《气象仪器和观测方法指南》中有关直接日射表几何尺寸的相关规定。这一点,对于我国显得尤其重要,因为现在国内所用的国产直接日射表(包括迄今气象台站所使用的),均不符合这项要求。

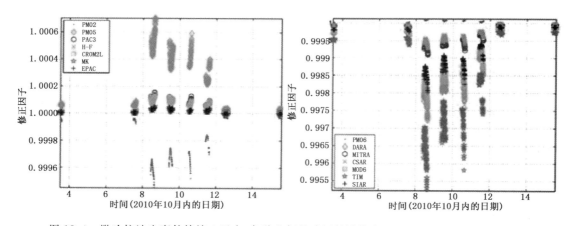

图 18.4　撒哈拉沙尘事件持续 4 天内,各种几何尺寸辐射计的表现(Finsterle,2012)(见彩图)

　　鉴于 PMO2 的开敞角仅比规定值多了 0.25°,而 PMO5 则比规定值少了 0.28°。数值虽然不大,但其影响却是明显的。所以,在目前的 WSG 中又减少了两台。对于一般工作用直接日射表来说,由于其自身的误差范围相对较大,这点影响尚处于自身的误差范围之内。但是,考虑到其作用明确,因此还是应予重视。最根本的解决方法就是遵从 WMO《气象仪器和观测方法指南》中的规定。

18.2　国际计量局(BIPM) 与 SI

国际计量局(BIPM)是国际计量大会和国际计量委员会的执行机构,是一个常设的世界计量科学研究中心。它的主要任务是保证世界范围内 SI 体系内的各项量值的统一。具体职责:建立主要计量单位的基准;保存国际原器;组织国家基准与国际基准的比对;协调有关基本物理常数的计量工作;协调有关的计量技术工作。

2010 年 4 月 1 日世界气象组织正式与国际计量局签署了国际计量互认协议。由此,SI 单位制在气象系统的应用才获得了正式的认可,并必须遵从。尽管此前各国气象系统的各个气象要素一直使用的都是 SI 系统传递的量值(唯一缺少的是正式的手续)。

18.2.1　SI 系统中的辐射功率基准

对于辐射功率计量标准,SI 系统认定的是低温绝对辐射计(CAR),并且就像国际气象系统的国际直接日射表比对(IPC)那样,相关各国所保存辐射功率计量标准的部门也是每间隔数年举办一次国际比对。它由一个国家的计量部门主办,其余各国参与,以保证该量值在世界范围内的一致性。

具体到光辐射标准——低温绝对辐射计(CAR),美国称光瓦特辐射计(Optical Watt Radiometer)也是以电替代原理,利用超低温、超电导和高真空等现代高科技手段测量辐射功率的器具。它与常温绝对辐射计相比,具有以下几方面的特点:

(1)在超低温下,周围物体所产生的杂散辐射可降至忽略不计的程度,此时纯铜的热容比常温时降低约 3 个数量级,热导率提高 1 个数量级,吸收比非常接近于 1,并消除了辐射加热与电加热的非等效性;

(2)超导技术的应用,消除了电加热引线不必要的欧姆热损,进一步降低了测量不确定度;

(3)高真空环境消除了空气对流和微小的热扰动。

低温绝对辐射计的外观如图 18.5 所示。

CAR 的测量不确定度为 4×10^{-5},长期稳定性优于 1×10^{-5}。

正因为 CAR 具有世界最低的测量不确定度,在 SI 体系内,将其作为辐射功率的测量基准。CAR 属于低辐射功率基准,它与 WRR 标尺的量程相差近 20 倍。因此,比对只能分步骤地、且间接地进行。

18.2.2　WRR 对 SI 的溯源比对

CAR 工作时所使用的光源均为激光束,由于其直径细小,无法充满气象测量太阳时所使用的直接日射表入射孔径(图 18.6),所以不能使用辐照度方式,而只能采用功率方式。

另外,CAR 本身由于其设备复杂、体积庞大、管线众多且其对环境要求严苛,故只能在实验室恒温、稳定的环境中使用。正因为如此,欲将其与代表 WRR 的标准直接日射表进行比对,就只能采用间接的方法。具体的做法是:

图 18.5　辐射功率主基准 CAR 外观

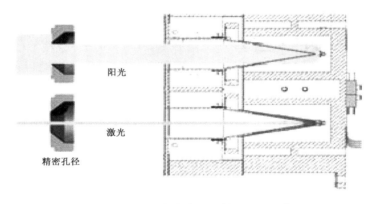

图 18.6　阳光入射与激光入射的差异示意图

（1）利用激光光源通过 CAR 校准一台硅光电二极管的陷阱探测器，当作标准探测器（参见图 4.13 中的陷阱探测器），这台陷阱探测器就可以作为 SI 的替代标准；

（2）使用一台已知透射和反射比的分束器作为对激光束自身稳定性的监测装置；

（3）分束器还可以使强激光束的透射部分满足气象辐射计对测量功率水准的要求，而较弱的反射部分仅满足陷阱探测器的测量范围，供监测激光光源的稳定性。

WRR-SI 的对比装置如图 18.7 所示。

由于激光束的直径很小，不足以充满标准直接日射表的进光孔径，也就难以了解其面积，所以只能采用功率模式，而不能采用辐照度模式。

18.2.3　WRR 与 SI 之间的比对

迄今，WRR 与 SI 之间的比对共进行过 4 次。前 3 次分别于 1991、1995 和 2005 年在英国国家物理实验室（NPL）进行。第 4 次则是在 2010 年。这一次由于有美国科罗拉多大学大气和空间物理实验室（LASP）Kopp 的参加，因此开始在 NPL，然后在 LASP 利用其 TRF 装置，

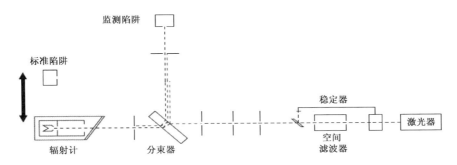

图 18.7　WRR-SI 初期的比对装置(Romero et al. ,1991)

首次进行了辐照度模式下的直接比对。有关 TRF 装置的介绍请参阅第 14 章有关内容。

　　WRR 和 SI 之间的前 3 次比对显示(Romero et al. , 1991;1995; Finsterle et al. , 2008),两个标尺在自身的不确定度范围内相一致。比对中规定的偏差分别为(0.11±0.3)%,(0.13±0.3)%和(0.01±0.14)%,WRR 的数值仍在其平均不确定度 0.3%(k=3)的范围内。

　　在第 4 次比对中(Fehlmann et al. , 2012),用 3 台经过特性研究过的并经 WRR 校准的 PREMOS(PMO6)型绝对辐射计,在 NPL 对照 SI 的辐射功率标准进行校准。校准按照前 3 次 WRR-SI 比对时的方式进行。PREMOS 辐射计放置在真空室中以避免"空气－真空"校正,而后者正是测量不确定度的最大来源(Brusa et al. ,1986)。

　　表 18.2 是用 TRF 进行功率模式和辐照度模式实现 WRR 与 SI 标尺之间对比的结果。

表 18.2　WRR-SI 利用 TRF 装置进行比对的结果

仪器	2 mmTRF 光束	11 mmTRF 光束
PREMOS-3	1.006344±0.000243	1.007904±0.000329

　　另外,还确定了在不同激光功率下的分束器的分束比,结果表明,由于所用的滨松 s1337-1010 硅光电二极管的饱和,引起了分束器分束比的非线性响应,从而导致了第 3 次 WRR-SI 比对的结果偏低。后来,在 LASP 使用 TRF 在功率模式和辐照度模式下,对代表 WRR 与 SI 标尺的仪器重新进行了对比(表 18.2)。功率和辐照度两种模式之间校准的差异是这次比对的最重要新收获。功率模式中更高的读数,是受 PRMEOS-3 辐射表内部精密孔径的反射和仪器内部杂散光影响的结果。WRR-SI 之间 4 次比对的最新结果如图 18.8 所示。图中右侧也包括了后来低温太阳绝对辐射计和卫星上测量 TSI 的数字化仪器 DARA 的结果(详见第 19 章)。

　　WRR-SI 溯源比对中,这里 SI 对传递仪器的比对是在功率模式下完成的。第 1、第 2 和第 4 次比较一致,而第 3 次比对的结果明显偏低。用辐照度模式进行的比较则显示,两标尺之间确实存在明显的差异(Fehlmann et al. , 2012)。

　　2011 年 9—10 月达沃斯和科罗拉多大学的研究者,利用一种新研制的数控绝对辐射计(DARA)再次进行了两个标尺之间的比对。DARA 自身带有 3 个腔体,由于低温辐射计是在真空条件下操作的,而世界辐射标准组 WSG 的工作环境是在空气中。最困难的任务仍然是从空气向真空的转移。因此,很多精力放在了对新样机在空气与真空之间比值的确定上。这次 WRR 与 SI 的比对表明,两标尺之间确实存在 0.3% 的差异,WRR 的量值高于 SI。这与

2010 年所进行的第四次比对的结果完全一致。

　　表 18.3 给出了 DARA 各腔体与 TRF 低温辐射计之间的比值。DARA 仪器读数低于低温辐射计。然而对 DARA 的数据并未进行导线加热和吸收率的订正。表 18.4 列出了所使用的常数。

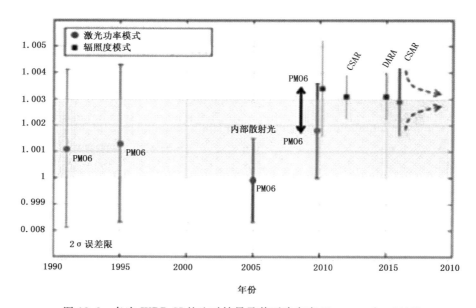

图 18.8　各次 WRR-SI 的比对结果及其不确定度（Suter et al.，2015）

表 18.3　DARA 中 3 个腔体对 TRF 辐照度校准的结果

项目	腔体 A	腔体 B	腔体 C
与 TRF 的比值	0.997849	0.997817	0.998748
估算的误差	0.00037(1σ)	0.00015(1σ)	0.00030(2σ)

注：DARA 的 A、B、C 腔体对 TRF 低温辐射计的比值。对 DARA 的数据未进行衍射、导线加热和吸收比的修正。

表 18.4　DARA 的常数

名称	所用的数值	估算的误差
A 的孔径面积	$19.6140 \times 10^{-6} \, m^2$	$\pm 0.0011 \times 10^{-6} \, m^2$
B 的孔径面积	$19.6144 \times 10^{-6} \, m^2$	$\pm 0.0015 \times 10^{-6} \, m^2$
C 的孔径面积	$19.6172 \times 10^{-6} \, m^2$	$\pm 0.0010 \times 10^{-6} \, m^2$
电子校准(CUI)	温度依赖性	$\pm 100 \, ppm$

　　从 WRR 与 SI 的多次比对结果可知,现行的 WRR 要比 SI 高出 0.3%。2015 年 Nyeki et al.（2015）等提出,应尽快拟定出具体办法,以便对 BSRN 的辐射档案进行更正。其实,何只于 BSRN 的档案,这一点涉及世界各国辐射测量的标准和辐射数据档案。

18.3　散射日射测量工作标准

　　关于散射日射测量标准的问题,正如在 6.5 节的"标准的总日射辐照度"均不是由"标准"总日射表提供的,而是由标准直接日射表测量的法向直射辐照度与标准散射日射表测量的散射辐照度之和提供的(即所谓的成分和法)。

　　所以建立散射日射测量标准就成为非常现实的问题。为了彻底弄清此问题,2001 年 9—10 月,美国大气测量计划(ARM)组织部分国家的一些辐射测量科学家和大多数知名辐射仪器制造商,在美国俄克拉何马州美国能源部下属的南大平原实验基地,开展了散射日射第一次强化观测期(IOP-Intensive Operational Period)试验,作为确立散射标准的第一步(Michalsky et al.,2003)。参比仪器共 14 台总日射表,其中涵盖了国际上绝大多数当前商业上提供的各种总日射表;另外,还包括了 4 台总日射表的新型样机。所有参比仪器均安装在 2AP 型太阳跟踪器上,利用遮光球进行遮光。由于遮光球的直径和距传感器的距离是固定的,而各种总日射表感应面的尺寸却不尽相同,通过计算得知,这一项差异可导致 $1 \sim 2 \ \text{W/m}^2$ 的测量误差。另外,还在跟踪器上安装了一台地球辐射表,以便利用夜间读数,按 6.4.1 节介绍的方法订正总日射表的热偏移。观测结果均按出厂时的原始校准系数进行计算,通风情况并无一致的要求。所以实际上,有的仪器通风,有的则没有,有的甚至通风附带加热。最后,通过对观测数据的分析检查发现,有 5 台总日射表的结果最为一致:即 8-48,PSP-mh,CM11,CM22 和 CM22rp,平均值均在 $1 \sim 2 \ \text{W/m}^2$;另有 5 台总日射表的结果也较为一致:PSP,CM21,CIMEL,EKO 和 Schenk-Star,平均值均在 $2 \sim 3 \ \text{W/m}^2$。其他 4 台的一致性均较差。

　　为了克服第一次 IOP 的不足,2003 年 10 月又在原地组织了第 2 次 IOP(Michalsky et al.,2005),参比仪器 15 台。这次比对活动的最大特点在于,所有仪器均采取统一的遮/不遮法在现场进行校准和统一的热偏移订正,并且绝大多数仪器均采用了通风。最终比较结果表明,有 8 台仪器(3 台 CM22,2 台 CM21,1 台 CM11 和 2 台 PSP)的一致性在 ±2% 以内。8-48 总日射表的测量结果普遍偏高。

　　经过两次对总日射表测量散射的比对活动,对于利用总日射表测量散射的不确定度有了较深的认识。为了落实建立散射工作标准,部分欧美学者在前两次 IOP 的基础上,于 2006 年的 10 月又组织了第 3 次 IOP(Michalsky et al.,2007)。这次活动的目的就在于从前两次 IOP 中选择表现最好的两台 CM22 和一台 CM11 组成一个实际的标准组。校准方法依然采用遮/不遮法,并规定校准应在太阳天顶角 45°±1° 的情况下进行。

　　在此过程中,特别选用了一台 8-48 型总日射表,因为它对热偏移具有天然的"免疫力",可供研究如何将夜间得到的热偏移订正公式应用到白天。具体的方法是将 8-48 与其余各总日射表的比值同散射辐照度的大小作图。从图 18.9 可以看出,各仪器的比值未随散射辐照度的增加而增长。图 18.9 的另一特点是绝大多数的比值均大于 1,这说明 8-48 的测量结果确实大于其他仪器。

　　图 18.10(a)表明,该日的上午以阴天为主,下午突然变晴。这从午后的散射辐照度陡然下降也可以看出;图 18.10(b)则表明,全天是以卷云为主的晴天。无论天空辐射状况如何,经过热偏移订正的 CMP 系列仪器之间的比值相当平稳,而只有 8-48 型总日射表如前所述系统偏高。上述事实表明,热偏移订正是可以推及晴天的散射测量的。

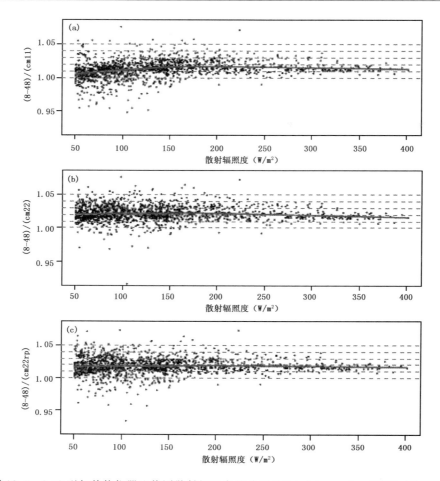

图 18.9　8-48 型与其他仪器比值同散射辐照度的关系（Michalsky et al.，2007）（见彩图）

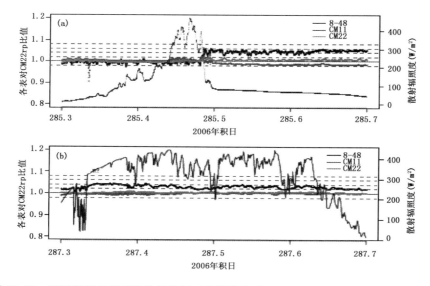

图 18.10　不同辐射状况下经热偏移订正仪器的表现（Michalsky et al.，2007）（见彩图）

参考文献

方伟，禹秉熙，姚海顺，等，2003. 太阳辐照绝对辐射计与国际比对[J]. 光学学报，**23**(1)：112-116.

Brusa R W，Fröhlich C，1986. Total solar and spectral irradiance variations from Near-UV to infrared[J]. *Appl. Optics*，**25**：4173.

Fehlmann A，Kopp G，Schmutz W，et al，2012. Fourth World Radiometric Reference to SI radiometric scale comparison and implications for on-orbit measurements of the total solar irradiance[J]. *Metrologia*，**49**：S34-S38.

Finsterle W，Blattner P，Moebus S，et al，2008. Third comparison of the World Radiometric Reference and the SI radiometric scale[J]. *Metrologia*，**45**：377-381.

Finsterle W，2011. Final Report WMO International Pyrheliometer Comparison IPC-XI. *PMOD/WRC Internal Report*，Dawos，July.

Finsterle W，Fehlmann A，2012. The 11th International Pyrheliometer Comparison and a Saharan Dust Event. TECO 2012，Brussels. https://www. wmo. int/pages/prog/www/IMOP/publications/IOM-109_TECO-2012/Session1/O1_06_Finsterle_IPC_XI. pdf

Fröhlich C，2005. History of solar radiometry and the world radiometric reference[J]. *Metrologia*. **28**(3)：111-116.

Michalsky J J，et al，2003. Results from the first ARM diffuse horizontal shortwave irradiance comparison [J]. *JGR*，Vol. 108，No. D3，4108，dio：10. 1029/2002JD002825.

Michalsky J J，et al，2005. Toward the development of a diffuse horizontal shortwave irradiance working standard[J]. *JGR*，Vol. 110，D06107. dio：10. 1029/2004JD005265.

Michalsky J J，et al，2007. A proposed working standard for the measurement of diffuse horizontal shortwave irradiance[J]. *JGR*，Vol. 112，D06112. dio：10. 1029/2007JD008651.

Nyeki S，Gröbner J，Finsterle W，2015. Correction of BSRN short and long-wave irradiance data：methods and implications. PMODWRC Annual report 2015，PP39.

Report on the WMO-BIPM workshop on measurement challenges for Global Observation Systems for Climate Change Monitoring. 2010. IOM Report No. 105 WMO/TD No. 1557.

Romero J，Fox N P，Fröhlich C，1991. First comparison of the solar and SI radiometric scale[J]. *Metrologia*，**28**：125-128.

Romero J，Fox N P，Fröhlich C，1995. Improved comparison of the World Radiometric Reference and the SI radiometric scale[J]. *Metrologia*，32，523，1995/96.

Finsterle Suter M，Finsterle W，Kopp Greg，2015. WRR to SI comparison with DARA http://www. wmo. int/pages/prog/www/IMOP/publications/IOM

Winkler R，2012. Cryogenic Solar Absolute Radiometer. -a potential replacement for the World Radiometric Reference，PhD Thesis，University College London[D]. discovery. ucl. ac. uk/1381929

WMO CIMO，1977. Final report of the working group on radiation measurement system.

WMO，2014. Guide to meteorological instruments and methods of observation，7-th edition. WMO No. 8.

WMO Iinternational Pyrheliometer Comparison IPC-X PMODWRC，final report. WMO/TD-No. 1320 2006

19　短波辐射测量标准新进展：
低温太阳绝对辐射计(CSAR)

19.1　问题的提出

低温太阳绝对辐射计(CSAR)的想法是 20 世纪 80 年代由英国科学家 Martin 和 Fox 最先提出（Martin et al.,1985）。他们当时主要关注在空间观测的辐射计校准。由于其长期暴露在空间环境中，遭受严重退化，而绝大部分仪器试验后又无法回收。所以这些仪器的测量不确定度通常无法确定，从气候实际需求的角度看，难以满足科学要求。Martin 和 Fox 的目的就是要解决这个问题。1994 年他们又对此作了进一步的阐述（Martin et al.,1994）。2002 年 Fox 联合英、法、美、意、加、瑞士等国家 21 名科学技术人员共同提出"支撑地面和太阳研究的可溯源的辐射测量装置计划（TRUTHS）"（Fox et al.,2002;2011）。其目标就是发射一颗卫星，该卫星可直接在轨道上，以一系列溯源 SI 的标准器校准各种星载仪器。其中就包括 CSAR。图 19.1 是 TRUTHS 中计划配置的仪器。由于该项计划内容众多，经费预算庞大，一时难以落实。

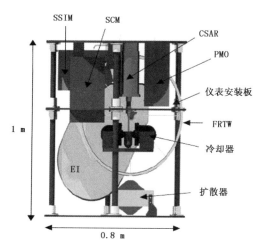

图 19.1　TRUTHS 仪器设备示意图(Fox et al.,2002)
(EI—地球成像仪,SSIM—太阳光谱辐照度检测器,SCM—光谱校准单色仪)

这一构想虽然很好，但一直未能落实实施。

世界辐射测量基准（WRR），由一组绝对腔体式直接辐射表组成的，目的是保证由它所测量的太阳直接辐射辐照度可长期保持高度的稳定性。但是，WRR 的标准组（WSG）自 20 世纪

70 年代末建立以来，迄今已近 40 年。由于时间的关系，标准组中的仪器已逐渐老化，有的已经达到使用寿命年限；所以，标准仪器组就需要不断地更新。例如，目前，世界标准组的 6 台仪器中，有 5 台仍然是可以信赖的，而其中一台仪器（H-F18748），2006 年末，就曾遭遇两起无法解释的读数突降。此两个下降累积振幅均达到 -0.1% 的量级。进一步地详细调查也未能揭示其原因。该仪器在 2007 年虽然继续运作，但也未能恢复。此事件虽不影响 WRR 整体的稳定性，但它仍然表明了 WSG 作为标准的脆弱性。有利的方面是，这一事件证明了 WRC / SRS 质量管理的监测程序是适宜的，能检测出单台 WSG 中仪器的故障。

为了确保以后 WRR 的延续性，有以下 3 种途径可供选择：

（1）为了今后世界标准组能继续保持 WRR，就要不断补充新的合格的绝对辐射仪器。实际上，世界辐射中心也一直在这么做。例如自 2005 年的 IPC-Ⅹ 起，中国长春光学精密机械研究所研制的绝对辐射计就首次参加了比对活动，随后就有 SIAR-2a 和 SIAR-2b 两台绝对辐射计加入了与世界标准组的长期稳定性比对试验。但是这一重建 WSG 的活动很难得以持续进行。由于这类仪器的用量极少，原来的生产厂家如 TMI 公司（生产 MK 型号的仪器），早已停产；近年来，Eppley 实验室也终止了 AHF 型号腔体辐射表的生产（可能与这类仪器的产量不大，但生产过程却极其精细、复杂有关）。目前唯一仍在生产的仅有达沃斯世界辐射中心的 PMO6-CC。但这又不符合标准仪器组应由多种不同结构的仪器构成的基本要求。

（2）在每五年顺序举办一次的国际比对（IPCs）期间，利用各区域和国家的且具有足够长期参与 IPC 比对历史的标准辐射表构成一个临时的"IPC 标准组"。但是，这个临时的标准组仍然需要定期地向 SI 标准溯源。

（3）放弃前述"标准组"的思路，建立一个全新的无需溯源的太阳辐照度标准器。

正因为客观上存在着这样几项最基本的需求，就形成了研制 CSAR 的原动力。在 2007 年的 PMOD/WRC 的年报中，首次披露，为了实现 WRR 向 SI 单位的可追溯性，达沃斯物理气象观象台（PMOD）与瑞士联邦计量院（METAS）和英国国家物理实验室（NPL）开始了一个开发低温太阳绝对辐射计（CSAR）的项目。最终的目的是要将太阳全辐照度测量的不确定度从 0.3% 降至 0.01%。旨在未来将世界辐射测量基准（WRR）和国际单位制（SI）直接联系起来。

19.2 CSAR 的优势

CSAR 的优势有 4 点：

（1）源于其操作温度约 20K 的深冷温度。这大大提高了腔体的热容量，从而提供了更高的灵敏度并容许建立更大的腔体，使其具有更好的吸收比；

（2）背景辐射水平得以大幅降低；

（3）在深冷温度和真空条件下执行操作，可以避免通过空气冷却造成任何的影响；

（4）超导材料的使用，可以避免电导线中的焦耳热。

但在真空下操作就会涉及到入射窗口的使用。因此，必须能够精确地确定真空室的入射窗口在全光谱范围内的透射比。

目前，在国家计量机构作为辐射功率的主基准（CAR），如 14.1.1.4 节中所述的，其所关心的是功率的计量，而不在乎其出自于哪个波长或哪段波长的光。所以普遍采用的是单色激光作为光源。而对于太阳辐射测量来说，则必须是针对完整的太阳光谱段。

19.3 CSAR 的外观

图 19.2 和图 19.3 给出了地面用和空间用 CSAR 的外观。

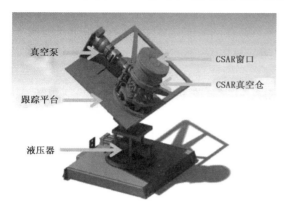

图 19.2 地面上使用的 CSAR 外观
（Winkler，2012）

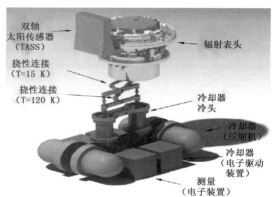

图 19.3 空间用 CSAR 外观示意图
（Fox，2011）

19.4 CSAR 辐射计的结构

19.4.1 头部

CSAR 头部的部件分解如图 19.4 所示。其探测腔体也有一般的和高灵敏度的两种。后者的具体结构可参阅图 19.5,它主要用于在太空轨道上进行校准。而一般的测量腔体则是简单的带有斜底的圆柱形腔体(图 19.6)。

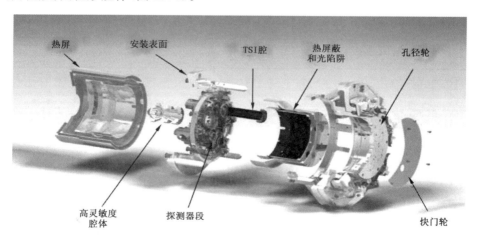

图 19.4 CSAR 辐射计头部的部件分解图（Winkler，2012）

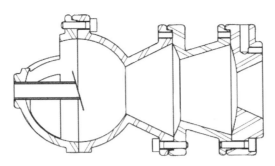

图 19.5　CSAR 高灵敏度辐射功率腔体图

(PMOD/WRC Annual Report，2012，p14)

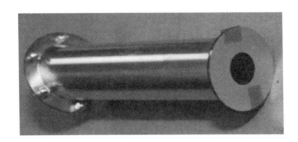

图 19.6　CSAR 一般辐射腔体图

(Fehlmann et al.，2010;2012)

19.4.2　腔体

　　CSAR 的腔体有两种,一种是为了在空间校准使用,如图 19.5 所示。另一种则是供一般测量所用,如图 19.6 所示。

　　它们系由电铸铜制做,表面镀金,以减少辐射能量的转移。主动探测器的面积小,倾斜圆盘坐落在图左侧的柱子上。探测器外壳的"圣诞树"状可将反射损失减低至最小。

　　研究者曾经测试过两个不同直径(15 mm 和 20 mm)腔体的吸收比,腔体的圆柱部分涂上 Nextel 漫射黑漆。后背板涂有 Nexte l 黑漆或 NEC 东芝 NiP 黑漆。第一次反射率测量在 647 nm 波长上进行。其结果如表 19.1 所示。

表 19.1　不同直径和不同黑漆所形成的腔体吸收比(Fehlmann et al.,2010)

种类	吸收比
15 mm 腔体;Nextel 背板	99.983%
20 mm 腔体;Nextel 背板	99.982%
15 mm 腔体;NiP 背板	99.996%

19.4.3　三层屏蔽

　　为了确保头部内部的恒定低温,头部之外设立了 3 层屏蔽。每一层次的屏蔽都可以保障温度在各自的水准范围内(图 19.7)。

　　进入各个层次的不同来源的热通量如图 19.8 所显示。

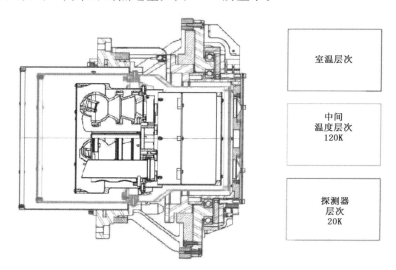

图 19.7　CSAR 探测腔的 3 个温度层次(Winkler，2012)(见彩图)

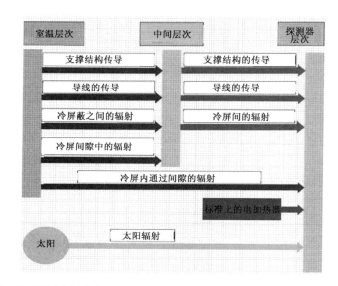

图 19.8　不同来源的热通量进入各种冷层次的图解说明(Winkler，2012)

19.4.4　供地面应用的机械式冷却器

　　由于空间应用对于制冷机有着较小的制冷功率要求，所以引入了额外可选的热链接模拟 15 K(探测器层次)和 120 K 的中间层次。辐射计头的两个冷却层次(中间层次和探测器层次)需要连接一台机械式冷却器。图 19.9 显示的是为两个层次提供冷却的冷却头。

　　另一台风冷式或水冷式空气压缩机通过柔性、金属包层的管道与冷却头连接。

图 19.9　住友公司生产的冷却头（Fehlmann et al.，2010）

19.4.5　孔径系统

进光孔径的尺寸一方面由 TSI 的测量准确度确定；另一方面也受到整体消耗功率总量的限制。据估算对于地面应用的准确度大约为 0.013％，而对于空间应用，约为 0.005％。

据此预估 CSAR 的入射孔径的上限为 5 mm。

具体到孔径本身来说，正如 Hartmann（2007）所指出的，完美的物理孔径是不存在的。或者说，真正的孔径均具有不够理想的边缘（图 19.10）。

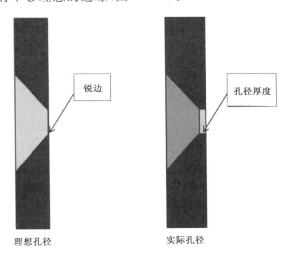

图 19.10　理想与实际孔径对比图
（Winkler，2012）

图 19.11 是使用 NPL 一等和二等校准装置确定圆形孔径面积的典型测量不确定度。图 19.11 表明，对于一个直径 5 mm 的孔径来说，典型的标准不确定度约为 20ppm（或 0.002％）（一等装置）；而对于二等装置来说，略大于 50ppm（或 0.005％）。

CSAR 精密孔径的实际测量结果列于表 19.2。

另外，据 CSAR 设计者研究，太阳直接日射和环日辐射照射在向阳的孔径表面时，在较小的角度下，可能在孔径与窗口之间造成内部反射，进而进入探测器中。为了防止这种干扰，CSAR 的孔径的前表面会做成如图 19.12 所示的样子。"火山口"状的入口，可防止孔与窗口之间的内部反射进入腔体（Winkler，2012）。

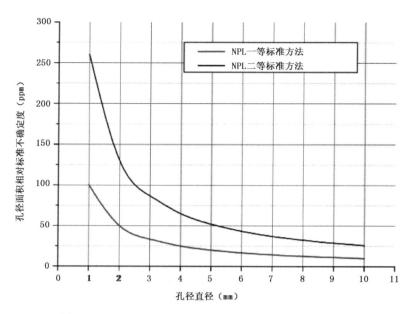

图 19.11　用 NPL 的一级和二级计量器具校准孔径面积
相对不确定度,取决于孔径直径(典型值)(Winkler,2012)

表 19.2　CSAR 精密孔径的测量结果

孔径编号	直径(mm)	边缘厚度(μm)	圆度/mm	面积相对标准不确定度
1	4.96811	30	0.000378	0.0052%
2	4.96709	27	0.000396	0.0052%
3	4.96784	28	0.000352	0.0052%
4	4.97004	25	0.000327	0.0052%
5	4.96762	22	0.000151	0.0052%
6	4.96726	18	0.000348	0.0052%
7	4.96780	18	0.001164	0.0078%

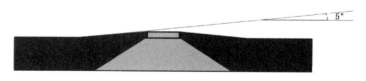

图 19.12　精密孔径的前表面示意图 (Winkler,2012)

图 19.13　孔径的静态支撑(Fehlmann et al.,2010)

从图 19.13 中还可以看到,整个 CSAR 共可安装 6 个腔体,其中半数为补偿腔体。

19.4.6　窗口透射比检测器

CSAR 的内部要求处于真空状态,窗口的密封是必不可少的。同时还要求有一个理想的窗口,即其对太阳光谱内的所有波长的投射应具有大体相等的高透射率。同时满足上述各项要求的材料,事实上几乎是不存在的。经过多方遴选,如图 19.14 中所显示的,在已知的物质中,这些(即图 19.14 中所示的四种材料)就是相对理想的材料了。虽然还有一些材料也具有较好的透射比,如氟化钙,氯化钾等,但它们在空气中不够稳定。

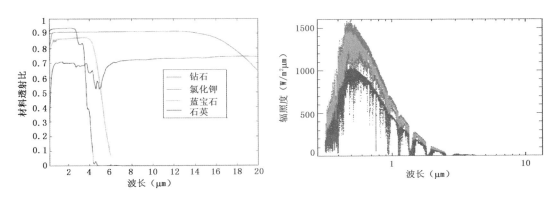

图 19.14　四种不同的窗口材料的光谱透射比(Fehlmann,2007)(见彩图)

因为在靠近 WSG 的太阳跟踪平台上一并操作 CSAR,所以只需考虑窗口材料的机械稳定性和热稳定性。最重要的是,这些窗口材料必须能承受大气中的水分,即透射比有长期稳定性(或至少在一个测量活动周期内)。进一步的考虑是,窗口对测量的贡献取决于入射的太阳光谱,而后者在测量时是随大气和时间的条件的不同而存在变化。

考虑到对环境的敏感性,有必要与 CSAR 同时进行监视窗口透射比的测量。这个窗口综合透射比监测器 MITRA(The Monitor to measure the Integral TRAnsmittance of windows)也在同步构建。

MITRA 的设计是基于双腔辐射计平行监测的原理,在环境温度下工作。一个监测腔将进行无窗口观测,另一个则通过相应的窗口进行观测。监测器可以确定由窗口引起相对于无窗口腔体的衰减。因为监视辐射计使用的是相对的而不是绝对的测量。因此,环境温度对辐射测量的影响无关紧要。所有的乘法校正因子,如腔体的反比或精密孔径的面积,在进行相对测量时会自动抵消。此外,监测辐射计将以"被动模式"操作,即不使用电替代。对不等价性、导线加热和控制电子回路(CUI)的修正也不存在。所有这些不确定度被排除,所以可以预期测量入射窗口的(太阳/大气加权)积分透射比优于 1/10⁴(Walter et al.,2014)。关于窗口透射比的测定,其实与王炳忠过去曾经做过的工作极其相似(王炳忠,1988;1992)。例如将 12 mm 直径的平板石英窗口放在 CSAR 和 MITRA 之上进行测试,测量结果如表 19.3 所列。

表 19.3　不同截止波长后面的太阳辐射占 TSI 的百分比

截止波长(μm)	占比
4	0.36%
8	0.10%
15	0.0006%

在 MITRA 研制过程中,曾出现过多种版本,其中两种如图 19.15 所示。

图 19.15　两种外观不一的 MITRA(b 图中靠上的褐色方盒)(Fehlmann et al.，2010)

19.4.7　CSAR 的主要技术参数

操作方面：

(1)地面：

①800～1100 W/m² 水平的辐照度是可以测量的。

②TSI 测量的绝对精度优于 0.01%($k=1$)。

③TSI 测量的分辨率必须优于 0.001%。

④TSI 探测器热松弛时间常数必须小于 10 s。

⑤必须可以测量 1 mW 水准的辐射功率,以便可以同实验室低温辐射计进行直接比较。

(2)空间：

①1300～1500 W/m² 的 TSI 水平是可以测量的。

②TSI 测量的标准不确定度要优于 0.01%($k=1$)。

③测量 TSI 的分辨率必须优于 0.001%。

④TSI 探测器的热松弛时间常数必须小于 10 s。

⑤1～100 mW 水平单色光束的辐射功率必须能测到。

⑥对于光谱辐射功率的测量必须覆盖 200～2500 nm 的光谱范围。

⑦对于 200～400 nm 和 1000～12500 nm 的波长间隔内,辐射功率测量的绝对准确度应优于 0.1%($k=1$)。在 400～1000 nm 的绝对准确度为 0.05%($k=1$)。

⑧对于 200～400 nm 和 1000～12500 nm 的波长间隔内,测量辐射功率的分辨率应优于

$0.1\%(k=1)$。在 $400\sim1000$ nm 的波长，所需的绝对不确定度为 $0.05\%(k=1)$。

（3）机械方面：

①完整系统的质量不应超过 50 kg。小于 31 kg 是可取的。

②完整系统的体积应小于 500 mm×300 mm×300 mm。

③空间合格的涂料，粘合剂和材料可用于卫星仪器。

④通过冷却器或环境干扰，引入了振动，并未引入大于 0.001 mW 的热噪声（White et al.，2002）。

⑤机械连接和对准应适应于卫星发射。

⑥冷却阶段之间的热传递，也是可调节的，以便提供有效的冷却功率和散热片的温度。

（4）热量方面：

①对于 TSI 测量来说，温度传感器的分辨率需要几个 1 mK，而对于辐射功率测量，则需要 0.1 mK。

②温度传感器的热松弛时间常数必须要比辐射测量的时间常数低 2 个数量级（White et al.，2002），即对于 TSI 为 0.1 s 和对于辐射功率为 0.01 s。

③通向腔体导线的热电阻应尽可能地高，以减少电加热和光学加热之间的差异。

（5）电量方面：

①测量电功率的分辨率对于 TSI 来说，必须优于 10 nW，而对于辐射功率测量应优于 10 pW。

②从测量设备的外部射频信号与本地信号的始动值必须被最小化。

③控制系统的热松弛时间常数要比光学测量的低一个数量级（White et al.，2002），即对于 TSI 为 1 s 而对于辐射功率测量为 0.1 s。

（6）光学方面：

①孔径的几何形状必须遵循 WMO CIMO 推荐的：视场角 5°和斜角 1°。

②空腔的吸收率不应超过地面 10 年寿命期间变化的 0.001%，而地面上的 10 年寿命相应于太空中的 7 年。

③多个腔体可保证冗余度。

④定义孔径的直径取决于可用的冷却功率。最少 $3\sim4$ mm，最大 $5\sim10$ mm。

⑤在运行的和室温之间的孔径直径应无显著差异。若有改变必须了解，且标准不确定度应小于 0.01%。

⑥精密孔径和限视孔径之间的距离应这样选择：衍射校正对确切的距离应不敏感。

⑦孔径变化机制应保证冗余度。在失败的机制事件当中，必须能够返回一个定义的默认状态。

19.5　试用结果

19.5.1　CSAR 与 SI 的比对结果

CSAR 与 SI 的比对是在室内进行的，所使用的设施与 WRR 同 SI 进行比对的相同（参见第 18 章）。

一个测量周期包括：

（1）确定光束分束比；

（2）在快门打开情况下，用 CSAR 进行测量；

（3）在快门关闭情况下，用 CSAR 进行测量。

为了将 CSAR 与 SI 辐射标尺进行比对，共进行了 8 次比对测量。结果如图 19.16 所示。CSAR 和 SI 一致程度在规定的不确定度范围内。

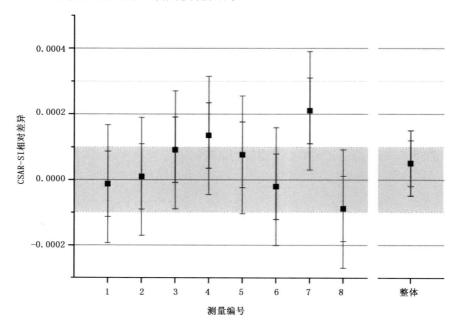

图 19.16　CSAR 与 SI 的比对。红色的误差限代表测量噪声，黑色的误差限代表在陷阱校准中的不确定度。误差限指示在 k=1 时的不确定度，测量中的不确定度。阴影部分表示在 CSAR 测量中的绝对不确定度（Winkler，2012）

19.5.2　CSAR 与 WRR 的比对结果

CSAR 与 WRR 的比对是在达沃斯世界辐射中心的太阳跟踪器上进行的。

于 2011 年 1 月 27 日至 5 月 8 日共进行了 7 个测量日。为了验证测量的有效性，使用了三种不同的测量装置：

前 3 个测量日使用的是石英窗口和 MgB2 超导丝连接腔体加热器。

第 4 和第 5 个测量日使用的是熔融石英窗口和铜导线连接腔体加热器。

第 6 和第 7 个测量日使用的是蓝宝石窗口和铜导线连接腔体加热器。

所有的测量均在良好的气象条件下进行。气溶胶光学厚度在所有情况下均<0.3。

图 19.17 显示了单一测量和总体测量的结果。所有的单一测量彼此之间是一致的。总体测量的结果是，以世界标准组（WSG）为代表的世界辐射测量基准（WRR），其测量结果比 CSAR 高 0.309%；与此结果相关联的标准不确定度为 0.028%。

图 19.18 绘出了使用前述 3 种测量装置的测量结果。结果表明，无论是使用石英玻璃或蓝宝石材料的窗口，也不管使用超导材料 MgB2，还是铜丝作为腔体加热丝，所产生的统计相

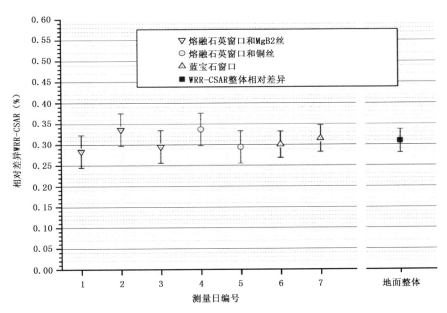

图 19.17 CSAR 和 WRR 之间的相对差异。误差限表示的是测量的标准不确定度(Winkler,2012)

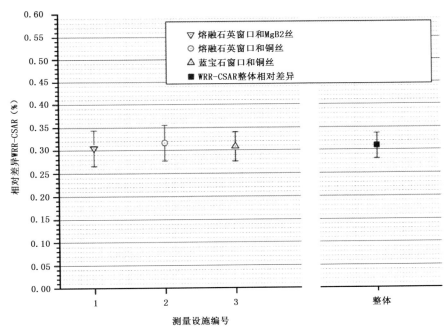

图 19.18 不同类型的测量装置的比较结果(Winkler,2012)

关差异,均属微不足道。

如果就 WRR 与 SI 标尺之间的比对情况看,图 19.19 总结了 WRR 与 SI 标尺之间的各种比对结果。如果再结合第 18 章中所介绍的 WRR 与 SI 之间的 4 次比对结果,总体上看,WRR 标尺要比 SI 标尺高是可以肯定的,至于具体数值,还有待 CSAR 与 WRR 更长时间的持续比对。

从另一方面讲,各项电子技术正在迅猛地发展,更多地采用新技术,不仅意味着获得的测量结果更精确,也更快捷。

在 2015 年 4 月前 CSAR 曾返回 NPL 进行改进,主要的技术改进为冷却系统,改进后标准块的温度更稳定。对 MITRA 的改进主要包括详尽的测试、仪器的微调和应用重新校准程序于腔体温度计,后者可以更好地考虑仪器的温度漂移。

安装调试后,CSAR 在达沃斯的太阳跟踪平台上进行了广泛的试验,并参加了 2015 年 9 月举行的第 12 届国际直接日射表比对活动(IPC-Ⅻ)。

以 CSAR 代表 SI 与 WRR 前后共计比对过 11 个日次,比对结果列于图 19.19。其中,最后 5 天是在 IPC-Ⅻ 期间测量的。

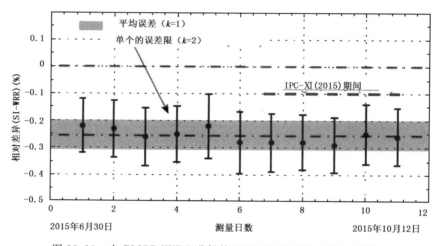

图 19.19 在 PMOD/WRC 进行的 WRR-SI 比对 11 天的日平均。

图 19.19 表明,SI 与 WRR 两标尺之间的差异为 −0.26±0.053%(k=1),与过去的研究结果一致(Fehlmann,2012)。CSAR 将定期参加与 SI 低温辐射计的比对,以保证它对 SI 的稳定性。一个从 WRR 到 SI 的正式过渡,预计将在未来 5 年内完成(PMODXXRC,Annual Rcport,2015)。

在 2015 年间,曾进行过多次 SI-WRR 之间的比对,在前 13 次比对的日平均相对差异为 −0.22%(图 19.20)。在第 13 与第 14 测量日之间将 CSAR 和 MITRA 的窗口进行了交换。从第 14 日起相对差异显著变大(−0.36%),表明窗口透射比的不同确实是主因。经过对窗口表面进行显微镜检查分析发现,MITRA 窗口受黏性颗粒的污染度较高,这些微观黏性颗粒无法用标准清洁程序去除,更不能使用镜头纸和异丙醇,因为它们是肉眼看不到的。所以 CSAR 的功率读数被过度校正,导致过高的 CSAR 辐照度值。在交换两个窗口后,MITRA 透射率校正因子对于更加被污染的 CSAR 窗口来说是太高了,进而导致过低的 CSAR 辐照度值,在绝对差较大的情况下为 −0.36%。

窗口表面的显微镜检查分析表明,在视野中潜藏着 2～20 个直径为 10～50 μm 的黏性颗粒,部分地遮蔽了检测器的照射区域;并可能因此影响 SI-WRR 的相对差异为 0.001%～0.2%。假设两个窗口上的黏性颗粒均匀分布,并对每台仪器产生相同的遮光效应,获得的两个相互比较值就可以平均,导致 SI-WRR 的相对差为−0.29±0.064%(k=1),见表 19.4。其与近来的 SI 标度下降−0.3%的结果一致。研究窗口的清洁度和各种清洁方法,可以将黏性颗粒对窗口的污染减少至>95%。最有效的清洁方法是使用异丙醇超声浴。经过很好清洁的 CSAR 窗口,其测量结果与以前−0.3%的差异吻合得很不错。

在目前,MITRA 的不确定度(约为 0.36%)占据了 CSAR 不确定度(约为 0.39%)的主要部分。根据最新的实验研究结果(Walter et al.,2017),未来对 MITRA 的改进将包括新的散热器设计和将使用 3 腔或 4 腔而不是原来的两腔体。另外的腔体将永远被遮光,用来跟踪寄生于腔体和散热器之间的热流,后者是由仪器的温度漂移所造成的。模拟试验表明,这些暗测量可以用来最终消除任何仪器的温度漂移对积分透射比测量的影响,使数字校正温度计的重新校准成为不必要。

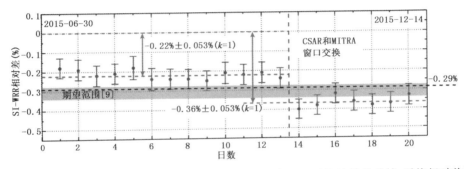

图 19.20　2015 年 6 月以来,PMOD/WRC 与 CSAR 进行 SI-WRR 比较的总结,平均相对差异为−0.29%。IPC-Ⅻ 期间的比对为 7—11 日(Walter et al.,2017)

表 19.4　SI-WRR 标尺比对的不确定度摘要

项目	不确定度(k=1)
MITRA	0.036%
窗口污染	0.035%
CSAR	0.014%
重复性(统计)	0.021%
WRR	0.030%
整体 SI-WRR 比对	0.064%

　　CSAR 与 MITRA 的整体外观,如图 19.21 所示。请不要误会,CSAR 的体积绝不像图片显示的那样“袖珍”,实际上,CSAR 要庞大得多,毕竟它是要将图 19.5 那样的标准器实现小型化。但是,实际也不会小到哪里去,这一点从图 19.22 可以清楚地看到。

　　如果说组成世界标准组的各种仪器面临着无以替代的问题和对 SI 标准溯源问题的话,由于 CSAR 的研制成功,这些问题已经或即将获得解决;而各个国家的标准仪器所面临的才是真正的“后继乏人”的问题,这是更值得关注的大事。尽管 PMO6-CC 仍在继续生产,并可以满足作为标准器的要求。可是 AHF 或类似仪器的停产则更令人忧虑。因为 PMO6-CC 作为标准仪器是无可挑剔的,但是,面对被校准的日常工作仪器来说,PMO6-CC 每采集一个数据所需时间大约需要 1.5～2 min,1 小时内最多仅能采集 30 余个数据,二者极不匹配。从而大大地限制了校准时所采集的对比数据量。同时也大大地限制了校准的时段(仅能限于晴天的中午时段)。

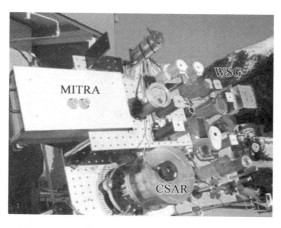

图 19.21　CSAR-MITRA 与世界标准组在跟踪器上（Walter et al.，2016）

图 19.22　CSAR 实际安装时的情景，仪器的整体高度约 1 m（Winkler，2012）

参考文献

王炳忠，1988. 关于滤光片透射系数的直接测定[J]. 太阳能学报，**9**（3）：338-344.

王炳忠，1992. 关于滤光片透射系数直接测定的误差[J]. 太阳能学报，**13**（4）：416-421.

Fehlmann A et al. Cryogenic Solar Absolute Radiometer (CSAR). In *Anuual report* 2007 PMODWRC，p. 12.

Fehlmann A et al，2008. Monitor to determine the integrated transmittance of windows（MITRA）and the Cryogenic Solar Absolute Radiometer（CSAR）. In *Anuual report* 2008 PMODWRC. p. 14.

Fehlmann A. et al，2010. The Cryogenic Solar Absolute Radiometer（CSAR）and the monitor to measure the integrated transmittance（MITRA）of Windows. lasp. colorado. edu/sorce/news/2010ScienceMeeting/posters.

Fehlmann A, 2012. CSAR and MITRA. In Anuual report 2012 PMODWRC, 14-15.

Fox N, et al, 2002. Traceable Radiometry Underpinning Terrestrial- and Helio- Studies (TRUTHS). calval. cr. usgs. gov/PDF/2002_Fox_TRUTHS_SPIE. pdf

Fox N, et al, 2011. Accurate radiometry from space: an essential tool for climate studies[J]. *Phil. Trans. R. Soc. A*, 369, http://rsta. royalsocietypublishing. org/

Hartmann J, 2007. High-temperature measurement techniques for the application in Photometry, Radiometry, and Thermometry. Habilitation, Technische Universität Berlin.

Martin J E, Fox N P, Key P J, 1985. A cryogenic radiometer for absolute radiometric measurements[J]. *Metrologia*, 21, 147.

Martin J E, Fox N P, 1994. Cryogenic Solar Absolute Radiometer-CSAR[J]. *Solar Physics*, **152**: 1-8.

PMOD/WRC, 2012. Annual Report 2012. p. 14.

PMOD/WRC, 2014. Annual Report 2014. p. 14.

PMOD/WRC, 2015. Annual Report 2015. p. 19. http://www. pmodwrc. ch

Walter B, 2014. Spectrally integrated window transmittance measurements for a cryogenic solar absolute radiometer[J]. *Metrologia*, **51**: 344-349.

Walter B, et al, 2015. The Cryogenic Solar Absolute Radiometer (CSAR). In *Anuual report* 2015 *PMODWRC*, p. 18.

Walter B, et al, 2016. The Cryogenic Solar Absolute Radiometer and the Window Transmittance Monitor In *Anuual report* 2016 *PMODWRC*, p. 12.

Walter B, et al, 2017. Direct solar irradiance measurements with a Cryogenic Solar Absolute Radiometer. *AIP Conference Proceedings* 1810, 080007 (2017); doi: 10. 1063/1. 4975538 http://dx. doi. org/10. 1063/1. 4975538

Winkler R, 2012. Cryogenic Solar Absolute Radiometer-a potential replacement for the World Radiometric Reference, PhD Thesis[D], University College London. *discovery. ucl. ac. uk*/1381929

White G K, Meeson P J, 2002. *Experimental Techniques in Low-Temperature Physics*[M]. New York:Oxford University Press. https://www. amazon. com/Experimental-Techniques-Low-Temperature-Monographs-Chemistry/dp/0198514271

20　地球辐射测量标准

　　早期地球辐射表测量的不确定度约为 10%。当时的情况基本上是各国"各自为政"。大多数国家以黑体辐射源作为长波辐射的标准。国际上也没有统一的计量标准。20 世纪 90 年代,曾组织过一次地球辐射表的国际巡回校准试验(Philipona et al.,1998)。将一批地球辐射表发向参与国的实验室。各参与国用各自的黑体对其进行校准。共计有 11 个拥有黑体校准源的单位参加了此次比较试验。试验结果表明,其中 6 台黑体校准源,对同一批 5 台接受试验的地球辐射表校准因子的一致性,在其中值的 1%～2%。事实上,现代地球辐射表用黑体校准的结果,可达到不超过 2～3 W/m² 的水平。然而,上述试验结果,未能提供有关长波辐射测量不确定度的信息。为了克服此弊端,PMOD/WRC 的 Philipona R C 研制出一台绝对天空扫描辐射计(ASR)(Philipona,2001a)。以此为契机,于 1999 年 9 月 21—30 日在美国俄克拉何马州的南大平原实验基地和 2001 年 3 月 5—15 日在阿拉斯加实验基地,分别进行了国际地球辐射表和绝对天空扫描辐射计的对比试验(IPASRC-Ⅰ、IPASRC-Ⅱ)(Marty et al.,2003;Philipona et al.,2001b)。比较结果表明,ASR 与地球辐射表测量结果的平均差值很小。利用辐射模式计算的结果表明,实测向下长波辐照度的不确定度为 2 W/m²。

　　在此次比对活动的基础上,正式成立了由两台 Eppley 生产的 PIR 地球辐射表和两台 Kipp & Zonen 生产的 CG4 地球辐射表组成的世界长波辐射标准组(WISG)。

　　基于上述结果,WMO CIMO 于 2002 年召开的第 13 届会议上,建议世界辐射中心建立红外辐射中心(IRC)。该中心于 2004 年 1 月在 PMOD/WRC 正式成立,作为世界辐射中心四个部门中的一个:红外辐射部(IRS)。最初,IRC 主要有一台绝对天空扫描辐射计(ASR),作为标准向 WISG 定期进行比较传递,以保持 WISG 的长期稳定性。自那时以来,WISG 各个仪器的校准常数就没有修改过。在过去的 10 多年中,WISG 的长波辐射标准表表现出非凡的稳定性,其变动仅维持在 ±1W/m² 以内,这要比其 ±4 W/m² 的测量不确定度还要低。此外,虽然 WISG 提供内部一致性良好的大气向下长波辐射测量标准,但是,无论是 ASR 还是 WISG 对国际单位制(SI)的可追溯性并未获得解决。后来进一步的分析表明,在 IPASRC-Ⅰ 和 IPAS-RC-Ⅱ 期间的比对校准结果,在晴空条件下的偏差至少为 3 W/m²(Reda et al.,2008a,b,c);进一步的分析还发现,由于 ASR 带有调制器,而其响应度是对照着 ASR 的内置小型黑体计算的(Philipona,2001a),这样,偏差可归结为由以下原因引起:(1)测量中斩波器的温度误差;(2)晴朗天空与内置黑体之间光谱的不匹配;(3)在冷晴空条件下黑体表面有凝结所引起。冷凝之所以发生,是因为 ASR 内置黑体的温度,需调节至低于露点以便与晴朗的天空温度相匹配所导致。正是由于 IPASRC-Ⅰ&Ⅱ 期间的这些测量偏差以及其他系统的不确定度来源,所以不能认为 WISG 对 SI 单位的溯源关系就已经建立起来了;同时其估算的不确定度可能超过 ±4 W/m²。另外一个容易被忽略的问题是测温的热敏电阻。如果所用的热敏电阻具有大于 ±0.1℃ 的测量不确定度,它就会引入 >3 W/m² 的误差。

　　综上所述,试图建立一个国际公认的、溯源到 SI 单位的、供校准地球辐射表的绝对标准仍需继续努力。Reda 也认为:对于 WISG 来说,在晴空条件下溯源到 SI 单位的标准并未真正建立起来。因此,后来他所研制的绝对腔体地球辐射表(ACP),就是为了彻底解决上述问题。与此同时,世界辐射中心 Gröbner 也为了同样的目的,研制了红外积分球辐射计(IRIS)。下面会在新型红外辐射计一节中分别介绍。

20.1　世界辐射中心:红外辐射部(WRC-IRS)

　　红外辐射部成立之初,所拥有的仪器设备主要有校准长波辐射仪器溯源 SI 过程中所用的黑体和其他一些后续研究的校准设备。在下面的介绍中,除了以世界辐射中心的设备为主要对象外,对一些国际知名单位以及国内的同类设备情况,也分别介绍。

20.1.1　黑体

　　黑体作为一种长波辐射计量标准设备一直被广泛使用,可是对于地球的长波辐射来说,由于客观上存在着各种大气成分的干扰,实际上,黑体作为校准源来说,并不十分理想。具体的干扰情况可以从图 20.1 中看到。

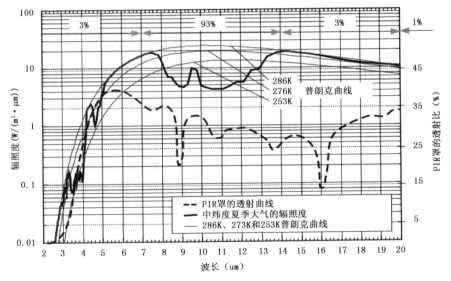

图 20.1　普朗克校准曲线与 MODTRAN 模式计算的中纬度夏季达沃斯(1580m)的辐照度
(Philipona,2001a)

　　从图 20.1 中可以看到,实际中纬度夏季大气所发射的辐照度,在外观上与相近温度的理论曲线还是有所不同的。如果加上仪器窗口,则还会受到窗口透射曲线的影响;如果不放窗口,则气体的流动(风)又会干扰测量。不过,如果探测器本身的光谱灵敏度在整个 $2\sim100\ \mu m$ 较为平坦,则产生的影响不会特别显著,因为所有波长将会被同等对待。但是罩的透射率是较低的(图 20.1 右侧标尺),并且不同的仪器之间差别较大。窗口内壁上沉积的干涉膜厚薄不一也会导致误差。在前面 8.3.2.2 节中已经作过详细的介绍。

由于计量目标对象不同,黑体也是多种多样的。下面仅选择供校准地球辐射表的低温黑体予以介绍。

20.1.1.1　世界辐射中心黑体

在校准地球辐射表的过程中,以往最常使用的就是腔体黑体。在 20 世纪内以 PMOD 为首的科学家就曾利用已有黑体进行过循环比对(round-robin)试验(Philipona,1998)。就是将 5 台地球辐射表先后分发给各个有黑体的 11 个参与试验的实验室,使其利用各自的黑体对其进行校准,然后再将所得结果,统一进行对比分析。由于各个单位的黑体并非专门为校准地球辐射表而构建,使用中难免出现某些不够匹配的情况。最后结果表明,在世界范围内,各个黑体相互之间相差在 1‰～2‰。对于构建世界级长波辐射标准来说,这样的准确度当然并不能令人满意。何况并非所有参加的实验室均具有正式授权的资质。PMOD/WRC 作为世界辐射中心,前后共建造过两台黑体。前者由 Philipona 等人(Philipona et al,1995)研制,以 BB1995 表示。2008 年 Gröbner(2008)又研制了一台性能更为优越的、专供用来校准地球辐射表的斜底布局的标准黑体 BB2007。新黑体的内部结构和外观如图 20.2 所示。

利用标准黑体,可以推算出地球辐射表的相关参数 k_1、k_2 和 k_3,经过使用 BB2007 的多次试验,得出了它们的不确定度分别为:±0.024、±0.0008 和 ±0.03。地球辐射表灵敏度 C 的相对不确定度为 0.8%。与使用 BB1995 得到的相比,k_1、k_2 和 k_3 的平均差异分别为 0.005、0.00026 和 0.08,用新腔体得出的地球辐射表灵敏度 C 要比 BB1995 平均高 1.0%。

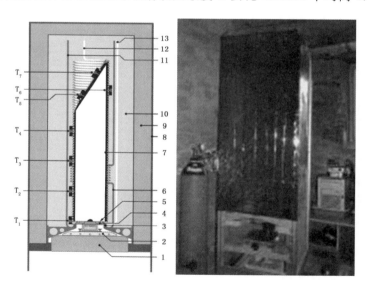

图 20.2　黑体 BB2007 内部技术布局(a)和外观(b)(Gröbner,2008)

T_1—T_7:7 个热敏电阻;1 和 9 聚苯乙烯板;2 温度循环板用来控制地球辐射表的温度;3 三个不锈钢支架撑住腔体;4 接口板,用来适配不同的地球辐射表;5 数度传感器;6 冷氮气管[入];7 涂黑的腔体内壁;8 木质外壳;10 聚苯乙烯颗粒;11 氮气管线[出];12 围绕腔体的铜油管;13 从底部进铜管[入]。

20.1.1.2　美国可再生能源实验室黑体

这里所说的黑体早在 21 世纪之初就已建立(Reda et al,2002),只是在 2007 年(Reda et

al，2008c)，对其进行了改进,这次改进之所以值得关注,主要是其改进后与 PMOD 标准黑体以及其同世界标准组(WISG)之间,反复进行了校准和一致化的过程。这一过程可供其他国家在建立自己的实验室黑体标准时参考。

该黑体的改进主要包括以下几点：

(1)黑体中供循环用的油,改用黏度更低的,使得在−30℃温度平稳状态下,黑体内部的温度梯度从 3℃ 降至 0.8℃,在晴空下的偏差则相应地从 12 W/m² 减少到 6 W/m²；

(2)附加的沃尔夫冈热质增加了黑体的热容量；减少室内数据的分散度,从 6 W/m² 减至 2 W/m²；

(3) 适当地抛光并镀金黑体的下半球。一层镍安插在铜与金之间,以防止铜/金扩散,从而改进了黑体的发射率；

(4)对镀金的下半球贴敷上热敏电阻,使得计算出的黑体辐照度增加了 4W/m²。

改进后黑体的评估：

(1)在 PMOD 校准了 5 台的地球辐射表以建立 NREL 标准组(NRG),其中包括 3 台 PIR 和 2 台 CG4；

(2)用 PMOD 的黑体校准上述标准组的每台仪器；

(3)标准组放置在 PMOD 的室外平台上与 WISG 进行了 4 个月以上的比对校准；

(4)调整 PMOD 的黑体系数(C),以便使之与 WISG 的辐照度相匹配；

(5)用 NREL 黑体校准标准组仪器(图 20.3)；

(6)使用同样的达沃斯室外数据,调整 NREL 黑体校准出来的系数(k_1 和 k_2)以便与 WISG 的辐照度相匹配；同时调整系数 k_3 以减少分散度；

(7)比较从 PMOD 得出的结果和在 NREL 黑体以及室外校准的结果。

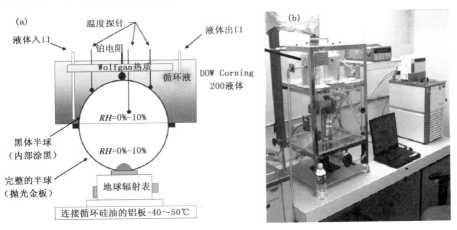

图 20.3　NREL 黑体结构简图(a)和整体外观(b)(取自 NREL 网站 https://www.nrel.gov)

经过一番努力,得到的最后结果是：

(1)改进后的 NREL 黑体偏离 WISG 的偏差从大约 12 W/m² 减少至−1~3 W/m²；

(2)黑体的校准系数必须要调整到公认的标准(WISG)上,以便维护数据的全球一致性；

(3)其他地球辐射表的校准系统需要对照 WISG 进行评估,以便建立追溯 SI 单位的公认的标准。

图 20.4 是同一台地球辐射表 PIR 31233F3 对不同黑体进行校准的结果，图 20.4a、b 为未进行系数调整的结果，图 20.4c、d 则为进行了系数调整后的结果。从图中不难看出，凡是地球辐射表在校准后，对计算公式的系数进行调整过的，其结果均更优于未经调整的。原文献中曾对标准组的 5 台仪器给出了类似的结果图，表明其对黑体进行改造是成功的，效果也是良好的。

值得一提的是，这台装置由于无论是辐射源部分，还是仪器体部分的温度，都是可控的。这样，就可以使该装置不仅可用于地球辐射表的校准，还可用于总日射表热偏移性能的检测。只要将放置地球辐射表的地方换成总日射表即可。当然，此时黑体的温度应调整得低于仪器的体温，以便于利用黑体来模拟冷的夜空。在 5 种温度平稳状态下进行测量，所得结果如表 20.1 所列。每一个黑体温度有一平稳期（模拟天空温度），它不同于仪器体的温度，并以此来模拟总日射表夜间放置在室外的情况。而图 20.5 是用黑体测量期间，热电堆输出与净红外辐射之间的关系。从图中可以观察到，对于所有总日射表来说，其输出电压与红外辐射均呈线性关系。

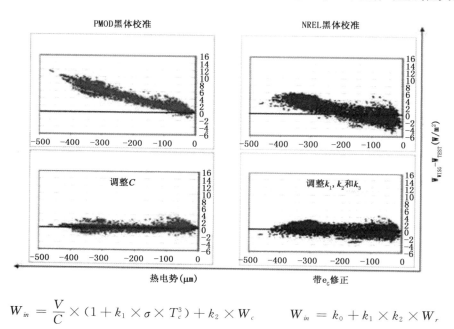

$$W_{in} = \frac{V}{C} \times (1 + k_1 \times \sigma \times T_c^3) + k_2 \times W_c \qquad W_{in} = k_0 + k_1 \times k_2 \times W_r$$

图 20.4 2007 年 7 月和 12 月间在达沃斯进行的黑体校准试验与 NREL
黑体试验结果比较（Reda et al.，2008c）

表 20.1 在黑体系统中为校准总日射表的几种不同温度平稳状况下的净辐射（Reda et al.，2005）

黑体温度（T_{bb}）（℃）	仪器体温（T_c）（℃）	$T_{bb} - T_c$（℃）	$W_{NET} = W_{bb} - W_c$（W/m²）
-35	-5	-30	-110.8
-20	-5	-15	-60.3
-20	10	-30	-131.6
-5	10	-15	-71.3
10	25	-15	-83.6

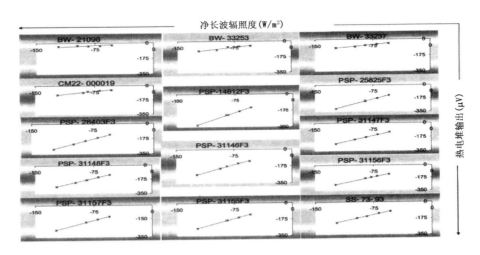

图 20.5　用黑体校准期间,总日射表热电堆输出与净红外辐射的关系(Reda et al.，2005)

20.1.1.3　中国气象科学研究院黑体

20 世纪 70 年代,原中国气象科学研究院计量研究所立项研制辐射平衡表(旧称净全辐射表)校准装置。由于其目的是校准有两个感应面的净全辐射表,所以当时就设计了两个同样水平放置的黑体,从两侧将被检表夹在中间。黑体最后是由当时的航天部第五研究院利用热管技术协助制作的。该装置于 1989 年设计定型。后来接手工作的人员在实际操作中发现,两台黑体同时运作,不仅费时费力,操作起来也颇为不便。为了节约能源、设备和节省时间,简化操作和减少误差源,只采用其中一侧的黑体。为了使被检仪器两侧的环境尽可能一致,将原设计中左右两个光阱中靠近被检仪器的光阱隔板拆除(图 20.6 中虚线部分)。并在图 20.6 中 A、B处各增设一台小型轴流风扇,以增强空气流动,减少打开黑体时所形成的水平温度梯度。实质上,这样的处理与 Funk(1961)所建议的检定装置类同。

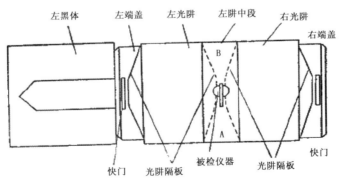

图 20.6　改进后的检定装置框图(王炳忠,1995)

该装置再度运行以便完成后续工作时,已是 1994 年。为了了解经过数年空置后设备的技术性能,当年 5 月份邀请了中国计量科学研究院(以下简称计量院)光学处的有关人员,将事先经过常温黑体辐射国家标准校准过的 JF-Z 型绝对辐射计带到中国气象科学研究院,对黑体装置进行检测。在不同黑体温度下检测的结果列于表 20.2。后来为方便工作,从计量院购得一台 JF-Z 型绝对辐射计,用于每年溯源中国计量研究院的国家标准。1994 年 8 月重复进行检测,所得结果极为相近。常温黑体辐射国家基准全辐照度的合成不确定度为 0.95%。从表 20.2 所列相对偏差一栏可以看出,该装置的不确定度<±2.0%,符合原设计指标,也符合常温黑体辐射计量器具检定系统中关于计量标准器具各量值不确定度的有关规定。

表 20.2 计量院标准对气科院黑体的测试结果(录自计量院广字第 05—94210 号通知书)

日期	黑体温度(K)	快门温度(K)	$E_b(\mu W/cm)$	$E_r(\mu W/cm)$	相对偏差(%)
5 月 18 日	348.61	288.41	233.30	235.49	−0.9
5 月 18 日	353.04	288.40	254.15	252.42	0.7
5 月 19 日	343.19	288.63	208.36	211.82	−1.6
5 月 19 日	352.03	288.42	249.28	249.55	−0.1
5 月 20 日	340.08	288.57	195.00	191.74	1.7
5 月 20 日	333.67	288.79	167.80	169.28	−0.9

* 黑体有效发射率 $\varepsilon=0.999$,E_b 为黑体辐照度(计算值);E_r 为绝对辐射计测量。

实际操作时,被检表就放在原架设绝对辐射计的地方,被检仪器输出的电势除以黑体在感应面上所形成的辐照度,即可得出其长波灵敏度。经多次重复后,其结果在 ±2% 的范围内波动,符合该装置的测量不确定度范围。另外,在实验中发现,不宜在同一辐照度水准下多次重复测量,而宜在不同辐照水准下进行系列测量,然后综合各点测量结果进行线性拟合。这样可得出唯一的直线,其斜率代表被检仪器的灵敏度,而其截距应为仪器的零位。图 20.7 就使用上述方法进行一次校准的结果(王炳忠,1995)。我们称其为动态法。类似的方法在国外也应用过(Idos,1971;新井重男,1990)。日本学者称此法为倾斜法。

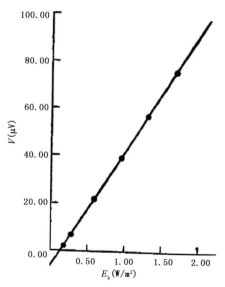

图 20.7 用动态法校准净全辐射表的个例(王炳忠,1995)

在介绍净全辐射表校准的文献中,均曾提及背景电势,即暗电势的测量问题,但并不详尽,从具体实施过程看,对暗电势的测量大多限于测量过程的起始和终止两次。至于其间其他各次测量的暗电势,则用内插法解决。根据我们的实践,内插法在这里并不可取,因为其间零位的变化并不是线性的。影响暗电势的因素较多:(1)起始水准不一;(2)走势大多先降后升;(3)升温速率由慢而快。表 20.3 列出的是 3 次比较典型的暗电势变化的实测情况。表中还列出了用内插法所得出的中间结果及其与实测值的偏差。

表 20.3　暗电势的实测值、内插值及其差异(王炳忠,1995)　　　　　　　　(单位:μV)

第 1 次			第 2 次			第 3 次		
实测值	内插值	差值	实测值	内插值	差值	实测值	内插值	差值
6.402	6.402	0	−1.095	−1.095	0	25.323	25.323	0
5.194	7.601	2.407	−1.641	0.354	1.995	25.445	26.914	1.469
4.655	8.800	4.145	−1.958	1.803	3.761	25.729	28.505	2.776
4.759	9.999	5.240	−1.220	3.252	4.472	26.088	30.096	4.008
5.279	11.198	5.919	0.271	4.701	4.430	27.466	31.687	4.221
6.948	12.397	5.449	2.119	6.150	4.031	30.080	33.278	3.198
9.959	13.596	3.637	4.943	7.599	2.623	32.666	34.869	2.203
14.794	14.795	0.001	9.049	9.048	−0.001	36.462	36.460	−0.002

表 20.3 的数据再次证明内插法是不可取的。因此,我们摒弃了内插法,而是采用由测量暗电势开始,中间暗电势、热电势轮流交替测量的方法;并以热电势减去前后两次暗电势的算术平均值作为输出电势,再与相应的辐照度进行线性回归分析。结果的相关系数一般均 >0.9995。

对于读取数据的时间间隔,研究认为,生产厂家所给出的仪器时间常数或响应时间,并无参考价值。根据实践摸索,对于国产 DFY-5 型仪器需间隔 1 min,而对于 CN-11 型仪器则需等候 1.5 min,时间间隔大于上列数值者,并无影响,但不能短于它。这里 ,其决定因素不是被检仪器,而是黑体稳定其输出需要的时间。我们也曾用该装置校准过一些 PIR 型仪器,结果与原值大体相当,鉴于当时尚无 WISG 标准,也未能进行相应的比对活动(王炳忠,1995)。

该装置也有一重要缺点,即被检仪器的校准状态与使用状态不相一致,难免引入某些误差。这可能与该装置的原设计者的考虑有关,如果将两个黑体竖起来摆放,会对装置的操作带来困难。该装置曾被国家有关部门批准正式建标。后来由于要求实验室搬迁,但涉及新址的选择以及相应电路、水路管线的改建等涉及经费和领导支持度等因素,最终未能正式投入使用。

20.1.2　绝对天空扫描辐射计(ASR)(Philipona,2001a)

主要由安装在跟踪平台上的热电探测器组成,它是一台入射视场角为 5° 的用于扫描观测半球天空红外辐射的光学仪器(Philipona,2001a),称为绝对天空扫描辐射计(ASR)。绝对校准是测量一个温度恒定的黑体,然后再测量天空的辐亮度。由于热电探测器不加滤光罩,所以测量只能在夜间进行。此外,由于高斯正交法需要天空辐射相对于天顶角呈现平滑函数,因此测量只能在无云、稳定和清朗的夜间进行。

ASR 的结构和外观如图 20.8 和图 20.9 所示。ASR 根据需要可以随时对照黑体进行校准,图 20.8 就是校准时金反射镜所处的状态,此时只需将金反射镜旋转 90°,就可扫描测量全天空的辐亮度了。由于仪器的进光孔径为 6°,每次测量时要求在每个测量面上,取 4 个高度角的值,接着依次变更 8 个方位角,也就是说,一次全半球天空的测量共计需要得到 32 个天空亮度的数据。每个测量点大约耗时 30s,再加上旋转的时间,一次测量约需 24 分钟。在夜间晴空条件下,长波辐射变化不大,最终的辐照度可以认为是扫描时间内的积分值。然后,再按照高斯求积法计算出半球向长波辐照度。由于 ASR 没有窗口,为了排除短波辐射的影响,ASR 仅适用于夜间测量。(Philipona,2001a)。

表 20.4 列出了 ASR 综合不确定度的各项构成。

表 20.4　ASR 综合不确定度的各项构成(Philipona,2001a)

项目	不确定度	误差(W/m²)
黑体温度的不确定度(200K)	±0.15 K	±0.6
校准期间斩波器温度的不确定度	±0.05 K	±0.2
黑体发射率的不确定度	0.999±0.0005	±0.14
热释电探测器灵敏度的失谐	(100 W/m²)±0.005%	±0.5
视场杂散光	(100 W/m²)±0.005%	±0.5
环境空气流动	(100 W/m²)±0.005%	±0.2
综合不确定度(RMS)		±0.98
最大不确定度(最坏情况)		±2.15

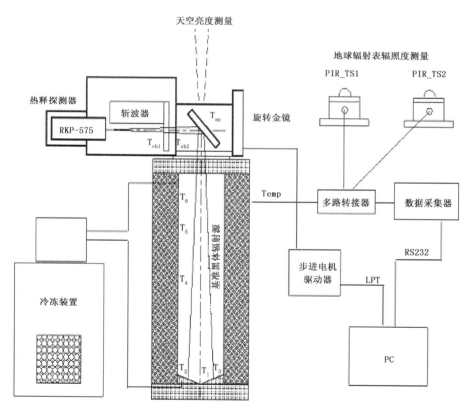

图 20.8　ASR 内部结构示意图(Philipona,2001a)

图 20.9　ASR 外观(Philipona，2001a)

　　ASR 先对黑体进行测量,可以视作对仪器的校准,然后,转移到对天空辐亮度的测量,即用该仪器扫描天空,并采用高斯积分,计算出整个半球大气的长波辐照度,其综合不确定度为0.98 W/m²。第一次国际地球辐射表和绝对天空扫描仪比对活动(IPASRC-Ⅰ)是于 1999 年9 月在美国俄克拉何马州进行的。这次活动的目的,就是利用 ASR 作为标准对其他所有参加比对的地球辐射表作校准。组建的世界红外标准组(WISG)就是以这次比对活动的结果为基础建立的。后来,虽然还举办过 IPASRC-Ⅱ(Marty et al.，2003),但由于是 2001 年 3 月在阿拉斯加举行的,此期间内,在当地仍属极地区域的冬季,天气极为寒冷、干燥,对测量长波辐射有较大的影响。两次比对活动的结果并不一致。结果 IPASRC-Ⅱ要比 IPASRC-Ⅰ低 2.5～3 W/m²。若要建立其他长波辐射标准系统的话,也应对 WISG 进行评估,以便建立可追溯 SI系统的、有共识的标准(Reda et al.，2008)。

　　2006 年 Gröbner 在向 CIMO 会议报告 PMOD/WRC 红外部的工作时(Gröbner，2006),较详细地介绍了原项目的主持人离任后,他接手此项工作的一些情况和设想。他对 ASR 的黑体与世界辐射中心黑体所进行的校准结果作了比较,发现二者并不一致。他认为 ASR 在概念上是健全的,但需要制作新的样机、并对 ASR 作进一步的性能评定。后来的实际情况是,ASR的工作并未继续,而是代之以 IRIS 的研发(详见 20.2 节相关内容)。

20.1.3　世界红外标准组(WISG)

　　世界红外标准组最初就是由参加过 IPASRC-Ⅰ 比对的两台 Eppley 公司生产的精密红外辐射计 PIR(31463F3 和 31464F3)和两台 Kipp&Zonen 的 CG4(FT004 和 010535)地球辐射表组成的。其中 3 台是 2003 年 9 月启用的,而另一台则是 2004 年的夏季才补充进去的。所有的仪器均进行通风、加热和遮光(图 20.10)。每秒测量一次,日记录中有 2min 的平均值及其标准差。

　　它们一直安放在瑞士 PMOD 楼顶平台的太阳跟踪器上。该跟踪器使用遮光片对所有仪器进行遮光。测量的是每秒钟的瞬间值和两分钟的平均值,并连同其标准偏差一起存储在日常数据文件中。所有的地球辐射表均安在通风装置中,通风装置中包含一个加热环,以加热光学罩周围的空气。向下长波辐照度由热电堆以及安在罩和仪器体上的热敏电阻测量相应的温度,并使用 Philipona 等人(Philipona et al. ,1995)拟定的方程计算出各种必要的系数。

　　WISG 的稳定度可以从图 20.11 中看到,10 多年来 4 台仪器的内部变化稳定在±1W/m² 的范围内。其相对变化小于 0.5 %。特别值得指出的是,WISG 的 4 台仪器一直架设在露天平台上,日夜持续地工作。

　　WISG 的不确定度由 ASR 的不确定度与 WISG 组内地球辐射表的可变性共同构成,前者为 2 W/m²,后者为 1 W/m²,所以其合成不确定度为 2.2 W/m²。

　　一台地球辐射表在校准时的不确定度,系由 WISG 的综合不确定度(2.2 W/m²)、及其可变性(1 W/m²)和被检仪器相对 WISG 的可变性(1 W/m²)组合而成,故其综合不确定度为 2.6 W/m²。

　　尽管 WISG 在过去多年里表现出非凡的稳定性,但在其总体溯源 SI 体系上仍存在问题。长波辐射可以溯源黑体,但是大气辐射以及地面长波辐射却并不能完全等同于黑体辐射。

图 20.10　安装在 PMOD/WRC 楼顶上的 WISG(图中最右侧的一组 5 台)

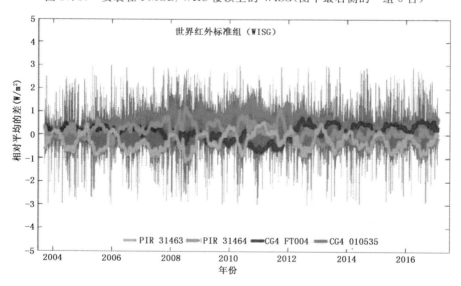

图 20.11　WISG 各台标准器的稳定度(Gröbner et al. ,2017)(见彩图)

　　WISG 对 SI 的可追溯性是近年来一直持续在研究的问题(Gröbner et al. ,2014;2015)。

20. 2   新型标准红外辐射计

最近,两项独立进行的研究工作,均试图证明大气长波辐射是可以实现对 SI 溯源的:它们分别是由达沃斯物理气象观象台/世界辐射中心(PMOD/WRC)开发的红外积分球辐射计(I-RIS)(Gröbner,2012)和美国可再生能源实验室研制的绝对腔体地球辐射表(ACP)(Reda et al,2012)。下面就分别来介绍。

20. 2. 1   红外积分球辐射计(IRIS)

2006 年,Gröbner 在向 CIMO 报告 PMOD/WRC 红外部的工作时(Gröbner,2006),指出在将 ASR 上的黑体与世界辐射中心大型黑体校准比较时,发现二者并不一致。他认为 ASR 在概念上是健全的,但需要中心制作样机,并对 ASR 作进一步的性能评定。后来的实际情况是并未制作新样机,而是代之以研制红外积分球辐射计(IRIS)。

IRIS 是 Infrared Radiometer Interferometer Spectrometer 的缩写。IRIS 辐射计包括一个直径 60 mm 的镀金积分球,球体上带有三个直径 8mm 的孔。朝上的孔可供测量上半球的大气辐照度,而底部的孔对准一个小型标准黑体。一个 SPH-40 系列的无窗热释电传感器作热探测器而置于第三个孔的后面。第三个孔与其他两个孔相距 90°。基于制造商的信息,对有机黑色涂层的相对光谱响应在波长 1~15 μm 优于 0.9,预计可维持这一水平直至约100 μm 波长。进入积分球的辐射被旋转于上下孔径之间的、标称频率为 27 Hz 的快门所调制。整个仪器操作在环境温度下,没有任何光学窗口。主要的光学组件是镀金快门和镀金积分球。两个镀金快门的相位差为 90°。整个仪器在环境温度下运作。由于采用了无窗设计,所以在光谱响应方面,与感兴趣的地球辐射的光谱范围是一致的。每 10 秒可产生 10 个测量值。灵敏度是从 BB2007 黑体的辐射出射度测得的,并在 PMOD/WRC 进行了性能评定(Gröbner,2012)。仪器外观和内部结构剖面如图 20.12 所示。

IRIS 一共制作了 4 台,它们分别于 2011 年 4 月,2012 年 10 月,和 2013 年 9 月参照黑体 BB2007 作了校准。其中两台由 PMOD/WRC 自用。另两台分别交由德国和澳大利亚试用。

实际上,其测量原理是基于测量探测器上的净辐射,后者被定义为入射的向下辐照度 E 和由标准腔发射的辐照度 E_{ref} 之间的差值。最后热释电探测器的信号被数字锁相放大器获得。该参考腔的温度 T 由经校准的热敏电阻监测,并用于计算标准黑体的辐射出射度 E_{ref},依据斯忒藩—玻耳兹曼定律,则有

$$E_{ref} = \sigma T^4 \tag{20.1}$$

该热释电探测器测量的净辐射为

$$E_{net} = E - E_{ref} \tag{20.2}$$

从上式可以通过重新排列,确定方程元素。E_{net} 与用热释电探测器直接测量的信号 U 成比例,

$$E_{net} = \frac{U}{C} \tag{20.3}$$

式中 C 代表热释电探测器的响应度,单位 V·W^{-1}·m^2,U 为探测器信号,单位:V,用锁相放大器测量的信号可从其幅度 mag 和相位 pha 得到,

$$U = mag \cos(pha) \tag{20.4}$$

一台 IRIS 辐射计可能的温度灵敏度,可以考虑对响应度 C 进行温度修正,

$$C' = C \cdot (1 + k \cdot (T - 293.15)) \tag{20.5}$$

由于受实际情况的限制,整个积分球在设计制造中,顶部和底部孔径会对两个快门不完全等价。因此,不对称参数 k 的引入弥补了两孔径之间的微小差异。辐射方程用来推导出向下的长波辐照度:

$$E = \frac{U}{C'} + k \cdot \sigma T^4 \tag{20.6}$$

IRIS # 2 辐射计自 2009 年 10 月以来一直在运作,并且从那时起仪器定期校准。结果表明,最重要的是,该辐射计在该时段内保持稳定,且未观察到明显的漂移。这一时期响应度的变化,在单次校准之间,始终 $< \pm 1\%$,所有的相对标准偏差为 0.5%。

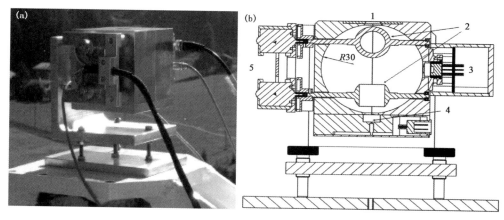

图 20.12　IRIS 辐射计的外观(a)和结构(b)(Gröbner,2012)

1 长波辐照度孔径,2 90°反相旋转遮光器,3 热释电探测器,4 涂黑的标准腔体和热敏电阻器,5 快门电机

为了得出 IRIS 辐射计的稳定度,曾进行了系列校准实验,结果列于表 20.5。

2015 年 10 月,一个带有纳米管阵列(VANTA)涂层的新型热释电探测器被安装在 IRIS 4 上,这是与美国国家标准与技术研究所(NIST,美国) 的 John Lehman 博士以及英国国家物理实验室的 Theo Theocharous 博士(NPL,英国)共同合作的结果。比原来所用探测器的主要优势是,具有更高的和更均匀的光谱响应。表 20.6 是 IRIS 仪器的不确定度报告。

表 20.5　IRIS # 2 辐射计基于辐射方程 $E_{ref} = U/C + K\sigma T^4$ 的校准一览(Gröbner, 2012)

日期	响应度 $C(mV \cdot m^2/W)$	k	$T(℃)$
2009−10−20	0.1223	0.9970	24.0
2009−12−7	0.1228	0.9980	20.9
2009−12−8	0.1237	0.9975	22.8
2010−5−19	0.1236	0.9972	22.8
2010−5−20	0.1236	0.9970	23.7
2010−11−4	0.1227	0.9965	19.6
2010−12−13	0.1230	0.9976	21.6
2010−12−14	0.1230	0.9974	8.7
2010−12−15	0.1235	0.9980	21.1
2011−3−30	0.1221	0.9950	24.6
平均	0.1230	0.9971	
标准偏差	0.0006	0.0008	

表 20.6   IRIS 辐射表的不确定度报告(Gröbner, 2012)

参数	不确定度(W/m²)	
	冬季	夏季
校准残差	0.2	0.2
校准重复性	0.5	0.5
金制项圈	0.2	0.2
温度修正	0.9	0.1
信号标准偏差	0.2	0.2
IRIS 标准腔体	0.4	0.6
BB2007 不确定度	0.2	0.2
综合不确定度	1.2	0.9
扩展不确定度($k=2$)	2.4	1.8

该探测器也曾在 NPL 的设备上进行过性能评定,显示其在 $0.8\sim24~\mu m$ 波长范围内具有非常均匀的相对光谱响应度(Theocharous et al. , 2013)。VANTA 探测器被安装在 IRIS 4 上,并于 2015 年底在 PMOD / WRC 黑体中进行的评价。使用升级后的 IRIS 4 进行测量,当时预计会在 2016 年结束。遗憾的是,迄今尚未看到最终的结果。

作者揣测,Gröbner 之所以没有选择如他向 CIMO 所报告的那样,继续研制 ASR 的新样机,而是研发了 IRIS,从两者在操作上的差异,可以看出一些端倪。因为即使性能再优异的 ASR,在使用中,由于需要逐点扫描整个天空,一次观测所需的时间为 24 min,并且只能限定于天空状况十分稳定的状态下,从而大大地限制了其应用;而 IRIS 则不然,它可以与一般地球辐射表同样的速率进行同步观测。

20.2.2   绝对腔体地球辐射表(ACP)

ACP 的外观如图 20.13 所示。它由 3 部分构成:

(1)热电堆探测器,其接收器涂以黑色涂层以便从入射的长波辐射中吸收宽带光谱;

(2)镀金的双复合抛物面聚光器(CPC)可以接收落到孔径中的全部辐射;

(3)温度控制器:可在 $-40\sim+40$℃ 控制温度。

第一部分实际就是将一台去掉滤光罩的 Eppley PIR 精密红外辐射表,当作探测器。

第二部分的 CPC 虽然呈管状,但它仍能收集半球向天空所发射的辐射,同时还能屏蔽掉半球罩被移走后空气流动对测量所带来的影响,还能消除与罩的透光率和罩的校正因子等相关因素的干扰。在未来,其他特殊设计的热电探测器也可被 ACP 使用。

第三部分实际就是一个恒温器。

如图 20.13 所示,无罩 PIR 热电堆的参考接点向受温度控制器控温的热质进行热传导。为了避免在使用无罩地球辐射表热电堆的情况下,热对流和风对其所造成的影响,一个聚光器(CPC)被置于热电堆上边。这个 CPC 是一项专利产品。其专利名称为"高效收集光学系统"。后者可为辐射探测器提供半球向视野,它是由 Labsphere 制造(Jablonski et al. , 1995),经修订以适应 ACP 的功能和设计要求。

双 CPC 有 180°视角可供测量从半球天空(大气)入射的长波辐照度。入射的辐照度被 CPC 的镀金镜面反射,并汇集在直径 11 mm 无罩的地球辐射表热电接收器上。当 ACP 安装在户外时,CPC 的上口朝向天顶、下口则在热电堆的上方。热电堆与 CPC 是热隔绝的,以便消除 CPC 与地球辐射表体之间的热传导。这样就允许接收器的温度 T_r 改变或受控而不受 CPC 温度变化的影响。T_r 是由与热电堆参考接点热接触的热敏电阻所测量的。CPC 的温度 T_c,由 6 个安装在 CPC 壁里的热敏电阻测量;3 个热敏电阻分别安装在其上下两半部分,并呈 120°的角距离均匀分布,见图 20.13b。热敏电阻安装在地球辐射表内,热敏电阻的校准可溯源到 SI,其标准不确定度为±0.03 K。

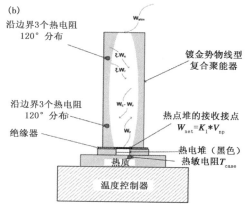

图 20.13　绝对腔体地球辐射表外观(a)和结构示意图(b)

ACP 的测量方程即接收器的能量收支(Reda et al.,2012)的简单表达式:

$$W_{net} = W_{in} - W_{out} \tag{20.7}$$

式中,W_{net} 是热电堆接收的净辐照度,单位 W/m^2。W_{in} 是入射到热电堆接收面上的入射辐照度,单位 W/m^2。W_{out} 是从热电堆接收面出射的辐照度,单位 W/m^2。

为了导出使用 ACP 的测量方程,在式(20.7)中 3 个辐照度值的推导相当复杂。这里不拟介绍。感兴趣者可参看文献(Reda et al.,2012)。

在免除一切推导后,可直接给出如下 3 个测量方程:

$$K_1 \cdot V_{tp} = \tau \cdot W_{atm} + (1 + \varepsilon) \cdot W_c - (2 - \varepsilon) \cdot K_2 \cdot W_r \tag{20.8}$$

$$K_1 = \frac{(1 + \varepsilon) \cdot \Delta W_c - (2 - \varepsilon) \cdot K_2 \cdot \Delta W_r}{\Delta V_{tp}} \tag{20.9}$$

$$W_{atm} = \frac{K_1 \cdot V_{tp} + (2 - \varepsilon) \cdot K_2 \cdot W_r - (1 + \varepsilon) \cdot W_c}{\tau} \tag{20.10}$$

式中:K_1:ACP 响应度的倒数;

V_{tp}:热电堆电压;

ε:金的发射比;

K_2:探测器的发射比;

W_r:接收器的辐照度;

W_c:CPC 的辐照度;

τ:(由 NIST 进行的性能评定)能流率(throughput)。

ACP 的操作从理论上讲有两种方法,即稳态法和瞬态法。由于稳态法极具技术挑战性和成本过高,因此,即使是原作者也从未使用过。瞬态法的操作由于与前述测量方程相关联,也相当复杂,这里只能略去。感兴趣者可参看原著。概括而言,采用瞬态法测量辐照度时,需要在稳定的晴空,且风速小于 5 m/s 的条件下进行,以便将对流的影响减至最小。在室外测量前,使用大气长波辐射作为源,定期校准 ACP。校准大约每半小时重复一次。为了计算在校准期间 ACP 的响应度,对热电偶参考接点的温度比环境温度大约低 8 ℃。ACP 的响应度是从热电堆的输出电压随净辐照度的变化计算出来的。计算出的响应度被用来计算绝对大气长波辐照度,后者具有的扩展不确定度为±4 W/m²。

20.3 新型标准红外辐射计与世界标准组之间的比对

20.3.1 IRIS、ACP 与 WISG 之间的比较

WISG 的稳定性已经经过长期的实地检验,2004—2014 年期间,其长期稳定性优于±1 W/m²。但其对绝对辐照度标尺的情况则不确定。因为它们对照 ASR 的校准活动仅在 1999 年 IPASRC-Ⅰ 期间进行过,也就是说,留下了多年的溯源缺口。而目前传递标准的辐射计 I-RIS 和 ACP 已分别被开发出来,并可供用来追溯 SI 单位的大气长波辐照度。

4 台 IRIS 自 2008 年研发出来以后,累计测量了 252 个夜晚;ACP 由于仅有一台样机,自 2010 年以来,共计测量了 12 个夜晚。为了进一步开展比对测量,2013 年举办了两次比对活动。所有新开发出来的仪器均参加了此次活动。比对分"冷季"(2013 年 1 月 26 日—2 月 10 日)和"暖季"(2013 年 9 月 20 日—10 月 22 日)进行。两次比对活动整体持续的时间虽然不短,但由于受不利天气的限制(多数夜晚出现降水),每一次比对,实际只有一个夜晚的数据可用。比对地点设在 PMOD/WRC 楼顶的测量平台。

比对结果表明,ACP 与 IRIS 之间的差异在±1 W/m² 以内,但同时 WISG 比 IRIS 和 ACP 都来得低(图 20.14)。WISG 的读数在 2 月和 10 月分别偏低 3.8 W/m² 和 5.6 W/m²。

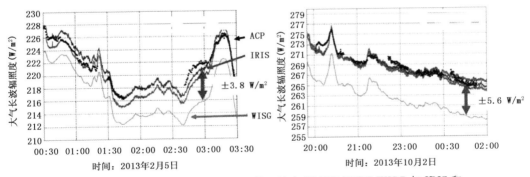

图 20.14 2013 年 2 月 5 日和 10 月 2 日在 PMOD/WRC WISG 与 IRIS 和 ACP 比较结果(Gröbner et al.，2014)

20.3.2 WISG 与 2003 年以后采用新罩的 CG4

在第 8 章中曾经介绍过,向下的长波辐照度与整层大气含水量(IWV)之间关系的发现,是基于在世界辐射中心对各国或各单位送检的地球辐射表同 WISG 的大量长期比对,并不仅仅局限在一两天内,由于 WISG 本身就长期置于室外持续运行,所以被校准仪器也就可以在

较长时段内与之进行比较。此间,既会遇到 IWV 高值的日子,也会遇到其低值的日子。客观大气状况是多变的,被校准的仪器是多样的。就是在这种情况下,发现了 Kipp&Zonen 在 2003 年之前与之后所生产的 CG4 地球辐射表,其表现并不一致。2003 年前生产的 CG4,就如同 WISG 中 CG4 系列的地球辐射表一样,而 2003 年后生产的 CG4 则呈现出不同的表现。为了验证此种情况,世界辐射中心的人员将其自有的两台 CG4(其仪器序号分别为 FT006 和 030669,将后者的罩子置于前者的表体上,并将其改称为 030669)。与 WISG 进行长期的比较。仪器改装前后的剩余误差(残差)与水汽量(IWV)的关系如图 20.15 所示(Gröbner et al.,2013)。

由于交换了罩子,这一台地球辐射表和 WISG 与 IWV 之间残差的相关性有了变化。

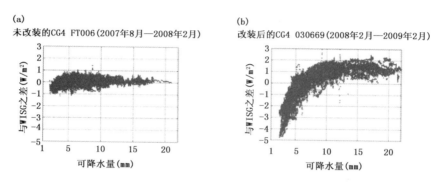

图 20.15　(a)未改装的 CG4 FT006 的残差,(b)改装的 CG4 030669 的残差与整层含水量(IWV)的关系(Gröner et al.,2013)

改装前后之所以会出现这样的变化,肯定是由罩子的制作工艺变动所致,因为仪器体并未变动。改装前,关系是平直的,表明其与 IWV 无关,仅仅是更换了罩子,关系出现了重要变化。显然,两个罩之间的光谱差异应对此负责(主要是日盲镀膜层的成分不同所引起)。由于向下的长波辐射在气柱内水汽含量低于 10 mm 的情况下,与在更多水汽含量下的长波光谱内含不同,特别是在第二大气窗口的波长 18～25 μm(Gröbner et al.,2007)。类似的情况并非个例,而是普遍出现在 WISG 与 2003 年以后制作的所有 CG4 系列地球辐射表的关系上。图 20.16 中所显示的就是若干个在世界辐射中心校准过的 CG4 与 IWV 的关系;而相对于 CG4 030669 的类似的关系则列于右侧。

研究 2003 年以后制作的 CG4(或 CGR4)与 WISG 存在类似的偏差。图 20.16 左列的是基于 WISG 与 IWV 之间的残差,而右列中显示了相同的数据,但是相对于 CG4 030669 的。

在这一特定的例子中,在 CG4 和 WISG 之间观察到多达 3 W/m² 的剩余误差。在非常干燥(<5 mm)和标准的大气水汽条件(约 20 mm)之间,根据 WISG 所推导出来的灵敏度的相对变化大于 4%。因此,在少量水汽条件下进行的校准,根据 WISG 得出的灵敏度会低估大气长波辐照度。

从图 20.16 中可以看到,在 IWV 低于 10 mm 时,CG4 地球辐射表与 WISG 显示出显著的偏差。这些偏差与仪器的制作年份相关,并且当 IWV 低至 2 mm 时,对大气长波辐照量的低估可达 6 W/m²。应该注意到,WISG 中的两台地球辐射表也是 CG4 型的,但由于制作于 2000 年前,它们与 WISG 地球表组的整体性能是一致的,并没有显示出随着 IWV 的减少而增

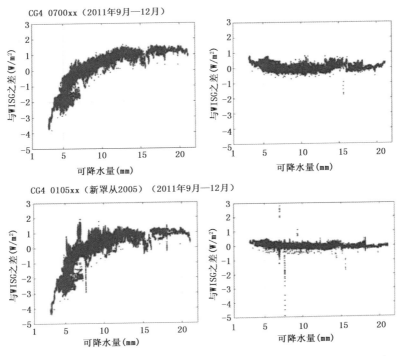

图 20.16　2003 年以后生产的 CG4 与 WISG 的残差(左列),CG4 030669 与
WISG 的残差(右列)(Gröner et al., 2013)

加的情况。然而,从右侧图可以看到,CG4 地球辐射表组内相互之间的表现是一致的,在整个采样的 IWV 范围的偏差小于±2 W/m²。

　　对更多类似的研究发现,2003 年及其后出品的 CG4(即产品的 6 位编号的前两位大于或等于 03 者)均具有类似于 030669 的表现。也就是说,假如将 CG4 030669 也视为 WISG 的一员的话,其他被校准的仪器与其之间的关系将呈平直状,而与其余 WISG 成员的关系则呈曲线状。后来,就直接将 CG4 030669 改称为 WISG 5,并将其作为标准组的一员(Gröbner et al., 2011)。

20.3.3　IRIS 与 WISG 的比较

　　由于这两种仪器均保存在世界辐射中心,它们之间的相互比较就非常简便,也可持续进行。IRIS ♯2 和 IRIS ♯4 辐射计与 WISG 之间的测量比较,自 2009 年 10 月至 2011 年 8 月,已经分别累积了 177 和 96 个无云夜晚的数据。IRIS ♯2 和 IRIS ♯4 辐射计之间的平均差异自 2011 年 8 月以来均在 0.7 W/m² 以内,IRIS ♯4 偏高。为了进行后续的研究,将只使用 I-RIS ♯4。因此,为了考虑与 IRIS♯2 的差异,所有的结果最终将需要调整 −0.35 W/m²。值得注意的是,如果考虑到 IRIS 辐射计自身的综合不确定度为 1.2 W/m²(夏季)和 0.9 W/m²(冬季)的话,这个修正是很小的(Gröbner, 2012)。

　　WISG 和 IRIS♯4 之间测量的差异示于图 20.17。正如从图中可以看到的,在夏、秋季月份(6、7、8、9 月)的残差变化在 −6 W/m² 左右,而在冬季月份(11 月至第二年 3 月)约为 −2 W/m²,WISG 与 IRIS♯4 之间的平均差为 −3.9 W/m²,标准偏差 1.3 W/m²。这种行为与同

ACP 比对期间的测量结果是一致的,并证实了 WISG 地球辐射表具有大约 4 W/m² 的季节依赖关系。在 WISG 和 IRIS 之间存在 −3.9 W/m² 的整体偏移量,这明显大于 IRIS 辐射计的不确定度,因此 WISG 对大气向下长波辐照度的低估,大约在 2～6 W/m²。

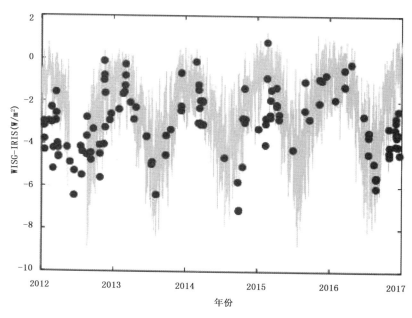

图 20.17　2012 年至 2016 年末夜间晴空 WISG 相对于 IRIS♯4 之间的大气向下长波辐照度测量的差值(黑点)。观测到的季节变化与整体水汽(灰线)成反比,这是以反向模式绘制的
(摘自 PMOD/WRC2016 年报 P.9)

从图 20.17 中可以看出,差值的分布是有季节性的,即夏季偏低,而冬季偏高。假如使用黑体作为标准的话,就无法进行这样逐日、逐时段的平行对比观测。而有了 IRIS 以后则不然,它就可以提供像地球辐射表一样的同步测量。进而发现一些过去无法发现的现象。

为了理解对季节依赖的原因,对一些气象参数,诸如温度和水汽等对仪器测量结果的影响进行了研究。其中,与整层大气含水量(IWV)找到了最佳关联。有关水汽的数据是从瑞士自动化 GPS 网络获得的。残差和 IWV 之间存在系统性的依赖关系是显而易见的。事实上,IWV 在 10mm 以上时,WISG 与 IRIS 之间的偏移是恒定的,而 IWV 水平降低时,此偏移量逐渐变大,即该地球辐射表开始测量出更高的长波辐照度。

经过 2010 年 73 个(灰点)和 2011 年 59 个(黑点)夜晚数据的积累,并针对 IWV 绘制残差图(图 20.18),以证明对 IWV 存在依赖关系。对于高于和低于 10 mm 的两个 IWV 范围,粗黑线是残差的线性拟合。浅灰色区域对应于 WISG 的 ±2.6 W/m² 的不确定度,而深灰色区域表示 IRIS 辐射计应用线性拟合平均值的 ±2.4 W/m² 不确定度的范围。

粗黑线代表对 2010 年和 2011 年数据线性拟合的综合残差。斜率是对 IWV<10 mm 时确定的,而在较大 IWV 时将斜率设置为恒定值(Gröbner et al.,2013)。

值得注意的是,通常地球辐射表的灵敏度是在晴空条件下校准的,因为较高的净辐射项可以减少地球辐射表校准时的不确定度(Philipona et al.,2001b)。因此,在晴空条件下校准得出的灵敏度,随后将其应用于各种不同的天气条件下,其中包括阴天、多云天,这样即使使用前

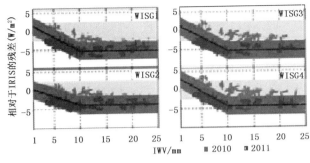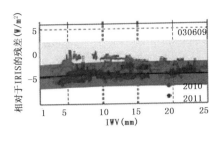

图 20.18 各台 WISG 和 CG4 030669 地球辐射表测量的向下
大气长波辐照度对 IRIS♯2 和♯4 测量的残差

述任何一种地球辐射表方程（Albrecht et al.，1977；Philipona et al，1995；Reda I et al，2002）均难以作出准确应对。

表 20.7 WISG 各正式成员 2011 年 8 月—2013 年 12 月相对 IRIS♯4[a] 检索到的操作的和建议的灵敏度
(Gröbner et al.，2014)

仪器	操作的	偏移（截距）IWV＞10 mm	斜率/1 cm IWV IWV＜10 mm	最大相对变化（％）
WISG1	3.53	3.80	−0.25	−5.3
WISG2	3.58	3.79	−0.14	−3.0
WISG3	12.3	13.2	−1.0	−6.1
WISG4	9.59	10.1	−0.75	−5.9

[a] 新灵敏度的斜率是以每 10 mm IWV 给出的，而在达沃斯的相对变化是对达沃斯最低观察到的 IWV 2 mm 计算的。

WISG 参照 IRIS♯4 所得到的灵敏度，比目前使用的灵敏度要高出 5％～8％。此外，它们的季节变化在 −6％～−3％，显示出对 IWV 进行水汽订正的必要性，以便适应在所有的大气条件下进行观测的需要（表 20.7）。这一点对于像我国这样干、湿季分明的季风气候国家尤其重要。

可是，这样一来，一台地球辐射表在不同大气条件下进行观测，就需进行冗长的相对于 IRIS 的性能评定和校准。事实上，就排除了在现有站上使用地球辐射表进行准确测量的可能性。不过，由于观察到的对 IWV 的依赖性，取决于入射的长波辐射的光谱和辐射计窗口的光谱灵敏度，而改进防护罩及其日盲涂层就能大大改善这一问题，使我们看到了解决问题的途径和希望。

由于此事至关重要，仅靠 1～2 次对比试验显然是不充分的，也是难以得出结论的。地球观测与气候计量（METEOC-3）项目，是由欧洲资助的计量创新与研究计划（EMPIR），旨在表征和校准几台 IRIS 辐射计，以最终达到 2 W/m² 不确定度为目的。该项目任务将由 PMOD/WRC、德国柏林的技术物理联邦研究所（PTB）、英国的国家物理实验室（NPL）和德国林登堡的天气服务局共同负责完成。

另据 2018 年夏季出版的 PMOD/WRC 2017 年年报中报道，根据 2016 年召开的 BSRN 第 14 届科学研讨会议上 Michalsky 先生所提出的建议（详见附录 D），2017 年 10 月 16—27 日和 11 月 27 日至 12 月 8 日两段期间内，在美国俄克拉何马州的大气辐射测量计划的南大平原试验场(SGP),组织了一次国际比对,所用的仪器有若干台 IRIS 和两台 ACP 进行了大气长波辐照度测量,同步进行测量的还有在 IPASRC-Ⅰ 期间曾参加过校准的一些地球辐射表。由于当地还有微波辐射计、全天空热相机和 AERI 光谱仪等设备,因此,还补充了一些额外的信息。研究结果于 2018 年的春季提交给 CIMO 的管理组,并于 2018 年 10 月正式提交给 CIMO 第 17 届会议批准(PMOD/WRC annual report,2017)。

20.4　国际地球辐射表比对(IPgC)

　　随着世界范围内测量长波辐射的国家不断扩展,对测量结果一致性的要求也在增强。为此,世界辐射中心宣布,自 2000 年开始,在每 5 年举办一次的 IPC 活动期间,同时举办国际地球辐射表的比对(IPgC)活动。如果说,以往世界各国向 WRC 送检地球辐射表尚属于自发行动的话,现在已经转变成有组织的行动了。

20.4.1　IPgC-Ⅰ 期间

　　2010 年秋季在 PMOD/WRC 举办的 IPC-Ⅺ 期间,同步地举办了第 1 次地球辐射表国际比对(IPgC-Ⅰ),参加此次国际比对的仪器不多,仅有不同国家几个单位共计 10 台仪器,其中有 6 台 PIR 型和 4 台 CG4 型仪器。我国的标准地球辐射表 CG4 030665 也参加了这次比对。

　　活动的内容,首先利用 PMOD/WRC 的黑体对每台参比的仪器进行校准,并与原先的校准系数进行比较。对于比对期间得出的 C、k_1、k_2 和 k_3 的扩展不确定度($k = 2$),分别为 $dC/C = \pm 0.8\%$,$dk_1 = \pm 0.024\%$,$dk_2 = \pm 0.0008\%$,$dk_3 = \pm 0.1\%$。同步进行测定的还有 5 台 WISG 标准组仪器。随后,每台地球辐射表,从与 WISG 在户外的比较中得出各自的灵敏度 C,但仅使用夜间的数据。

　　在处理数据的过程中,不仅使用了 PMOD 公式,还同使用 Albrecht 公式,并对所得的结果进行了比较。对于夜间的数据,使用 Albrecht 公式的结果通常要高于从黑体所得到的。使用 PMOD 公式的差异很小,范围从 $0.0 \sim 1.3$ W/m^2,取决于不同的地球辐射表(及其相应的 k_i 系数)。日间的差异也是用同样的顺序,有正也有负。这意味着一些使用 Albrecht 公式的地球辐射表优于使用 PMOD 公式。日间和夜间用几种方法得出结果的比较示于图 20.19。

　　从图 20.19 中可以看出,我国的长波标准表,在参比仪器总体中其表现应属于上乘。所使用的 4 种方法之间差异不大,95% 残差范围在 4 W/m^2 以内。

　　所谓最佳拟合(即图中的"Best"),就是使用所有户外测量相对于 WISG 的非线性最小二乘法,得出的 PMOD 公式的所有系数,即 C、k_1、k_2 和 k_3。

　　Gröbner(2010)在总结这次比对活动时,曾得出以下几点认识:

　　(1)校准后立即测量向下的长波辐照度,其夜间的典型变异度小于 ± 1 W/m^2,不管仪器的类型(PIR 或 CG4);而日间,对于遮光的仪器,可变性增加到约 ± 2 W/m^2。

　　(2)如果校准在较早的阶段(至多 5 年前)进行,则对 WISG 的偏移量小于 1.4 W/m^2,夜间变化约为 ± 1 W/m^2,白天增加至 ± 2 W/m^2。

　　(3)基于黑体的校准地球辐射表会产生高达 13 W/m^2 的差异(甚至在同一黑体中校准)。

　　(4)PMOD 或 Albrecht 公式产生几乎相等的结果;然而,在地球辐射表之间的残差用 PMOD 公式的要低于使用 Albrecht 公式。

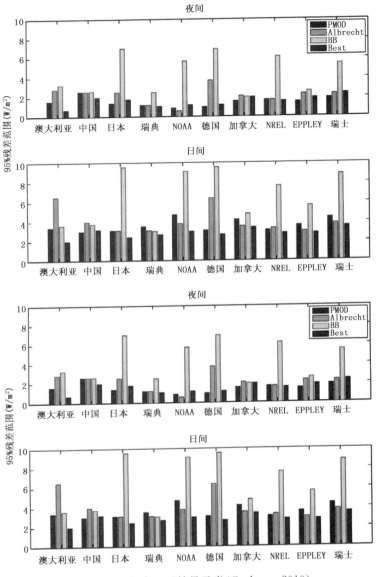

图 20.19　各参比国结果示意(Gröbner，2010)

（5）通过针对 WISG 的户外测量，使用所有的 4 个系数拟合的 PMOD 公式，所获得的残差最低。虽然这并不能显著改善夜间的测量结果，但是日间的测量则显示出与 WISG 相当好的一致性，考虑到对拟合程序所附加的自由度，这并不奇怪。此外，在室外校准期间，k_i 系数仅对遇到的自然条件有效，基于黑体的校准就能够覆盖更大范围的环境条件。

（6）太阳对地球辐射表的影响范围，对于 600 W/m² 短波总辐照度的影响范围为 1.4～6.7 W/m²。对于更高的辐照度，这种效应可能更大，因此对于未遮光的地球辐射表来说，这仅是一个近似。

（7）PIR 和 CG4 型辐射表之间未观察到系统的差异，覆盖整个 2010 年的测量(Gröbner，2011)表明，IRIS 和 WISG 之间的差异具有约±3 W/m² 的季节性幅度。

（8）除了瑞典的仪器外，所有其余的地球辐射表从它们最后一次对 PMOD／WRC 校准以来，都表现出非常稳定的性能，只是它们与 WISG 的差异在缓慢地增加，即＋1.4 W/m²（平均值超过所有仪器为＋0.8 W/m²），后者在每个仪器观察到的 95％的变化范围内。所以，可以说，这些辐射表的响应度没有明显变化。

20.4.2　IPgC-Ⅱ期间

2015 年秋季，在 PMOD/WRC 举办的 IPC-Ⅻ期间，也同步地举办了第 2 次地球辐射表国际比对（IPgC-Ⅱ），有关我国长波辐射标准仪器的情况，以后的章节中会有专门的介绍。这里仅就前面介绍过的几种绝对长波辐射仪器的比对情况作些介绍。

（1）这次参加比对的地球辐射标准仪器共有：4 台 IRIS 和两台 ACP（这两种属绝对标准型仪器），WISG 作为标准组也参加了比对。由于 IRIS 和 ACP 是无窗口仪器，故只能在夜间进行操作，同时要求没有降水。2015 年 9 月 22 日是一个晴朗的夜晚，9 月 26 日则全阴，29 日、30 日和 10 月 12 日为无云。IRIS 辐射计可提供 10 秒平均的辐照度值，WISG 则是 1 分钟的平均值，ACP 则为每 30 秒一个读数。图 20.20 是一个夜晚的比对情况。如图中可见，在无云夜晚，IRIS 和 ACP 辐射计的测量在 3～6 W/m²，高于 WISG。在阴天的情况下（9 月 25 日和 9 月 28 日夜间），WISG 与 IRIS 的一致性就好多了。表明差异主要源自净向下的长波辐照度（Gröbner et al.，2017）。IRIS 和 ACP 的大气长波辐射测量结果则在 1.5 W/m² 以内，在其所陈述的不确定度范围内。在无云夜晚，ACP、IRIS 和 WISG 之间的差异为 4.2 W/m²，WISG 测量值偏低。这些结果与 Gröbner et al.，（2014）年发表的研究结果一致。

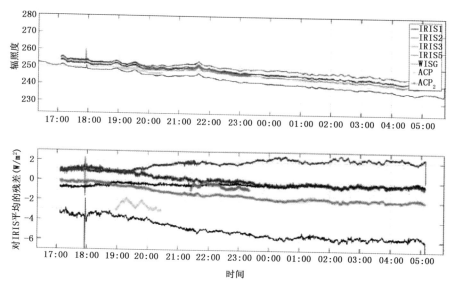

图 20.20　IPgC-Ⅱ期间 10 月 11—12 日夜间绝对长波辐射仪器比对的情况（Gröbner et al.，2017）

（2）参加这次比对活动地球辐射表的大部分，均经过 PMOD/WRC 黑体的校准（少部分仪器由于时间来不及，未能进行），同时还通过与 WISG 标准组平行对比观测，进行了校准，比较两者的结果发现，出现了较大的差异。图 20.21 以％的方式显示出 C_{WISG} 和 $C_{BLACKBODY}$ 之间的相对差异。

正如从图中可以看到的,经同一黑体校准的地球辐射表所测量的晴空大气长波辐照度之间,可能有高达 15 W/m² 的差异。正如在以前的研究中所讨论过的,假定这些差异来自光谱罩透射的光谱失配以及黑体辐射与大气向下辐射之间存在着光谱差异。

(3)比较了曾在第 8 章介绍过的几种计算公式,即 PMOD 公式和 Albrecht 公式。图 20.22 显示出 3 种型号共计 40 台仪器利用两种计算式所得出的差异。

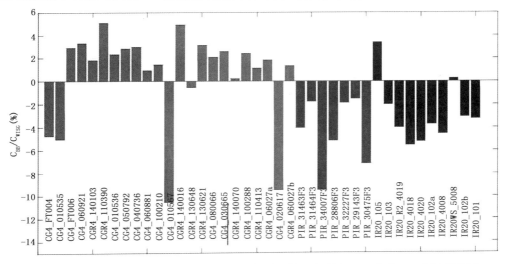

图 20.21　基于黑体和 WISG 的响应之间的相对差异。分别为 Kipp&Zonen CG4/CGR4,Eppley PIR 和 Hukseflux IR20 地球表(图中带竖线者为我国标准)(Gröbner et al.，2017)

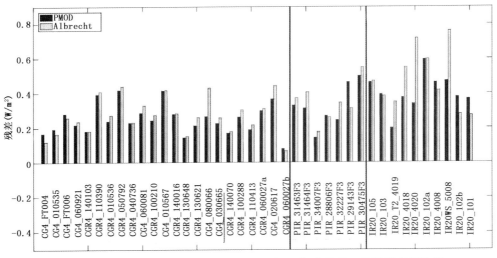

图 20.22　PMOD 或 Albrecht 公式的校准残差(标准偏差),仅涉及夜间数据(图中带竖线者为我国标准)(Gröbner et al.，2017)

从图中可以看出,PMOD 方程的残差通常小于用 Albrecht 方程式的残差,即使对一些仪器是相反的。至于仪器的种类,CG4 型地球辐射表相对于 WISG 的残差最低,其次是 PIR 和 Hukseflux 的 IR20(表 20.8)。

表 20.8　不同仪器类型校准偏差的标准偏差

仪器	残差(W/m²)	
	PMOD	Albrecht
CG4/CGR4	0.25	0.27
PIR	0.32	0.35
IR20	0.40	0.48

20.5　我国的长波辐射标准状况

2005 年,即在举办 IPC-Ⅸ 的过程中,我国就曾将国家的标准地球辐射表(CG4 030665)带到世界辐射中心进行"溯源"。2010 年和 2015 年当世界辐射中心举办第一和第二次地球辐射表国际比对(IPgC-Ⅰ和 IPgC-Ⅱ)时,我国的标准地球辐射表(CG4 030665)均参加了。表 20.9 列出了所有参与仪器与基于使用黑体校准的世界红外标准组(WISG)差异的统计汇总。

表 20.9　基于黑体校准对 WISG 差异的统计综合(带下划线者为我国的标准)

仪器(编号)	相对于 WISG 的残差(W/m²)		
	中位数	2.5%百分位数	97.5%百分位数
WISG1	−3.2	−6.4	0.2
WISG2	−0.3	−2.3	0.4
WISG3	−4.5	−6.3	−1.0
WISG4	−6.7	−9.5	−0.9
WISG5	1.8	−0.3	3.3
NOAA(28127F3)	−5.3	−9.7	−0.8
NERL(31233F3)	−6.0	−8.4	−0.7
DWD(30475F3)	−6.1	−10.7	−1.3
MSC(27381F3)	−0.9	−4.4	0.1
Eppley(32227F3)	−1.6	−4.2	0.7
SMA(29587F3)	−7.4	−11.8	−3.4
CMA(030665)	0.8	−1.1	2.1
JMA(010567)	−10.5	−13.5	−4.3
SMHL(050792)	0.7	−0.8	2.0
BOM(060921)	2.3	−0.2	3.4
Average	−3.2	−10.5	+2.3

2015 年世界辐射中心在举办第二次地球辐射表国际比对(IPgC-Ⅱ)时,由于这次参与比对的仪器大多数是各个参与国的标准仪器,数量也多于前一次,所以世界辐射中心对此特别重视。不像 IPgC-Ⅰ,除了给出相应的证书外(内含灵敏度和计算公式的系数),并无更多的内容。在此次比对活动的报告中(Gröbner et al., 2011),详细记述了自 2010 年 9 月 27 日至 10

月 15 日的各项活动内容。其具体情况在 20.2.3.4 节中已有介绍,这里不拟重复。

至于太阳辐射对不遮光地球辐射表的影响,从日间遮光的 WISG 与单台不遮光地球辐射表之间的数据,进行相关残差分析,确定太阳直射对地球辐射表测量的影响。当然,需要将短波直射辐射转化为水平面直射辐射。并对每台仪器利用线性外推法确定其残差。这样统计分析的结果如图 20.23 所示。

我国的标准地球辐射表(CG4 030665)在 IPgC-II 期间的整体表现,可从主持此次比对的 Gröbner 于 2015 年召开的 BSRN 系列会议所作的报告中看到(图 20.24)。

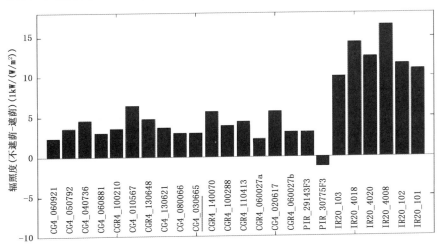

图 20.23 日间太阳对地球辐射表测量的影响(图中带竖线者为我国的标准)(Gröbner et al.,2017)

太阳对不同类型地球辐射表的影响是不同的,对 CG4 和 IR20 的影响分别为 3.6 W/m² 和 12.2 W/m²。对于 PIR,由于没有足够数量的仪器参与比较,故未能提供有效的统计数据。

从图 20.24 中,不难看出我国标准地球辐射表(CG4 030665)的性能,在此 5 年间内的变化与其他相应的标准表来说,是属于上乘的。

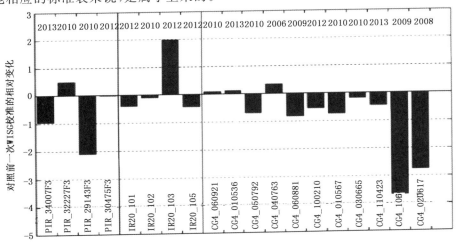

图 20.24 IPgC-II 期间,各参比仪器相对于 IPgC-I 时校准结果的比对

(CG4 030665 为我国标准仪器)(Gröbner et al.,2015)

参考文献

JJG 2093—1995 常温黑体辐射计量器具[S].北京:中国计量出版社,1996.

林逸秋,王承誉,杨云,1987.净辐射表检定装置[J].气象计量与测试(气象计量测试学术会议交流文集), 17-22.

王炳忠,1995.关于净全辐射表的长波灵敏度检定方法[J].太阳能学报,**16**(4):432-437.

新井重男,1990.放射收支計キセリブレーシヨそ装置の制作とその運用結果滙ついて[J],天气:**37**(9): 31-35.

Funk J P, 1961. A Note on the long-wave calibration of convectively shielded net radiometers[J]. *Arch. Fur Met. Geophys. Bioklim. , Serie B.* **11**: 70-74.

Gröner J, 2006. Tasks within the workplan, infrared radiometer calibration center of the WRC/PMOD, *CIMO MEETING*, 2/9/2006. (下载自互联网的 ppt) https://www. wmo. int/pages/prog/www/IMOP/ reports/2003—2007/Infrared%20Radiometer%20Centre. pdf

Gröner J, Los A, 2007. Laboratory calibration of pyrgeometers with known spectral responsivities, *Appl. Opt.* , **46**: 7419-7425.

Gröner J, 2008. Operation and investigation of a tilted bottom cavity for pyrgeometer characterizations, *Appl. Opt.* , **47**: 4441-4447.

Gröner J, Wacker S, 2011. Report of the first international pyrgeometer intercomparison from 27 September to 15 October 2010 at PMOD/WRC, IPgCv6. doc. http:/pmodwrc. ch/ipc/ reports /IPgC…pdf

Gröbner J, 2012. A transfer standard radiometer for atmospheric longwave irradiance measurements[J]. *Metrologia*,**49**(2012):S105-S111.

Gröner J, Wacker S, 2013. Longwave irradiance measurements using IRIS radiometers at the PMOD/WRC-IRS, *AIP Conf. Proc.*, **1531**:488-491, doi:10. 1063/1. 4804813.

Gröner J, et al, 2014. A new absolute reference for atmospheric longwave irradiance measurements with traceability to SI units[J]. *J. Geophys. Res. Atmos.* , **119**: 7083-7090. doi: 10. 1002/2014JD021630

Gröner J,Thomann C, 2015. Report on the second international pyrgeometer intercomparison (27 September to October 2015) PMOD/WRC, *WMO IMO Report* 129.

Idso S B, 1971. A simple technique for the calibration of long-wave radiation probes[J]. *Agriulctural Meteorology*, **8**: 235-243.

Jablonski J W, Carr K F, 1995. Highly efficient collection optical system for providing light detectors such as photodetectors and the like with hemispherical field of view. Labsphere, Inc. , Patent number: 5479009, Dec. 26, 1995. http://www. freepatentsonline. com/5479009. html

Marty C, Philipona R, Delamere J, et al, 2003. Downward longwave irradiance uncertainty under arctic atmospheres: Measurements and modeling [J]. *J. Geophys. Res.* , 108 (D12), 4358, doi: 10. 1029/2002JD002937.

Miskolczi F, Guzzi R, 1993. Effect of nonuniform spectral dome transmittance on the accuracy of infrared radiation measurements using shielded pyrradiometers and pyrgeometers[J]. *Appl. Opt.* , **32**: 3257-3265.

Philipona R, Frölich C, Betz Ch,1995. Characterization of pyrgeometers and the accuracy of atmospheric longwave radiation measurements[J]. *Appl. Opt.* , **34**: 1598-1605.

Philipona R C, et al, 1998. The Baseline Surface Radiation Network pyrgeometer round-robin calibration experiment[J]. *Journal of Atmospheric and ooceanic technology*, **15**: 687-696.

Philipona R C, Ohmura A, 2000. Pyrgeometer absolute calibration and the quest for a Would radiometric reference for longwave irradiance measurements, in IRS 2000: Current problems in atmospheric radiation,

A. Deepak，Hampton，Va.，2001. http://www. stcnet. com/adpub/adeeppub. html

Philipona R，2001a. Sky-scanning radiometer for absolute measurements of atmospheric longwave radiation .
　　Appl. Opt.，**40**：2376-2383.

Philipona R，et al，2001b. Atmospheric longwave irradiance uncertainty：Pyrgeometers compared to an abso-
　　lute sky-scanning radiometer，atmospheric emitted radiance interferometer，and radiative transfer calcula-
　　tions[J]. *J. Geophys. Res.*，106，28,129-28,141. (IPASRC-Ⅰ)

PMODWRC Annual Report 2016.（下载自 PMODWRC 网站）.

PMODWRC Annual Report 2017.（下载自 PMODWRC 网站）. http:// www. pmodwrc. ch

Reda I，Hickey J R，Stoffel T，et al,2002. Pyrgeometer calibration at the National Renewable Energy Labora-
　　tory（NREL）[J]. *J. Atmos. Sol. Terr. Phys.*，**64**：1623-1629.

Reda I，Hickey J，Long C，et al，2005. Using a Blackbody to Calculate Net Longwave Responsivity of Short-
　　wave Solar Pyranometers to Correct for Their Thermal Offset Error during Outdoor Calibration Using the
　　Component Sum Method[J]. *Journal of atmospheric and oceanic technology*，22：1531-1540.

Reda I，Gröbner J，Stoffel T，et al，2008a. Improvements in the blackbody calibration of pyrgeometers.
　　NREL/PR-3810-61147. https://www. nrel. gov/docs/fy08osti/45867. pdf

Reda I，Myers D，Stoffel T，2008b. Uncertainty estimate for the outdoor calibration of solar pyranometers：a
　　metrologist perspective[J]. *Measure*（NCSLI）*Journal of Measurement Science*，**3**（4）：58-66.

Reda I，Grobner J，Stoffel T，et al，2008c. Improvements in the blackbody calibration of pyrgeometers（Pres-
　　ented at the Eighteenth Atmo- spheric Radiation Measurement（ARM）Program Science Team Meeting）.
　　14 pp.；*NREL Report* no. PR-560-458. Eighteenth Atmospheric Radiation Measurement（ARM）Pro-
　　gram Science Team Meeting March 10-14，2008，Norfolk，Virginia.

Reda I，Zeng J，Scheuch J，et al，2012. An absolute cavity pyrgeometer to measure the absolute outdoor long-
　　wave irradiance with traceability to International System of Units，SI[J]. *J. Atmos. Sol. Terr. Phys.*，
　　77，132-143，doi：10. 1016/j. jastp. 2011. 12. 011.

Theocharous E，Theocharous S P，Lehman J H，2013. Assembly and evaluation of a pyroelectric detector
　　bonded to vertically aligned multi-walled carbon nanotubes over thin silicon[J]. *Appl. Opt.*，**52**：
　　8054-8059.

21　低辐照度测量标准

21.1　引言

　　过去气象辐射测量是涉及不到低辐照度测量标准的。近年来,随着臭氧洞的出现和随之而来的紫外辐射不断增强,以及紫外辐射对人体具有相当危害作用,使得对紫外辐照度测量的要求变得迫切。但是,紫外辐射整体在太阳辐射中所占的比例也不过只有 5%～7%,个别波段的量值就更小,而太阳辐射时刻在变化着,利用它做辐射源来直接校准相关辐射仪器(如紫外辐射、光合有效辐射仪器和 AOD 等项)是不可能的。因此,向国家计量部门溯源国家光谱辐照度基准量值就成为必然。

21.2　国家辐照度基准装置

　　国家计量部门按照国际计量局 BIPM 的有关规定:各个主要国家的计量部门定期参与光谱辐照度国际关键比对(CCPR-K1a)活动,以确保国际上不同国家光谱辐照度量值的一致性,进而统一世界范围内相应光谱辐照度的测量标准。

　　我国的光谱辐射度基准始建于 1975 年,波长范围为 250～2500 nm。基准建立以来,为我国各应用领域的光谱辐照度测量提供了最高计量标准,确保国内量值的准确一致。1989 年,中国计量科学研究院完成光谱辐照度基准装置的第一次技术改造,并参加了 1990 年光谱辐照度的关键比对(CCPR-K1a),这一次可见光波段与国际参考值的一致性较好,符合在 0.80%内,但紫外波段和近红外波段的发散较大,分别达到了 12.96%和 6.4%。针对存在的问题,2000 年对基准进行了第二次技术改造,随后参加了 2004 年光谱辐照度的国际关键比对。并取得了很好的成绩。英国国家物理实验室(NPL)是这次比对的主导实验室,共计有 13 个国家参加并完成了比对。图 21.1 是这次比对的结果(Emma et al., 2006)。从图 21.1 中可以看出,中国计量科学研究院(NIM)的比对结果是相当不错的。在紫外波段,我国与国际参考值之间的一致性由 1990 年的 12.69%改善为优于 1.2%,在近红外波段,我国与国际参考值之间的一致性由 1990 年的 6.14%改善为优于 2.1%。

　　2011 年又在新高温黑体源 BB3500M 的基础上,完成了基准的第三次技术改造,辐照度的光谱区已经从 250～2500 nm 扩展至 230～2500 nm。对副基准的测量不确定度也改善为 1.0%～1.6%。图 21.2 为新高温黑体 BB3500M 的外观。高温黑体源的工作温度为 3500 K,发射率优于 0.999。采用稳流和稳温相结合的反馈模式,开启后达到温度稳定的时间缩短至 3 h。黑体温度测量直接溯源至铂-碳(Pt-C, 2011.05K)和铼-碳(Re-C, 2746.97K)高温共晶点黑体,减少了中间的量传环节,2980 K 时温度测量不确定度为 0.64 K。无前窗工作和较好

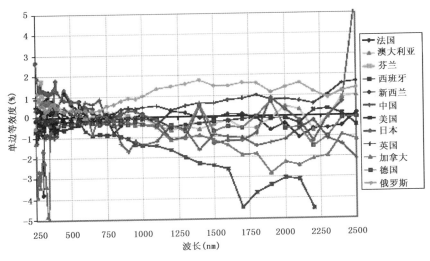

图 21.1 2004 年光谱辐照度国际关键比对结果(Emma et al.,2006)(见彩图)

的温度均匀性是其重要特征(刘玮 等,2013)。

　　新一届光谱辐照度国际关键比对 CCPR-K1a 已于 2017 年开始,预计将于 2019 年结束。此次比对的主导实验室是俄罗斯的 VNIIOFI。由于这类比对活动涉及众多大型设备,因此,无法集中于一地举行,而是由主办方将一组标准灯,依次寄往各参试国的标准计量实验室。各参试国利用本国的标准设备对其进行校准,并将校准结果上报主导实验室。然后再由主导实验室进行核验。各参与实验室均进行完毕后,再进行统一整理、分析,形成报告,完成新一次的关键比对。

图 21.2 BB3500M 高温黑体辐射源(刘玮 等,2013)

21.3 光谱辐照度标准灯

　　230～2500 nm 光谱辐照度国家基准装置是整个光谱段辐照度计量体系量值传递的源头,其下,为光谱辐照度副基准(工作基准、标准)灯,是用于保持和传递辐照度的标准计量器具,还可用于 250～2500 nm 光谱辐射源的光谱辐照度分布和光谱辐射计的校准。这就是通常所说的标准灯。这种灯是一种特制的卤钨灯,其外壳由石英玻璃制作。灯丝分为竖向与横向排列两种(图 21.3)。进口竖向排列的标准灯与国产的又有所不同:国产的多为多列排丝,而进口的多为单列(图 21.4)。由它向相应等级的辐照度标准灯依次进行传递。我国光谱辐射亮度和光谱辐射照度计量器具检定系统规定的量值传递关系及其不确定度列于表 21.1(国家计量检定系统表,2005)。表中各方框中的内容是各级标准器具的不确定度,各圆弧框中的内容为对各种计量传递装置的测量不确定度的要求。应该引起注意的是,尽管在计量标准以上各级中的不确定度确是不大的,但这均是指计量部门以内的。而传递到使用部门的工作测量器具上的不确定度则已远超出上述范围,最大测量误差可达 10%~20%。

　　值得注意的是,目前当论及标准灯时,均提到 NIST 标准,即美国国家标准。毫无疑问,NIST 的标准水平是高的。但是,不应误解,在国外市场上出售的标准灯,中间也是经过几级传递的,到用户手中产品的不确定度,最好的也经过中间的两次传递,大多数则可能更多。另外,不管是否使用过,标准灯本身要求每两年进行一次校准,每校准一次仅供累计使用 50 h(使用超过 50 h 后,无论是否达到 2a,均应再次送检)。否则,再好的产品也无法保证其应有的不确定度。另外,将灯送回原厂校准,这涉及费用、报关、运输等相当耗时、繁琐的过程。在我国与国际参考值之间的一致性已有显著改善的情况下,应尽可能考虑利用在国内进行校准,而不宜迷信于国外标准。

　　降低工作测量器具的误差,关键是要减少中间传递环节。芬兰科技工作者采用的解决方式就是设法直接溯源标准黑体,图 21.5 就是他们溯源链及其各个环节的可能误差(Leszczynski,2002)。

　　要得到高质量校准,最本质的要求就是有一特别设计的校准装置或光学基座。并且必须考虑如下几个方面:

　　(1)必须准确测量灯丝与仪器第一个光学镜片之间的距离,以确定仪器上的光谱辐射照度;

　　(2)光源与仪器之间的距离必须足够远,以便可以将灯丝视为点源;

　　(3)仪器必须与光束垂直;

　　(4)灯光光强与探测器所用积分时间的组合,必须使信号能适应仪器的操作条件,信号必须明显大于检测器的噪声水平。

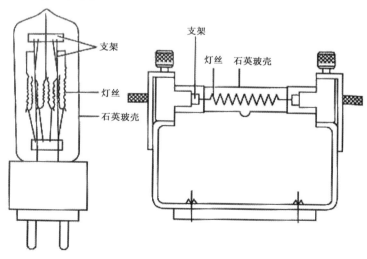

图 21.3　标准灯:柱形排丝灯(a)和管型结构(b)(刘玮 等,2013)

表 21.1　我国光谱辐亮度和光谱辐照度计量器具检定系统(国家计量检定系统表,2005)

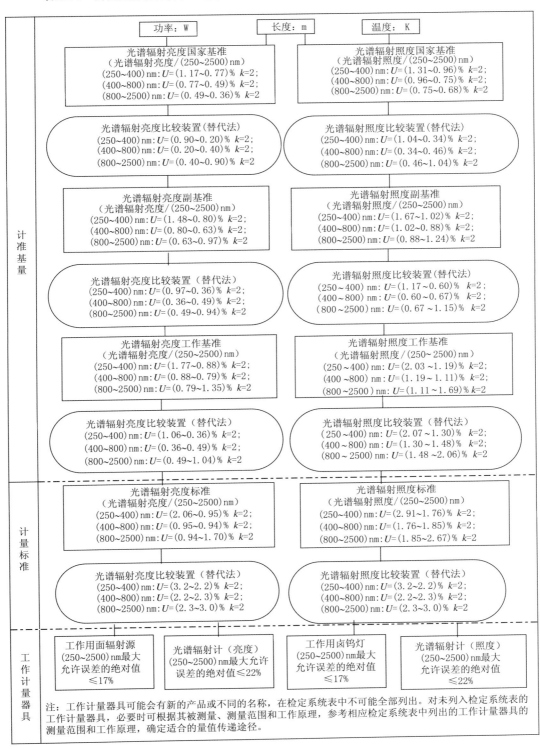

注：工作计量器具可能会有新的产品或不同的名称，在检定系统表中不可能全部列出。对未列入检定系统表的
工作计量器具，必要时可根据其被测量、测量范围和工作原理，参考相应检定系统表中列出的工作计量器具的
测量范围和工作原理，确定适合的量值传递途径。

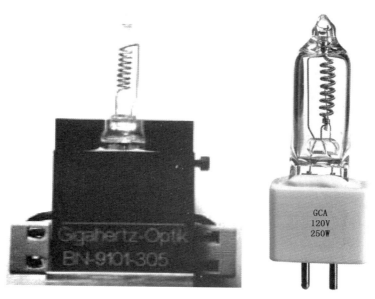

图 21.4　进口柱形 FEL1000W 标准灯

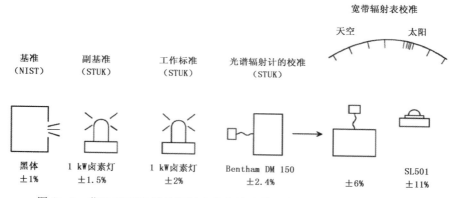

图 21.5　芬兰 STUK 紫外辐射表校准链及其不确定度(Leszczynski,2002)

21.4　世界校准中心－紫外部(WCC-UV)

在世界校准中心下设的 4 个部中,就有一个负责紫外辐射等标准仪器的保存、维护和对各国标准仪器校准与量值传递工作的部门,它就是紫外部。

2008 年 1 月全球大气监测(GAW)欧洲区校准中心也在瑞士建立。其主要功能是确保提交给位于多伦多加拿大气象局的全球大气监测世界紫外辐射数据中心(WOUDC)数据的质量,以便能够满足科学界对数据的要求。通过其活动,欧洲紫外校准中心的目标是改善欧洲 GAW 紫外网络的数据质量,协调不同台站和监测项目的测量结果,以确保在欧洲范围内具有代表性和一致性的紫外辐射数据。2013 年 1 月 1 日,PMOD/WRC 已被世界气象组织,全球大气监测计划(WCC-UV)认定为紫外辐射世界校准中心(WCC)。

世界校准中心紫外部对欧洲的职责范围是：

（1）协助 WMO 各成员国运行/维护 WMO/GAW 的各站点，将其对紫外辐射的测量结果与 WMO/GAW 的标准要求符合起来；

（2）协助 WMO/GAW 科学咨询小组（SAG）制定质量控制程序，以对紫外观测提供质量保证，并确保这些测量结果可追溯到相应的标准；

（3）保持一组辐照度标准器具，并通过购买和比对可溯源至国家计量机构（NMIs）的主要辐照度标准的传输标准，确保其可溯源至国际单位制；

（4）维护和操作一台可移动的标准光谱辐射计，通过定期访问测量太阳紫外光谱辐照度的现场，检查常规质量保证情况和现场校准光谱辐射计；

（5）维护和操作仪器，以便为紫外辐射计（光谱的和宽带的）提供校准。

（6）通过校准紫外线监测实验室的光谱辐照度标准，对各个国家计量机构（NMIs）紫外监测实验室的光谱辐照标准提供可追溯性。

WCC-UV 拥有一个紫外线实验室，它由两台太阳紫外光谱辐射计、一台光谱响应检测设备和一台角度响应检测设备组成。

21.4.1 光谱辐射计

可移动的标准光谱辐射计 QASUME：用于测量太阳辐射光谱辐照度的仪器，是一台经过很好特性鉴定的光谱辐射计。该仪器是可移动的标准光谱辐射计。它由一台 Bentham DM-150 双单色仪组成（图 21.6）。辐照度由 CMS Schreder 制造的光学输入器进行采样。光学输入器具有最优良的余弦响应（图 21.7）。一根 6 米长的石英光纤将输入器连接到单色仪的入口处。该标准仪器已在欧洲的 QASUME 项目中得到验证。该项目的目标是开发一种促进欧洲进行太阳紫外光谱辐照度测量质量保证的新方法。该标准光谱辐射计由欧盟委员会在伊斯普拉的联合研究中心，根据合作协议 2004-SOCP-22187 提供支持。QASUME 项目的原意本是"欧洲紫外光谱测量质量保证"，后来就将其作为世界校准中心紫外部标准光谱仪器的名称了。

图 21.6　Bentham DM-150 光谱辐射计外观

　　仪器安置在可维持±0.5 ℃控温箱内,以 0.25 nm 的步长和 0.83 nm 的光谱分辨率与被校准仪器进行同步测量。在 2002—2005 年,已分别对 29 个测站(当时主要是针对使用 Brewer 光谱仪器的臭氧观测站)进行了检查,后来,为了便于工作,改为各站仪器集中在某一地点同步进行比对。此项活动对于维持欧洲各站测量紫外光谱以及臭氧观测质量的一致性起到了重要作用。

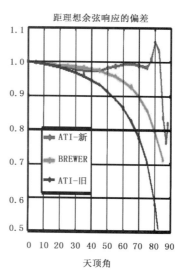

图 21.7　Schreder 光学输入器(ATI)及其余弦响应误差
(Schreder et al.,1998)

　　便携式光谱辐射测量装置,直接溯源于国家标准实验室的光谱辐照度主基准(BB3200),国家标准实验室选择的是德国联邦物理技术研究院 (Physikalisch-Technische Bundesanstalt,PTB),以此达到减少溯源层级进而减少传递误差的目的。同时还配备了也经 PTB 主基准校准过的一组低压标准灯,以便在野外随时对仪器进行再校准。欧洲紫外光谱辐射校准链如图 21.8 所示。

　　辐照度校准标准灯:辐照度标准的基础是一套 1000 W 的 FEL 灯,它也溯源到德国 PTB 的辐照度主基准(高温黑体)。这套辐射标准已成为欧洲紫外光谱测量的实际标准,即一套 DXW 型 1000 W 的灯。溯源到 PTB 辐照度主基准情况如图 21.9 所示。图中左侧边缘带两条白色管线的横向管状体就是光谱辐射计的 Schreder 光学输入器。

　　一般光谱辐射计的绝对校准,应该使用与辐射计测量对象光谱分布相似的辐射源。对于测量太阳的情况,这个要求意味着必须使用太阳作为源进行校准。由于太阳本身的辐照度过强、且其光谱分布具有可变性,在实验室中无法进行类似的模拟。于是只有使用已知光谱响应度的光谱辐射计,在保证其工作环境条件不变的情况下,测量太阳的光谱输出,并依据仪器已知的光谱响应度计算出当时的太阳光谱辐照度。

　　另外,图 21.8 中还显示有一套便携灯,它们是一组 QASUME 的低电功率标准灯。它主要用于远离实验室的野外,供随时校验光谱辐射计的情况是否偏离标准(图 21.10)之用。如果说,当时这套装置还具有临时性质的话,后来,Bentham 公司已经将其标准化为 CL6 卤素光

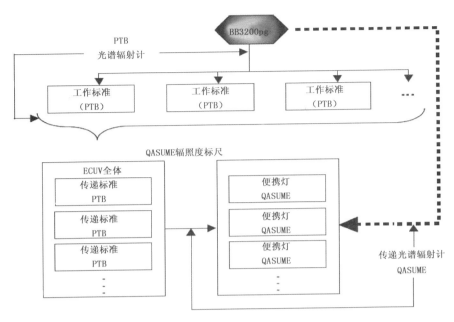

图 21.8 欧洲紫外光谱测量质保系统校准链,虚线箭头代表所讨论的
测量标准新链(Gröbner et al.，2005)

谱辐照度标准装置(图 21.11),也可称之为便携式校准系统。CL6 包括:一组 100W 和 250W 卤钨灯和一个计算机控制的电流反馈系统。具体包括 Xantrex XPD 33-16 电源,Agilent 34970A 数据采集多路复用器和经过校准的 0.1Ω 分流器供分流用。有了这种带控制系统组成的光谱辐照度标准装置,就可以无需暗室、精密光学平台或校准工具等设备要求,从而大大简化了光谱辐射计在野外条件下随时进行检验性的校准工作。表 21.2 列出了这组低功率标准灯的不确定度分析表。

图 21.9 直接溯源 PTB 高温黑体时的情况

图 21.10 低功率标准灯在野外使用时的情况

图 21.11　CL6 卤素光谱辐照度标准装置(250～3000 nm)

表 21.2　使用低功率灯(100 W 和 250 W)便携式校准单元传递便携 QASUME 标尺的不确定度分析表
(Gröbner et al., 2005)

贡献	100×相对测量标准不确定度	
	280～400 nm	400～500 nm
QASUME 标尺基于 PTB 传递标准的实现	1.6	1.0
测量重复性(250W/100W 灯)	0.3/0.8	0.15/0.4
灯电流调节	0.1	0.1
灯入口光学对准	0.2	0.2
灯的运输和老化	0.5	0.5
光谱辐射计的稳定性	0.3	0.3
光谱辐射计的非线性	0.5	0.5
综合标准不确定度	1.8/2.0	1.3/1.3
扩展不确定度($k=2$)	3.6/4.0	2.6/2.6

　　Brewer 光谱辐射计♯163：其本质也是一台双单色仪,是专门用来测量气柱内臭氧总量的。它也能够记录从 285～365 nm 波长太阳直射紫外光谱辐照度和紫外总辐射光谱辐照度。该仪器配备了散射光学入口器件。在 2008 年期间,Brewer♯163 被修改成测量绝对和极化的太阳天空辐亮度的仪器。

21.4.2　光学实验室

　　该紫外中心的附设实验室,具有如下设施:

　　(1)测量光谱响应功能的设施:相对光谱响应设施也是一台 Bentham DM-150 双单色仪。它可以在 250～500 nm 以 0.1 nm 的精密度选择波长,并且可选狭缝宽度以产生具有 1.92 nm 半宽的接近三角形的狭缝函数。位于入口狭缝前方的 150 W 氙灯作为辐射源。该单色源设备的波长标尺是通过测量汞灯选定的光谱发射线来确定的。另外,使用 QASUME 标准光谱辐射计作为标准探测器,将光源定位在其通常的操作状态。

　　(2)角度响应功能测量设施:辐射计的角响应函数(ARF)是在 3 m 长的光轨上测量的。安装在光轨一端的 1000 W 氙灯用作辐射源;探测器安装在光轨另一端的测角器上。旋转台的分辨率是每度 29642 步,或者每步 0.12 角秒。

(3)标准灯的辐照度校准:辐照度标尺的基础是一套 1000 WFEL 灯,溯源到德国物理技术联邦技术研究院(PTB)的辐照度基准。这套辐照度标准已经成为欧洲紫外光谱测量的实际标准。DXW 型的 1000 W 灯或任何其他传输标准可以使用 QASUME 光谱辐射计相对于 QASUME 辐照度标准进行校准。

21.4.3 绝对校准

宽带滤波辐射计的绝对校准,应该使用具有与辐射计要测量的辐射光谱分布相近的辐射源去校准。对太阳测量的情况,这个要求意味着必须使用太阳作为源进行校准,由于太阳辐射的光谱分布和可变性不可能在实验室中以所需准确度模拟。在 PMOD/WRC,校准平台设置在其主楼的屋顶上。图 21.12 展示了 2007 年夏季 30 多台宽带辐射计室外校准的情况。

图 21.12　2007 年在 PMOD/WRC 进行紫外辐射表校准的情况

21.5　中国国家气象计量站的光谱辐射标准

中国国家气象计量站的光谱辐射标准,基本上参照采用了前述 QASUME 的标准设备,目前仍在建设中,还未达到国家计量部门正式建标的要求。

由于这方面的计量工作,主要涉及 400~700 nm 的光合有效辐射以及 400 nm 以下的紫外辐射两部分。所以在设备的采购上也分成两部分:

(1)光合有效辐射

光谱辐射计为英国 Bentham 公司的 DMc150 型双单色仪,配以在紫外—可见光谱区高分辨、低散射的 1800 线平面全息光栅,最适宜的波长范围是 200~900 nm。

主要的考虑是:光合有效辐射的波长范围较宽,光谱辐照度强,150 mm 的焦长是适宜的。

(2)紫外辐射

光谱辐射计为英国 Bentham 公司的 DMc300 型双单色仪,配以最适宜紫外光谱区的 2400 线平面全息光栅,此时的最大波长范围是 200~675 nm。

主要的考虑是:由于紫外辐射所占的光谱范围相对窄小,故采用 300 mm 的长焦距,再辅之以适当的光栅,可以达到良好的效果。

由于被校仪器在制作工艺上存在着实际的缺陷,它的光谱肯定存在着这样或那样的不足,例如:在初始波长或终止波长处,截止地不很完全,或未达到要求,透射区内不够平直而带有波动等。但这均不构成大的问题,因为它是系统的、一贯的。只要在校准时所提供的总辐照度是严格地限定在 400～700 nm 就足够了。

而双单色仪在这里的作用就是可将杂散光的干扰降至最低程度。DMc150 双单色仪的主要内部结构和外部连接的大体情况,如图 21.13 所示。

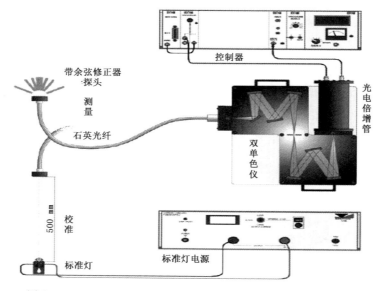

图 21.13　DMc150 型双单色仪光谱辐射计内部结构和外部连接

特别值得注意的是,由于太阳紫外辐射测量的特殊性,并非任何光谱辐射计均能满足作为计量紫外辐射表用的标准仪器。WMO 出版了 Seckmeyer 等人完成的有关太阳 UV 光谱辐射计的规格以及评定这类仪器性能的准则(WMO GAW Report No.112,No.125)。Seckmeyer 等人在该著作中主要完成了 3 项工作,其内容包括:

(1)综述了当前仪器的性能。

(2)定义了两类太阳光谱辐射计的性能要求(表 21.3):

①S-1 型供建立 UV 气候学之用。

②S-2 型探测在臭氧总量变化 1‰情况下太阳 UV 光谱辐照度的变化。

(3)拟定了评定紫外光谱辐射计性能的准则。

表 21.3　对于 S-1 和 S-2 两类仪器建议的性能规格(WMO GAW Report No.125)

性能	质量		
	S-1	S-2	
余弦误差(nm)	<±10	<±5	(1)对于入射角<60°
	<±10	<±5	(2)对于各向同性辐亮度
最低光谱范围(nm)	290～325	290～400	
半宽(nm)	<1	<1	
波长精密度(nm)	<±0.05	<±0.03	

续表

性能	质量		
	S-1	S-2	
波长准确度(nm)	$<\pm 0.1$	$<\pm 0.05$	
狭缝函数	$<10^{-3}$	$<$最大值的 10^{-3}	距中心 2.5 倍的半宽处
		$<$最大值的 10^{-5}	距中心 6.0 倍的半宽处
采样波长间隔	$<$半宽	<0.5 半宽	
最大辐照度(W/(m²·nm))	>1		在 325 nm
	>2	>2	在 400 nm(中午最大)
探测阈值(W/(m²·nm))	$<5\times10^{-5}$	$<10^{-6}$	半宽 1 nm 时 SNR=1
杂散光(W/(m²·nm))	$<5\times10^{-4}$	$<10^{-6}$	当仪器在最小太阳天顶角暴露于太阳下
温度稳定性(℃)		典型$<\pm 2$	监测并充分稳定地维持整个仪器的稳定性
扫描时间	扫描每个光谱 小于 10 min	扫描每个光谱 小于 10 min	
校准总不确定度(%)	$<\pm 10$	$<\pm 5$	除非受到探测阈值限制

有了符合上述要求的光谱辐射计,再配以前述的光谱辐照度标准灯,才能进行有质量保证的紫外辐射表校准工作。

根据国外的经验,即使在上述条件下,还须注意做到以下两点:

(1)光谱辐射计在野外工作时应保持恒温状态。

(2)创造条件,在野外条件下也能对照标准灯随时校对光谱辐射计。

迄今在校准太阳紫外辐射表方面,除了中国计量科学研究院光学与激光计量科学研究所外,尚无这方面的标准计量器具。不应误会,我国计量系统确曾建立过紫外辐射标准,但那仅是针对紫外线灯,即人工光源的。由于这些紫外灯的辐照度水准较低,又无严格的半球向要求,与测量太阳紫外辐照度的仪器完全不同。所以,在向有关计量部门提出对供测量太阳紫外辐射表进行校准的要求时,一定要了解清楚,该计量部门是否具有校准测量太阳紫外辐射仪器的相关设备和能力。否则,假如使用了校准测量紫外灯的设备去校准测量太阳辐射的仪器,不仅会使测量结果无法使用,导致各地数据混乱,甚至无法比较,更不能与国外的同类数据相比较。这是使用部门必须高度重视的。上述情况绝非危言耸听,而是已经发生过,所以特此提请读者注意。

为了保持光谱辐射计的测量准确性,必须对其进行定期校准(JJG 384—2002)。为了解决频繁校准问题,预期建立气象行业光谱辐照度标准。该标准由 3 只 1000 W 卤钨标准灯(目前为德国 Sylvania 生产的)、电流源、直流标准电阻、光学平台、光轨,光阑等组成标准光源设备。测量在暗室中进行,以便减少杂散光的影响。为保证标准灯辐照度的恒定,使用高准确度自控电流源,使得通过灯丝的电流保持高度恒定。整个测试过程中,由 7 位半数字电压表通过计算机控制,进行连续测量并记录直流标准电阻(0.01 Ω)的端电压,以便监测灯的电流,保证 1 h 内电流恒定度为 $\pm 0.02\%$。为了减小量值逐级传递误差,我们也像 QASUME 所作的那样,将气象部门光谱辐照度标准直接溯源到国家光谱辐照度基准,减少传统的逐级传递链(量值逐级传递框图见图 21.14 中虚线框内),以提高测量准确度。标准灯除定期(2a 或累计使用时间达到 50 h 时)溯源到国家光谱辐照度基准外,在 2 次校准期间还必须定期进行期间核查,以保证标准光源的重复性和稳定性满足测量准确度要求(JJG 384—2002,JJG 755—2015)。

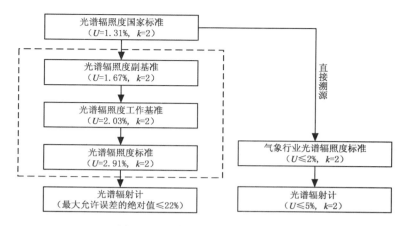

图 21.14 紫外辐射量值传递框图

　　由于气象行业光谱辐照度标准只能用于实验室内对光谱辐射计进行校准,而气象用辐射表的校准均在室外进行。为确保光谱辐射计在实验室校准后运输到校准现场(或楼顶),光谱辐射计的光学特性测量准确度不发生变化,还采用了便携式传递标准 CL6-150W 标准光源,作为质量保证的工具,用于室外对光谱辐射计的现场校核。

　　随着国家质量监督检验检疫总局对建立测量标准的要求日趋严格,建立一种新项目的计量标准,首先必须有该项目正式颁布的检定规程或校准规范,其后才能考虑建标问题。目前校准规范正在起草中。

参考文献

刘玮,等,2013. 紫外辐射的科学基础及应用[M]. 北京:人民卫生出版社.

国家质量监督检验检疫总局,2002. 光谱辐射照度标准灯[S]. JJG 384—2002. 北京:计量出版社.

国家质量监督检验检疫总局,2015. 紫外辐射照度工作基准装置[S]. JJG 755—2015,北京:计量出版社.

中华人民共和国计量检定系统表,2005. 光谱辐射亮度、光谱辐射照度计量器具鉴定系统[S]. JJG 2038—2005. 北京:计量出版社.

Emma R W et al,2006. The CCPR K-1 key comparison of spectral irradance from 250 nm to 2500nm:measurements,analysis and results[J]. *Metrologia*,43:S98-S104.

Gröbner J,Sperfeld P,2005. Direct traceability of the portable QASUME irradiance scale to the primary irradiance standard of the PTB[J]. *Metrologia*,42:134-139.

Leszczynski K,2002. Advances in traceablity of solar ultraviolet radiation measurements. STUK-Radiation and Nuclear Safety Authority,Department of Physical Sciences,Faculty of Science University of Helsinki,Finland. STUK-A189/Lokakuu.

Schreder J G,Blumthaler M,Huber M,1998. Design of a input for solar UC-measurements. http://www.photobiology. com/UVR98/schreder/index. htm

WMO GAW Report No. 112,WMO/TD No. 781. Leszczynski K,et al,1997. *Report of the WMO/STUK Intercomparison of Erythemally-Weighted Solar UV Radiometers*,Spring/Summer 1995,Helsinki,Finland.

WMO GAW Report No. 125,WMO/TD No. 1066. Seckmeyer G,et al,2001. Instruments to measure solar ultraviolet radiation,Part 1:Spectral instruments.

22 常规辐射测量仪器的校准

我国的计量工作者经过多年工作经验的积累,总结出一套适合我国国情的计量体系。其中有关校准方面的内容,进一步区分成检定和校准两部分,并认定检定更具正规性。首先,要申请建立某种仪器的检定规程。该规程起草完毕后,需经过审查、批准,颁布后才能执行。依照规程的规定,凡经过检定的仪器,最终需颁发计量检定证书;而仪器的校准,也需有校准规范。在我国的实践中,检定显然要比校准更正规。不过,在我国的一些科技文献中,也常见诸如:"标定"、"定标"、"定度"等词汇来表达与校准相同的含义。应当说,这些用语是不规范的。在国际科技文献中,则较简单,校准通常只使用 calibration 一词来表达,并且对于标准仪器还需列出不确定度报告表(uncertainty budget)。后者在我国的文献中则较少见。

22.1 我国辐射校准历史简述

在气象部门,由于中华人民共和国成立初期受前苏联的影响,气象(气温、气压、风速、湿度)计量工作的开始时间要远早于其他部门(当时国家尚未建立管理计量的行政部门);其中辐射计量则始自 1957 年。当时为了参与"国际地球物理年",我国开始建立太阳辐射观测站网,与此同步建立了与太阳辐射观测相配套的日射标准及其量值传递系统。1957 年建立了太阳辐射测量仪器标准组,最初由三台 Ångström 补偿式直接日射表组成(编号:175、180 和 216),它们均按 IPS-1956 国际直接日射测量标尺的量值传递;并开始太阳辐射仪器的计量工作。1975 年又从瑞典引进了 3 台新型 Ångström 补偿型辐射表(编号:705、706 和 707),由于瑞典生产厂家掌握着 IPS-1956 标尺的标准器之一,所以,他们售出的仪器均能依照 IPS-1956 标尺进行量值传递。尽管 20 世纪 70 年代之前,我国一直未能参与标准直接日射仪器的正式国际比对活动,但以这种间歇式地采购新仪器的方式,使得我国的辐射数据仍能一直保持着与国际接轨的状态。

世界气象组织(WMO)1977 年第 7 届会议决定,从 1981 年 1 月 1 日起开始执行新的世界辐射测量基准(WRR)。1981 年我国从美国进口了 2 台 Eppley 公司出品的 H-F 型自校准腔体直接日射表(编号:H-F19743 和 H-F20294)及与其配套的 405 型控制器及赤道仪式太阳跟踪器。1981 年 11 月份以 H-F20294 腔体直接日射表为标准(该仪器的系数值传递自 WRR)同我国原来的标准仪器进行了一系列的比对工作,结果发现新标准与原标准(编号:705)的比值为 1.041,而非 1.022。根据我国具体的实际情况,我国对以前辐射数据的纠正系数并不是世界气象组织规定的 1.022,而是 1.041,并从 1982 年 1 月 1 日开始实施。同时也确定了 2 台腔体直接日射表的总不确定度 $\leqslant 0.25\%$($k=1$),重复性 $\leqslant 0.1\%$,满足当时 WMO《气象仪器与观测方法指南》(第 5 版)的要求,所以,从 1982 年开始,以这 2 台腔体直接日射表作为标准进行量值传递。

1990 年,经国家技术监督局考核批准,我国直接日射测量标准正式建标。由这 2 台腔体直接日射表组成的太阳辐射标准组来实现,因此,成为了我国太阳辐照度的国家标准,并颁发了计量标准合格证书([90]国技量气象证字第 002 号),由国家气象计量站负责保存和使用。1991 年,又进口了一台 PMO6 型绝对腔体直接日射表(编号:850406),经原国家技术监督局对计量标准的考核,满足 WMO 的要求,自此我国直接日射的测量标准就正式由 3 台腔体式直接日射表组成。多年来,通过不断改进工作,建立了完善的管理制度和质量保证体系,包括计量标准器的量值传递和溯源、校准方法的选择及确认、校准过程的控制及数据的质量控制、人员的配备及对人员的技能要求等,均能满足 JJF1033-2016《计量标准考核规范》的要求,并通过了历次国家质量监督检验检疫总局依据 JJF1069-2012《法定计量检定机构考核规范》组织的计量标准复查考核(质量技术监督部门对计量标准测量能力的评定和开展量值传递资格的确认)。自建标以来,3 台标准仪器每年均要进行一次内部互比,对其重复性和稳定性进行期间核查,以图形方式对计量标准的过程,进行连续、长期的统计控制,确保测量过程处于稳定受控状态,保证了我国直接日射测量标准的长期稳定性。

22.2 太阳辐射标准的组成

我国气象辐射测量标准由国家级标准和区域级标准两级组成。

22.2.1 国家级标准

国家级标准主要由直接日射、总日射、散射日射等标准器及其配套设备(如数据采集器和自动太阳跟踪、遮光装置等)组成。

(1)国家级直接日射测量标准

2016 年 9 月以前,此项标准由 1 台 PMO6 型和 2 台 H-F 型腔体直接日射表(一等标准直接日射表)和 STS-5 型全自动太阳跟踪器组成。2016 年 9 月以后,编号为 36011 的 AHF 型腔体直接日射表替代了编号为 19743 的 H-F 型腔体直接日射表。这样,国家级直接日射测量标准就由 PMO6 型、H-F 型和 AHF 型 3 台腔体直接日射表组成,其量值每 5 年直接到世界辐射中心溯源世界辐射基准(WRR)一次。其长期稳定性见表 22.1。

表 22.1　国家太阳辐射标准器的稳定性(QX/T 290－2015)

种类	等级划分		
	一等标准	二等标准	工作级标准
直接日射表	0.25%	/	1%
总日射表		1%	2%

(2)国家级散射日射测量标准

2006 年以前由 3 台 PSP 型总日射表和手动遮光片组成;2006 年以后改由 3 台 CMP22 型二等标准总日射表(加通风装置)和一台特殊编程的 STS2 型太阳自动遮光装置组成(参见图 22.9b)。

这一台特殊编程太阳跟踪器的特点在于,除了自动跟踪太阳进行遮光外,还可以按照指令,执行对遮光片的升降控制,定期自动完成遮与不遮总日射表的动作,以达到溯源国家级直接日射测量标准测量散射日射和总日射的目的(杨云 等,2012a)。该标准的长期稳定性见表 22.1。

（3）国家级总日射测量标准

国家级总日射测量标准，由上述国家级直接日射测量标准和国家级散射日射测量标准组成。不过，根据我国《通用计量术语及定义》(JJF1001-2041)，凡是用于日常检定或校准测量仪器或测量系统的测量标准又简称工作及标准，2006 年以前由 3 台 PSP 型总日射表组成；2006 年以后改由 3 台 CMP22 型二等标准总日射表组成。

（4）国家级长波辐射测量标准

2003 年以前长波辐射测量标准由 3 台 PIR 型地球辐射表组成；2003 年以后改由 3 台 CG4 型地球辐射表（加通风装置）组成，其中一台 CG4 030665，从 2005 年开始一直参与每 5 年一次的在瑞士达沃斯举办的对世界红外辐射标准组(WISG)的溯源活动。

（5）净全辐射测量标准

2006 年以前，由 3 台 CN-11 型净全辐射表组成。2006 年以后改由两台 PIR 型地球辐射表和两台 PSP 型工作级标准总日射表组成的标准仪器组校准台站仪器。2009 年以后改由两台 CG4 型地球辐射表和两台 CMP22 型二等标准总日射表组成的净全辐射标准仪器组进行量值传递。

22.2.2 国内区域级标准的组成

1994 年，我国建立了七个区域级辐射仪器检定点，每个检定点各配备了三台稳定性为 ±2% 的国产 TBQ-2-B 型工作级标准总日射表（与厂家协作，从所生产的仪器中精选出来的）和三台特制（精密光阑后，加装一半球形反光罩）稳定性为 ±1% 的 TBS-2-B 型工作级标准直接日射表，组成区域级太阳辐射仪器标准组。这些区域级检定点分别由黑龙江、新疆、甘肃、西藏、浙江、广东、云南各省（区）气象局计量站承担。它们除校准本省（区）内所有日射站的辐射仪器外，还承担着邻近省份日射站送检的辐射仪器的校准工作。各区域检定点的标准仪器量值，每两年一次在云南直接溯源于国家级太阳辐射测量标准。各个区域检定点没有净全辐射表标准，所以，不承担净全辐射表的检定工作。

通过对 1994—2016 年，全国七个区域辐射标准稳定性的统计分析表明，省级标准总日射表的年稳定性在 ±2% 以内，标准直接日射表的年稳定性在 ±1% 以内，图 22.1 就是新疆标准总日射表和标准直接日射表的稳定性表现。

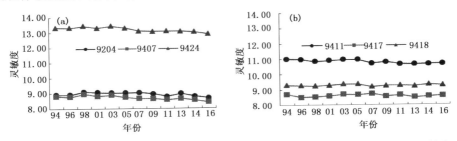

图 22.1　新疆区域辐射标准的稳定性(a)区域标准总日射表,(b)区域标准直接日射表

22.3　太阳辐射测量标准的量值溯源／传递

国家气象计量站作为 WMO 第二区协的仪器中心(RIC－北京)，从 2000 年开始系统地直

接参加 WMO 世界辐射中心组织的每 5 年一次的 IPC 和 IPgC 活动,保证了我国直接日射测量标准与 WRR 以及长波辐射与 WISG 的一致性;此外,作为第二区协的仪器中心,还承担了部分临近国家的太阳辐射标准量值传递工作,不定期地与来自朝鲜、越南、蒙古等国家的太阳辐射测量标准进行比对。

在国内,从 1994 年起,每 2 年举办一次国内各区域太阳辐射标准仪器的比对(或校准),对区域级和国内其他行业的太阳辐射标准进行量值传递。同时对气象部门从事辐射计量检定的相关人员,进行理论和实际操作的培训,并与科研院所和相关生产厂家进行学术交流。通过比对(或校准)活动,确保了 WRR 在我国的量值传递,保证了我国国内辐射观测数据的准确、可靠和统一。

我国的辐射标准溯源/传递框图参见图 22.2。

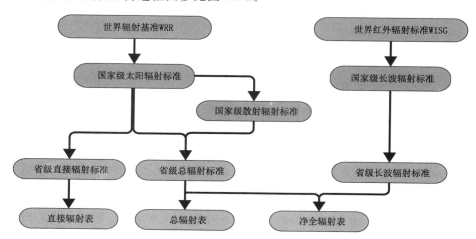

图 22.2　我国太阳和地球辐射量值溯源/传递框图

22.3.1　国家级太阳直射测量标准的量值溯源

国家级太阳辐射测量标准直接溯源至 WRR,与 WRR 直接比对的结果见表 22.2,其中 WRR 因子(WRR$_{factor}$)由下式计算:

$$WRR_{factor} = \frac{WRR}{S} \tag{22.1}$$

式中:WRR—世界辐射基准,单位 W/m^2;

　　　　S—我国太阳直射测量标准测量的直接日射辐照度,单位 W/m^2。

表 22.2　我国直接日射测量标准的 WRR$_{factor}$

年度	WRR$_{factor}$		标准偏差	
	表号 850406	表号 19743	表号 850406	表号 19743
2000	0.999680	0.998510	0.000600	0.001570
2005	0.999445	0.999495	0.000621	0.001796
2010	1.000198		0.000876	
2015	1.001992		0.000929	

2010年9月27日至10月15日，第11次国际直接日射表比对(IPC-XI)，我国太阳直射测量标准(图22.3)和世界标准组(WSG)进行了比对，我国直射测量标准(表号850406)与WRR比对的误差(WMO IOM Report No.108)见图22.4。与世界各区域辐射中心测量标准比较见表22.3(WMO IOM Report No.108)。从表22.2、图22.4和表22.3可以看出，我国直接日射测量标准满足WMO对标准表的要求，并达到世界先进水平。

图22.3　我国直接日射测量标准与WSG在同步比对

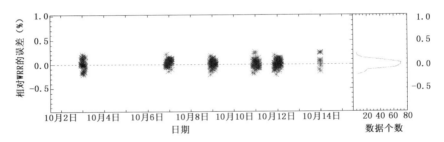

图22.4　我国直接日射测量标准与WRR的误差(WMO IOM Report No.108)

表22.3　我国直接日射测量标准与各区域辐射中心辐射标准的WRR因子
(WMO IOM Report No.108)

国家	WRR 因子
中国	1.000198
美国	0.999294
澳大利亚	1.001752
法国	0.999858
德国	0.999684
俄罗斯	0.996482
瑞典	1.000657
日本	1.000046

22.3.2　长波辐射测量标准的量值溯源

长波辐射测量标准量值直接溯源至世界红外辐射标准组(WISG)(参见图20.3)。2005

年 9 月,我国 CG4 型地球辐射表(CG4 030665 和 CG4 030666)与 WISG 进行了比对。比对结果证明这两台仪器的性能良好,与世界标准非常接近。2010 年 CG4 030665 型地球辐射表代表中国气象局(CMA)参加了 IPgC-Ⅰ,2015 年又参加了 IPgC-Ⅱ,CG4 030665 前后三次与 WISG 的比对结果如表 22.4 所列。

表 22.4　CG4 030665 校准系数

年度	灵敏度 K	k_1	k_2	不确定度 $U(k=2)$
2005	11.36	0.044	0.9980	0.18
2010	11.57	0.06	0.9987	0.13
2015	11.17	0.04	0.9995	0.35

22.3.3　国内区域级太阳辐射测量标准的量值溯源

区域级太阳辐射测量标准主要通过每两年举行一次的全国太阳标准辐射仪器比对(或校准)活动,直接溯源至国家级太阳辐射测量标准。其中区域级总日射标准的灵敏度采用成分和法,而直接日射标准则采用平行比对法(详见下一节)。

这样的活动最初在北京举行,包括 1994 年 10 月、1996 年 10 月和 1998 年 10 月在北京国家气象计量站楼顶举行了第 1、第 2 和第 3 次全国标准辐射仪器比对、校准活动及培训班,目的是:一方面对全国的标准辐射仪器进行量值传递,另一方面对相关人员进行技术培训,以确保我国太阳辐射标准量值的统一、准确和可靠。后来,由于北京的大气环境质量变差,第 4、第 5 和第 6 次全国标准辐射仪器比对,分别于 2001 年 1 月、2003 年 1 月、2005 年 1 月移至昆明举行。1 月份的云南正值干季,天气条件适宜,经过 3 次的实践,由于每次比对地点无法固定,比对环境难以满足要求,2007 年,第 7 次全国标准辐射仪器比对、校准活动改在云南丽江地区玉龙县气象站办公楼顶进行。从此每 2 年举办一次的比对活动就固定在此。为 WRR 在我国的准确传递提供了可靠的环境条件。

2008 年和 2009 在河北固城和云南丽江分别建立了辐射仪器检定/校准和比对场地,见图 22.5,为 WRR 在我国的准确传递提供了可靠的环境条件。其中河北固城场地用于日常辐射仪器检定/校准,而丽江外场用于全国太阳标准辐射仪器比对(或校准)。

图 22.5　辐射仪器检定/校准和比对场地(a)河北固城地面试验场地,(b)云南丽江外场(二楼顶平台)

2017 年国家气象计量站迁址到昌平新址,在楼顶平台也设置了校准场地(图 22.6)

图 22.6　国家气象计量站新址楼顶校准平台(平台面为格栅)

22.4　辐射仪器的校准方法

由于辐射站上的测量仪器均为相对仪器(绝对直接日射表除外),它们均需要通过与标准仪器的比对得到仪器的灵敏度后,才能进行测量工作。校准时,如果参与比对的仪器,其时间常数明显不同的话,则校准的质量会较差;另外,直接日射表视场的几何尺寸不同时,还会受到环日辐射的影响;此外,温度和风速等环境条件也会影响校准的结果。因此,欲获得高质量的校准,则需在晴朗和稳定的大气条件下进行(WMO,2014)。

由于总日射表存在着随入射角度不同而产生余弦效应的影响,特别是在太阳高度角<10°时,情况则更严重,因此总日射表的校准,通常会限定在太阳高度角大于 30°的时段内进行。

22.4.1　直接日射表的校准方法

除绝对直接日射表外,所有的直接日射表都必须以太阳为辐射源与标准直接日射表进行校准。所谓标准直接日射表也必须溯源于 WSG,其校准不确定度应等于或优于被校准的直接日射表。由于所有的太阳辐射数据都必须参照 WRR,所以绝对直接日射表也使用与 WSG 比较的因子,而不是自己单独确定的校准因子。

直接日射表的校准,通常以太阳为光源在室外自然条件下进行。以标准直接日射表为标准,对置于相同条件下的被校准的直接日射表进行同步观测(图 22.7)。将被校准的直接日射表的电压输出值与标准直接日射表得出的辐照度相比较(JJG 456—1992)。

如果比较的仪器具有不同的视野,校准的质量则取决于日晕(华盖)的影响。另外,如果直接日射表的时间常数和零辐照度信号不同,结果的质量将取决于太阳辐照度的变化。最后,环境条件,如温度,压力和净长波辐照度,可能影响结果。如果需要非常高的校准质量,则只能使用大气清晰、稳定的若干天数据。

根据 IPC 的经验,以 5 年的时间间隔溯源至 WSG 以满足主基准溯源校准的要求。工作级的直接日射表则应每隔 1～2 年校准一次;使用的时间越长,条件越严酷,越要经常校准。

校准时,将标准直接日射表与被校准的直接日射表均安装在太阳跟踪器上,对准太阳,电测仪表宜放于室内,若无条件,放在室外者,则应避免阳光的直接照射。被校直接日射表的灵敏度(单位:$\mu V \cdot m^2/W$)按下式计算:

图 22.7 直接日射表的灵敏度校准

$$K = V_s / E \qquad (22.2)$$

式中，V_s—被校直接日射表的电压输出值，单位：μV；

　　E—标准直接日射表测量的直接日射辐照度，单位：W/m^2。

　　由于存在着环日辐射的影响，直接日射表不得在室内借助人工光源进行校准。

22.4.2　总日射表的校准方法

22.4.2.1　校准方法

　　世界气象组织《气象仪器和观测方法指南》（WMO，2014）提供了 6 种校准总日射表的方法，并指出总日射表的校准包括确定一个或多个校准因子及其对环境条件的依赖性。如：

　　（1）辐照度的角度分布；

　　（2）校准方法；

　　（3）仪器的方向响应；

　　（4）仪器的倾斜；

　　（5）辐照度水平；

　　（6）用于热偏移校正的净长波辐照度；

　　（7）辐照度的光谱分布；

　　（8）环境温度；

　　（9）时间变化。

　　WMO《气象仪器和观测方法指南》中，利用太阳或实验室光源来校准总日射表的 6 种具体方法如下：

　　（1）用标准直接日射表测量太阳直射辐照度和一台已校准的总日射表遮光后测量天空散射辐照度；两者测量之和为总日射，与被校准的总日射表相比较进行校准。简称成分和法。

　　（2）以太阳作光源用一台标准直接日射表同一台带可移动遮光片的总日射表作比较。简称遮/不遮法。

（3）以太阳作光源用一台标准直接日射表同两台总日射表交替地测量总日射和散射日射；

（4）以太阳作光源，通过标准总日射表和在各种自然条件下曝光的总日射表作比较（例如，均匀的多云天空和直射辐照度在统计上不为零的）；

（5）在实验室中，在人造光源的光学平台上，无论是垂直入射还是在某个特定的方位和高度入射，同以前在户外校准过的类似的总日照表进行比较；

（6）在实验室中，借助模拟散射天空的积分球，与之前在户外校准过的相同类型的总日射表作比较。

前4种方法是常用的。然而，除了第2种方法之外，对于所有仪器零辐照度信号都是已知的，或者将相同型号总日射表配对使用是非常重要的。忽略这一点会产生显著不同的结果。

通常认为，方法（3）会给出非常好的结果，并且无需一台已经被校准好的总日射表。

难度在于确定总日射表计算校准因子所依据的具体数量。但是，平均值的标准误差可以计算出来，并且在所需的条件下获得足够的读数时，应该小于期望的极限值。而所得出校准因子的变化（除了由于大气条件和观测限制引起的波动）主要由于以下原因：

（1）偏离余弦定律的响应，特别是在太阳高度小于10°的情况下；

（2）环境温度；

（3）接收器表面不水平；

（4）仪器响应的非线性；

（5）探测器和天空之间的净长波辐射。

理想的情况是总日射表只在使用位置校准。但是，通常这难于做到。

当使用太阳作为辐射源时，视在太阳高度应当用太阳时测量或计算出来（接近0.01°）（见附录C）。仪器和环境的温度也应该注意。

我国总日射表的灵敏度校准，针对不同等级的总日射表，主要使用上述前5种方法。对于第6种方法，我国未进行过试验研究。另外，针对20世纪较流行的带彩色光学玻璃罩的分光总日射表，虽然，国外生产厂针对每种颜色的玻璃罩均给出了订正系数，但这种仪器事后如何校准，其原系数是否永远有效？对使用国产相近牌号玻璃的总日射表如何校准？等一系列问题，经过我们的研究后，提出了一种实测有色光学滤光片的所谓的三片法（王炳忠，1988；王炳忠，1992）和校准彩色罩总日射表的迭代法（王炳忠，1993b），后面再具体介绍。

下面就较为具体地介绍每种方法（杨云 等，2015a）：

（1）成分和法

用标准直接日射表（图22.8a）和标准散射日射表（图22.8b）作标准，与被校准的总日射表（图22.8c）同置于太阳照射下。将被校准总日射表的输出值与标准直接日射表测得的太阳直接辐照度换算为水平面辐照度加上标准散射日射表的测量值相比较。

校准时被校仪器水平安装在仪器平台上，仪器接线柱朝北，使其背对太阳，避免阳光对其直接照射加热所引发的附加热电势。标准散射日射表与被校准总日射表的输出信号通过屏蔽双绞电缆与采集器连接。标准直接日射表和标准散射日射表水平安装在太阳跟踪遮光装置下，保证校准期间标准直接日射表准确跟踪太阳，标准散射日射表持续被遮挡。对标准仪器与被校仪器进行同步测量。为了减小随机影响所引入的不确定度，测量次数应尽量多，最后计算平均值及其标准偏差。该标准偏差应满足小于被校辐射表的最大允许误差的要求。被校总日射表的校准因子，依下式计算（单位：$\mu V \cdot m^2 / W$）：

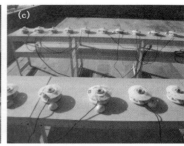

图 22.8　总日射表的灵敏度校准－成分和法（a）标准直接日射表，
（b）标准散射日射表和遮光装置，（c）被校准总日射表

$$k = (E \cdot \sinh + V_s \cdot k_s)/V \qquad (22.3)$$

式中，V_s—被校总日射表的输出电压值，单位：μV；

　　　E—标准直接日射表测量的直射辐照度，单位：W/m^2；

　　　h—测量时的太阳高度角，依当地标准时间计算，单位：°；

　　　k_s—遮光总日射表的校准因子，单位：$W/(m^2 \cdot \mu V)$。

　　需要指出的是，WMO《气象仪器和观测方法指南》中在这里使用的是校准因子，而不是通常习惯使用的灵敏度 K，所以才有了这样的变化。

　　灵敏度 K 与校准因子 k 之间为倒数关系。它们之间只有称谓上的差异，没有实质的区别。不过，由于它们之间存在着倒数关系，使用时以及在阅读国外文献时，需特别予以注意（下同）。

　　由于涉及两台标准器，由它们所引入的不确定度，系标准直射日射表和标准散射日射表的合成不确定度，但由于散射日射所占比重较小，标准引入的误差主要是标准直射日射表的。由于灵敏度包括了热偏移误差，导致了对短波辐射的低估（Philipona，2002）。但由于该方法可一次同时校准多台总日射表，因而被广泛使用。目前全国太阳辐射标准仪器比对活动中，就是采用这种方法对区域级和其他行业的工作级标准总日射表进行量值传递的。

　　（2）遮/不遮法

　　以标准直射日射表为标准，并与被校准的总日射表同置于太阳照射下。采用对被校总日射表交替进行遮挡与不遮挡的方法——遮挡被校总日射表时，测量散射日射；不遮挡时，测量总日射。遮挡与不遮挡的时间取决于太阳辐射的稳定性和被校总日射表的响应时间，包括使玻璃罩的温度与长波辐射达到平衡所需的时间等，一般为 5 min。可使用等间隔的照射与遮挡时间。将被校总日射表在遮挡和不遮挡时输出值的差值同标准直射日射表同步测得的直接日射辐照度相比较而得出。

　　校准时，需将被校总日射表水平安装在太阳跟踪遮光仪上（图 22.9），保持相同的方向对着太阳。选择 5 min 等间隔地进行遮挡与不遮挡的测量（ASTM G167－05），以保证仪器在被完全遮挡和完全照射时读数的稳定。以遮挡—照射—遮挡为一组。数据采样间隔 5s 或更短（取决于采集器的采样速度），先进行遮挡测量，再进行照射测量，依次交替进行。遮挡时，测量散射日射；不遮挡时，测量总日射、直接日射以及记录所对应的时间（用于计算太阳高度角）。真正参与计算的数据，取最后 2 min 读数的平均值。被校准总日射表的第 i 次测量的灵敏度按式（22.4）计算（单位：$\mu V \cdot m^2/W$）：

图 22.9　总日射表的灵敏度校准－遮/不遮法

$$K(i) = \frac{V_{g}(i) - 0.5[V_{d}(i+1) + V_{d}(i-1)]}{E_{s}(i)\sin[h_{A}(i)]} \tag{22.4}$$

式中，$V_{g}(i)$—被校总日射表不遮挡时，第 i 组电压测量值的平均值，单位：μV；

　　　$V_{d}(i+1)$—被校总日射表遮挡时，第 $i+1$ 组电压测量值的平均值，单位：μV；

　　　$V_{d}(i-1)$—被校总日射表遮挡时，第 $i-1$ 组电压测量值的平均值，单位：μV；

　　　$E_{s}(i)$—标准直接日射表测量的第 i 组直接日射辐照度的平均值，单位：W/m^{2}；

　　　$h_{A}(i)$—第 i 组测量时的太阳高度角平均值，单位：°。

　　该方法只使用一台标准直接日射表，并且是直接溯源到 WRR 的，所以引入的误差极小。但由于总日射表玻璃罩的热效应，照射段和遮蔽段的热偏移误差可能略有不同；要求校准在特别稳定的晴朗天空下进行，使净长波辐射的变化可以忽略。遮/不遮时段的热偏移可近似地认为相等，从而相互抵消，因此，灵敏度不含有热偏移误差。但受太阳遮光器的限制，一次只能校准有限台数的总日射表。目前仅使用此法对国家散射测量标准进行量值传递。需要指出的是，普通的太阳跟踪器是无法满足上述要求的，因为它不可能按照用户的要求进行遮/不遮的操作。为了建立国家散射日射标准器组，将各种辐射成分的标准均溯源到 WRR，以保证标准传递的准确性，气象计量站与中国科学院长春光学精密机械与物理研究所合作研制了可自动交替进行遮挡/不遮挡的 STS2 型全自动太阳精密跟踪遮光仪，为该方法的实现提供了必备的条件。当然，此时的标准直接日射表需要架设在另一台普通的太阳跟踪器上。

　　(3)参照标准直接日射表法

　　WMO《气象仪器与观测方法指南》中，将此种方法称作"使用一台直接日射表交替校准"。这种方法系澳大利亚学者 Forgan(1996)提出。所用仪器设备仅一台标准直接日射表和两台被检总日射表。

　　该方法通过求解类似于下列的一对联立方程来校准(A 和 B)两台总日射表。

$$E \cdot \sinh + V_{d} \cdot k_{s} = V_{g} \cdot k \tag{22.5}$$

　　辐照度信号数据用一台直接日射表和一台总日射表(总日射表 A)，测量直射辐照度(E)和总辐照度的信号(V_{gA})；同时，另一台遮光的总日射表(总日射表 B)测量散射辐照度信号(V_{dB})。在这样的配置下，收集到足够的数据之后，交换两台总日射表的位置，使得总日射表 A，即最初测量总辐照度的，现在测量散射辐照度信号(V_{dA})，反之亦然。假定对于每台总日射

表,散射(k_d)和总辐射(k_g)校准系数是相等的,总日射表 A 的校准系数由下式给出:

$$k_A = k_{gA} = k_{dA} \tag{22.6}$$

对于总日射表 B 系数有相同的假设。然后,在初始阶段的时间 t_0,方程(22.5)可写作:

$$E(t_0)\sin(h(t_0)) = k_A V_{gA}(t_0) - k_B V_{dB}(t_0) \tag{22.7}$$

在总日射表被交换后的时间 t_1:

$$E(t_1)\sin(h(t_1)) = k_B V_{gB}(t_1) - k_A V_{dA}(t_1) \tag{22.8}$$

由于公式(22.7)和(22.8)中,未知的是 k_A 和 k_B,所以能够针对任何一对时间,例如,t_1 和 t_0 求解。

该方法非常适用于连续监测太阳辐射的三个分量(直接日射,散射和总辐射)的自动现场监测情况。经验表明,对于采用这种方法所需的数据收集工作,最好在中午交换仪器。

在此之前,类似的方法就已经由王炳忠(1993b)提出,并将其称为迭代法。当时进行此项研究的缘起,主要针对的是分光总日射表,因为这类总日射表并无通行的国际标准。所用滤光玻璃罩,虽然可以做到与国外知名品牌(如 Schoot)的相近,但绝对不可能相同。所以就不能以进口的产品当标准,来校准国内的产品。因此,还提出了测量滤光玻璃滤光因子的方法(王炳忠 等,1993a)。当时 WMO《气象仪器与观测方法指南》(第 5 版)所介绍的总日射表校准方法,主要是遮/不遮法和成分和法。两相权衡选择了后者,因为它不需要来回不断地移动遮光片。可是 WMO《气象仪器与观测方法指南》指出:"由于在晴朗的天气下,散射只占总辐射的 10%左右,所以测量它的仪器的校准因子无需很准。"可是在当时的校准实践中,以北京为例,即使在晴天条件下,也很少遇到散射只占 10%的情况,更经常的情况是占 20%,甚至更多。因此,测量散射用的总日射表的影响就不容忽视了。

设在校准总日射表 A 的过程中,需用一台直接日射表和另一台总日射表 B。直接日射表的不确定度设为±2%,总日射表的不确定度设为±10%(这是一种假设的极端情况)。假如在总日射中,直射分量占 70%,散射分量占 30%,在如此的条件下校准 A 总日射表时,误差的传递情况是:

直射:0.7×±2%→±1.4%

散射(B):0.3×±10%→±3.0%,二者的方根和计±4.4%(总日射表 A)

接下来,当我们使用表 A 与直接日射表配合校准 B 表时,则有

直射:0.7×±2%→±1.4%

散射(A):0.3×±4.4%→±1.3%,二者的方根和计±2.7%(总日射表 B)

如果我们将上述过程重复一次,对表 A 则有:

直射:0.7×±2%→±1.4%

散射(B):0.3×±2.7%→±0.8%,二者的方根和计±2.2%(总日射表 A)

相对 B 表则有:

直射:0.7×±2%→±1.4%

散射(A):0.3×±2.2%→±0.7%,二者的方根和计±2.1%(总日射表 B)

由此可以看出,校准过程最终的不确定度主要趋向于直接日射表。

当然,上述内容仅是理论上的推断,实际上,影响总日射表测量的因素有多种,所引发的总日射表不确定度绝不会降至 1%以下。但是上列推论至少可以说明,由于校准因子的不够准确,继而引发的误差,在经过多次迭代后是可以缩小的。只要有了一组(多组更好)足够数量的

实测数据,经过数次迭代后,变化的范围就会逐步缩小,最终,甚至不再变动,成为唯一的解。在实践中,曾将此过程编成程序,每回车一次,就迭代一次。未经几个回合,有限位数的结果,就不再变动了。尽管当时的研究对象,主要针对的是分光总日射表,由于效果不错,后来,也应用于一般总日射表的校准上。这里最值得注意的就是,两台总日射表以相同型号的效果为佳。

表 22.5 所列的数据就是作者做过的一次迭代的实例。所取数据的小数点后的位数较多,并无实际意义,不过可以借此看出起伏变化趋于稳定的过程,也可看作是一种证明。

表 22.5　总日射表校准因子迭代算法实例(单位:W/(m² · μV))(王炳忠,1993b)

被检表	序号	迭代次数									
		0		1		2		3		4	
		k_d^*	k_g^*	k_d	k_g	k_d	k_g	k_d	k_g	k_d	k_g
A	1	0.10111	0.10204	0.09990	0.010167	0.09994	0.10166	0.09982	0.10165	0.09983	0.10165
	2		0.10229		0.010188		0.10187		0.10186		0.10185
	均值		0.10216		0.010178		0.10177		0.10175		0.10175
B	1	0.10204	0.09981	0.10216	0.09985	0.10178	0.09973	0.10177	0.09973	0.10175	0.09972
	2		0.10000		0.10004		0.09992		0.09992		0.09991
	均值		0.09990		0.09994		0.09982		0.09983		0.09982

＊k_d 为测量散射的总日射表的校准因子,k_g 为被检总日射表的校准因子。

（4）平行比对法

以标准总日射表为标准,与被校总日射表共同放置于太阳下,将被校总日射表的电压输出值与标准总日射表测量的标准总辐照度值作比较。

图 22.10　总日射表的灵敏度校准－平行比对法

校准时,将标准总日射表与被校总日射表接线柱朝北,水平地安装在仪器平台上(图22.10),其他数据采集处理方法与成分和法相同。被校总日射表的灵敏度按下式计算:

$$K = V_g / E \tag{22.9}$$

式中,V_g—被校总日射表的电压输出值,单位:μV;

E—标准总日射表测量的总日射辐照度,单位:W/m²。

该方法操作简单,一次可同时校准多台总日射表;另外,在采样期间,如果两次测量之间的时间小于总日射表的 1/e 时间常数,采集的数据可能会有波动。

这种方法主要用于校准台站用工作级总日射表。

(5)实验室内比较法

这种方法又涉及实验室内几种提供光源的方法。据 WMO《气象仪器和观测方法指南》中介绍的,就有两种:一种是提供直射的人工光源,一种是提供散射的人工光源。

①直射人工光源

直射人工光源又可区分为水平式和垂直式。

水平式:就是一般常用的光轨,光源置于光轨的一端,被校仪器置于光轨的另一端;辐照度的强弱,取决于两者的距离。这种方式的缺点在于仪器处于非使用的"横躺"状态。(图22.11)。

图 22.11　实验室内利用标准灯借助光轨进行校准

垂直式又可分为两种。一种是 Kipp & Zonen 公司出品的总日射表校准设备(图22.12);另一种是我国国家气象计量站所采用的太阳模拟器(图22.13)。

在使用 Kipp & Zonen 公司出品的总日射表校准设备时,要求在灯光下并列放置两台总日射表,其中一台为已经室外校准过的总日射表。实质上,就是通过这种方式,将标准总日射表的灵敏度过渡给被检总日射表。如图22.12,中部右侧的两个总日射表应放置于中央部位的灯下,左侧圆形白色顶盖的罩子是供读取零点用的。

在利用太阳模拟器时,采用以垂直入射方式或以某特定的方位角和高度角入射的方式,与预先在室外校准过的相似的总日射表比对。我国采用入射光线与仪器感应夹角(太阳高度角)50°,光线入射方位角分别为 90°和 270°,仪器放置的方位相当于室外测试时的接线柱朝北(JJG 458—1996)。

该方法在室内校准设备上进行,不受自然环境条件限制,但一次只能校准一台总日射表,因读数经零位修正,所以灵敏度不包括热偏移。我们使用该方法在室内对准确度低且用于室内测量的总表进行校准(图22.13)。由于人工光源与太阳光谱存在差异,所导致测量结果可相差 2%以上。

②散射人工光源

据了解,目前拥有这项装置的只有美国 Eppley 公司。它实际上就是半个积分球(图

22.14a)。以放置在"赤道"附近的多个乳白灯泡作光源,利用光线多次反射的原理,使得积分球的上半部形成照度均匀的"人造天空",标准总日射表置于球体中央,被校总日射表环置于标准表的四周,如图 22.14b 所示。

图 22.12　Kipp & Zonen 公司出品的
总日射表校准装置

图 22.13　总日射表的灵敏度校准设施—
"太阳模拟器"

厂家之所以制造这样一个装置,而放弃利用自然的日光,极有可能是因为当地气候条件欠佳,不得已而为之。因为无论从经济角度讲(开销增大),还是从效果讲(仪器数量有限),利用人工光源作校准均不是一种值得推广的方法。

使用人工光源作校准需要注意两点:一是标准仪器与被校仪器的型号应是一致的;二是标准仪器必须在室外阳光下作过校准。

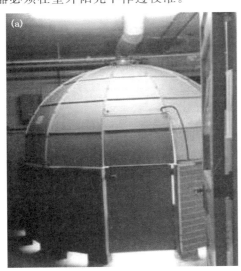

图 22.14　Eppley 公司的积分球校准设备(a)外观,(b)内部

（6）光筒法（此种方法在 WMO《气象仪器观测方法指南》中未见）

20 世纪 50—80 年代我国还使用过准直光筒法校准总日射表的灵敏度，见图 22.15。这是前苏联曾采用的方法，准直光筒也系前苏联产品。它仅适用于前苏联的或仿苏的总日射表，将总日射表固定于光筒的后侧底部，模拟直接日射表的感应器，光筒的尺寸系根据前苏联直接日射表的几何尺寸，按比例放大制成。这时，式（22.9）可以改写为：

$$K(i) = V_g(i)/S(i) \tag{22.10}$$

这种方法的准确程度与遮/不遮法相当，但由于校准时总日射表处于倾斜状态，灵敏度中包含着倾斜误差。对于全黑型总日射表来说，由于其倾斜效应不大，对灵敏度的影响还不大，但对于黑白型总日射表（天空辐射表）来说，就较为可观了。但当时并未意识到（因为原苏联的总日射表正是黑白型的）。迄今日本仍使用该方法校准标准总日射表，其校准装置——准直光筒外观见图 22.16a，准直光筒的开敞角为 2.5°和斜角为 1°（见图 22.16b 结构示意图）。由于目前的总日射表大多为全黑型，倾斜效应会很小，关键是其效率不高，每次只能校准一台仪器。

图 22.15　前苏联校准装置——准直光筒

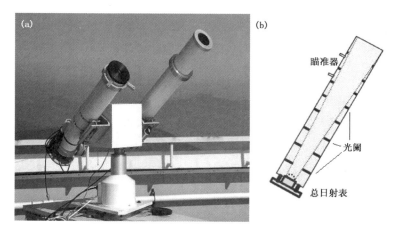

图 22.16　日本校准装置——准直光筒（a）外观图，（b）结构示意图

22.4.2.2　各种校准方法的比较(杨云 等,2015a)

(1)成分和法与遮/不遮法比较

2011 年 10 月 15 日,在北京上甸子大气本底站,曾经对 3 台 3 种不同类型的总日射表:PSP(No. 33734F3)、8-48(No. 36176)和 CMP22(No. 060016)的一致性进行了实测研究。3 台总日射表水平安装在太阳自动跟踪遮光器上遮光,同步测量散射日射。使用成分和与遮/不遮 2 种方法对 3 台总日射表计算了其灵敏度(表 22.6)。为了便于比较,图 22.17 中截取了 150 W/m^2 以下的数据。从 3 台总日射表测量的散射日射辐照度的一致性来看,图 22.17 b 中,用遮/不遮法校准的总日射表所测量的散射辐照度优于成分和法(图 22.17a),结果综合列于表 22.6 中。

表 22.6　遮/不遮法与成分和法得到的灵敏度($\mu V \cdot m^2/W$)比较

表号	33734 F3	36176	060016
遮/不遮法	8.07	9.58	8.95
成分和法	7.90	9.54	8.98
误差(%)	−2.0	−0.4	0.3

(2)成分和法与迭代法比较

从测量方法看,迭代法与成分和法一样,差别仅在于成分和法中散射日射由使用遮/不遮法校准的标准散射日射表来测量。而迭代法中的散射日射则由使用成分和法校准的总日射表加遮光来测量,所以测量散射日射的总日射表所引入的不确定度,要大于成分和法。

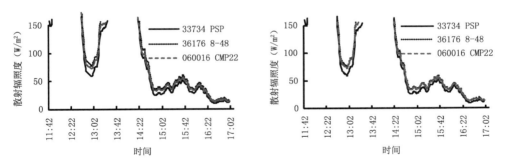

图 22.17　3 台总日射表测量的散射辐照度的一致性(a)成分和法,(b)遮/不遮法

(3)成分和法与平行比对法比较

2011 年 10 月 18 日,在北京上甸子大气本底站,对 4 台 2 种不同型号的总日射表 PSP 型(No. 20461、20462、20463)和 CMP22 型(No. 100180)与标准直接日射表和标准散射日射表进行了同步测量。使用这 2 种方法得到的灵敏度(表 22.7)对 4 台总日射表测量的辐照度也作了计算。从 4 台总日射表测量值的一致性来看,图 22.18 a 中用成分和法校准的总日射表测量的总日射更接近标准值,且一致性优于图 22.18 b 平行比对法。

表 22.7　成分和法与平行比对法得到的灵敏度(μV·m²/W)比较

表号	20463	100180	20462	20461
成分和法	9.69	9.51	10.21	9.65
平行比对法	9.60	9.42	10.16	9.51
误差(%)	−0.9	−0.9	−0.5	−1.5

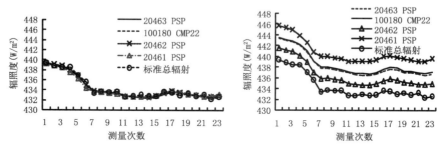

图 22.18　4 台总日射表测量的总辐照度的一致性比较(a)成分和法,(b)平行比对法

(4)平行比对法与太阳模拟器法比较

2014 年 3 月和 5 月,使用这两种方法分别对 2 台进口辐射表(CMP6 No.122911 和 CMP11 No.129002)的灵敏度进行了校准,2 种校准方法得到的灵敏度差值见表 22.8。2014 年 3 月 5 日,对 1 台总日射表 CMP6(No.122911)和标准总日射表 CMP22(No.100180)进行了同步测量。使用 2 种方法得到的灵敏度,对该总日射表测量的辐照度进行了比较,结果见图 22.19。图中使用了平行比对法得到的室外灵敏度计算的总辐射,比用太阳模拟器法得到的室内灵敏度计算的总辐射更接近标准值。

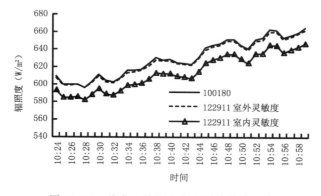

图 22.19　总表 2 种校准方法测量结果比较

表 22.8　平行比对法与太阳模拟器法灵敏度(μV·m²/W)比较

型号表号	122911	129002
平行比对法	16.51	8.64
太阳模拟器法	16.90	8.41
误差(%)	2.4	−2.6

22.4.2.3 校准方法选择

成分和法、遮/不遮法和平行比对法是目前我国总日射表校准通常使用的方法。2011 年以前,我国将成分和法与迭代法结合在一起,校准工作级标准总日射表(同时也作为散射标准使用)。2011 年后用成分和法(全国太阳辐射标准仪器比对量值传递采用方法)校准工作级标准总日射表,用遮/不遮法校准国家级散射日射测量标准。1996 年制定的 JJG 458—1996《总日射表》国家计量检定规程中,使用平行比对法检定工作级总日射表。针对不同等级的总日射表,采用不同的校准方法,对其进行量值传递,以满足不同仪器等级用户的需求。

22.4.3 净全辐射表校准方法(杨云 等,2009)

标准净全辐射表是由两台标准长波辐射表和两台标准总日射表组成的标准器组(四成分法即分别测量向上的长波、短波以及向下的长、短波辐照度)。一台 CG4 型标准长波辐射表和一台 CPM22 型标准总日射表感应面向上水平安装,分别测量大气长波辐射和总日射;另一台 CG4 型标准长波辐射表和另一台 CPM22 型标准总日射表感应面向下水平安装,分别测量地面长波辐射和反射日射;再通过计算得到标准净全辐照度。净全辐射表是全天候使用的仪器,日间测量净全辐射,夜间测量净长波辐射。每台仪器日、夜的灵敏度是不同的;净全辐射表的灵敏度分为全波灵敏度和长波灵敏度。全波灵敏度的校准在日间进行,长波灵敏度在夜间进行,采用室外平行比对法(图 22.20)(JJG 925—2005)。

图 22.20 净全辐照度灵敏度的校准

日间,标准净全辐照度 E^* 的计算公式:

$$E^* = E_g \downarrow + E_1 \downarrow - E_r \uparrow - E_1 \uparrow \tag{22.11}$$

式中:$E_g \downarrow$——总日射辐照度,单位:W/m^2;

$E_1 \downarrow$——大气长波辐射辐照度,单位:W/m^2;

$E_r\uparrow$—短波反射日射辐照度,单位:W/m^2;

$E_l\uparrow$—地面长波辐射辐照度,单位:W/m^2。

夜间,由于短波辐射为零,标准净长波辐照度 E^* 的计算公式为:

$$E^* = E_l\downarrow - E_l\uparrow \tag{22.12}$$

被校准的净全辐射表的灵敏度,按下式计算(单位:$\mu V \cdot m^2/W$):

$$K = V/E^* \tag{22.13}$$

式中,V—被校准净全辐射表的电压输出值,单位:μV。

由于净全辐射表有两个感应面,且测量辐射的光谱范围宽,这样与其他辐射表相比来说,就显得更复杂,加之防风和保护感应面用的是聚乙烯薄膜罩,一旦弄脏,很难清洁,且运行中易变形、更易老化;如果再考虑其密封性能差,则更增加了测量结果的不确定度。

22.4.4　长波辐射表

长波辐射表的灵敏度校准采用平行比对法,夜间,在室外自然条件下进行。

(1)长波辐射表体温计算

①长波辐射表中的温度传感器为热敏电阻时,按公式(22.14)(或仪器说明书中给出的公式)分别计算标准长波辐射表和被测长波辐射表的体温,单位:K。

$$T = \frac{1}{(a + b\cdot \lg(R) + c\cdot \lg(R)^3)} \tag{22.14}$$

式中:$a = 10297.2\times 10^{-7}$;

$b = 2390.6\times 10^{-7}$;

$c = 1.5677\times 10^{-7}$。

R—长波辐射表中热敏电阻的电阻值,单位:Ω。

② 长波辐射表中的温度传感器为 Pt-100 铂电阻时,按公式(22.15)(或依据仪器说明书中公式)分别计算标准长波辐射表和被校长波辐射表体温,单位:K。

$$T = \frac{-\alpha + \sqrt{\alpha^2 - 4\cdot \beta \cdot \left(\frac{-R}{100}+1\right)}}{2\cdot \beta} + 273.15 \tag{22.15}$$

式中:$\alpha = 3.9083\times 10^{-3}$;$\beta = -5.8019\times 10^{-7}$。

(2)标准长波辐照度值计算

标准长波辐射表辐照度值的计算公式为:

$$E_s = \frac{U_s}{K_s}(1 + k_1\cdot \sigma T_B^3) + k_2\cdot \sigma T_B^4 \tag{22.16}$$

式中:E_s—标准大气长波辐射,单位:W/m^2;

U_s—标准长波辐射表的净长波辐射电压值,单位:μV;

K_s—标准长波辐射表的灵敏度值,单位:$\mu V\cdot m^2/W$;

T_B—标准长波辐射表的体温,单位:K;

k_1—黑体校准系数;

k_2—黑体校准系数;

σ—斯忒藩—玻尔兹曼常数,$\sigma = 5.6704\times 10^{-8}\ W/(m^2\cdot K^4)$。

注:若长波辐射表未经黑体校准得到 k_1、k_2 值,可分别取 $k_1=0$,$k_2=1$,简化后标准长波辐

射表辐照度计算公式为(请注意:此项关于 k_1 和 k_2 的取值,仅限于 CG4 和 CGR4 型仪器):

$$E_{\mathrm{S}} = \frac{U_{\mathrm{S}}}{K_{\mathrm{S}}} + \sigma T_{\mathrm{B}}^4 \tag{22.17}$$

(3)被校仪器灵敏度值的计算

根据标准仪器和被校仪器同时采集的瞬时值,按式(22.18)计算被校仪器的灵敏度值 $K_{(i,j)}$(保留小数点后三位);

$$K_{(i,j)} = \frac{U_{(i,j)}}{(E_{\mathrm{s}(i,j)} - E_{\mathrm{out}(i,j)})} \tag{22.18}$$

式中:$E_{\mathrm{s}}(i,j)$——标准长波辐射表测得的第 j 组第 i 个长波辐照度值,单位:W/m²;

$E_{\mathrm{out}}(i,j)$——被校长波辐射表表体向外发射的第 j 组第 i 个长波辐照度值,按下式计算,单位:W/m²;

$$E_{\mathrm{out}(i,j)} = \sigma \cdot T_{\mathrm{B}(i,j)}^4 \tag{22.19}$$

式中:$T_{\mathrm{B}(i,j)}$——被校长波辐射表测得的第 j 组第 i 个体温,单位:K。

注:当长波辐射表辐照度计算方法与公式(22.16)或(22.17)不一致时,则依据被校仪器说明书中给出的公式先计算出长波辐射表表体向外发射的长波辐照度 E_{out},再代入公式(22.18)计算被校仪器灵敏度值 $K_{(i,j)}$。

如 PIR 型长波辐射表辐照度的计算公式为:

$$E = \frac{U}{K} + \sigma T_{\mathrm{B}}^4 - k\sigma(T_{\mathrm{D}}^4 - T_{\mathrm{B}}^4) \tag{22.20}$$

则长波辐射表表体向外发射的长波辐照度 E_{out} 为:

$$E_{\mathrm{out}} = \sigma T_{\mathrm{B}}^4 - k\sigma(T_{\mathrm{D}}^4 - T_{\mathrm{B}}^4) \tag{22.21}$$

式中:k——黑体校准系数,若长波辐射表未经黑体校准得出 k 值,可取 $k=4$ 或 3.5;

T_{B}——长波辐射表体温;

T_{D}——长波辐射表罩温;

σ——斯忒藩—玻尔兹曼常数,同上。

22.5　太阳辐射仪器的性能测定(杨云 等,2012a)

根据世界气象组织以及国际标准化组织对辐射仪器分类的要求,通常分为 2~3 个级别(参见表 6.1 和表 7.1)。过去,限于当时国内的技术条件,国产的仪器不仅生产上难以全面满足各项技术性能指标,而且在检测上,也无法逐项进行。当时拟定的检定规程(JJG 458—1996)只规定了几项主要的性能指标(如内阻、灵敏度、绝缘电阻、响应时间、余弦响应、方位响应、温度响应和倾斜响应)。这样的规定,也仅适用于气象部门内部所用的仪器。其他部门则大多只关心数据的有无,并不在意获得数据是否可靠以及在多大程度上可靠。国产仪器大多只能部分满足于二级工作表的性能指标,即最低一个档次的产品。

随着科学技术的不断发展,更多的现代科技工作已经不满足于使用级别较低的国产仪器,因此纷纷购买国外的更高等级的仪器。实际上,国外的仪器也并非件件上品。近年来向气象计量单位提出验证其所进口的仪器是否能够逐项满足相应的性能指标的单位越来越多。因此,客观上也要求我们,不断地添置检测设备和改进检测手段。2011 年随着国家太阳能观测网的筹建,提出了辐射仪器整体上要提高一个档次(即一级工作表)的要求。因此,全面建立辐射表性能指标检测体系,就被提上了日程。经过一段时间的筹建,目前,国家气象计量站除极个别项目,如 A 类零偏移外,其余各项已经具备进行测试的能力。

22.5.1　室内检定测量设备

(1)太阳模拟器及与其配套的多功能检测工作台

辐射实验室内的检定设备由太阳模拟器、多功能检测工作台及其计算机控制装置和数据处理系统三部分组成,其总体结构示意图如图 22.21 所示。氙灯发出的光,经椭球形聚光镜汇聚和反射,经平面反射镜和滤光片(以尽可能地模拟日光光谱的短波部分)进入到积分器,经对称分割、叠加成像后,再经视场光阑和准直镜后,以平行光射出,再经转向平面反射镜照射到位于多维检测工作台的被测辐射表上,从而形成一个均匀稳定的辐照面,其光谱辐照度分布按国际 A 级 AM1.5 太阳光谱匹配(GB/T 12637—90)。多功能旋转工作台由计算机控制,可分别进行三维运动,实现模拟太阳从不同高度角和方位角入射到仪器的感应面上。

借助该装置可进行响应时间、方向响应(余弦、方位)、非线性、倾斜响应的测定,与可变温的恒温箱相配合,还可进行辐射表温度响应的测定。

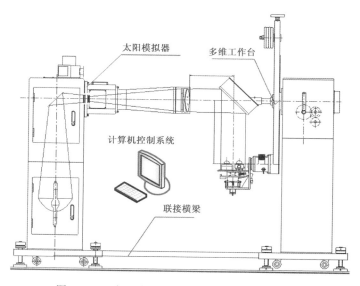

图 22.21　太阳模拟器及其附属设备结构示意图

(2)双光源辐照装置

双光源辐照装置如图 22.22 所示,光源为两台分离的、照度可调的金属卤素灯。该装置配合使用特殊制作的、可将两个单独输出的光纤束均匀地合并成单一光纤束,以实现将两台可调节输出的光源合并成以单一输出,从而实现可随意调节的且更强的输出光源。另外,也配置了不同占空比的一套扇形盘,可供在恒定辐照度下,通过旋转,来控制和改变辐照度,以实现不同辐照度的输出。该装置主要用来检测仪器的线性度;此外,将其与精密电控多维旋转工作台配合,通过步进电机驱动,也可实现角度调整的自动化,用于测量辐射仪器的方向响应和倾斜响应。

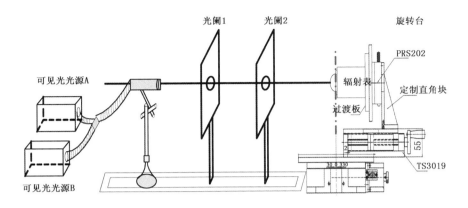

图 22.22　双光源照射装置示意图

（3）可调温度试验箱

试验箱的温度控制范围为 $-40\sim+50$ ℃，温度升降速度和温度测试点的设定，均可通过计算机编程实现，自动完成。试验箱进光孔的玻璃是特制带有导电膜的，通过对其加热，可使箱体内温度降低时，不会形成凝霜、结露和雾汽，影响入射辐射的恒定。

将此试验箱与前述太阳模拟器（作光源）相配合，可供测试各种辐射仪器的温度响应。

22.5.2　测量参数

（1）响应时间

一般来说，各种辐射仪器的热平衡过程可用几个时间常量来描述，有的用仪器达到最终水准 95% 的时间来表达。而有的如 JJG 458—1996《总日射表检定规程》则要求 99% 的响应时间。此时仪表读数已接近最终读数了，由于热平衡的原因，具有更大不确定性，并且对风速也有依赖。然而，需要强调指出，在对快速变化的辐照度进行测量时，除了 95% 和 99% 的响应时间外，还有要求 99.5% 响应时间的（ISO 9060:1990）。

响应时间的测定，既可以在室外进行，也可以在室内进行；测量既可以在开始曝光时进行，也可以在蔽光后进行（仪器被光线照射或遮挡到达 95% 或 99% 响应的时间）。根据仪器稳定后的输出值，计算仪器到达 95%、99% 或 99.5% 响应的输出值。

针对光电型总日射表响应速度快的特点，可以用高速斩波器和高速数据采集系统，实现响应时间的自动测量（边泽强 等，2010）。

（2）方向响应

这项特性并不涉及直接日射表。总日射表的方向性（余弦和方位）可以通过该辐射表对不同入射角度辐射束的响应来测量。该响应是光源相对于总日射表感应面入射方向的函数。即该响应为其输出信号与入射辐照度的比值，是入射方向的函数。实际总日射表的响应会随入射方向的不同而发生变化（ISO 9060:1990）。方向响应采用被测辐射表相对于稳定的辐射束进行测量。测量时，不断变换辐射束相对于辐射表的入射方向。在测量方向响应特性时，应注意在变换方向的过程中，保持辐射表始终处于水平状态，避免仪器倾斜所引入的误差。

（3）非线性

各种日射表的非线性，主要通过该仪器对辐照度在 $100\sim1000$ W/m^2 变化时，距 500 W/

m^2 处响应度的百分偏差来表达。目前主要可使用以下 2 种方法进行测量。

①太阳模拟器法

以太阳模拟器(图 22.21)作为光源,在不同辐照度水准下,同标准日射表比较。由于使用一台标准总日射表测量标准辐照度,标准器的不确定度也会导致测量误差的增加。根据太阳模拟器工作方式不同,又可细分为如下 2 种:

(a)通过调整输出功率(调整电流)来控制辐照度的强弱

由于输出功率的改变会导致光源光谱发生变化,依据 GB/T 12637-90《太阳模拟器通用规范》,实测结果表明光谱失配误差可达到 30%。对于光电型总日射表由于其具有光谱选择性,所以,不能使用太阳模拟器来测量。

(b)使用不同占空比的扇形盘,通过透光面积的变化来控制辐照度大小

该方法由于辐照度恒定,光源光谱不会发生改变,光谱失配误差为零。对于光热型总日射表测量结果优于太阳模拟器的测量结果。

②双光源叠加法

该方法使用双光源照射装置(图 22.22),测定时入射光线与仪器感应面垂直,先测量两光源各自轮流照射时被测仪器的输出值,再测量两光源同时照射时被测仪器的输出值(当然这里边还包括调节两个光源发出不同辐照度的多种组合)(汤杰 等,2005)。对于光热型总日射表来说,双光源法的测量结果优于太阳模拟器法的测量结果。

(4)温度响应

ISO 9060:1990 和 WMO《气象仪器与观测方法指南》将温度响应定义为:由于环境温度在间隔 50 K 范围内的任意变化,所引起的最大百分比偏差。温度变化间隔在 50 K 以内,是为了允许在各种气候条件下,对总日射表进行统一的分类(ISO 9060:1990)。温度响应的测量,是在改变测量仪器环境温度的情况下,测量被校准的日射表对恒定辐射束的响应。在测量温度响应特性时,应注意以下几点:

①温度调节范围最好是仪器经常使用的环境温度范围。测定时,应使仪器的所有部分充分同温之后,以便获得有代表性的结果;

②辐射仪器温度试验箱顶部有镀导电膜的玻璃窗口,其主要功用是通过加热防止在玻璃窗口上出现凝结物,引起入射辐射量的变化;

③为确保每次测定时光源出射度的稳定性,除了对光源的电源进行稳压和稳流控制外,还需要在温度试验箱外,对光源进行辐照度监测,见图 22.23。

(5)倾斜响应

倾斜响应的测定,在辐照度水准为 1000 W/m^2 的条件下,测量由于改变仪器体的倾斜角度(在 0°~90°)所引起的偏离水平状态时的百分偏差。

(6)光谱灵敏度

影响辐射仪器光谱响应的主要因素,有两项:

①窗口(包括散射器)的光谱透射情况(透射比);

②传感器的光谱吸收情况(吸收比)。

光谱响应透射比和吸收比的测量器具,均为分光光度计(岛津 UV3600 或其他型号)。测量吸收比时还需加装积分球和标准白板,测量透射比则相对简单。由于该方法需要对黑色感应表面和玻璃罩分别测量其吸收比和透射比,所以不适用于对成品仪器的测量。根据 WMO

《气象仪器和观测方法指南》中的有关规定,具体的要求是:300～3000 nm 的光谱吸收比与光谱透射比的乘积,并求出相应平均值的百分偏差。

图 22.23 温度响应测定(光源下方的黑色箱体为控温恒温器)

(7)热偏移

热偏移分为 A 类热偏移和 B 类热偏移两种。由于目前尚缺少低于室温的可调控的冷辐射源及其配套测试设备,所以,目前 A 类热偏移尚不能检测。

B 类热偏移的测定则可在温度试验箱内进行(此控温箱为另一大型控温箱),见图 22.24a。入射窗口用黑布盖上,避免光线照射到仪器感应面上。将温度控制在某一点上,稳定后,以 5 K/h 的变化速率上升或下降至另一温度点。温度测试点分别为 20 ℃、25 ℃、30 ℃、25 ℃、20 ℃,在 2 个温度点之间稳定 3 h 后,整个测量过程中,连续采样,间隔 1 min,如图 22.24b 所示。

最后,按式(22.22)计算出被测仪器的热偏移(修约到小数后一位),取最大值作为判断仪器是否符合要求的依据。

$$E_{offset} = \frac{V_{offset}}{K} \qquad (22.22)$$

式中,V_{offset} 为被测仪器电压输出值;K 为仪器灵敏度。

通过对不同型号的总日射表的测试,国产总日射表的 B 类热偏移误差小于 3 W/m² (图 22.24b)。

22.6 国家级太阳辐射测量标准的质量控制(杨云 等,2015b)

22.6.1 期间核查

任何仪器,由于材料的老化、使用或保存环境的变化以及搬运等原因,都可能引起其计量特性发生变化。在对国家级太阳辐射测量标准的管理中,仅仅采取定期参加国际比对的方法,

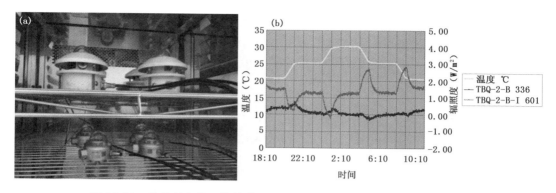

图 22.24　总日射表的 B 类热偏移误差(a)仪器在控温箱内,(b)测量结果

尚不能完全满足质量保证的要求。只有配合国际比对和期间核查等质量控制的方法,才能确保太阳辐射测量标准的测量不确定度持续稳定地控制在所要求的允差范围内。国际比对每 5 年一次,为了保证计量标准装置在两次国际比对期间的准确度和良好的置信度,对国家级太阳辐射测量标准每年进行一次年度核查,以确认标准器是否仍稳定地保持着良好状态。

　　这里所谓的核查,其实就是对标准仪器的检定或校准。

　　期间核查是根据规定程序进行的,通常的要求是:由被核查的对象适时地测量一个核查标准,并记录核查数据,必要时建立数据库或绘出控制图,以便及时检查测量数据的变化情况,以证明被核查对象的状态满足规定的要求,或与期望的状态有所偏离,需要采取措施或预防措施(JJF1069-2012《实施指南》)。

　　根据太阳辐射仪器的特点和实际情况确定核查方法。由于太阳辐射仪器的校准以太阳为光源,并在自然条件下进行,测量对象(太阳)随时在不断地变化着。所以采用 3 台计量标准同步测量太阳辐照度,并用任意 2 台计量标准测量结果的比值作为核查标准。这样即使太阳辐照度有变化,其测量结果的比值不应变化,也就是说,虽然也采用了实物作为被测对象,可是作为核查手段的是数据而不是实物,其优点是降低了对被测对象稳定性的要求。

　　依据国家级太阳辐射测量标准期间核查方法规定的程序和日程,每年 9—10 月天气条件良好期间对国家级太阳辐射测量标准的检定或校准结果的重复性和计量标准的稳定性进行一次检查,以保持校准的可信度。期间核查,在满足室外校准的环境条件下,采用平行比对法进行(图 22.25)。

图 22.25　国家级太阳辐射测量标准期间核查

（1）标准检定或校准结果的重复性

这里所谓的重复性是指在相同的测量条件下，仪器重复测量同一个被测参数所展示出的相近示值的能力。重复性通常用测量结果的分散性来定量表示，即用单次测量结果 y_i 的实验标准差 $s(y_i)$ 来表示。重复性应满足校准结果的测量不确定度的要求（JJF1033-2016），国家级太阳辐射测量标准检定或校准结果的重复性应不大于新建计量标准时测得的重复性 0.1% 的要求。

国家级太阳辐射测量标准检定或校准结果重复性的试验方法为在相同测量条件下，对 3 台计量标准进行 n 次独立同步重复测量，用测量结果相互间的比值的标准偏差作为计量标准检定或校准结果的重复性，解决了重复性的测量问题。若得到的任意 2 台计量标准测量结果的比值为 $y_i(i=1,2,\cdots n)$，则其重复性 $s(y_i)$ 为

$$s(y_i) = \sqrt{\frac{\sum\limits_{i=1}^{n}(y_i-\bar{y})^2}{n-1}} \qquad (22.23)$$

式中：$\bar{y}$—任意 2 台计量标准 n 次测量结果比值的算术平均值；

n—重复测量次数，n 应尽可能的大，一般不少于 10 次。

国家级太阳辐射测量标准检定或校准结果的重复性见图 22.26，由图中可看出，由国家气象计量站保持的国家级太阳辐射测量标准检定或校准结果的重复性≤0.1%，满足测量不确定度要求。

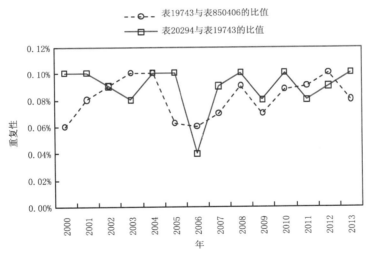

图 22.26　国家级太阳辐射测量标准检定或校准结果的重复性

（2）计量标准的稳定性

稳定性是指计量标准保持其计量特性随时间恒定的能力，与所考虑的时间段的长短有关。计量标准由计量标准器和配套设备所组成，因此，计量标准的稳定性指的是计量标准器及其配套设备的稳定性。稳定性的试验方法为每年用被考核的计量标准对被核查的标准仪器进行一组 n 次的重复测量，取其算术平均值作为测量结果，并以相邻两年的测量结果之差作为该时段内计量标准的稳定性。稳定性应小于计量标准的最大允许误差的绝对值或不确定度（JJF

1033-2016)。对于我国直接日射测量标准的稳定性要求为其年变化量≤0.25%。

由于天空的不稳定性，为减小重复测量的误差对测量结果所引入的不确定度，在条件允许的情况下，应尽可能多地增加测量次数，使测量结果中由重复性测量误差所引入的不确定度降至最低，甚至可以忽略的程度。我们对 3 台计量标准进行 N 组测量（N>8），每组 20 个数。假定其中一台为核查标准，取其他 2 台计量标准与核查标准 N 组测量结果的比值的平均值，得出计量标准的校准系数，再与上一次结果的差值作为计量标准的稳定性指标，从图 22.27 可以看出，国家级太阳辐射测量标准的年变化量保持在 0.25% 的允许变化量范围内。

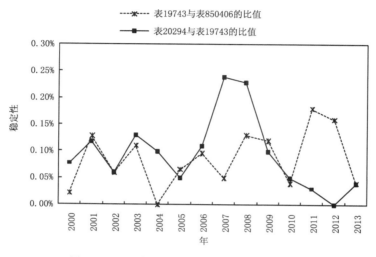

图 22.27　国家级太阳辐射测量标准的稳定性

22.6.2　测量过程中的统计控制

控制图（又称休哈特 Shewhart 控制图）是对测量过程是否处于统计控制状态的一种图形记录。它能判断并提供测量过程中是否存在异常因素的信息，以便于查明产生异常的原因，采取措施，使测量过程重新处于统计控制状态（JJF1033-2016）。

为了使国家级太阳辐射测量标准处于质量控制之中，采用平均值控制图，来判断测量过程中是否受到不受控的系统效应的影响，以图形记忆的方式对国家级太阳辐射测量标准的测量过程进行连续和长期的统计控制（图 22.28），图中比值为 PMO6850406 与 H-F19743 的比值，保证了测量过程处于稳定受控状态；并通过了国家质检总局的计量标准考核。图 22.28 中，中心线 C_L、控制上线 U_{CL} 和控制下线 L_{CL} 分别为：

$$C_L = \bar{x} \tag{22.24}$$

$$U_{CL} = \bar{x} + A_3 \bar{s} \tag{22.25}$$

$$L_{CL} = \bar{x} - A_3 \bar{s} \tag{22.26}$$

式中：$\bar{x}$ ——各组被测量平均值的平均值；

$\bar{s}$ ——各组标准偏差的平均值；

A_3 ——控制限系数与样本大小 n 有关，$A_3 = 1.427$（通过计算控制限的系数表得到）。

为方便起见，将控制范围均分为 6 个区，每个区的宽度均相当于所采用统计控制量的标准偏差 σ。自上而下分别标记为 A、B、C、C、B 和 A，A 区为警戒区。从图 22.28 中可看出国家级太阳辐射测量标准的测试点未超出控制界限且分布呈随机状态。说明测量过程未受到不受控的系统状态影响,即国家级太阳辐射测量标准的测量过程受控。

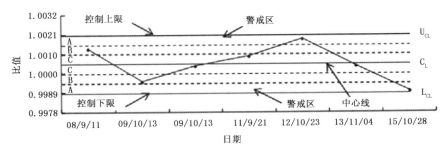

图 22.28   国家级太阳辐射测量标准控制图(杨云 等,2015b)

22.6.3   核查标准的建立

在计量标准的稳定性测量过程中,不可避免的会引入被测对象对稳定性测量的影响,为使这一影响尽可能地小,必须选择一稳定的测量对象来作为稳定性测量的核查标准(邓媛芳,2008)。2010 年从瑞士世界辐射中心进口了一台与国家级太阳辐射测量标准具有相同准确度等级的 PMO6-CC 型绝对腔体直接日射表(表号 0808)。通过长期考核,该标准具有良好的稳定性和重复性,能满足作为核查标准的要求。因此,2013 年正式建立了核查标准,并首次使用该核查标准对国家级太阳辐射测量标准进行了期间核查,3 台计量标准与核查标准的测量结果的一致性满足建标要求。核查标准的保存应保证其稳定性,避免温度、湿度、电磁场、振动等外界因素的影响。当国家级太阳辐射测量标准参加国际比对溯源后,应立即对核查标准进行测量,将 WRR 量值赋予核查标准。

22.7   国家级散射日射测量标准的质量控制

22.7.1   国家级散射日射测量标准及校准方法

1981 年我国进口了 3 台 PSP 总日射表,作为标准总日射表加遮光装置测量标准散射辐照度。2006 年进口了 2 台 CMP22 型二等标准总日射表(No.060016 和 No.060017),取代 PSP 总日射表作为散射日射的测量标准。

随着世界气象组织对辐射测量准确度的要求逐步提高,以及辐射基准站的建立,对辐射测量仪器校准的要求也在不断提高。由于总日射表存在着余弦效应,最准确的总日射并不是由总日射表直接测量的,而是由直接日射表测量的直射与遮光总日射表测量的散射辐照度经计算得到的。因此,如何准确校准散射日射表,是准确测量散射日射和总日射的关键。辐射模式晴天散射辐照度的计算值超过实测值(Kato et al.,1997;Halthore,2000)的问题早已引起辐射测量界的关注。在美国进行了 3 次散射日射仪器"增强观测期"活动(Michalsky et al.,2002;2005;2007),一方面了解了各种总日射表的性能;另一方面也为建立散射标准组创造了条件,并发现热偏移是影响散射日射不准确度的关键因素。

我国一直使用成分和法校准标准总日射表,然后加遮光测量标准散射日射。世界辐射中心(WRC)曾建议使用遮/不遮法(Philipona,2002)。但由于采用人工遮光的方法,存在着人工操作的影响,所以我国一直未采用它。为了建立国家级散射日射测量标准,减少遮光操作所引入的不确定度,并确保各种短波辐射成分的标准均能溯源到 WRR。2010 年与长春光机所合作研制了可自动交替进行遮/不遮的 STS2 型全自动太阳精密跟踪遮光仪。此装置,在遮挡时,遮光片可将总日射表的玻璃外罩按照要求完全遮住;在不遮时,遮光盘则下降至总日射表的视野外,跟踪精度优于 0.1°;持续交替地进行遮/不遮的运行模式;其运行由计算机自动控制,减少了人为的干扰和所带来的误差,为量值传递方法的改进提供了条件。2010 年又进口了 6 台 CMP22 型二等标准总日射表,通过一年的稳定性测试和校准方法实验,选择了其中 2 台灵敏度变化最小的(No. 100183 和 No. 100184)与 2006 年进口的 2 台二等标准总日射表(No. 060016 和 No. 060017)一起组成标准组。并于 2011 年建立了国家级散射日射测量标准,由 4 台 CMP22 型二等标准总日射表和全自动太阳精密跟踪遮光仪组成。实验证明,通过遮/不遮法校准的 CMP22 型二等标准总日射表,用于测量标准散射日射时,散射辐照度准确度可提高 0.5%(表 22.9);但受自动遮光装置的限制,一次只能校准 3 台。另外,此时的标准直接日射表安装在另一台太阳跟踪器上,不受遮光片上下移动的影响。

表 22.9　两种校准方法得到的灵敏度值比较

表号	型号	灵敏度($\mu V \cdot m^2/W$)		误差(%)
		成分和法	遮/不遮法	
100183	CMP22	9.73	9.78	−0.5
100184	CMP22	8.76	8.80	−0.5
060017	CMP22	9.36	9.32	0.4
100181	CMP22	9.76	9.80	−0.4
33729F3	PSP	8.20	8.29	−1.1

22.7.2　国家级散射日射测量标准的稳定性

国家级散射日射测量标准的稳定性考核采用高等级的计量标准定期进行考核的方法,即用国家级太阳辐射测量标准定期对其灵敏度进行校准。通过对国家级散射日射测量标准的灵敏度从 2006—2016 年的稳定性进行统计分析,4 台散射日射测量标准的灵敏度稳定性均小于1%,见图 22.29。

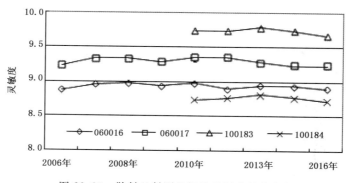

图 22.29　散射日射测量标准灵敏度的稳定性

参考文献

边泽强，吕文华，2010. 光电型总日射表的计量检定技术研究[J]. 仪器仪表学报，**31**(8)增刊Ⅳ：116-119.

邓媛芳，倪育才，丁跃清，2008. 计量标准考核讲义[R]. 全国计量标准、计量检定人员考核委员会.

JJF1001-2011 通用计量术语及定义[S]. 北京，中国质检出版社，2012.

JJF1033-2016 计量标准考核规范[S]. 北京：中国计量出版社，2016.

JJF1069-2012 法定计量检定机构考核规范实施指南[S]. 北京：中国质检出版社，2012.

JJG 458—1996 总日射表国家计量检定规程[S]. 北京：中国计量出版社，1996.

JJG 456—92 直接日射表国家计量检定规程[S]. 北京：中国计量出版社，1992.

JJG 925—2005 净全辐射表国家计量检定规程[S]. 北京：中国计量出版社，2006.

GB/T 12637—90 太阳模拟器通用规范[S]. 1990. 北京：中国标准出版社.

QX/T 290—2015 太阳辐射计量实验室技术要求[S]. 北京：气象出版社，2016.

汤洁，王炳忠，姚萍，2005. 国产紫外辐射仪器性能测试（Ⅰ）——室内静态性能测试[J]. 太阳能学报，**26**(2)：183-186.

王炳忠，1988. 关于滤光片透射系数的直接测定[J]. 太阳能学报，**9**(3)：338-344.

王炳忠，1992. 关于滤光片透射系数直接测定的误差[J]. 太阳能学报，**13**(4)：416-421.

王炳忠，刘庚山，1993a. 滤光片滤光因子的光谱计算研究[J]. 太阳能学报，**14**(2)：116-122.

王炳忠，1993b. 分光总日射表校准因子的迭代计算法[J]. 太阳能学报，**14**(4)：311-316.

杨云，吕文华，付锡贵，2009. 净全辐射表两种校准方法比较[J]. 应用气象学报，**20**(6)：761-766.

杨云，丁蕾，权继梅，2012a. 太阳能资源观测仪器－总日射表的性能测试方法[J]. 气象科技，**40**(6)：878-884.

杨云，丁蕾，权继梅，2012b. 国家散射日射标准及其校准方法[J]. 太阳能学报，**33**(9)：1615-1620.

杨云，权继梅，丁蕾，2015a. 太阳总辐射表校准方法比较[J]. 气象科技，**43**(2)：175-180.

杨云，权继梅，丁蕾，2015b. 国家级太阳辐射测量标准及其质量控制[J]. 应用气象学报，**26**(1)：95-102.

ASTM G 167-05，Standard test method for calibration of a pyranometer using a pyrheliometer. https://www.astm.org/DATABASE.CART/HISTORICAL/G167-05.htm

Forgan B W，1996. A new method for calibrating reference and field pyranometers[J]. *Journal of Atmospheric and Oceanic Technology*，**13**，pp. :638-645.

ISO 9060：1990. Solar energy-specification and classification of instrument for measuring hemispherical solar and direct solar radiation[S]. 1990.

Halthore R N，Schwartz S E.，2000. Comparison of model-estimated and measured diffuse downward irradiance at surface in cloud-free skies[J]. *Journal of Geophysical Research*，**105**：20165-20177.

Michalsky J J，Schlemmer，Bush B，et al.，2002. Comparison of diffuse shortwave irradiance measurements[A]，Proceedings of Twelfth ARM Science Team Meeting[C]. St. Petersburg，Florida.

Michalsky J J，Dolce R，Dutton E G，et al，2005. Toward the development of a diffuse horizontal shortwave irradiance working standard[J]. *Journal of Geophysical Research*，**110**，D06107，doi：10.1029/2004JD005265.

Michalsky J J，Gueymard C，Kiedron P，et al，2007. A proposed working standard for the measurement of Diffusehorizontalshortwaveirradiance[J]. *Journal of Geophysical Research*，**112**. dio：10.1029/2007JD008651.

Kato S，Ackerman T P，Clothiaux E E，et al，1997. Uncertainties in modeled and measured clear-sky surface shortwave irradiances[J]. *Journal of Geophysical Research*，**102**(D22)：25881-25898.

Report of the first International Pyrgeometer Intercomparison from 27 September to 15 October 2010 at

PMOD/WRC ，*PMOD WRC Annual report* 2015.

Philipona Rolf，2002. Underestimation of solar global and diffuse radiation measured at Earth's surface[J]. *Journal of Geophysical Research* ,**107**(D22)：4654. dio：10. 1029/2002JD002386.

WMO International Pyrheliometer Comparison IPC-Ⅺ Final Report. 2011，WMO IOM Report No. 108.

WMO，2005. Guide to meteorological instruments and methods of observation,5-th edition. WMO No. 8.

WMO，2014. Guide to meteorological instruments and methods of observation，7-th edition. WMO No. 8.

23 气象辐射测量的不确定度

　　测量的目的是为了获取结果,但任何测量都存在着缺陷,致使测量结果或多或少地偏离被测量的真值,所以在给出测量结果时,还必须指出所给测量结果的可靠程度。气象辐射测量的不确定度评定系依据国家计量技术规范 JJF1059.1-2012《测量不确定度评定与表示》进行。测量不确定度简称不确定度,表示的是一个区间,即被测量之值可能的分布区间,与测量方法有关。不确定度是用来描述测量结果的,是可以定量评定的、说明给出测量结果的不可确定程度和可信程度的参数。由于测量的不完善和人们的认识不足,使得测量值具有一定的分散性。为了表征这种分散性,不确定度可以用标准偏差、标准偏差的倍数或说明了置信水准区间的半宽度来表示。当不确定度用标准偏差表示时,称为标准不确定度,统一规定用小写拉丁字母 u 表示。但由于标准偏差所对应的置信水准(也称置信概率)还不够高,在正态分布情况下仅为68.27%。因此,还规定可以用第二种方式表示,即用标准偏差的倍数表示,这种不确定度称为扩展不确定度,统一规定用大写拉丁字母 U 表示。扩展不确定度 U 表示具有较大置信水准区间的半宽度,它与标准不确定度之间的关系为:$U=k\sigma=ku$ 其中 k 为包含因子(有时称覆盖因子)。在实际使用中,往往希望知道测量结果的置信区间,因此,还规定可以用第三种表示方式,即用说明了置信水准区间的半宽度来表示。实际上这也是一种扩展不确定度,当规定的置信水准为 p 时,扩展不确定度用符号 U_p 表示,包含因子用 k_p 表示。在正态分布情况下,当 $p=95\%$ 时,$k_p=1.96$。

23.1 测量不确定度的评定方法

　　JJF1059.1-2012 对测量不确定度评定的方法简称 GUM(Guide to Expression of Uncertainty in Measurement)法。用该方法评定测量不确定度的一般流程见图 23.1。

23.1.1 不确定度来源分析

　　不确定度来源分析取决于对测量方法(包括测量原理、测量仪器、测量环境条件、测量程序、测量人员及数据处理方法等)(倪育才,2008)和对被测量值的了解和认识的详尽程度。必须具体问题具体分析,测量人员必须熟悉业务,深入研究有哪些可能的因素会影响到测量结果,根据测量实际情况,分析对测量结果有影响的不确定度来源(叶德培,2007)。并应充分考虑各项不确定度分量的影响,特别要注意对测量结果影响较大的不确定度来源,尽量做到不遗漏、不重复。

23.1.2 测量模型建立

　　建立测量模型也称为测量模型化,是指测量结果与其直接测量的量、引用量以及影响量等

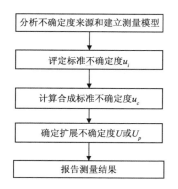

图 23.1　用 GUM 法评定测量不确定度的一般流程图

有关量之间的数学函数关系。目的是要建立满足测量所要求准确度的测量模型。测量中,当被测量(即输出量)Y 由 N 个其他量 X_1、X_2、$\cdots$、X_N(即输入量),通过函数 f 来确定时,设输入量 X_i 的估算值为 x_i,被测量 Y 的估算值为 y,则测量模型为:

$$y = f(x_1, x_2 \cdots, x_N) \tag{23.1}$$

测量模型与测量方法有关,测量模型不是唯一的,对于同样的被测量和同样的测量方法,当所要求的测量准确度不同时,需要考虑的不确定度分量的数目可能不一样,测量模型也可能会有差别(倪育才,2008)。

23.1.3　标准不确定度的评定

测量结果是由各输入量的最佳估算值代入计算公式或测量模型后计算得到的,因此输入量最佳估算值的不确定度,显然会对测量结果的不确定度有影响。输入量最佳估算值的确定大体上分为两类:通过实验测量得到,或由诸如检定证书、校准证书、材料手册、文献资料以及实践经验等其他各种信息来源得到(倪育才,2008)。对于这两种不同的情况,可以采用不同的方法评定其标准不确定度。标准不确定度的评定方法,可以分为 A 类评定和 B 类评定两类。采用 A 类评定方法时,如果怀疑存在较大误差,应按照统计判别准则进行判断,并剔除测量数据中的异常值,然后再评定标准不确定度。

23.1.3.1　标准不确定度的 A 类评定

A 类评定:是指通过对一组观测数据列,进行统计分析,并以实验标准差表征其标准不确定度的方法,气象辐射测量仪器校准结果的标准不确定度之 A 类评定,采用贝塞尔公式法。即在重复性条件或复现性条件下,对同一被测量独立重复观测 n 次,得到 n 个测量值 $x_i(i=1,2,\cdots,n)$,被测量 X 的最佳估计值是 n 个独立测得值的算术平均值 $\bar{x}$,可按下式计算:

$$\bar{x} = \frac{1}{n} \sum_{i=1}^{n} x_i \tag{23.2}$$

单个测量值 x_k 的实验标准偏差则按下式计算:

$$s(x_k) = \sqrt{\frac{1}{n-1} \sum_{i=1}^{n} (x_i - \bar{x})^2} \tag{23.3}$$

当任一单个测量值 x_k 与平均值 $\bar{x}$ 之差的绝对值大于 3 倍标准偏差时,应将该单个测量值删除,并重新计算 $\bar{x}$ 和 $s(x_k)$。

被测量估算值 $\bar{x}$ 的 A 类标准不确定度按下式计算：

$$u_{\mathrm{A}}(\bar{x}) = s(\bar{x}) = \frac{s(x_k)}{\sqrt{n}} \tag{23.4}$$

标准偏差 $s(\bar{x})$ 表征了被测量平均值 $\bar{x}$ 的分散性。

23.1.3.2 标准不确定度的 B 类评定

B 类评定的方法是根据有关的信息(如校准证书、仪器说明书等)或经验,判断被测量可能值的区间 $[\bar{x}-a, \bar{x}+a]$,假设被测量值在区间内的概率分布(当一个变量的概率分布不能确定时,常用的方法是假设其为具有无限自由度的矩形分布),根据概率分布要求的概率 p 查 JJF1059 表 3 得到置信因子 k,再按下式计算 B 类标准不确定度:

$$u(x_i) = a/k \tag{23.5}$$

$$a = U + Offset \tag{23.6}$$

式中:a—被测量可能区间的半宽;

$\quad k$—置信因子;

$\quad U$—扩展不确定度;

$\quad Offset$—热偏移。

23.1.4 合成标准不确定度的计算

常用的合成标准不确定度计算流程见图 23.2。

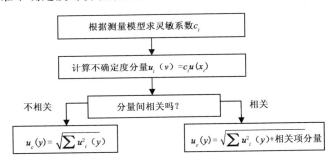

图 23.2 合成标准不确定度计算流程图

(1)灵敏系数 c_i

灵敏系数 c_i 反映了输入量的不确定度对输出量不确定度的影响程度,由测量模型对各输入量求偏导数得出。在无法找到可靠的数学表达式时,灵敏系数也可以由实验测量得出。在数值上它等于当输入量 x_i 变化一个单位量时,被测量 y 的变化量。因此,这一步实际上是进行单位换算,由输入量单位通过灵敏系数,换算到输出量的单位(倪育才,2008)。

(2)确定对应于各输入量的不确定度分量

若输入量估计值 x_i 的标准不确定度为 $u(x_i)$,则对应于该输入量的不确定度分量:

$$u_i(y) = c_i u(x_i) = \frac{\partial f}{\partial x_i} u(x_i) \tag{23.7}$$

(3)列出不确定度分量汇总表

不确定度分量汇总表也称为不确定度概算。从原则上讲,列出不确定度分量汇总表并非测量不确定度评定必不可少的步骤,并且对汇总表的内容也无具体要求。但经验表明,列出不确定度分量汇总表有利于测量人员对不确定度进行分析、检查、比较和交流。尤其是那些对测量不确定度要求较高和不确定度分量较多的测量,更具有一目了然的效果。可以立即看出哪些不确定度分量对测量结果起主要作用。如果合成后得到的扩展不确定度不满足要求,评定得到的测量不确定度大于所要求的测量不确定度,则应该专注于改进那些起主要作用的分量(倪育才,2008)。

(4)将各标准不确定度分量合成得到合成标准不确定度

①当输入量间不相关时,合成标准不确定度 $u_c(y)$ 的计算

根据方差合成定理,当测量模型为线性模型,且各输入量 x_i 彼此间独立无关时,即相关系数为 0 时,合成标准不确定度按下式计算(JJF1059.1):

$$u_c(y) = \sqrt{\sum_{i=1}^{N} u_i^2(y)} \tag{23.8}$$

②当输入量间相关时,合成标准不确定度 $u_c(y)$ 的计算

当输入量间强正相关,相关系数为 1 时,合成标准不确定度按下式计算(JJF1059.1):

$$u_c(y) = \left| \sum_{i=1}^{N} u_i(y) \right| \tag{23.9}$$

23.1.5　确定扩展不确定度 U

扩展不确定度是被测量可能值包含区间的半宽,在给出测量结果时,一般情况下报告扩展不确定度:$U=ku,k=2$。

23.1.6　测量不确定度报告与表示

完整的测量结果应报告被测量的最佳估算值及其测量不确定度以及有关的信息,包括计量单位,应尽可能的详细,以便使用者可以正确地利用测量结果。此外,JJF1059 还给出了报告不确定度的其他要求:

(1)相对不确定度的表示应加下标 r 或 rel;

(2)不确定度单独使用时,不加"±"号;

(3)扩展不确定度 U 取 $k=2$ 或 $k=3$ 时,不必说明置信概率 p;

(4)通常最终报告的 U 根据需要取一位或二位有效数字;

(5)通常,在相同计量单位下,被测量的最佳估算值应修约到其末位与测量不确定度的末位相一致。

23.2　气象辐射仪器测量不确定度分析评定实例

在前面的一节中,只是从理论角度作了介绍,下面就以实例作进一步的说明。

23.2.1　我国直接日射测量标准与世界辐射基准比对结果的不确定度评定

我国直接日射测量标准与 WRR 比对结果的不确定度,取决于气象条件和直接日射表的性能,特别是取决于环日辐射(日面附近的散射日射)的分布和直接日射表的视场角。当所有

直接日射表均具有相同的视场角（和斜角）且大气极晴朗时，其测量不确定度最小（GB/T 14890—94）。国际直接日射表比对（IPC）时，要求天空晴朗，以太阳为中心视场角 8°的范围内不得有云、烟等。风速≤2.5 m/s，500 nm 气溶胶光学厚度（AOD）≤0.120 或林克浑浊度因子 <5（ISO 9060），在不低于 8 s 的时间内，太阳辐照度的标准偏差≤0.5 W/m² （WMO IOM Report No.108）。由于参加比对的仪器由各国参加人员自己操控，指仪器跟踪太阳、数据采集和采样时间同步等。世界辐射中心（WRC）只负责将各国提供的数据与 WRR 的相应数据比较后，给出比值的平均值（即 WRR 因子）及其标准偏差，不对校准结果的不确定度进行评定。通过对 2010 年我国直接日射测量标准 PMO6（表号 850406）参加 WMO 第 11 次国际直接日射表比对（IPC-ⅩⅠ）的数据分析，首次确定了我国直接日射测量标准与 WRR 比对结果的不确定度及评定方法（Quan et al.，2017）。

23.2.1.1　不确定度来源分析

国际直接日射表比对，是将参加比对的绝对腔体辐射表与世界标准组（WSG）放在相同的自然条件下对准太阳进行同步测量，然后，再与 WRR 进行比较，得出仪器的 WRR 因子。我国直接日射测量标准 WRR 因子的不确定度来源主要包括：

（1）WRR 因子的测量重复性（标准偏差）；

（2）WRR 的不确定度；

（3）我国直接日射测量标准输出电压和电流测量的不确定度；

（4）空间的不均匀性（比对时 WRR 与我国直接日射测量标准之间的距离在 20 m 以内，依据 ISO 9059：6.1.1 节，该项误差可忽略）；

（5）WRR/我国直接日射测量标准的响应时间（二者响应时间较一致，该项误差可忽略）；

（6）辐照度快速变化的影响或者在分析数据时被滤掉（ISO 9059：6.3.2 节）；或者进入比值的标准偏差（该项误差可忽略）；

（7）太阳跟踪器的不确定度。

23.2.1.2　测量模型建立

根据比对方法，我国直接日射测量标准的 WRR 因子（WRR_{factor}）的测量模型：

$$f = W/S \tag{23.10}$$

式中：f—我国直接日射测量标准的 WRR 因子；

W—世界辐射基准，单位：W/m²；

S—我国直接日射测量标准测量的直接日射辐照度，单位：W/m²。

23.2.1.3　确定各输入量的估算值以及对应的标准不确定度

（1）标准不确定度的 A 类评定

2010 年 9 月 27 日至 10 月 15 日，我国直接日射测量标准与 WSG 进行了同步测量（见图 22.3），在 3 个星期的时间里总共测量了 664 个数据，由于天气条件等原因，其中被正式采用的数据有 323 个。WRR 因子为 1.000198，标准偏差为 0.000876（WMO IOM Report No.108），即实验测量列中任一次测量结果的标准差，用 $s(f)$ 表示。

则重复性测量结果的标准不确定度（即 A 类不确定度）：

$$u_A(\bar{f}) = s(\bar{f}) = \frac{s(f)}{\sqrt{n}} = 0.0000488 \tag{23.11}$$

式中:$n=323$,为经数据删除后,实际测量次数。

(2)标准不确定度的 B 类评定

①WRR 引入的不确定度

WRR 的不确定度 $U=0.3\%$,$k=3$ (Fehlmann et al.,2012),由 WSG 来实现,2010 年 IPC-Ⅺ时,WRR 是由 4 台 WSG 仪器的平均值计算得到的。

②我国直接日射测量标准功率测量所引入的不确定度

我国直接日射测量标准 PMO6 No.850406 的输出值(通过标准器、加热器或标准电阻的电压和电流),使用美国 Keithley 2000-20 型数字多用表(No.0910195)测量。根据数字多用表的校准证书(在校准有效期以内),该多用表在 10V 档上测量结果的不确定度为 0.0005V($k=2$),则电压和电流测量引入的相对不确定度为:

$$U = \frac{0.0005}{10} \times 100\% = 0.01\% \quad (k=2) \tag{23.12}$$

由于输入量电压和电流间的关系呈强正相关,相关系数为1,则功率测量引入的不确定度为二者之和,即 $U=0.02\%$($k=2$)。

(3)太阳跟踪器引入的不确定度

跟踪不准确所造成测量结果的误差,从理论上讲,跟踪相差 1°时,仅引起万分之几的误差,可忽略不计。目前使用的太阳跟踪、遮光装置跟踪准确度小于 0.25°,且整个测量过程中有专人监控,可保证光点对准靶心。但由于仪器结构、材料以及水平等原因,估计其误差 ≤0.1%,按均匀分布,则太阳跟踪器引入的不确定度 $U=0.1\%$($k=\sqrt{3}$)(杨云 等,2011)。

公式(23.10)中各个变量的测量值、不确定度 $U\%$、被测量可能值区间的半宽度 α、包含因子 k、标准不确定度 u_i 见表 23.1。

表 23.1　各个输入变量的标准不确定度

变量	测量值	$U\%$	α	k	u_i
WRR	809.59 W/m²	0.3	2.4287700 W/m²		0.8095900 W/m²
S	809.43 W/m²	0.02	0.161886 W/m²		0.0809430 W/m²
		0.1	0.809430 W/m²		0.4673246 W/m²

23.2.1.4　合成标准不确定度计算

(1)灵敏系数 c_i 计算

由式(23.10)测量模型对输入变量求偏导数,计算各个输入变量的灵敏系数 c_i:

$$c_1 = \frac{\partial f}{\partial W} = \frac{1}{S} \tag{23.13}$$

$$c_2 = \frac{\partial f}{\partial S} = -\frac{W}{S^2} \tag{23.14}$$

根据表 23.1 中各个变量的测量值计算的 c_i 见表 23.2。

(2)确定对应于各输入量的不确定度分量 $c_i \cdot u_i$

各个输入变量引起的输出量的 $(c_i \cdot u_i)$ 计算结果见表 23.2。

表 23.2　灵敏系数和不确定度分量

变量	c_i	$(c_i \cdot u_i)$	备注
WRR	$0.0012354/(\mathrm{W/m^2})$	0.0010002	
S	$-0.0012357/(\mathrm{W/m^2})$	-0.0001000	
		-0.0005775	
		$u_\mathrm{B} = 0.0011718$	

（3）合成标准不确定度计算

由于各输入量间不相关，我国直接日射测量标准 WRR 因子的 B 类合成标准不确定度 u_B 计算结果见表 23.2。

我国直接日射测量标准 WRR 因子的合成标准不确定度按下式计算的结果是：

$$u_\mathrm{c} = \sqrt{u_\mathrm{A}^2(\bar{f}) + u_\mathrm{B}^2(f)} = 0.0011728 \tag{23.15}$$

23.2.1.5　扩展不确定度的确定

我国直接日射测量标准 WRR 因子的扩展不确定度按下式计算：

$$U = k \cdot u_\mathrm{c}(k=2) = 0.0023456(k=2) \tag{20.16}$$

23.2.1.6　测量不确定度报告

我国直接日射测量标准的 WRR 因子：

$$\mathrm{WRR_{factor}} = 1.000198 \pm 0.002346(k=2) \tag{23.17}$$

我国直接日射测量标准与 WRR 比对结果的相对不确定度：

$$U_\mathrm{rel} = 0.24\%(k=2) \tag{23.18}$$

23.2.2　我国直接日射测量标准的测量不确定度

PMO6 为主动式绝对直接日射表，工作方式为交替进行闭光测量和曝光测量，辐照度由闭光状态下的读数计算的电加热功率（取曝光状态前后两次闭光测量值的平均值）与曝光状态下的读数计算的辐射加热功率的差值乘以校准系数得到，零点漂移可忽略不计。

根据测量方法，我国直接日射测量标准 PMO6 No.850406 测量的直接日射辐照度按下式计算：

$$S = C(P_\mathrm{c} - P_\mathrm{o}) \tag{23.19}$$

式中：

$$P = U_\nu \cdot U_i \tag{23.20}$$

将式（23.20）代入公式（23.19），则我国直接日射测量标准 PMO6 No.850406 的测量模型：

$$S = C(U_{\nu\mathrm{c}} \cdot U_{i\mathrm{c}} - U_{\nu\mathrm{o}} \cdot U_{i\mathrm{o}}) \tag{23.21}$$

式中：C —— 校准系数，单位：$1/\mathrm{m^2}$；

　　P —— 腔体加热功率，单位：W；

　　P_c —— 窗口关闭时腔体电加热功率，单位：W；

　　P_o —— 窗口打开后太阳辐照状态下的腔体加热功率，单位：W；

　　$U_{\nu\mathrm{c}}$，$U_{i\mathrm{c}}$ —— 窗口关闭时腔体电加热，通过加热器或标准电阻的电压和电流，单位：V 和 A；

U_{vo}，U_{io}—窗口打开后太阳辐照状态下的腔体加热，通过加热器或标准电阻的电压和电流，单位：V 和 A。

公式(23.21)中各输入变量的标准不确定度主要包括：

(1)校准系数 C 引入的不确定度

①校准系数 C 等于原校准系数乘以 WRR 因子，由表 23.3 中我国直接日射测量标准的 WRR 因子计算的 C 见表 23.3。C 的不确定度就是我国直接日射测量标准的 WRR 因子的不确定度 $U_{rel}=0.24\%(k=2)$。

表 23.3 我国直接日射测量标准 PMO6 No.850406 的校准系数 C

年度	校准系数	变化量(%)
1995	23.9667	
2000	24.0008	0.14
2005	23.9875	−0.06
2010	23.9922	0.02

②我国直接日射测量标准的稳定性引入的不确定度

从表 23.3 可看出，我国直接日射测量标准的校准系数 5 年最大变化为 0.14%，取 0.2%，按均匀分布，则直接日射测量标准的稳定性引入的不确定度为：

$$U=\frac{0.2\%}{2}=0.1\%(k=\sqrt{3}) \tag{23.22}$$

由校准系数 C 引入的不确定度为上述 2 项分量的合成。

(2)我国直接日射测量标准功率测量引入的不确定度

①窗口关闭时，对腔体电加热电压 U_{vc} 测量所引入的不确定度

同式(23.13)，$U=0.01\%(k=2)$。

②窗口关闭时，对腔体电加热电流 U_{ic} 测量所引入的不确定度

同式(23.13)，$U=0.01\%(k=2)$。

③窗口打开后，太阳辐照下腔体加热电压 U_{vo} 测量所引入的不确定度

同式(23.13)，$U=0.01\%(k=2)$。

④窗口打开后，太阳辐照下腔体加热电流 U_{io} 测量所引入的不确定度

同式(23.13)，$U=0.01\%(k=2)$。

公式(23.21)中各个输入变量的测量值、不确定度 $U\%$、被测量值可能区间的半宽度 a、包含因子 k、计算的标准不确定度 u_i 以及该时刻的直接日射辐照度 S 见表 23.4。

表 23.4 太阳高度角为 21°时，各个输入变量的标准不确定度

变量	测量值	$U\%$	a	k	u_i
C	23.9875/m²	0.24	0.0575700/m²	1	0.0287850/m²
		0.1	0.0239875/m²	$\sqrt{3}$	0.0138492/m²
U_{vc}	9.197043V	0.01	0.0009197V	2	0.0004599 V
U_{ic}	9.091022A	0.01	0.0009091A	2	0.0004546A
U_{vo}	7.103269V	0.01	0.0007103V	2	0.0003552 V
U_{io}	7.021194A	0.01	0.0007021 A	2	0.0003511A
			$S=809.43$ W/m²		

由(23.21)式测量模型对输入变量求偏导数,计算各个输入变量的灵敏系数 c_i:

$$c_1 = \frac{\partial S}{\partial C} = U_{vc} \cdot U_{ic} - U_{vo} \cdot U_{io} \tag{23.23}$$

$$c_2 = \frac{\partial S}{\partial U_{vc}} = CU_{ic} \tag{23.24}$$

$$c_3 = \frac{\partial S}{\partial U_{ic}} = CU_{vc} \tag{23.25}$$

$$c_4 = \frac{\partial S}{\partial U_{vo}} = -CU_{io} \tag{23.26}$$

$$c_5 = \frac{\partial S}{\partial U_o} = -CU_o \tag{23.27}$$

各个变量的 c_i、各个输入变量引起的输出量的不确定度分量($c_i \cdot u_i$)见表 23.5。

表 23.5　灵敏系数、不确定度分量和 B 类合成不确定度

变量	c_i	$c_i \cdot u_i(\text{W/m}^2)$
C	33.7370906 W	0.9711222
		0.4672314
U_{vc}	218.0708902 A/m^2	0.1002804
U_{ic}	220.614069 V/m^2	0.1002804
U_{vo}	-168.4208911 A/m^2	-0.0598169
U_{io}	-170.3896651 V/m^2	-0.0598169
	$u_B = 1.0807093$ W/m^2	

由于输入量 U_{vc}、U_{ic}、U_{vo}、U_{io} 间强正相关,相关系数为 1,其他输入变量不相关,则 B 类合成不确定度按下式计算,计算结果见表 23.5。

$$u_B = \sqrt{(c_1 \cdot u_1)^2 + (c_2 \cdot u_2 + c_3 \cdot u_3 + c_4 \cdot u_4 + c_5 \cdot u_5)^2} \tag{23.28}$$

相对 B 类合成不确定度按下式计算:

$$u_{relB} = \frac{u_B}{809.43} \times 100 = 0.1335153\% \tag{23.29}$$

我国直接日射测量标准的测量不确定度通常按 B 类测量不确定度评定:

$$U_{rel} = ku_{relB} = 0.27\% (k = 2) \tag{23.30}$$

我国直接日射测量标准的不确定度取 0.3%($k=2$)。与图 22.2 我国太阳辐射量值溯源(传递)框图中我国太阳辐射测量标准的不确定度 $U=0.5\%$($k=2$)(该不确定度为 1982 年评定)相比有了很大的提高。主要是由于 WRR 和标准器输出电压、电流测量准确度的提高以及我国直接日射测量标准 WRR 因子的确定。

23.2.3　我国散射日射测量标准校准结果的不确定度评定

由于总日射表存在着随入射角度不同而产生的余弦效应,最准确的总日射不是由总日射表直接测量,而是由直接日射表的测量结果换算成水平面上的辐照度与加遮光装置的总日射表测量的散射日射辐照度之和计算得到。因此,如何准确校准散射日射表,是保证散射日射准确测量的关键。

23.2.3.1 不确定度来源分析

遮/不遮法是用我国直接日射测量标准为标准,与被校准的总日射表同置于太阳辐照下。采用对被校准总日射表交替进行照射与遮挡的方法——被校准总日射表遮挡时测量散射日射,不遮挡时测量总日射。将被校准总日射表在照射和遮挡时的输出值的差值与我国直接日射测量标准测得的直接日射辐照度的垂直分量相比较,得出仪器的灵敏度。该校准方法热漂移基本相互抵消(杨云 等,2012);由于校准时被校准总日射表水平放置在太阳跟踪器上,仪器的倾斜响应和方位响应引入的误差可以忽略;仪器装调误差主要是由于仪器水平调节造成的误差,跟踪不准确可造成测量结果的误差,由于仪器校准时已调整到最佳水平状态,太阳跟踪、遮光装置跟踪精度小于 0.25°,而且在整个测量过程中有专人监控,保证标准直表光点对准靶心以及被校准总日射表测量散射时玻璃罩被完全遮挡,所有由这 2 项引入的误差相对其他误差可忽略不计;且校准期间大气条件稳定,由非线性、余弦响应、温度依赖性等引入的误差已包含在灵敏度的重复性测量结果中,则校准结果的不确定度来源主要包括:

(1)灵敏度测量重复性引入的不确定度;

(2)数据采集器引入的不确定度;

(3)我国直接日射测量标准测量结果引入的不确定度;

(4)太阳高度角 H_A 计算引入的不确定度。

23.2.3.2 测量模型建立

根据校准方法,总日射表的灵敏度测量模型:

$$K(i) = \frac{V_g(i) - 0.5[V_d(i+1) + V_d(i-1)]}{S(i)\sin[h_A(i)]} \tag{23.31}$$

式中:$V_g(i)$ — 被校总表不遮挡时,第 i 组测量值的平均值,单位:μV;

$\quad\quad V_d(i+1)$ — 被校总表遮挡时,第 $i+1$ 组测量值的平均值,单位:μV;

$\quad\quad V_d(i-1)$ — 被校总表遮挡时,第 $i-1$ 组测量值的平均值,单位:μV;

$\quad\quad S(i)$ — 标准直表测量的第 i 组直接日射的平均值,单位:W/m^2;

$\quad\quad h_A(i)$ — 第 i 组测量时的太阳高度角平均值,单位:°。

23.2.3.3 确定各输入量的估算值以及对应的标准不确定度

(1)标准不确定度的 A 类评定

2014 年 11 月 29—30 日,第十一次全国标准日射仪器比对前期,在云南丽江国家基准气候观测站—辐射比对外场,使用遮/不遮法对我国散射日射测量标准组进行了多次校准,测量时间为 10:00—14:00,采样间隔为 3 min 等间隔遮与不遮时间序列,共测量了 40 个数据。以二等标准总日射表 No.060016 为例,进行分析。按式(23.31)计算的被校准标准总日射表 No.060016 的灵敏度值的平均值 $\overline{K}$,平均值的标准偏差 $s(\overline{K})$(A 类标准不确定度 $u_A(\overline{K})$)见表 23.6。

表 23.6 被校准标准总日射表重复性测量结果

表号	型号	$\overline{K}$	$u_A(\overline{K})$
060016	CMP22	8.94 μV/(W/m^2)	0.003391

(2)标准不确定度的 B 类评定

①数据采集器引入的不确定度

被校准标准总日射表电压输出值 V_g 用 2000-20 型高精度 6 位半数据采集器测量，200 mV时的 $U=0.0022\%(k=2)$，来自于校准证书。零点偏移小于 $-6\ \mu V$，通过实验得到。

②我国直接日射测量标准引入的不确定度

我国直接日射测量标准测量的直接日射辐照度 S 的不确定度 $U=0.3\%(k=2)$。

②太阳高度角 H_A 计算引入的不确定度

测量时的太阳高度角 H_A 的 $U=\sin(H_A+0.003)-\sin(H_A)$，来自于太阳位置的计算，当时间精确到 1s 时；太阳高度角 H_A 的不确定度为 $\pm 0.003°$（Reda，2008）。

表 23.7 列出了 2014 年 11 月 29 日，散射日射测量标准 CMP22 No. 060016，在太阳高度角最低 30° 时，式(23.31)中所有输入变量的测量值、具有百分比不确定度 $U\%$ 的每个变量的不确定度 U、热偏移 $offset$、α、k 和计算的标准不确定度 u_j。表中最后一行给出了计算的该时刻被校准标准总日射表的灵敏度 K。

表 23.7 太阳高度角 30°时各个变量的标准不确定度

变量	测量值	$U\%$	U	$offset$	$\alpha=U+offset$	k	u_j
$V_g(i)$	4847.53 μV	0.0022	0.1066 μV	$-6\ \mu V$	$-5.8934\ \mu V$	2	$-2.9467\ \mu V$
$V_d(i+1)$	587.35 μV	0.0022	0.0129μV	$-6\ \mu V$	$-5.9871\ \mu V$	2	$-2.9935\ \mu V$
$V_d(i-1)$	569.62 μV	0.0022	0.0125 μV	$-6\ \mu V$	$-5.9875\ \mu V$	2	$-2.9937\ \mu V$
$S(i)$	944.74 W/m^2	0.3	2.8342 W/m^2	—	2.8342 W/m^2	2	1.4171 W/m^2
$h_A(i)$	30°	—	0.0001	—	0.0001	$\sqrt{3}$	0.0001
					$K=8.92\ \mu V/(W/m^2)$		

23.2.3.4 合成标准不确定度

(1)输入变量的灵敏系数 c_j 计算

在每个数据点，由式(23.31)测量模型对输入变量求偏导数，计算各个输入变量的灵敏系数 c_j：

$$c_{V_g(i)}=\frac{\partial K(i)}{\partial V_g(i)}=\frac{1}{S(i)\cdot\sin[H_A(i)]} \tag{23.32}$$

$$c_{V_g(i+1)}=\frac{\partial K(i)}{\partial V_g(i+1)}=\frac{-0.5}{S(i)\cdot\sin[H_A(i)]} \tag{23.33}$$

$$c_{V_g(i-1)}=\frac{\partial K(i)}{\partial V_g(i-1)}=\frac{-0.5}{S(i)\cdot\sin[H_A(i)]} \tag{23.34}$$

$$c_{S(i)}=\frac{\partial K(i)}{\partial S(i)}=\frac{-[V_g-0.5(V_g(i+1)+V_g(i-1))]\cdot\sin[H_A(i)]}{[S(i)\cdot\sin[H_A(i)]]^2} \tag{23.35}$$

$$c_{H_A(i)}=\frac{\partial K(i)}{\partial H_A(i)}=\frac{[V_g-0.5(V_g(i+1)+V_g(i-1))]\cdot S(i)\cdot\cos[H_A(i)]}{[S(i)\cdot\sin[H_A(i)]]^2} \tag{23.36}$$

根据表 23.7 中各个变量的测量值计算的 c_j 见表 23.8.

(2)确定对应于各输入量的不确定度分量 $c_j\cdot u_j$

各个输入变量引起的输出量的 $c_j\cdot u_j$ 的计算结果见表 23.8。

表 23.8　灵敏系数和不确定度分量

变量	c_j	$c_j \cdot u_j(\mu V/(W/m^2))$
$V_g(i)$	$0.00212/(W/m^2)$	-0.00624
$V_d(i+1)$	$-0.00106/(W/m^2)$	0.00317
$V_d(i-1)$	$-0.00106/(W/m^2)$	0.00317
$S(i)$	$-0.00957\ \mu V/(W/m^2)^2$	-0.01356
$h_A(i)$	$15.65338\ \mu V/(W/m^2)$	0.00041

（3）合成标准不确定度计算

由于输入量 $V_g(i)$、$V_d(i+1)$、$V_d(i-1)$ 间正强相关，相关系数为 1，其他输入变量不相关，则合成不确定度按下式计算（JJF1059.1）：

$$u_c = \sqrt{u_A^2(\overline{K}) + (\sum_{j=1}^{3}(c_j \cdot u_j))^2 + \sum_{j=4}^{5}(c_j \cdot u_j)^2} \qquad (23.37)$$

式中：j—输入变量的个数。

根据表 23.8 数据，计算的合成标准不确定度：

$$u_c = 0.0140\ \mu V/(W/m^2)\ (k=2) \qquad (23.38)$$

23.2.3.5　扩展不确定度

扩展不确定度，按下式计算，结果见表 23.9。

$$U = k \cdot u_c(\overline{K}) = 2 \times u_c(\overline{K}) \qquad (23.39)$$

由于仪器灵敏度大小不同，在 6～15 $\mu V/(W/m^2)$，为了进行比较，扣除灵敏度值大小因数，故相对扩展不确定度按下式计算，结果见表 23.9。

$$U_{rel} = \frac{U}{K} \qquad (23.40)$$

表 23.9　扩展不确定度

太阳高度角	扩展不确定	相对扩展不确定	k
30°	$0.03\ \mu V/(W/m^2)$	0.34%	2

23.2.3.6　测量不确定度报告

我国散射日射测量标准的灵敏度：

$$K = 8.94 \pm 0.03(k=2)\ \mu V/(W/m^2) \qquad (23.41)$$

我国散射日射测量标准灵敏度校准结果的相对扩展不确定度：

$$U_{rel} = 0.34\%(k=2) \qquad (23.42)$$

23.2.4　我国散射日射测量标准测量结果的不确定度评定

我国散射日射测量标准的技术指标满足 ISO 9060：1990《太阳能—半球面总日射表和太阳直射表的规范与分类》和 WMO《气象仪器和观测方法指南（第七版）》中二等标准总日射表（高优质量）的技术要求。

由于测量时仪器水平放置，通风、感应面被遮挡，且时间只有 4～5 h，所以光束辐射的方向性响应、零漂移、光谱响应、倾斜响应年和稳定性引入的误差可以忽略。我国散射日射测量标准的不确定度来源主要包括：温度响应、非线性、灵敏度校准、数据采集器以及跟踪等引入的不确定度，见表 23.10。

表 23.10 输入量的标准不确定度

误差来源	测量值	类型	α	k	u_i
温度响应		B	0.5	$\sqrt{3}$	0.289%
非线性		B	0.2	$\sqrt{3}$	0.115%
灵敏度		B	0.34%	2	0.170%
数据采集		B	0.0022%	2	0.001%
跟踪误差		B	0.1%	$\sqrt{3}$	0.058%
合成不确定度					0.36%
扩展不确定度					0.72%

由于评定方法类同，评定过程省略。依据 JJF1059-2012《测量不确定度评定与表示》中规定的方法，计算的合成不确定度和扩展不确定度见表 23.10。我国散射日射测量标准的不确定度取 1%($k=2$)。

23.2.5 省级标准总日射表校准结果的不确定度分析评定

由于气象辐射测量仪器较多，就不一一列举，下面以省级工作级标准总日射表为例进行分析，其他仪器类同。由于总日射表存在着随入射角度不同而产生的余弦效应，标准总日射不是由标准总日射表直接测量，而是由标准直接日射表的测量结果换算成水平面上的辐照度与加遮光装置的标准总日射表测量的散射日射辐照度之和计算得到。因此在量值传递中，总日射表比直接日射表的校准要复杂，影响测量结果的因素也更多。

23.2.5.1 量值传递条件

辐射仪器的量值传递在天空清朗，太阳辐射稳定，太阳高度角大于 30°，四周空旷，仪器感应面以上没有任何障碍物，空气温度 20±10 ℃，风速小于 5 m/s，相对湿度小于等于 80% 的条件下进行(JJG 458—1996)。被校准总日射表水平安装在室外平台上，仪器接线柱朝北，使其背对太阳，避免太阳对其直接加热引发的附加热电势。标准散射日射表与被校准总日射表的输出信号通过屏蔽双绞电缆与放在室内的高精度辐射数据采集器连接。直接日射测量标准和散射日射测量标准(通风)安装在全自动太阳跟踪遮光装置上，保证校准期间直接日射表准确跟踪太阳，散射日射表持续遮光。量值传递前，用标准电压源对多路采集器(在校准证书有效期内)每个通道的测量准确度进行核查；根据规定的程序和日程依据《太阳辐射量值标准期间核查方法》，对直接日射测量标准进行期间核查，该标准器的重复性和稳定性都在其测量不确定度的范围内；对散射日射测量标准的灵敏度采用遮/不遮法进行校准，并对校准结果的不确定度进行评定，以保证标准器及其配套设备的准确和可靠。

23.2.5.2 总日射表灵敏度不确定度来源分析

灵敏度是总日射表的一个主要参数，总日射表热电堆的电压输出值除以灵敏度即可计算出总日射辐照度。总日射表感应面朝下(倾斜 180°)可测量短波反射日射，总日射表加遮光可测量散射日射。总日射表的灵敏度准确与否,直接影响到我国太阳短波辐射观测数据的准确性。对总日射表的量值传递,主要是对总日射表的输出响应在自然条件下进行测量,再与标准总日射辐照度进行比较,得出仪器的灵敏度值。由于校准时被校准总日射表水平放置在工作平台上,仪器的倾斜响应引入的误差可以忽略。而方向、非线性、温度依赖性和仪器水平等引入的误差已包含在灵敏度的重复性测量结果中,则校准结果的不确定度来源主要包括(杨云等,2017):

　　　　(1)灵敏度测量重复性引入的不确定度;
　　　　(2)数据采集器引入的不确定度;
　　　　(3)被校准仪器热偏移引起的不确定度;
　　　　(4)我国直接日射测量标准测量结果引入的不确定度;
　　　　(5)太阳高度角 H_A 计算引入的不确定度;
　　　　(6)我国散射日射测量标准测量结果引入的不确定度;

23.2.5.3　总日射表灵敏度测量模型建立

校准时标准总日射采用成分和法计算。直接日射测量标准使用 PMO6 No. 850406 绝对腔体直接日射表测量,有效克服了余弦效应带来的误差。该标准参加过国际直接日射表比对,其量值直接溯源至 WRR。散射日射测量标准采用热偏移最小的带通风装置的 CM22 No. 060016 二等标准总日射表加自动遮光装置测量,部分克服了热偏移产生的测量误差。该日射表的灵敏度采用遮/不遮法,直接溯源到直接日射测量标准 PMO6 No. 850406,灵敏度不包括热偏移误差。根据测量方法,总日射表灵敏度测量模型,单位为 $\mu V/(W/m^2)$。

$$K = \frac{V_g - \Delta V_g}{S \cdot \sin(H_A) + E_d} \tag{23.43}$$

式中:V_g—被校准总日射表在辐照时的电压输出值,单位:μV;

　　ΔV_g—被校准总日射表的热偏移,单位:μV;

　　S—直接日射测量标准测量的直接日射辐照度,单位:W/m^2;

　　H_A—测量时的太阳高度角,单位:°;

　　E_d—散射日射测量标准测量的天空散射日射辐照度,单位:W/m^2;

23.2.5.4　确定各输入量的估算值以及对应的标准不确定度

(1)标准不确定度的 A 类评定

2014 年 12 月 2 日、3 日、5 日和 6 日,天空清朗,太阳高度角 21～41°,空气温度 11～17 ℃,风速小于 5 m/s,相对湿度小于 80%。直接日射测量标准和散射日射测量标准与被校准的 22 台省级标准总日射表同置于太阳辐照条件下,对标准表和被校准辐射表的输出值进行了多次独立重复性测量,通过得到的一系列测得值计算被校准总日射表的灵敏度值,用统计分析方法获得单个灵敏度值的实验标准偏差,用灵敏度的算术平均值作为被测量的最佳估算值。为了减小随机影响引入的测量不确定度,应尽可能多的增加观测次数,使测量结果中由重复性测量引入的不确定度分量降至最低。由于天气等原因,每天的测量时间也不同,以 2014 年 12 月 5 日被校准总日射表 No.9204(新疆气象局标准总日射表)的测量数据为例,进行分析。测量时间从 09:38 至 15:47,采样间隔 1 min,共测量了 370 个数据。

不良数据删除后,实际测量数据为 234 个。被校准总日射表 No.9204 灵敏度值的平均值、平均值的标准偏差和 A 类相对标准不确定度见表 23.11。

表 23.11　被校准总日射表灵敏度重复性测量结果

表号	型号	$\overline{K}$	$s(\overline{K})$	$u_{\mathrm{relA}}(\overline{K})$
9204	TBQ-2-B	8.82	0.00195	0.022%

（2）标准不确定度的 B 类评定

在每个数据点，计算式（23.43）中各个输入变量的标准不确定度 u。表 23.12 和表 23.13 分别列出了 2014 年 12 月 5 日，被校准标准总日射表 No.9204，在太阳高度角最高 41°和最低 21°时式（23.43）中所有输入变量的测量值、具有百分比不确定度 $U\%$ 的每个变量的不确定度 U、热偏移 $offset$、α、k 和计算的 u。表中最后一行给出了用式（23.43）计算的该时刻被校准总日射表 No.9204 的灵敏度 K。

标准总辐射等于水平面直接日射加散射辐射，从表 23.12 和表 23.13 可以计算得出，太阳高度角 41°时，标准总辐射为 728 W/m²，散射辐射占总辐射的 9.3%。太阳高度角 21°时，标准总辐射为 359 W/m²，散射辐射占总辐射的 17.3%。

表 23.12　太阳高度角 41°时，各个输入变量的标准不确定度 u

变量	测量值	$U\%$	U	$offset$	α	k	u
V_g	6402.5 μV	0.0013	0.08323 μV	1 μV	1.08323 μV	2	0.54 μV
ΔV_g	−34.8 μV	0.0013	−0.00045 μV	1 μV	0.99955 μV	2	0.50 μV
S	1017.2 W/m²	0.3	3.02 W/m²	—	3.02 W/m²	2	1.51 W/m²
H_A	40.9°	—	0.00004	—	0.00004	$\sqrt{3}$	0.000023
E_d	68.0 W/m²	1.0	0.68 W/m²	1 W/m²	1.68 W/m²	2	0.84 W/m²

$K = 8.85$ μV/(W/m²)

表 23.13　太阳高度角 21°时，各个输入变量的标准不确定度 u

变量	测量值	$U\%$	U	$offset$	α	k	u
V_g	3163.1 μV	0.0013	0.041 μV	1 μV	1.041 μV	2	0.52 μV
ΔV_g	−34.8 μV	0.0013	−0.00045 μV	1 μV	0.99955 μV	2	0.50 μV
S	822.4 W/m²	0.3	2.47 W/m²	—	2.47 W/m²	2	1.23 W/m²
H_A	21°	—	0.00005	—	0.00005	$\sqrt{3}$	0.00003
E_d	61.9 W/m²	1.0	0.62 W/m²	1 W/m²	1.62 W/m²	2	0.81 W/m²

$K = 8.92$ μV/(W/m²)

23.2.5.5　合成标准不确定度

（1）计算输入变量的灵敏系数 c_i

在每个数据点，由式（23.43）测量模型对输入变量求偏导数，计算各个输入变量的灵敏系数 c_i：

$$c_{V_\mathrm{g}} = \frac{\partial K}{\partial V_\mathrm{g}} = \frac{1}{S \cdot \sin(H_\mathrm{A}) + E_\mathrm{d}} \tag{23.44}$$

$$c_{\Delta V_g} = \frac{\partial K}{\partial \Delta V_g} = \frac{-1}{S \cdot \sin(H_A) + E_d} \tag{23.45}$$

$$c_S = \frac{\partial K}{\partial S} = \frac{-(V_g - \Delta V_g) \cdot \sin(H_A)}{[S \cdot \sin(H_A) + E_d]^2} \tag{23.46}$$

$$c_{H_A} = \frac{\partial K}{\partial H_A} = \frac{(V_g - \Delta V_g) \cdot S \cdot \cos(H_A)}{[S \cdot \sin(H_A) + E_d]^2} \tag{23.47}$$

$$c_{E_d} = \frac{\partial K}{\partial E_d} = \frac{-(V_g - \Delta V_g)}{[S \cdot \sin(H_A) + E_d]^2} \tag{23.48}$$

根据表 23.12 和表 23.13 中的测量值计算的灵敏系数 c_i 见表 23.14 和表 23.15。

(2)确定对应于各输入量的标准不确定度分量 $c_i \cdot u_i$

各个输入变量引起的输出量的不确定度分量($c_i \cdot u_i$)以及每个变量所占总量的百分比，即每个变量相对于全部标准不确定度的百分比贡献，用于评估主要误差来源，为进一步改进、完善校准过程提供参考依据。计算结果见表 23.14 和表 23.15。

表 23.14　太阳高度角 41°时，灵敏系数和不确定度分量

变量	c_j	$|c_j u_j| \mu V/(W/m^2)$	百分比(%)
V_g	$0.00137/(W/m^2)$	0.00074	3
ΔV_g	$-0.00137/(W/m^2)$	0.00069	3
S_b	$-0.00796\ \mu V/(W/m^2)^{-2}$	0.01203	50
H_A	$9.25701\ \mu V/(W/m^2)^{-1}$	0.00021	1
E_d	$0.01216\ \mu V/(W/m^2)^{-2}$	0.01021	43
	$u_B = 0.016\ \mu V/(W/m^2)$		

表 23.15　太阳高度角 21°时，灵敏系数和不确定度分量

变量	c_i	$|c_j u_j| \mu V/(W/m^2)$	百分比(%)
V_g	$0.0028/(W/m^2)$	0.00145	4
ΔV_g	$-0.0028/(W/m^2)$	0.00139	4
S_b	$-0.00897\ \mu V/(W/m^2)^{-2}$	0.01107	32
H_A	$19.0686\ \mu V/(W/m^2)^{-1}$	0.00054	2
E_d	$-0.0249\ \mu V/(W/m^2)^{-2}$	0.02012	58
	$u_B = 0.023\ \mu V/(W/m^2)$		

(3)B 类合成标准不确定度计算

由于输入量 V_g 和 ΔV_g 间正强相关，相关系数为 1，其他输入变量不相关，则 B 类合成不确定度按下式计算，太阳高度角 41°和 21°时的计算结果见表 23.14 和表 23.15。

$$u_B = \sqrt{\left(\sum_{j=1}^{2}(c_j \cdot u_j)\right)^2 + \sum_{j=3}^{5}(c_j \cdot u_j)^2} \tag{23.49}$$

式中：j 为输入变量的个数。

则相对 B 类合成标准不确定度按下式计算，结果见图 23.3。

$$u_{relB}(\overline{K}) = \frac{u_B}{\overline{K}} \tag{23.50}$$

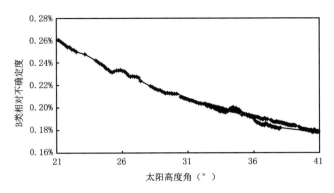

图 23.3　B 类相对不确定度相对于太阳高度角的变化

　　选择 2014 年 12 月 2 日、3 日、5 日和 6 日四天的灵敏度平均值、平均值的标准偏差(相对 A 类不确定度)以及相对 B 类不确定度的最大值作为最终的测量结果(表 23.16),表中还列出了不确定度来源所占总量的百分比。从表中可见,重复性测量引入的 A 类不确定度占总量的 11%,B 类不确定度占总量的 89%。太阳辐射量值传递的准确性受天气条件的影响较大,选择天气稳定,太阳高度角和大气透明度高的天气,通过增加测量次数可以减小测量数据的分散性,降低重复性测量引入的不确定度。

表 23.16　被校标准总日射表(NO.9204)的最大不确定度

不确定度来源	相对标准不确定度	百分比(%)
A 类	0.032%	11
B 类	0.261%	89
$K=8.78\ \mu V/(W/m^2)$		

　　(4)相对合成标准不确定度计算
　　由于各输入量间不相关,相对合成标准不确定度为表 23.16 中 A 类相对标准不确定度和 B 类相对合成标准不确定度的方和根,用下式计算:

$$u_{\mathrm{relC}}(\overline{K}) = \sqrt{u_{\mathrm{relA}}^2(\overline{K}) + u_{\mathrm{relB}}^2(\overline{K})} = 0.261\% \tag{23.51}$$

23.2.5.6　相对扩展不确定度

　　我国省级标准总日射表(No.9204)灵敏度校准结果的相对扩展不确定度:

$$U_{\mathrm{rel}} = 0.52\%\,(k=2) \tag{23.52}$$

　　取 0.6%(k=2)作为我国省级标准总日射表(No.9204)灵敏度校准结果的不确定度。

23.2.6　省级标准总日射表测量结果的不确定度分析评定

　　我国省级标准总日射表满足 ISO 9060:1990《太阳能—半球面总日射表和太阳直射表的规范与分类》和 WMO《气象仪器和观测方法指南》(第七版)中一级表(良好质量)的技术要求。
　　(1)不确定度来源分析
　　由于测量时仪器水平放置,仪器倾斜响应和装调引入的误差可以忽略。我国省级总日射测量标准(No.9204)的不确定度来源见表 23.17。表中还列出了太阳高度角 30°时,各个输入变量的影响量的标准不确定度 u 以及计算的该时刻的辐照度。

表 23.17 太阳高度角 30°时,各个输入变量的标准不确定度 u

变量	影响量	测量值	U	U	$offset$	α	k	u
	采集器	4495.64 μV	0.0013%	0.0584 μV	1 μV	1.0584 μV	2	0.53 μV
	零漂移 A		4 W/m²	35.12 μV		35.12 μV	$\sqrt{3}$	20.28 μV
	零漂移 B		1 W/m²	8.78 μV		8.78 μV	$\sqrt{3}$	5.07 μV
V	分辨率		1 W/m²	8.78 μV		8.78 μV	$\sqrt{3}$	5.07 μV
	方向响应		10 W/m²	87.80 μV		87.80 μV	$\sqrt{3}$	50.69 μV
	温度响应		1%	44.96 μV		44.96 μV	$\sqrt{3}$	25.96 μV
	非线性		1%	44.96 μV		44.96 μV	$\sqrt{3}$	25.96 μV
K	校准	8.78 μV/(W/m²)	0.6%	0.0527 μV/(W/m²)		0.0527 μV/(W/m²)	2	0.026 μV/(W/m²)
	稳定性		1%	0.0878 μV/(W/m²)		0.0878 μV/(W/m²)		0.0507 μV/(W/m²)
				$E=512.03$ W/m²				

（2）合成不确定度

各个输入变量的灵敏系数 c_i,各个输入变量引起的输出量 $c_i \cdot u_i$ 的计算结果(过程省略)见表 23.18。

表 23.18 灵敏系数和不确定度分量

变量	影响量	c_i	$c_i \cdot u_i$(W/m²)
	采集器		0.060
	零漂移 A		2.309
	零漂移 B		0.577
V	分辨率	0.113895/(W/m²)	0.577
	方向响应		5.774
	温度响应		2.956
	非线性		2.956
K	校准	-58.32 μV/(W/m²)²	-1.54
	稳定性	1	-2.96
		$u_B=8.24$ W/m²	

由于输入量间不相关,合成不确定度计算(过程省略)结果见表 23.18。

（3）扩展不确定度

相对扩展不确定度由式(23.53)计算。太阳高度角 30°时的扩展不确定度计算结果见表 23.19。

$$U_{rel} = \frac{U_B}{E} \tag{23.53}$$

表 23.19　扩展不确定度

太阳高度角	扩展不确定度	相对扩展不确定度	k
30°	16.48 W/m²	1.61%	2

23.3　结束语

（1）我国采用成分和法对省级工作级太阳总日射标准量值进行传递，该方法一次可同时校准多台总表，而被广泛使用。但灵敏度包括了热偏移误差，导致了对短波辐射的低估。由于涉及两台标准器，其标准引入的不确定度系标准直接日射表和标准散射日射表不确定度的合成，所占比例最大，因此提高标准直接日射和散射日射的测量准确度是减小量值传递不确定度的关键。

（2）我国直接日射测量标准和散射日射测量标准是目前世界最高等级的绝对腔体直接日射表和二等标准总日射表。因此，对标准器进行质量控制，定期进行量值溯源和期间核查，加强标准器的维护，改进标准器的量值传递方法，以减小标准器引入的不确定度。此外，对散射日射标准和被校准总日射表进行强制通风，减小总日射表的热偏移引入的不确定度；保证标准和被校准仪器水平以及准确跟踪太阳，可以进一步提高量值传递的准确度。

（3）标准总日射等于水平面直接日射加散射日射，从表 23.11 和表 23.12 计算得出，太阳高度角 41°时，标准总日射为 728 W/m²，散射日射占总日射的 9.3%。太阳高度角 21°时，标准总日射为 359 W/m²，散射日射占总日射的 17.3%。在用成分和法校准总日射表的量值传递过程中，标准引入的不确定度占总不确定度的 90%以上，特别是在低太阳高度角时，散射日射引入的不确定度占到 58%。因此，选择大气条件稳定、透明度高的天气以及太阳高度角高的时段进行量值传递，可以减少散射日射引入的不确定度。另周围环境对散射日射的影响不可忽视。

参考文献

GB/T 14890—94 工作直接日射表的校准方法[S].北京:中国标准出版社,1994.

JJG 458—1996 总辐射表国家计量检定规程[S].北京:中国计量出版社,1996.

JJF 1059.1-2012 测量不确定度评定与表示 [S].北京:中国计量出版社,2012.

倪育才,2008. 实用测量不确定度评定[M].北京:中国计量出版社.

叶德培,2007. 测量不确定度理解评定与应用[M].北京:中国计量出版社.

杨云,丁蕾,权继梅,2011. 直接日射表校准结果的不确定度分析[J].气象水文海洋仪器,**28**(4):1-5.

杨云,丁蕾,权继梅,等,2012.国家散射日射标准及其校准方法[J].太阳能学报,**33**(9):1615-1620.

杨云,丁蕾,权继梅,等,2017.我国省级太阳总辐射测量标准量值传递的不确定度[J].气象科技,**45**(2):209-215.

Quan Jimei，Yang Yun，Ding Lei，2017. Uncertainty evaluation for comparison result of national radiometric standards and world radiometer refernce[J]. *Instrumentation*，Vol4. No. 1:19-23，

Fehlmann et al. 2012，Fourth World Radiometric Reference to SI radiometric scale comparison and implications for on-orbit measurements of the total solar irradiance [J].*Metrologia*，**49**，No. 2，pp. S34-S38.

ISO 9059:1990，Calibration of field pyrheliometers by comparison to a reference pyrheliometer.

ISO 9060:1990. Solar Energy-Specification and classification of instrument for measuring hemispherical solar and direct solar radiation[S].

WMO IOM Report No. 108. WMO International Pyrheliometer Comparison IPC-XI Final Report. 2011.

WMO,2014. Guide to meteorological instruments and methods of observation,7-th edition WMO NO. 8.

24　辐射数据的质量保证[①]

为了获得高标准的观测数据,必须从仪器设备和数据采集系统的选择以及每日对各种辐射仪器的维护做起。数据质量的评估应该是实时的。这样,凡在数据累积过程中发现的任何问题均可及时修正或解决,以保证未来所获得的数据是高质量的。因此,数据的质量控制不能仅局限在档案室或数据中心,最好在观测站就要进行,哪怕是初步的。

数据的质量控制是一项极为细致的工作,操作员最好具有相当的辐射观测实践经验。如果不能做到每位观测人员均具备上述素质,起码站上应有一名具备类似经验的人员,才能较顺利地维持辐射观测的正常运转。

所有测量结果,均应保持在原始数据格式(如电压、电阻和计数等)中。这样,当需要应用新的或修正的算法时,就无需再对辐照度数据进行反运算了。此外,除非仪器显示故障或未连通,否则不应从数据流中清除数据,对于认为不可靠的数值,只要求做出标记即可。如果清除数据,应将其记录在观测站档案日志中。但是,只有原始数据是无法进行审核的,因为电信号会由于仪器灵敏度的不同,而显示不出辐射量值的大小,从而妨碍对数据的判别。所以,要求从数据采集器上传数据后,首先应进行灵敏度换算,并在此基础上对数据进一步审核。

辐射数据的及时检查是件非常重要的工作,因为如果出现问题,又未能及时地发现,且造成问题的原因又与仪器有关,如果得不到及时纠正,不正确的记录就会延续,待事后发现时,就难以补救和挽回了,或者需要花费更多的功夫才能补救。在我国以往的辐射观测规范中也有关于数据检查的规定,但其内容较为概略,与测量数据有关的问题,主要集中在总日射辐照度超过 $1368 \ \mathrm{W/m^2}$ 的问题上;而关于曝辐量的检查标准虽然采用自世界辐射数据中心(WRDC)的有关规定,实际上,如果不对每次观测的辐照度进行检查,而仅依据总量作判断,可能会造成疏漏。因为曝辐量毕竟是由多次观测值累积起来的。

由于世界范围内的一般辐射数据均集中在列宁格勒(现圣彼得堡)的世界辐射数据中心,这里的相关工作者为了对集中于此的辐射数据进行质控,拟定出一套辐射数据审查办法,并于1987 年以世界气象组织的名义出版了一本数据质量控制指南(Berlyand et al. , 1987),我们曾对其进行了翻译,并作为《辐射仪器和测量指导手册》(王炳忠 等译校,1991)的附篇出版。现在看来《数据质量控制指南》的内容过于简单,可供实际使用的定量指标过少,有的甚至过于粗放,不便于计算机程序操作,当然,这主要与当时所具备的客观环境条件是分不开的。

---

① 我国习惯称之为资料审核,由于作者工作单位分工的不同,从未亲历过此项工作,所以没有这方面的实际经验可言。在搜集 BSRN 有关资料的过程中,觉得 BSRN 的有些做法,特别是美国学者的研究工作值得借鉴。他们本来也不是做资料审核工作的,而是将其作为一项科研工作来对待,并将其数字化、自动化,因而在此独立成章作些介绍。有兴趣者可进一步查看原文。

BSRN 对于总日射辐照度超过 TSI 的问题也有涉及,但同时明确指出,遇到此种情况,首先要确认,地点是否出现在纬度较低的地区;其次,此种现象的持续时间一般不超过 3～5 min;再次,确认仪器不存在问题。这样做显然比较周到、全面。在 BSRN 对数据的质量控制方法中,并不包含对曝辐量的检查。

24.1 一般检查方法

24.1.1 目视检查

确定数据存在明显问题的最快方法就是目视检查。因此,首先应将每日的实时(每分钟)数据在换算成辐照度后以图表的方式显示出来(日图)(图 24.1)。这样可以帮助技术人员更直观地了解各种辐射数据相互间的关系是否正常,对于无限阻抗(开路)和零信号等如此大的变化,也很容易识别出来。处理输出信号的间隔时间越短,观测者就越有可能看到不正常的现象。晴天时,通常直射辐照度应大于总日射辐照度,散射辐照度则最小(图 24.1a);这种情况在纬度较高地区或较冷季节表现得最明显,而在纬度较低地区或较暖季节,则会出现上、下午时段直射大于总日射,中午时段总日射大于直射的情况(图 24.1b)。阴天时,直射为零,总辐射与散射辐射的数值应相等。昙天的情况虽然较复杂,但纵向观察,有直射存在时,基本上应与晴天相仿,无直射时,与阴天类似。图 24.2 是国内某站 12 月 21 日的日图。

从图 24.2 中不难看出,从 10—11 时开始直至日落,散射值与总日射值几乎完全相等,实际上这是不可能的,问题出在散射日射表的遮光上。图 24.1 与图 24.2 的唯一不同之处在于直接日射,前者是垂直面上的,后者则是水平面上的。

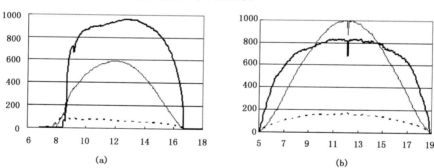

图 24.1　美国 Goodwin Creek 站 12 月(a)和 6 月(b)晴天的日图
(图中粗实线为直接日射,实线为总日射,虚线为散射日射)

图 24.3 是国外某站一个月的日图汇总。

将测定值进行分组也是非常有益的做法。例如:将所有辐射仪器的温度信号放在一个图里显示,也可提供一种快速的判定方法。如果有一台仪器(或它的通风器)出现了问题,就会表现出温度要比其他仪器有较大的偏离。

24.1.2 转换成真太阳时

尽管直观审核数据时,数据以地方标准时或 UTC 存档是非常有用的,但如果能以真太阳

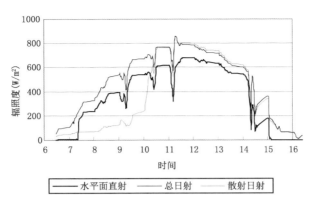

图 24.2 国内某站 10 月 21 日的日图

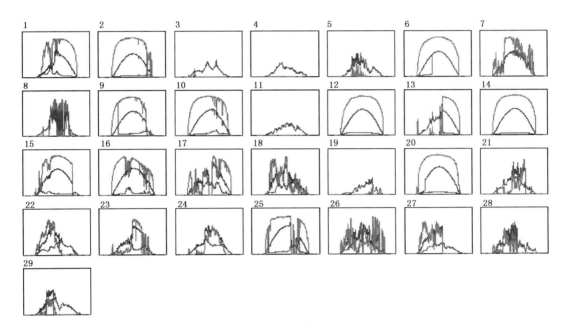

图 24.3 某站 2004 年 2 月直接日射、总日射和散射日射辐照度日图月汇总

时来表达,对于以 1 min 或更快的频率记录的数据,围绕着太阳正午(晴天或部分晴天)的对称性本身就是一种独立的检查手段。

24.1.3 最小值、最大值及标准差的审查

检查各通道信号的最小值、最大值和标准差或绘制它们的图表,可供查出只用平均值无法注意到的任何短期变化。例如:如果最小值低于零或最大值超出合理范围,特别是在与其他类似信号的比较中出现这种情况,这就为发现潜在问题提供了一条快捷的途径。一个简单的例子就是在明亮多云的天气条件下,清洁一台仪器的半球罩。尽管 1 min 的平均值可能不会有明显的改变,但最小值和标准差与相邻时段的就可能完全不同。这样,对于不确定度增加时段的一些数据点就能做出标记了。

24.2 数据质量控制方法

24.2.1 辐射测量指导手册方法(Fröhlich et al., 1986)

24.2.1.1 利用独立的测量系统进行检验

最佳的检验方法是使用完全独立的辐射表和测量系统进行定期的比较(每月至少一次),比较应在较稳定的大气条件下进行(如晴空、较高的太阳高度角和较低的大气浑浊度)。两个系统之间的差异不应大于典型的测量误差。对于太阳辐射来说,误差通常应小于4%;对于长波辐射来说,误差通常小于5%。

24.2.1.2 利用水平面实测辐照度检验一致性

为了核查某一给定值的质量,比较便捷的方法是检验同一时段记录的一些辐射变量间的一致性。通过比较,结果异常的数值常常能被查出。

(1)总日射

无云天空下观测的总日射应落在相当清楚的界限范围内。这些界限可以通过参照已出版的资料或参照长序列的观测资料来确定。观测资料中接近最大值的资料一般均与晴天有关。Kondratyev计算了代表晴天总日射日曝辐量数据的表格(表24.1),表中日曝辐量表示为纬度的函数。

(2)散射日射

晴天条件下散射辐照度与总日射辐照度的比值一般是太阳高度角的平滑函数,因此不正常的观测值很容易被发现。如果有直射辐照度的数据,利用关系式(24.1)来检验资料的一致性是更可行的方法。

$$E_d = E_g - S \cdot \sin(h_\odot) \tag{24.1}$$

如果散射日射的测量本身不存在问题,则二者之间的差异应小于5%。

(3)直接日射

晴空下的直接日射就像前述总日射和散射日射情况一样,应维持在清晰的界限范围内。具体范围应参照已出版的数据资料或分析长系列观测资料来确定。更可取的方法是,将直接观测到的S同利用式(24.1)计算的结果相比较,差值应不超过5%。

表 24.1 总日射日曝辐量的可能量值 (单位:MJ/(m² · d))

纬度	1 月	2 月	3 月	4 月	5 月	6 月	7 月	8 月	9 月	10 月	11 月	12 月
90	0.0	0.0	0.2	14.0	30.7	36.6	33.3	18.1	3.3	0.0	0.0	0.0
85	0.0	0.0	1.0	14.3	30.6	36.1	32.9	18.4	4.3	0.0	0.0	0.0
80	0.0	0.0	2.9	15.1	30.1	35.4	32.2	18.7	6.0	0.6	0.0	0.0
75	0.0	0.8	5.6	16.4	29.5	34.4	31.0	19.4	8.2	1.9	0.0	0.0
70	0.0	2.2	8.5	18.4	28.8	33.0	29.9	20.5	10.6	3.8	0.7	0.0
65	1.0	3.9	11.3	20.4	28.7	32.1	29.5	22.0*	13.3	6.1	1.9	0.3
60	2.5	6.1	13.9	22.5	29.2	32.2	30.0	23.5	15.8	8.5	3.6	1.6

续表

纬度	1 月	2 月	3 月	4 月	5 月	6 月	7 月	8 月	9 月	10 月	11 月	12 月
55	4.4	8.7	16.4	24.3	30.2	32.8	30.8	25.2	18.1	11.0	5.7	3.0
50	6.8	11.5	18.7	26.0	31.1	33.3	31.7	26.8	20.2	13.6	8.1	5.6
45	9.4	14.5	21.6	27.4	31.9	33.6	32.1	28.3	22.2	16.1**	10.9	8.2
40	12.4	17.2	23.0	28.5	32.4	33.7	33.0	29.0	23.9	18.5	13.6	11.1
35	15.0	19.6	24.8	29.4	32.6	33.6	33.1	30.1	25.4	20.6	16.0	13.7
30	17.5	21.7	26.2	30.0	32.6	33.3	32.9	30.6	26.8	22.6	18.4	16.1
25	19.8	23.6	27.3	30.3	32.2	32.8	32.5	30.7	27.9	24.4	20.6	18.4
20	21.8	25.2	28.3	30.3	31.6	32.0	31.7	30.6	28.7	26.0	22.6	20.7
15	23.7	26.6	29.1	30.1	30.8	30.9	30.8	30.3	29.4	27.2	24.4	22.6
10	25.4	27.8	29.7	29.8	29.7	29.5	29.6	29.8	29.8	28.2	26.0	24.6
5	27.7	28.7	30.1	29.4	28.5	28.0	28.3	29.0	29.9	29.1	27.5	26.4
0	28.4	29.4	30.2	28.7	27.1	26.4	26.8	28.2	29.8	29.7	28.7	28.0

本表引自 Fröhrich et al.(1986),原文中曾说明采自 Kondratyev(1969),并说明有所修订,但经我们绘图检查发现,仍有一处有误,修订处用 *、** 标出。

　　* 原值误作 26.2——作者注。

　　** 原值误作 14.4——作者注。

（4）反射日射

检查反射日射的最佳方法是检查反照率,即比值 E_r/E_g 随时间的变化应是比较平稳的,不能出现突然的起伏,除非有障碍物(如:高塔、电杆、天线和云等)临时阻挡了总日射表的感应面。

有关长波辐射部分,介绍的内容往往比较笼统,难以实际操作。该指导手册也有一节介绍了利用计算的水平面辐照度检查观测数据的一致性,但由于该手册出版于 20 世纪 80 年代,所介绍的方法大多比较陈旧,这里就不具体详述了。

24.2.2　BSRN 方法[①]

由于作者并未亲自实践过 BSRN 所介绍的方法,所以只能根据对它的理解进行说明。

BSRN 方法主要分为 4 个步骤:包括物理可能、极端、横向数据比较等项界限和与模式计算比较等内容,其中最重要的是前三个步骤。这三个步骤犹如网眼一个比一个小的筛子。通过由粗到细的筛选,可将存在问题的数据逐步筛出。然后,向观测站的操作人员指出问题所在,由站上的操作人员再根据具体情况进一步查找原因。这有点像我国的资料审核人员,只是其所依据的不只是经验,而是有一系列量化的指标,且工作过程是由计算机来完成的。

（1）物理可能界限（表 24.2）:这是"网眼"最大的一级指标体系,之所以称为"物理可能",主要是因为假如数据超过了这些指标,实际上是根本不可能出现的。例如,观测到的直射辐照度超过了 TSI。这是一种根本不可能出现的现象,一旦出现了,首先应当肯定的是观测出现了

---

　　① 引自 http://bsrn.ethz.ch/。

问题,至于其具体原因,则应由站上的观测人员去判断、寻找。

表 24.2　物理可能界限

下限	辐照度	英文符号	上限
$0 \leqslant$	E_g(总表)	DSGL2	$< S_0$
$0 \leqslant$	E_d	DSDFS	$< i_{top} + 10$
$0 \leqslant$	S	DSDIR	$< S_0$
$0 \leqslant$	E_r	USR	$< i_{top}$
$50\ W/m^2 \leqslant$	$E_L \downarrow$	DL	$< 700\ W/m^2$
$50\ W/m^2 \leqslant$	$E_L \uparrow$	UL	$< 700\ W/m^2$

表 24.2 中 S_0 为 TSI,取值 1361 W/m^2,而 i_{top} 是与纬度和时间有关的水平面上的 TSI。

(2)极端界限(表 24.3):这是次一级的指标体系,通常是根据多年历史记录中的极值选取的。由于是极值,一般是难以超过的。一旦超过,起码应详查记录是否属实,以免出错。

表 24.3　极端界限

辐照度	英文符号	上限	
E_g(总表)	DSGL2	$\leqslant i_{top}$	if $Z < 80°$
		$\leqslant i_{top} + 0.56(Z - 93.9)^2$	if $Z \geqslant 80°$
E_r	USR	$\leqslant 0.95 \times E_g$	
E_d	DSDFS	$\leqslant 700\ W/m^2$	
S	DSDIR	$\leqslant S_0 \times AU \times 0.9^m$	
$E_L \downarrow$	DL	$\leqslant E_L \uparrow$	
$E_L \uparrow$	UL	$\leqslant E_L \downarrow + 10\ W/m^2$	

表 24.3 中的 Z 为太阳天顶角,AU 为以天文单位表示的日地距离。

(3)横向数据比较界限(表 24.4):这是第三级指标体系,通常,数据应在给出的界限范围以内。

表 24.4　横向数据比较界限

下限	辐照度	上限
$0.7 \times \sigma T^4 \leqslant$	$E_L \downarrow$	$\leqslant \sigma T^4$
$\sigma (T-10)^4 \leqslant$	$E_L \uparrow$	$\leqslant \sigma (T+10)^4$
$(E_g - E_d) - 50\ W/m^2 \leqslant$	$S \times \cos Z$	$\leqslant (E_g - E_d) + 50\ W/m^2$
$S \times \cos Z - 50\ W/m^2 \leqslant$	$E_g - E_d$	$\leqslant S \times \cos Z + 50\ W/m^2$

表 24.4 中的 T 为仪器高度处,以绝对温度表示的气温。

(4)模式计算比较:主要针对长波辐照度,并建议采用 Lowtran 7[①] 计算,计算与测量结果以小于 10 W/m^2 为好。

---

① 以目前科学发展的水平而论,我们认为,以 Modtran 取代 Lowtran 7 为宜。

24.2.3　Long-Dutton 方法[①]（2002）

此种方法与前面介绍的方法在思路上是一致的，只不过在细节上，根据美国各地的实际情况做了一些修订和补充。所以，可以认为，它较前述方法更加细致、全面。本方法并未提及模式计算比较的内容。

Long-Dutton 建议的质控试验前后有过两个版本，这里主要介绍第 2 版的具体内容如下：

定义：

Z 为太阳天顶角

$\mu_0 = \cos(Z)$，如果 $Z > 90°$，则 μ_0 置为 0.0；

S_0：为日地平均距离处的太阳全辐射辐照度（TSI），取值 1361 W/m^2（如果遵循原义，应为 1367 W/m^2）；

AU：为以天文单位表示的日地距离；$1AU =$ 日地平均距离

$S_a = S_0/AU^2$：为订正到日地实际距离处的 TSI；

$E_d + S_\perp \times \mu_0$：为水平面上的总日射辐照度；

σ：为斯忒藩—玻耳兹曼常数 $= 5.670\,4 \times 10^{-8}$（W/m^2）· K^4；

T_a：为气温（K）（必须满足 170 K $< T_a <$ 350 K 的条件）；

T_d：为地球辐射表的罩温；

T_c：为地球辐射表的表体温度；

T_{snw}：为雪面温度；

E_g：为未遮光总日射表测到的总日射辐照度；

E_d：为遮光总日射表表测到的散射辐照度；

$S_\perp$：为直接日射辐照度；

S_-：为水平面上的直射辐照度（$= S_\perp \times \mu_0$）；

$E_L \downarrow$：为地球辐射表测到的向下的长波辐照度；

$E_L \uparrow$：为地球辐射表测到的向上的长波辐照度。

在本方法中，首先给出了物理可能界限（表 24.5）和极端罕见界限（表 24.6）；另外，与 BSRN 方法不同的是，还给出了一些要素比值的范围，即这些要素值之间的比较（表 24.7）。

表 24.5　Long-Dutton 方法中各种辐射要素辐照度的物理可能界限（单位：W/m^2）

下限	辐照度	上限
-4	E_g	$S_a \times 1.5 \times \mu_0^{1.2} + 100$
-4	E_d	$S_a \times 0.95 \times \mu_0^{1.2} + 50$
-4	$S_\perp$	S_a
-4	S_-	$S_a \times \mu_0$
-4	E_r	$S_a \times 1.2 \times \mu_0^{1.2} + 50$
40	$E_L \downarrow$	700
40	$E_L \uparrow$	900

以上就是 Long-Dutton 方法中的所有内容。后来，Shi 和 Long（2003，2004，2007）等人利用美国各 BSRN 站的数据，进一步研究和发展了上面介绍的 Long-Dutton 方法，即在上面介

---

① 摘自 http://ezksun3.ethz.ch/bsrn/admin/dikus/qualitycheck.pdf。

绍的内容之中又增加了当地气候界限(表 24.8),并根据当地具体条件分别确定了相关系数,且又作了第一水平和第二水平的区分,也就是第一水平要比第二水平的要求更严格。这样 Long-Dutton 方法就可以改称为 Long-Dutton-Shi 方法。

表 24.6　Long-Dutton 方法中各种辐射要素辐照度的极端罕见界限

下限	辐照度	上限(W/m^2)
-2	E_g	$S_a \times 1.2 \times \mu_0^{1.2} + 50$
-2	E_d	$S_a \times 0.75 \times \mu_0^{1.2} + 30$
-2	$S_\perp$	$S_a \times 0.95 \times \mu_0^{0.2} + 10$
-2	S_-	$S_a \times 0.95 \times \mu_0^{1.2} + 10$
-2	E_r	$S_a \times \mu_0^{1.2} + 50$
60	$E_L \downarrow$	500
60	$E_L \uparrow$	700

表 24.7　Long-Dutton 方法中的相关要素间的比较(Long et al.,2002)

要素	结果	条件
$E_g/(E_d + S_\perp \cos(Z))$	$1 \pm 8\%$	$Z < 75°$, $E_g > 50~\text{W}/\text{m}^2$,否则不进行
	$1 \pm 15\%$	$93° > Z > 75°$, $E_g > 50~\text{W}/\text{m}^2$,否则不进行
E_d/E_g	<1.05	$Z < 75°$, $E_g > 50~\text{W}/\text{m}^2$,否则不进行
	<1.10	$93° > Z > 75°$, $E_g > 50~\text{W}/\text{m}^2$,否则不进行
E_r 与 E_g 或 E_r 与 $(E_d + S_\perp \cos(Z))$	$E_r < E_g$	$E_g > 50~\text{W}/\text{m}^2$,否则不进行
$E_L \downarrow$ 与气温	$0.4 \times \sigma T_a^4 < E_L \downarrow < \sigma (T_a + 25~\text{K})^4$	
$E_L \uparrow$ 与气温	$\sigma (T_a - 15~\text{K})^4 < E_L \uparrow < \sigma (T_a + 25~\text{K})^4$	
$E_L \downarrow$ 与 $E_L \uparrow$	$E_L \downarrow < E_L \uparrow + 25~\text{W}/\text{m}^2$	
	$E_L \downarrow > E_L \uparrow - 300~\text{W}/\text{m}^2$	

表 24.8 中 D_x 和 C_x(x 代表数字 1~8)是根据当地具体数据确定的系数。除此之外, Long-Dutton-Shi 方法还包括太阳跟踪偏离、瑞利散射界限比较、反射日射与总日射间的比较、向上长波辐射与气温的比较、向下长波辐射与气温的比较以及 T_a,T_c 和 T_d 之间的比较等项目。总之,比较内容广泛,都是值得借鉴的。

表 24.8　Long-Dutton-Shi 方法中各种辐射要素辐照度的当地气候界限

下限	辐照度	上限(W/m^2)
	E_g 第 2 水平	$S_a \times D1 \times \mu_0^{1.2} + 55$
	第 1 水平	$S_a \times C1 \times \mu_0^{1.2} + 50$
	E_d 第 2 水平	$S_a \times D2 \times \mu_0^{1.2} + 35$
	第 1 水平	$S_a \times C2 \times \mu_0^{1.2} + 30$

续表

下限	辐照度		上限
	$S_\perp$	第 2 水平	$S_a \times D3 \times \mu_0^{0.2} + 15$
		第 1 水平	$S_a \times C3 \times \mu_0^{0.2} + 10$
	S_-	第 2 水平	$S_a \times D3 \times \mu_0^{1.2} + 15$
		第 1 水平	$S_a \times C3 \times \mu_0^{1.2} + 10$
	E_r	第 2 水平	$S_a \times D4 \times \mu_0^{1.2} + 55$
		第 1 水平	$S_a \times C4 \times \mu_0^{1.2} + 50$
D5	$E_L \downarrow$	第 2 水平	D6
C5		第 1 水平	C6
D7	$E_L \uparrow$	第 2 水平	D8
C7		第 1 水平	C8

24.2.4 利用 Long-Dutton-Shi 方法质控实例

BSRN 数据管理中心对各站报送的辐射数据究竟采用何种方法进行质控,暂时尚未查找到,亦未见到相应的文献报道。由于 Long-Dutton 方法也是在 BSRN 网站上发布的,因此也不能认为它仅是一种个人行为,何况 Dutton 先生还是 BSRN 的项目管理者。Long-Dutton 方法在美国大气辐射测量计划(ARM)中,得到了广泛的试用,随后,Long et al.(2000,2004,2008)和 Shi et al.(2003,2004,2007)或利用 BSRN 站或 ARM 站的数据发表了一系列研究文章,并利用计算程序使对数据的处理实现了自动化。另外,对比相应的指标可以发现,Long-Dutton 方法似乎更符合实际,例如,首先,在对待辐照度下限问题上,-2 W/m² 或 -4 W/m² 显然要比零值更恰当;其次,相互比较的项目也更多、更全面;再次,还增加了当地气候界限一项,从物理可能到极端罕见再到当地气候,一项比一项严格。这种做法是很自然和合理的。这可以从图 24.4 中明显地看到。

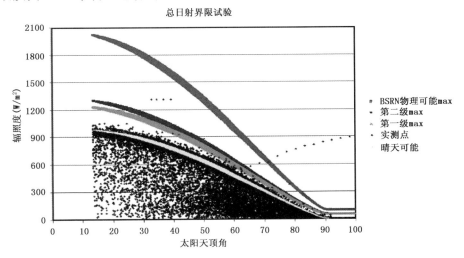

图 24.4　向下短波总辐射 SW(散点),第一级(浅灰色),第二级(黑色)和 BSRN 物理可能(深灰色)最大下限的 15 分钟平均值。散点中白色条带代表估算的晴天向下 SW(Long et al.,2008)

图 24.4 中白色条带是根据当地数据按 $(a/AU^2) \times \mu_0{}^b$ 拟合的,a 和 b 是拟合系数。图 24.4 中各色曲线之所以具有一定的宽度,是由于一年内日地距离变化的结果。正如可以预期的那样,大多数的点落在了浅灰色线之下,少部分落在了黑、浅灰之间,只有极少数落在黑、深灰色线以外。这些黑、深灰色线外的点子肯定是有问题的。由此可见,质量控制是需要及时进行的,只有这样做才能及时发现问题,并解决或纠正问题。若事隔许久再进行质控或者年底算总账,其造成的不良后果,可能会扩散,甚至可能造成大量数据无法使用的情况。

最后,应当说明的是,上面只是介绍了进行数据质控的几种方法。大家应当参考的是所介绍的这些方法的实质内容。在进行有关我国辐射数据的质量控制时,一方面要择优选择;另一方面要对各种可能界限、标准,依照上述方法的精神并根据我国具体的情况加以调整和改进,而决不能照搬。例如,在 BSRN 的方法中,对总日射辐照度的上、下限给出的是,$0 \leqslant E_g \leqslant S_0$（1361 W/m²）。事实上,我国观测到 $E_g > S_0$ 的情况在内地也绝非偶然,更不用说青藏高原了。另外,若在某一时刻发现某个要素出现了异常现象,首先应立即检查此分钟及其前后数分钟的最大值、最小值和标准偏差,看其是否持续出现;其次,应查看相关要素的情况,以判断它是偶发现象,还是系统现象,进而寻找出现这种现象的原因。

宋建洋等(2013)曾对我国 4 个已有辐射观测的大气本底站的辐射数据按照前述方法进行了质量评估。表 24.9 是临安各辐射量通过第一和第二级质量检验的统计结果。

表 24.9　临安站各辐射量第一、二级质量检验统计结果(宋建洋 等,2013)

辐射量	有效样本量	第一级通过率	第二级通过率
总日射	1768857	99.99%	99.95%
散射日射	1698812	99.99%	99.98%
直接日射	1698812	99.93%	99.75%
大气向下长波辐射	3346681	99.99%	99.99%

图 24.5 绘出了临安站散射比(E_d/E_g)、总日射观测值与根据直射和散射的计算值(E_gc)的比值随天顶角的分布情况。落在上下限之间的即为通过了第三级质量检验。从图中可以看到:绝大部分数据均落在设定的阈值内。通过第三级 E_d/E_g 检验的占比为 99.92%;通过 E_g/E_gc 的为 97.89%。

以同样的方法处理了北京上甸子站的数据,绘制成图 24.6。

图 24.7 则是这两站第三级质量控制数据通过率的逐月变化情况。其他各站的情况就不一一列举了。基本相同的设备何以出现差距? 恐怕主要还应从管理的因素去考虑。

24.3　数据质量和控制算法的自动化

由于各个 BSRN 站每日累计的数据量相当惊人,利用人工去处理显然是不适宜的,也容易出现漏检或误检的情况。为此 Long et al.(2008)使用美国能源部大气辐射测量(ARM)计划,NOAA SURFRAD 站网和 WMO BSRN 站网各个站点的数据,根据前述各项规则,拟定了一整套的自动化算法,来监测数据中是否存在的错误。发现一些微妙的与仪器老化有关的趋势和动向。数据落在属于正常范围以外的标记为"不确定的"(这意味着测量值在物理上是可能的,但应很少发生,所以不能直接认为其"好"或"坏")。这实际上就是一种对辐射数据的质

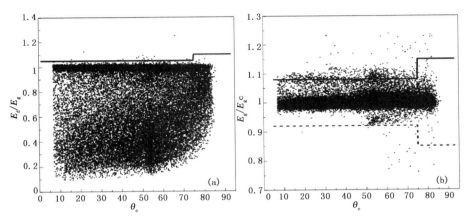

图 24.5 临安站第三级质量检验结果(宋建洋,2013)

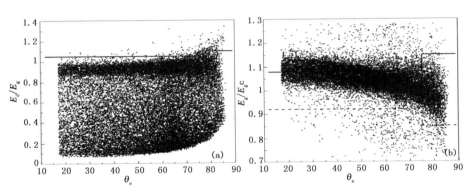

图 24.6 上甸子站第三级质量检验结果(宋建洋,2013)

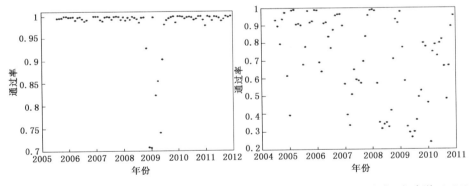

图 24.7 临安站(a)和上甸子站(b)第三级质量控制数据通过率的逐月变化(宋建洋,2013)

量控制。因此,也可以简单标示为 QCRad。QC 的标志值为"0"者表示应用何种测试数据均顺利通过;QC 的标识值越大,会有更多的数据落在正常值的范围之外。QCRad 代码应用测试首先使用最大限度的,如果数据通过,再应用下一个较小的限度测试。因此,标志值表示测试数据失败的严重程度。

具体内容不仅涉及短波辐射(SW),而且也涉及长波辐射(LW)以及与此相关的温度测量,如气温、表体温度和罩温等。

鉴于目前辐射测量已有自动化的趋势，数据处理更是自不待言。鉴于具体内容涉及诸多方面，感兴趣者可直接研读有关文献。

参考文献

程兴宏,等,2013. 总日射表热偏移定征方法研究进展[J]. 气象科技,**41**(1):1-7.

宋建洋,等,2013. 临安与龙凤山辐射数据质量控制即初步结果比较[J]. 应用气象学报,**24**(1):65-74.

宋建洋,2013. 本底站辐射数据质量评估与特征分析,硕士学位论文[D]. 中国气象科学研究院.

王炳忠，张纬敏，吕文华，译校,1991. 辐射仪器和测量指导手册[M]（ Fröhlich C，London J，Editors，WMO/TD No. 149）. 北京:气象出版社.

Ackerman T P, Stokes G M, 2003. The atmospheric radiation measurement program[J]. *Phys Today*, **56**: 38-44.

Augustine J A, DeLuisi J J, Long C N, 2000. SURFRAD-A national surface radiation budget network for atmospheric research[J]. *Bull Am Meteorol Soc*, **81**: 2341-2357.

Berlyand T G, Dvorkina M D, Morozova I V, et al, 1987. Guidelines on the quality control of data from the world radiometric network(prepared by the World Radiation Data Centre, Voeikov Main Geophysical Observatory) Leningrad . WMO/TD-No. 258.

Hegner H, et al, 1998. Update of the technical plan management World Radiation Monitoring Centoer (WRMC) technical report 2 Version 1.0. *WMO TD*-882.

Fröhlich C, London J, Editors, 1986. Revised instruction manual on radiation instruments and measurements, WMO/TD. No. 149.

Kondratyev K Ya, 1969. *Radiation in the atmosphere*[M]. New York :Academic Press.

Long C N, Ackerman T P, 2000. Identification of clear skies from broadband pyranometer measurements and calculation of down-welling shortwave cloud effects[J]. *J. Geophys Res*, **105**(D12): 15609-15626.

Long C N, Dutton E G, 2002. BSRN Global Network recommended QC tests, V2. 0. *BSRN Technical Report* 2002: available via http://bsrn. awi. de/fileadmin/user_upload/bsrn. awi. de/Publications/BSRN_recommended_QC_tests_V2. pdf

Long C N, Gaustad K L, 2004. The shortwave (SW) clear-sky detection and fitting algorithm: algorithm operational details and explanations. Atmospheric Radiation Measurement Program Technical Report *ARM TR*-004 ; Available via http://www. arm. gov/publications/techreports. stm.

Long C N, Shi Y, 2008. An automated quality assessment and control algorithm for surface radiation measurements[J]. *Open Atmospheric Science Journal*, **2**: 23-37.

Shi Y, Long C N, 2003. Best estimate radiation flux value added product: Algorithm operational details and explanations. Atmospheric Radiation Measurement Program Technical Report, ARM TR-008 2002; Available via http://www. arm. gov/publications/techreports. stm.

Shi Y, Long C N, 2004. Techniques and methods used to determine the best estimate of total downwelling shortwave radiation, *Fourteenth ARM Science Team Meeting Proceedings*, Albuquerque, New Mexico, March 22-26, 2004

Shi Y, Long C N, 2007. Total downwelling SW IR loss correction at ARM sites. 17*th ARM Science Team Meeting Proceedings*, Monterey, California, March 26-30, Available via http://www. arm. gov/publications/techreports. stm.

WMO/TD No. 149, 1986. Revised Instruction manual on radiation instruments and measurements.

常用英文缩写的中英文对照表

ACR	主动腔体辐射计	Active Cavity Radiometer
ACRIM	主动腔体辐射计辐照度监测器	Active Cavity Radiometer Irradiance Monitor
AERONET	气溶胶自动监测网络	Aerosol Robotic Network
AM	大气质量	Air Mass
AOD	气溶胶光学厚度	Aerosol optical depth
ASRM	阵列光谱辐射计	Array Spectroradiometer
AT	原子时	Atomic Time
ATLAS	应用与科学大气实验室	Atmospheric Laboratory of Applications and Science
AU	天文单位	Astronomical
BAPMoN	大气本底污染监测网络	Background Air Pollution Monitoring Network
BIPM	国际计量局	Bureau Internationale des Poids Mesures（法）
BSRN	基准地面辐射观测网	Baseline Surface Radiation Network
CAR	低温绝对辐射计	Cryogenic Absolute Radiometer
CIE	国际照明委员会	Commission Internationale de L'Eclairage（法）
CIMO	仪器和观测方法委员会	Commission for Intruments and Methods of Observations
CLARA	紧凑型轻量化绝对辐射计	Compact Lightweight Absolute RAdiometer
CSAR	低温太阳绝对辐射计	Cryogenic Solar Absolute Radiometer
CSP	聚光太阳能系统	Concentrating Solar Power
COV	变差系数	Coefficient of variation
DARA	数字绝对辐射计	Digital Absolute RAdiometer
DHI	水平面散射辐照度	Diffuse Horizontal Irradiance
DIARAD	差动绝对辐射计	DIfferential Absolute RADiomete
DNI	法向直射辐照度	Direct Normal Irradiance
ERB	地球辐射收支	Earth Radiation Budget
ERBS	地球辐射收支卫星	Earth Radiation Budget Satellite
ESRA	欧洲太阳辐射图集	European Solar Radiation Atlas
ETR	地外辐射	Extraterrestrial Radiation
EURECA	欧洲可返回式实验舱	European Retrievable Carrier
FOV	（仪器的）视场	Field Of View
FWHM	峰值半宽（或半宽）	Full Width at Half Maximum
GAW	全球大气监测	Global Atmosphere Watch

GHI	水平面总辐射辐照度	Global Horizontal Irradiance
GTI	倾斜面总辐射照度	Global Tilted Irradiance
GUM	测量不确定度指南	Guide to Measurement Uncertainty
IGU	国际天文学联合会	International Astronomical Union
IPgC	国际地球辐射表比对	International Pyrgeometer Comparison
IPC	国际直接日射表比对	International Pyrheliometer Comparison
IPO	强化观测期	Intensive Operational Period
IRC	红外校准中心	Infrared Radiometer Calibration Center
ISIS	地面积分辐照度研究	Integrated Surface Irradiance Study
ISO	国际标准化组织	International Standards Organization
IRS	红外辐射部	Infrared Radiation Section
JPL	美国喷气推进实验室	Jet Propulsion Laboratory
K	凯尔文（绝对温标）	Kelvin
LASP	大气和空间物理实验室	Laboratory for Atmospheric and Space Physics
MBE	平均偏差	Mean Bias Error
MED	最小红斑剂量	Minimal Erythema Dose
MITRA	窗口积分透射检测器	The Monitor to measure the Integral TRAnsmittance of windows
nm	纳米	nanometer
NIST	美国国家标准与技术研究院	National Institute of Standards and Technology
NOAA	美国国家海洋大气局	National Oceanic and Atmospheric Administration
NPL	英国国家物理实验室	National Physics Laboratory，UK
NREL	可再生能源实验室	National Renewable Energy Laboratory
OWR	光学瓦特辐射计	Optical Watt Radiometer
PAR	光合有效辐射	Photosynthetically Active Radiation
PICARD	卫星名	17 世纪法国天文学家（人名）
PMOD	达沃斯物理气象观象台	Physical-Meteorologycal Observatory Davos
PPFD	光合光子通量密度	Photosynthesis Photon Flux density
PREMOS	精密检测传感器	Precision Monitor Sensor
PTB	德国联邦物理技术研究院	Physikalisch-Technische Bundesanstalt（德）
PV	光伏发电	Photovoltaics
QA	质量保证	Quality Assurance
QASUME	欧洲紫外光谱测量质保	Quality Assurance of Spectral UV Measurements
QC	质量控制	Quality Control
RMIB	比利时皇家气象研究所	Royal Meteorological Institute of Belgium
Rs	响应度	Responsivity
RSR	旋转遮光带辐射计	Rotating Shadowband Radiometer
SARR	空间绝对辐射测量标准	Space Absolute Radiometric Reference

SED	标准红斑剂量	Standard Erythema Dose
SI	国际单位制	International System of Units
SMM	美国太阳峰年号（卫星）	Solar Maximum Missio
SOHO	太阳能子午观测站	SOlar and Heliospheric Observatory
SOLCON	太阳常数实验	SOLar CONstant expriment
SORCE	太阳辐射和气候试验	SOlar Radiation & Climate Experiment
SOVA	太阳变化率	Solar Variability
SPACELAB	空间实验室（卫星）	SPACE LADoratory
SRS	太阳辐射部	Solar Radiation Section
SRRL	太阳辐射研究实验室	Solar Radiation Research Laboratory
SURFRAD	地面辐射观测网（美国）	SURFace RADiation network
SZA（z）	太阳天顶角	Solar Zenith Angle
TAI	国际原子时	Temps Atomique International（法语）
TIM	全辐照度检测器	Total Irradiance Monitor
TOA	大气层顶	Top Of Atmosphere
TRF	太阳全辐照度辐射计装置	TSI Radiometer Facility
TSI	太阳全辐照度	Total solar irradiance
TRUTHS	支撑地球和太阳研究的可溯源辐射测量	Traceable Radiometry Underpinning Terrestrial-and Helio-Studies
USI	向上短波辐照度	Upwelling Shortwave Irradiance
UTC	协调世界时	Universal Time Coordinated
UTI	世界时	Universal Time
UVI	紫外指数	Ultraviolet Index
VIRGO	太阳辐照度和重力震荡变化率（卫星）	Variability of solar IRradiance and Gravity Oscillations
WCC-UV	世界校准中心－紫外部	World Calibration Center-Ultraviolet section
WHO	世界卫生组织	World Health Organization
WISG	世界红外标准组	World Infrared Standard Group
W/m^2	瓦特/平方米	Watts per square meter
WMO	世界气象组织	World Meteorological Organization
WORCC	世界光学厚度研究校准中心	World Optical depth Research and Calibration Center
WRC	世界辐射中心	World Radiation Center
WRR	世界辐射测量基准	World Radiometric Reference
WWW	世界天气监测网	World Weather Watch

附录 A　计算太阳位置的数值模拟法程序

```
INPUT "经度、经分,纬度、纬分,年份", LD, LF, WD, WF, NF
INPUT "月,日,时,分", Y, R, S, F
DTR＝3.1415926＃/180
GOSUB JIRI                                    '计算积日
L＝(LD＋LF/60)/15                              '考虑地方经度影响
H＝S＋F/60                                     '考虑时间影响
N＝JD＋(H－L)/24
XI＝(N－No)＊2＊3.1415926＃/365.2422            '考虑年度影响
DEC＝0.3723＋23.2567＊SIN(XI)＋0.1149＊SIN(2＊XI)－0.1712＊SIN(3＊XI)－
0.758＊COS(XI)＋0.3656＊COS(2＊XI)＋0.0201＊COS(3＊XI)
ET＝0.0028－1.9857＊SIN(XI)＋9.9059＊SIN(2＊XI)－7.0924＊COS(XI)－0.6882＊
COS(2＊XI)
RRo＝1.000423＋0.032359＊SIN(XI)＋0.000086＊SIN(2＊XI)－0.008349＊COS(XI)＋
0.000115＊COS(2＊XI)
    TDF＝S＋(F－(120－(LD＋LF/60))＊4)/60        '求地方时
    IF TDF＞24 THEN TDF＝TDF－24
    TTY＝(TDF＋ET/60)                           '求真太阳时
    TT＝(TTY－12)＊15＊DTR
    DEC＝DEC＊DTR
    La＝(WD＋WF/60)＊DTR
GOSUB ELAZ
PRINT "太阳高度,方位", USING "＃＃＃＃＃.＃＃＃"; SE; SA
END
ELAZ:
    X＃＝SIN(DEC)＊SIN(La)＋COS(DEC)＊COS(La)＊COS(TT)
    IF X＃＜SIN(DEC)/SIN(La) THEN AC＝1 ELSE AC＝0
    GOSUB ARCSIN
    SE＝SA
    X＃＝(COS(DEC)＊SIN(TT))/SQR((1－X＃^2))
    IF X＃≥1 THEN SA＝90: GOTO EMO
    IF X＃≤－1 THEN SA＝－90 ELSE GOSUB ARCSIN
EMO: IF AC＝1 AND SA＜0 THEN SA＝SA＋360
```

```
    IF AC＝1 AND SA＞0 THEN SA＝180－SA
RETURN
ARCSIN：
    SA＝ATN(X♯/SQR(1－X♯^2))
    SA＝SA/DTR
RETURN
JIRI：                                        '求积日,包括闰年
A＝NF/4
No＝79.6764＋.2422*(NF－1985)－INT(0.25*(NF－1985))
B＝A－INT(A)
C＝32.8
IF Y≤2 THEN C＝30.6
IF B＝0 AND Y＞2 THEN C＝31.8
JD＝INT(30.6*Y－C＋0.5)＋R
RETURN
'说明:以上程序仅适用于计算 1985 年及其以后年份的太阳位置。
```

附录 B　　BSRN 提供的太阳位置算法[①]

太阳子程序：方程的基础是 Michalsky（1988a，b）的文章和天文年历中给出的近似方程。

注：子程序调用必须是单独一行。

SUB AstroAlm（year，jd，GMT，Lat，Lon，StnHeight，Az，El，EOT，SolarTime-MYM，Decdegrees，AirmassMYM，HaDegrees）

'＝＝＝＝＝＝＝＝＝＝＝＝＝＝＝＝＝＝＝＝＝＝＝＝＝＝＝＝＝＝＝＝＝＝

'下列子程序计算的是太阳的近似位置，并且是以下列文章为其基础的：

'Joseph J. Michalsky：The astronomical almanac's algorithm for approximate

'solar position（1950—2050）. Solar Energy 40（3）：227—235（1988）。

'还需注意一个勘误通知，其发表在 Solar Energy，41(1)：113，1988。

'文中有关于上述算法的一个修正。这个修正已被并入下列子程序中。

'在原子程序中，在确定临界高度'elc'的计算方程中，被纬度除可能引起被零除的错误。

'这段代码被确定太阳方位的代码所替代。

'该子程序使用天文年历生成表格所用的近似方程，计算特定地点和时间太阳的方位和高度。

'附加了折射订正后，太阳位置就是其视在位置。

'The Astronomical Almanac，U. S. Government Printing Office，Washington，DC

'输入参数是：

'Year＝年（例如，1986）

'JD＝积日（例如，2 月 1 日＝32）

'GMT＝格林尼治平时（分钟以时的小数表示）

'Lat＝纬度，单位为度（北为正）

'Lon＝经度，单位为度（西为正）

'StnHeight＝站点海拔高度，单位为米。

'输出参数：

'Az＝太阳方位角

'（自北而东测量，0°～360°）

'El＝太阳高度角，单位为度，再加上其他项，但在返回调用子程序的程序之前，

'应注意显示的单位。

'EOT＝时差（秒）

'TST＝真太阳时（时）

---

① 引自 McArthur（2004）

′SolarTimeMYM＝太阳时（HH：MM：SS）

′Decdegrees＝赤纬，单位为度

′AirmassMYM＝大气质量，犹如一个文字数字串

′注意：

（1）包 含 在 上 面 提 及 的 文 章 中 的 算 法 是 用 Fortran 语 言 编 写 的 并 被 转 换 成 QuickBasic V4.5.

（2）因为 QuickBasic V4.5 不包括 arcsin 函数，故借用了下列关系式

′arcsin(x)＝ATN(X/SQR(1－X‾2))

′这里 ATN 是反正切。

（3）未用 QuickBasic V4.5 提供的 MOD 函数，因为同所产生的结果与 Fortran 中的不同。

′例如：在 QuickBasic V4.5 中 19 MOD 6.7＝5.0（截去了小数部分）

′而在 Fortran 中 19 MOD 6.7＝5.6

′因此，使用了下列等式：

′MOD(X,Y)＝X (MOD Y)＝X－INT(X/Y)＊Y

′在 Fortran 中 INT 函数与 QuickBasic 中是一样的；

′＝＝＝＝＝＝＝＝＝＝＝＝＝＝＝＝＝＝＝＝＝＝＝＝＝＝＝＝＝＝＝＝＝

′工作中用到一些双精度时数变量并定义一些常数，其中包括度与弧度之间转换常数。

DEFDBL A－Z

Zero＝0♯

Point02＝.02♯

PointFifteen＝.15♯

One＝1♯

Two＝2♯

Four＝4♯

Ten＝10♯

Twelve＝12♯

Fifteen＝15♯

Twentyfour＝24♯

Sixty＝60♯

Ninety＝90♯

Ninetyplus＝93.885♯

OneEighty＝180♯

TwoForty＝240♯

ThreeSixty＝360♯

ThreeSixtyFive＝365♯

FiveOneFiveFourFive＝51545♯

TwopointFour＝2400000♯ ：′2.4D6

pi＝Four ＊ ATN(One)

TwoPi＝Two ＊ pi

```
ToRad＝pi/OneEighty'从度转换为弧度
ToDeg＝OneEighty/pi'从弧度转换成度
basedate＝1949♯
baseday＝32916.5♯
stdPress＝1013.25♯
'对于太阳时/地区时差的一些常数
C1＝280.463♯ :'这个常数每年变化＋/－0.004,但最终的值无大变化。
C2＝.9856474♯
C3＝357.528♯
C4＝.9856003♯
C5＝1.915♯
C6＝23.44♯
C7＝.0000004♯
C8＝6.697375♯
C9＝.0657098242♯
'对于折射方程的一些常数。
EC1＝－.56♯
EC2＝3.51561♯
EC3＝.1594♯
EC4＝.0196♯
EC5＝.00002♯
EC6＝.505♯
EC7＝.0845♯
'从站点海拔高度确定气压的常数。
HC1＝.0001184♯
'计算大气质量的常数
AC1＝－1.253♯
'获得当前积日(对于积日来说,实际要加2,400,000).
Delta＝year－basedate
Leap＝INT(Delta/4)
JulianDy＝baseday＊Delta ＊ ThreeSixtyFive＋Leap＋jd＋GMT/Twentyfour
'第1个数是1949年1月0日中减2.4e6;Leap＝从1949年开时的闰日.
'计算黄道坐标。
Time＝JulianDy－FiveOneFiveFourFive
'51545.0＋2.4e6＝2000年1月1日正午.
'强迫平均经度在0°～360°。
MnLon＝C1＋C2 ＊ Time
MnLon＝MnLon－INT(MnLon/ThreeSixty) ＊ ThreeSixty
IF MnLon＜0 THEN MnLon＝MnLon＋ThreeSixty
```

'平均近点角以弧度为单位在 0～2 * Pi。

MnAnom＝C3＋C4 * Time

MnAnom＝MnAnom－INT(MnAnom/ThreeSixty) * ThreeSixty

IF MnAnom<0 THEN MnAnom＝MnAnom＋ThreeSixty

MnAnom＝MnAnom * ToRad

'计算环境和黄道倾斜度（以弧度为单位）。

EcLon＝MnLon＋C5 * SIN(MnAnom)＋Point02 * SIN(Two * MnAnom)

EcLon＝EcLon－INT(EcLon/ThreeSixty) * ThreeSixty

IF EcLon<0 THEN EcLon＝EcLon＋ThreeSixty

OblqEc＝C6－C7 * Time

EcLon＝EcLon * ToRad

OblqEc＝OblqEc * ToRad

'计算赤经和赤纬

Num＝COS(OblqEc) * SIN(EcLon)

Den＝COS(EcLon)

Ra＝ATN(Num/Den)

IF Den<0 THEN

Ra＝Ra＋pi

ELSE IF Num<0 THEN

Ra＝Ra＋TwoPi

END IF

'赤纬，单位为弧度。

Dec＝SIN(OblqEc) * SIN(EcLon)

Dec＝ATN(Dec/SQR(One－Dec * Dec))

'赤纬，单位为度。

Decdegrees＝Dec * ToDegrees

'计算格林尼治平均恒星时，单位为时。

GMST＝C8＋C9 * Time＋GMT

'格林尼治平时不随恒星时而变，因为"时间"已包括在日的小数中。

GMST＝GMST－INT(GMST/Twentyfour) * Twentyfour

IF GMST<0 THEN GMST＝GMST＋Twentyfour

'计算地方平均恒星时，单位为弧度。

LMST＝GMST－Lon/Fifteen

LMST＝LMST－INT(LMST/Twentyfour) * Twentyfour

IF LMST<0 THEN LMST＝LMST＋Twentyfour

LMST＝LMST * Fifteen * ToRad

'计算时角以弧度为单位，在－Pi～Pi。

Ha＝LMST－Ra

IF Ha<－pi THEN Ha＝Ha＋TwoPi

IF Ha＞pi THEN Ha＝Ha－TwoPi

'时角单位为度,北为 0。

HaDegrees＝Ha * ToDegrees＋OneEighty

'地方视时或真太阳时单位为时。

TST＝(Twelve＋Ha/pi * Twelve)

'将纬度变换为弧度。

Lat＝Lat * ToRad

'计算方位和高度

El＝SIN(Dec) * SIN(Lat)＋COS(Dec) * COS(Lat) * COS(Ha)

El＝ATN(El/SQR(One－El * El))

'确定以真太阳时为基础的方位角。

IF TST＝Twelve THEN

Az＝pi

ELSE

cosaz＝(SIN(Dec) * COS(Lat)－COS(Dec) * SIN(Lat) * COS(Ha))/COS(El)

Az＝－ATN(cosaz/SQR(One－cosaz * cosaz))＋pi/Two

IF TST＞Twelve THEN Az＝TwoPi－Az

END IF

'针对美国标准大气计算折射订正

'在计算之前必须有以度为单位的 El。

El＝El * ToDegrees

IF El＞EC1 THEN

Refrac＝EC2 * (EC3＋EC4 * El＋EC5 * El * El)

Refrac＝Refrac/(One＋EC6 * El＋EC7 * El * El)

ELSE

Refrac＝－EC1

END IF

'注意这里的 3.51561＝1013.2 mb/288.2 K 是美国标准大气的气压和温度的比值。

El＝El＋Refrac

'高度以度为单位。在返回之前将 Az 和 Lat 变换成以度为单位。

Az＝Az * ToDegrees

Lat＝Lat * ToDegrees

'MnLon 以度为单位,GMST 以时为单位,如果附加了 2.4e6,则 JD 以日为单位。

'MnAnom, EcLon, OblqEc, Ra, Dec, LMST, 和 Ha 单位为弧度。

'计算时差。EOT 以秒为单位输出。

Radegrees＝Ra * ToDegrees

'在 MnLon 和 Ra 之间检验相位改变。

IF (MnLon－Radegrees)＞OneEighty THEN Radegrees＝Radegrees＋ThreeSixty

EOT＝(MnLon－Radegrees) * TwoForty

′真太阳时格式：HH：MM：SS.

SHr＝INT(TST)

SMn＝INT((TST－SHr) ∗ Sixty)

SSc＝INT(((TST－SHr) ∗ Sixty－SMn) ∗ Sixty)＋One

IF SSc＝Sixty THEN SMn＝SMn＋One：SSc＝Zero

IF SMn＝Sixty THEN SHr＝SHr＋One：SMn＝Zero

IF SHr＝Twentyfour THEN SHr＝Zero

IF SHr＜Zero THEN SHr＝Twentyfour＋SHr

IF SMn＜Zero THEN SMn＝Sixty＋SMn

IF SSc＜Zero THEN SSc＝Sixty＋SSc

SolarHrMYM＝RIGHTMYM(STRMYM(SHr)，2)

IF ABS(SHr)＜Ten THEN SolarHrMYM＝"0"＋RIGHTMYM(STRMYM(SHr)，1)

SolarMnMYM＝RIGHTMYM(STRMYM(SMn)，2)

IF ABS(SMn)＜Ten THEN SolarMnMYM＝"0"＋RIGHTMYM(STRMYM(SMn)，1)

SolarScMYM＝RIGHTMYM(STRMYM(SSc)，2)

IF ABS(SSc)＜Ten THEN SolarScMYM＝"0"＋RIGHTMYM(STRMYM(SSc)，1)

SolarTimeMYM＝SolarHrMYM＋"："＋SolarMnMYM＋"："＋SolarScMYM′太阳天顶角以度为单位。

Zenith＝(Ninety－El)′站址气压，单位：毫巴。

StnPress＝stdPress ∗ EXP(－HC1 ∗ StnHeight)′计算相对大气光学质量。

IF (Ninetyplus－Zenith)＜Zero THEN

AirmassMYM＝"Undefined because sun below horizon"

ELSE′Kasten (1966)计算的大气质量

Airmass＝StnPress/stdPress ∗ (COS(Zenith ∗ ToRad)＋PointFifteen ∗ (Ninetyplus－Zenith)^AC1)^－One

AirmassMYM＝STRMYM(Airmass)

END IF

END SUB

参考文献

Michalsky J J，1988a. The astronomical almanac's algorithm for approximate solar position (1950－2050)[J]. *Solar Energy*, **40**(3):227-235.

Michalsky J J，1988b. Errata. The astronomical almanac's algorithm for approximate solar position (1950－2050)[J]. *Solar Energy*, **41**(1):113.

附录 C WMO《气象仪器和观测方法指南》(2014)的附录 7D：有用的公式

概论

所有的天文数据可来自航海年鉴或天文年历。然而，为了方便可由近似公式得出(Michalsky，1988a；b)。比较了几组近似公式，发现最好的是在天文年历(美国海军气象天文台，1993)里提供的如下的近似方程。主要是为了方便使用，转载如下。

太阳位置

为了确定太阳的实际位置，要求输入下列有关数据：

(1)年；

(2)积日(例如，2 月 1 日的积日为 32)；

(3)以世界时表示的带小数的时(例如：时＋(分/60)＋时区号)；

(4)以度表示的纬度(北为正)；

(5)以度表示的经度(东为正)。

为了确定儒略日(Julian Date，JD)，天文年历确定当前的 JD 是从最初的 JD，即设定为 2000 年 1 月 1 日的中午。这一天的 JD 是 2451545.0。这样，JD 就可以按下式确定：

$$JD = 2432917.5 + delta \times 365 + leap + 日 + 小时/24$$

式中，$delta = 年 - 1949$

$leap = (delta/4)$ 的整数部分

常数 2432917.5 是针对 1949 年 1 月 1 日 0 时 0 分的，并且是为了后面的计算简单、方便。

使用上述时间，可按以下步骤计算黄道坐标(L，g 和 l，单位是度)：

(1)$n = JD - 2451545$；

(2)L(平均经度)$= 280.460 + 0.9856474 \cdot n$ $(0 \leqslant L < 360°)$；

(3)g(平均距平)$= 357.528 + 0.9856003 \cdot n$ $(0 \leqslant g < 360°)$；

(4)l(黄经)$= L + 1.915 \cdot \sin(g) + 0.020 \cdot \sin(2g)$ $(0 \leqslant l < 360°)$；

(5)ep(黄赤交角)$= 23.439 - 0.0000004 \cdot n$(单位：°)

应当指出的是，所有 360° 的倍数应增加或减去，直至最后数值落在指定的范围内。

从上述公式可以计算天球坐标—赤经(ra)和赤纬(δ)：

$$\tan(ra) = \cos(ep) \cdot \sin(l)/\cos(l)$$

$$\sin(\delta) = \sin(ep) \cdot \sin(l)$$

由天球坐标系转换到地平坐标系，即将赤经和赤纬转换成方位(A)和高度角(h)，使用地方时角(t)方便。首先确定格林治平均恒星时(GMST，小时)和地方平均恒星时(LMST，小

时):
$$GMST = 6.697375 + 0.0657098242 \cdot n + h(\mathrm{UT})$$
式中:$0 \leqslant GMST < 24 \mathrm{~h}$,$h$ 为小时。
$$LMST = GMST + (东经)/(15°/\mathrm{h})$$
从 $LMST$ 计算时角(t)的方法如下(t 和 ra 的单位是度):
$$t = 15 \cdot LMST - ra \qquad (-12 \mathrm{~h} \leqslant t < 12 \mathrm{~h})$$

在太阳到达子午线之前,时角为负。在使用这个术语时应注意,因为它与一些太阳能研究人员所用的相反。

太阳高度(h)和太阳方位角(A)的计算(A 和 h 的单位是度):
$$\sin(h) = \sin(\delta) \cdot \sin(\varphi) + \cos(\delta) \cdot \cos(\varphi) \cdot \cos(t)$$
和
$$\sin(A) = -\cos(\delta) \cdot \sin(t)/\cos(h)$$
或
$$\cos(A) = (\sin(\delta) - \sin(el) \cdot \sin(\varphi))/(\cos(h) \cdot \cos(\varphi))$$
式中:方位角正北为 0°,通过东方的均为正。

考虑大气折射,并从中获得视在太阳高度(h)或视在太阳天顶角等,在天文年鉴给出如下方程:

(1)折射 r 在天顶角小于 75°的简单表达式为:
$$r = 0°.00452 \, P \tan z/(273 + T)$$
式中:z 是天顶距,单位为度;P 为气压,单位:hPa;T 为温度,单位:℃。

(2)对于天顶角大于 75°和高度低于 15°的,推荐下列近似公式:
$$r = \frac{P(0.1594 + 0.0196a + 0.00002a^2)}{[(273 + T)(1 + 0.505a + 0.0845a^2)]}$$
式中:a 是高度角(90°$-z$),这里 $h_0 = h + r$ 和视在太阳天顶角 $z_0 = z + r$。

日地距离

现今地球围绕太阳的轨道的偏心度很小,但就日地距离 R 的平方来说就相当显著了。因此,在地球上的太阳辐照度,距平均值的变化为 3.3%。以天文单位(AU)表示,不确定度可达 10^{-4}:
$$R = 1.00014 - 0.01671 \cdot \cos(g) - 0.00014 \cdot \cos(2g)$$
式中:g 是平均距平,已在上面被定义。太阳偏心率的定义是指日地平均距离(1 AU,R_0)除以实际日地距离的平方:
$$E_0 = (R_0/R)^2$$

大气质量

在计算消光时,必须知道穿过大气的路径长度,即被称为绝对大气光学质量(M)。对于任意大气成分的相对大气质量(m),是沿倾斜方向上的大气质量与垂直方向上的大气质量的比值,它是一个归一化因子。在平行的、没有折射的大气中 m 等于 $1/\sin h_0$ 或 $1/\cos z_0$。

地方视时

平太阳时是民用时间的基础,是由一个假想的、称为平太阳的天体运动推导出来的。平太阳视作以匀速在天赤道上运行,其运行速度等于真太阳的平均速度。这个固定的标准时间与变化的地方视时之间的差值称为时差 e_q。它可正可负,取决于平太阳与真太阳的位置。因此:

$$LAT = LMT + e_q = CT + LC + e_q$$

式中:LAT 是地方视时;LMT 是地方平均时;CT 是民用的时间(以标准的经度为准,因此也称为标准时间);LC 是经度修正(对于每 1° 相当于 4 分钟),如果当地的经度在标准经度之东,LC 为正,反之为负。

为了计算 e_q(分钟),可以使用下列近似式:

$$e_q = 0.0172 + 0.4281 \cos\theta_0 - 7.3515 \sin\theta_0 - 3.3495 \cos2\theta_0 - 9.3619 \sin2\theta_0$$

式中:$\theta_0 = 2\pi d_n/365$ 弧度或 $\theta_0 = 360 d_n/365$,单位为°,d_n 为日数,平年从 1 月 1 日为 0 到 12 月 31 日为 364;而在闰年 1 月 1 日为 0 和 12 月 31 日为 365。这个近似式的最大误差是 35s。

参考文献

Michalsky J J, 1988a. The astronomical almanac's algorithm for approximate solar position (1950—2050). Solar Energy, **40**(3):227-235.

Michalsky J J, 1988b. Errata. The astronomical almanac's algorithm for approximate solar position (1950—2050). *Solar Energy*, **41**(1):113.

附录 D　WMO 地面辐射基准站网(BSRN)简介

1. BSRN 的总目标和宗旨

BSRN 的初始构思是从气候变化和卫星资料验证两方面的需求发展而来的,全球基准地面辐射站网的最初计划是由 WMO 世界气候研究计划(WCRP)的辐射通量工作组(WGRF)于 1989 年提出的,后经 BSRN 两次执行情况专题技术研讨会修订。第一次会议于 1990 年 12 月在美国华盛顿特区召开;第二次于 1991 年 8 月在瑞士达沃斯举行,正式制定了以下的目标和任务:

(1)为校正星载仪器估算地表辐射收支(SRB)和通过大气的辐射提供数据;

(2)监测地表辐射通量的区域趋势。

随着 BSRN 对全球气候研究所做出的贡献越来越重要,显示出由国家负责的 BSRN 站点的运行会从拥有地面辐射基准站上获得巨大利益,特别是在国家致力于开发清洁的可再生能源和提高农业生产的某些领域尤其如此。随着许多国家认识到京都议定书的重要性和影响,上述议题更增加了重要性。BSRN 站点测量的也正是监测国家气候变化和区域气候变化以及评估连带经济意义的关键要素。在已经建立辐射站网的国家,BSRN 开发的仪器和运行程序可用于更新设备和观测方法的有效论证,并提高对世界辐射中心校准的溯源性。总之,BSRN 数据资料除用于气候研究外,还有广泛的应用价值。

2. BSRN 的详细目标

(1)用足以揭示长期趋势的准确度和精密度展示性地测量关键地区的地面辐射成分。

(2)在地表和大气顶部进行影响辐射的大气分量(如云、水汽、臭氧和气溶胶)的联合观测。

(3)获取诸如云量、水汽、臭氧、气溶胶等影响地面和大气顶辐射的大气要素的数据。

(4)整个网络在运行方法、准确度和校准等方面均要保证始终坚持可实现的最高标准。

3. BSRN 相关活动和研究目标

(1)站点特征:获取诸如地表性质、平均云量和云状、气溶胶等特征的定量信息,以便为卫星应用提供场所特征。

(2)红外辐照度测量:为了准确测量向下的辐亮度和辐照度,采用先进的现代化仪器和方法进行测量,以满足地表辐射收支(SRB)的测量标准。

(3)扩大地表反射比和"就地"测量:开发大面积(如 20 km×20 km)地表反射比的测量方法,采用塔或小型飞机、专用飞行器和气球试验"就地"收集信息,以验证遥感测量。

(4)大气非均匀性研究:目的在于改进对非均质和碎云辐射特征的理解及测量。

(5)特种测量:开发测量紫外光谱和红外 SRB 的性价比优秀的仪器和方法,这将有助于改善卫星算法,设计和验证卫星对 SRB 的测定。

(6)仪器改进:研究改进诸如太阳光度计和总日射表等"定型"仪器的结构和性能,并且合作、改进和开发更高级的遥感仪器,以增强 BSRN 对云的观测能力。

（7）每两年举办一次专题学术研讨会,迄今已经举办过 14 次。会上可以依据需要设立各种工作组,开展重点研究工作。并要求在下届会上作出工作组专题报告。会议上也听取参会人员所作的与辐射有关的各种专题研究报告。具体情况详见下面有关第 14 届 BSRN 科学评论和研讨会简介的附件。

BSRN 的观测站可分成 3 个主要类型:基本的、扩展的和其他的。下面分别详细介绍:

（1）基本的观测站的测量内容:

① 直射辐照度;

② 天空散射辐照度;

③ 向下的长波辐照度;

④ 总日射辐照度;

（2）扩展的观测站的测量内容:

① WMO 规定的波长和带宽的太阳直射光谱辐照度;

② 云量和云状;

③ 气温和水汽的垂直分布(最好用激光雷达测量)、云底高、气溶胶;

④ 整层大气含水量(最好用微波辐射计测量);

⑤ 臭氧;

（3）为大气辐射研究进行的其他测量:

① 从高塔上测量的向上的长、短波辐照度;

② 低分辨长波光谱辐照度;

③ 低分辨短波半球向光谱辐照度,包括 UV;

④ 为改进地球表面辐射收支测定能力的其他量值。

附件:第 14 届 BSRN 科学评论和研讨会(简介)

2016 年 4 月 26—29 日,澳大利亚,堪培拉

(WCRP Report No. 17/2016):

1　会议概述

2　会议开幕

2.1　开幕式

2.2　建议的新站点:每个站点提出申请后,经过考察,提请会议研究、讨论和作出决定。

2.3　仪器问题(仅给出标题和作者)

校准方法的比较和产生的太阳辐射测量差异(Aron Habte)

总日射表校准中的天顶角偏差(Michael Milner)

Delta—T SPN1 作为日照仪的评估(Nicole Hyett)

在 PMOD/WRC 举办的第四次 AOD 光谱辐射计比对(Natalia Kouremeti)

澳大利亚辐射监测网:最佳实践和附加价值(Ursula Weiser)

直接日射表对准测试(Michael Milner)

量化热电堆辐射计中的光谱误差(Aron Habte)

在直射太阳光束中测量宽带红外辐照度及近期发展(Ibrahim Reda)

两台 Eppley 的和两台 Kipp&Zonen 的地球辐射表的长期稳定性(Klaus Behrens)

去年秋季举行的 IPgC 比较的小结(Julian Gröbner)

世界长波辐射计红外标准组(WISG):如何将更新的校准转换为 BSRN 记录?(Stephan Nyeki)

2.4　观测与分析(主要是各个研究者研究报告的摘要,仅给出标题和作者)

来自泛北极 BSRN 站的云辐射强迫:气候监测和季节尺度海冰预报应用(Chris Cox)

增加二氧化碳冷却南极洲(GertKönig-Langlo)

晴空表面辐照度的参数化及其对气溶胶直接日射效应和气溶胶光学厚度估算的意义(夏祥翔)

在东亚鹿林山(2862 m)对太阳辐射和气溶胶辐射强迫的长期测量 (Carlo Wang)

五年长期用多滤波片旋转遮光带辐射计测量 AOD 和所需的大气顶部值(Frederick Denn)

从宽带 BSRN 数据估算 AOD(Stefan Kinne)

从旋转遮光带光谱辐射度计(RSS)反演光谱辐照度和光学厚度(Joe Michalsky)

在 Chesapeake Light (CLH)站进行 BSRN 测量的 15 年气候学(Bryan Fabbri)

BSRN 档案资料及其在美国宇航局 GEWEX SRB 和 POWER 项目中的应用(Taiping Zhang)

………其余略

2.5　工作组报告(各个报告均为摘要,仅给出标题和作者)

红外工作组报告(Julian Gröbner)

光谱工作组报告(Julian Gröbner)

冷气候问题工作组(Chris Cox)

不确定度工作组(Nicole Hyett)

宽带短波工作组(Joe Michalsky)

2.6　业务和讨论

对于第一项业务,先前的几个工作组(WG)被合并到新的宽带短波辐射测量工作组中,并由 NOAA 全球监测部的 Allison McComiskey 担任主席。随后就下届会议拟议的几个候选 BSRN 站的站址进行了讨论。有关的讨论还涉及需要及时向 BSRN 档案部门提交现有 BSRN 网各站的数据。GCOS,WCRP 和 GEWEX 等几个 WMO 网络的数据评估专家组(GDAP)正在等待获得各知名网络的高质量地面辐射数据。因为现在有许多组织急需使用 BSRN 数据。因此,我们 BSRN 有责任将收集到的高质量数据提供给各个应用团体。因此,我们不仅要负责收集高质量的和持续不断的地面辐射观测数据,而且要求各站应及时提交数据到 BSRN 的档案部门,以便提供访问、使用。现有 BSRN 站的数据显示,大约超过 25% 的 BSRN 观测站点,在提交数据方面落后了五年以上,其他也有拖欠两年以上的。BSRN 项目经理将联系存档滞后两年以上相关站点的科学家,使之尽快将数据提交。根据第二次通知的结果,这些站点可能在 BSRN 站点列表中被列为"停止活动",BSRN 网页和网站地图可以及时修订,以及时反映这种变化的状态。

第 14 届 BSRN 科学评论和研讨会建议进行红外辐射标准的专项比对活动,以便报告观察到的有关新绝对红外辐射计标准之间差异的问题,并及时对世界红外标准组(WISG)进行更广泛、深入的研究。Joe Michalsky 先生对此作了简短的报告,题目是《比较三种绝对宽带红外辐射计的建议》。大多数 BSRN 和制造商的长波标准均源自于 WISG。构成 WISG 的两台 Eppley PIR 和两台 Kipp&Zonen CG4 都是使用 Philipona 的绝对天空扫描辐射计（ASR）校准的。自 WISG 建立以来，已经新开发出两种测量长波辐射的绝对辐射计。Gröbner 博士研制出 IRIS 辐射计，Reda 先生则开发了 ACP 辐射计。在 2013 年的比较中，IRIS 和 ACP 在 8 小时的测量中，两者相差在 1 W/m² 以内。两者之间的不一致性大约比 WISG 组内各辐射计的 6 W/m²，要好很多。此外，这种差异似乎对气柱内的水汽量有依赖性，当总水汽量小于 10 mm 时，差异会更小。因此，我们建议在美国俄克拉何马州北部的能源部大气辐射测量部（ARM），在数周之内比较这三种仪器（包括 ASR），这也是 1999 年 9 月进行过类似比对的地点。该地具有测量所需的基础设施，还有用于模拟向下宽带红外和大气发射的辐亮度干涉仪（AERI），可供测量大部分红外辐射以便提供另一种可供参考的虚拟测量。从历史上看，中秋时节有几个晴天，水汽柱中的数值较低。这个实验将揭示三台辐射计中结果所隐藏的差异。该实验拟于 2017 年 10 月进行。该比较在调查所报告的与当前世界标准组的差异方面是非常有价值的，1999 年比对期间所使用的绝对标准（绝对天空扫描辐射计—ASR）也应该参与 2017 年 10 月的比较，这一点被认为是至关重要的。最后一个项目讨论了关于 BSRN 手册的问题。最后版本的主要作者 Bruce McArthur 于 2005 年已将其作为 WMO 技术文件（WMO / TD—No. 1274）出版。鉴于辐射测量在理解和操作方面的重大进展以及校准上的改进，应对手册的原版本进行更新。NOAA 全球监测部门的 Gary Hodges 先生自发推进该项工作，并将从 BSRN 成员的其他志愿者那里寻求帮助。这是一项重大项目，任何参与者的努力都值得尊敬。第 14 次 BSRN 科学评估和研讨会希望给出对会议主题广阔领域的简要说明。会议的专业水平和与会者的热情尤其值得一提。网站上提供了海报的大部分演示文稿和电子版本：http://www.esrl.noaa.gov/gmd/grad/meetings/bsrn2016.html.

3　海报摘要

EKO 新的"高端"二级标准总日射表 MS-80

总日射表自动清洁体系

发展中国家的 BSRN 站

其余略

4　参加者名单：略

5　议程：略

6　海报清单：略

附件源自 WCRP Report 14th Baseline Surface Radiation Network（BSRN）Scientific Review and Workshop，26—29 April 2016. WCRP Report No. 17/2016

附录 E　新版 9060 总日射表分级指标 (草案表格部分节录)

注 1:注意,ISO 9060 以前版本中使用的光谱选择性不是光谱误差。光谱选择性被定义为在 0.35～1.5 μm 的光谱响应度距在 0.35～1.5 μm 平均光谱响应度的最大百分比偏差。诸如光电二极管传感器等的一些传感器,对于在限定的波长范围内的一些波长,光谱响应度可能为 0。因此,光谱选择性可以达到 100% 以上。带扩散器的传感器也可以具有较高的光谱选择性或光谱误差。还要注意,光谱范围的知识本身不足以确定光谱选择性或光谱误差。注意,光谱范围的规格也要求,规定给定波长限内的最大光谱响应率的百分比(例如 50%)。

注 2:散射表也根据此表分类。散射表按下表进行了部分分类,因为所使用的总日射表就是根据此表进行分类的。在本标准中散射表的其余部分仅按其类型(遮光片,遮光环,旋转遮光带或遮光罩)分类。

注 3:在接收间隔 0.5 s 中给出的接收间隔以及 0.2 s 的保护频带被定义以便区分 N 星型总日射表和另一类型的总日射表,即所谓的亚秒型总日射表。如果满足表中 N 星总日射表的所有要求,并且如果总日射表的响应时间小于 0.5 s 且带有 0.2 s 的保护带,总日射表就是一种亚秒级 N 星总日射表。

参数	等级名称,可接受的间隔和保证带宽(括号内)		
等级名称	三星 ***	两星 **	一星 *
与 ISO 9060:1990 大体相应的等级	二等标准	一级	二级
响应时间:对 95% 响应的时间	<10 s (1 s)	<15 s (1 s)	<20 s (1 s)
热偏移:			
(a) 对 200 W/m² 净热辐射的响应	<7 W/m² (2 W/m²)	<15 W/m² (2 W/m²)	<30 W/m² (3 W/m²)
(b) 对环境温度 5 K/h 变化的响应	±2 W/m² (0.5 W/m²)	±4 W/m² (0.5 W/m²)	±8 W/m² (1 W/m²)
(c) 完整的热偏移包括效应(a)和(b)以及其他来源	±10 W/m² (2 W/m²)	±21 W/m² (2 W/m²)	±41 W/m² (3 W/m²)
不稳定性:响应度年变化的百分比	±0.8% (0.25%)	±1.5% (0.25%)	±3% (0.5%)
非线性:辐照度在 100～1000 W/m² 变化,距 500 W/m² 处响应度的百分偏差	±0.5% (0.2%)	±1% (0.2%)	±3% (0.5%)

续表

参数	等级名称,可接受的间隔和保证带宽(括号内)		
方向响应(对直射光束): 假定法向入射响应度对所有方向都是正确的情况下,在法向入射辐照度为 1000 W/m² 的光束从入射角到 80°的任何方向测量时,所引起的误差范围	±10 W/m² (2 W/m²)	±20 W/m² (5 W/m²)	±30 W/m² (7 W/m²)
光谱误差[1]: 在本标准中定义的对一设定的水平总辐照度光谱中所观测到的最大光谱误差	±3% (2%) ±12%(5%)	±5% (2%) ±20% (5%)	±10% (5%) ±40% (10%)
温度响应: 由于环境温度在 −10～40 ℃变化相对于 20 ℃信号的百分偏差	±1% (0.2%)	±2% (0.2%)	±4% (0.5%)
倾斜响应: 在 1000 W/m² 辐照度下,由于倾斜从 0°～180°距离 0°倾斜(水平)的百分偏差	±0.5% (0.2%)	±2% (0.5%)	±5% (0.5%)
额外的信号处理误差	±0.2% (0.2%)	±% (0.2%)	±2% (0.5%)

注 1:请注意,不同条件下的光谱误差可能不同,并且对于水平散射辐照度测量的光谱误差也不同于水平总辐照度的光谱误差。

附录 F 新版 9060 直接日射表分级指标(草案表格部分节录)

参数	分级名称和可接受的间隔和保证带宽(括号中)			
等级名称	四星 ****	三星 ***	两星 **	一星 *
与 ISO 9060:1990 大体相应的等级	见本表注 1	二等标准	一级	二级
响应时间(见本表注 3):95% 响应的	见本表注 2	<10 s(1 s)	<15 s(1 s)	<20 s(1 s)
热偏移:				
(a)对环境温度 5K/h 变化的响应	0.1 W/m^2 (0.05 W/m^2)	1 W/m^2 (0.5 W/m^2)	3 W/m^2 (0.5 W/m^2)	6 W/m^2 (1 W/m^2)
(b)完整的热偏移包括效应(a)和其他来源	0.2 W/m^2 (0.05 W/m^2)	2 W/m^2 (0.5 W/m^2)	4 W/m^2 (0.5 W/m^2)	7 W/m^2 (1 W/m^2)
不稳定性: 响应度年变化的百分比	±0.01% (0.01%)	±0.5% (0.25%)	±1% (0.25%)	±2% (0.25%)
非线性: 辐照度在 100～1000 W/m^2 变化,距 500 W/m^2 处响应度的百分偏差	±0.01% (0.01%)	±0.2% (0.1%)	±0.5% (0.2%)	±2% (0.2%)
光谱误差(见本表注 4): 在本标准中定义的一组直射法向辐照度光谱中所观察到的最大光谱误差(略)	±0.01% (0.005%)	±2% (0.05%)	±1% (0.5%)	±5% (2%)
温度响应: 由于环境温度变化在 10～40 ℃相对于 20 ℃信号的百分偏差	±0.01% (0.01%)	±0.5% (0.25%)	±1% (0.5%)	±5% (0.5%)
倾斜响应: 在 1000 W/m^2 辐照度下,倾斜从 0°到 90°相对于 0°(水平)响应度的百分偏差	±0.01% (0.1%)	±0.2% (0.2%)	±0.5% (0.2%)	±2% (0.5%)
信号处理误差	±0.01% (0.01%)	±0.1% (0.05%)	±0.5% (0.2%)	±1% (0.5%)

注 1:在本标准的前一版(1990)中没有定义类似的等级。

注 2:该级别的直接日射表主要用作校准其他直接日射表的标准仪器。它们通常是绝对直接日射表,对其无法明确定义响应时间。例如,它取决于操作模式(例如"主动"或"被动")。为了避免混淆,并且响应时间对稳定天空下的校准具有微不足道的意义,对于这个类别,响应时间被省略。

注 3:除表中给出的采取的时间间隔外,也接受带有 0.2 s 保护带的 0.5 s 间隔限定。以便区分 N 星直接日射表和其他类别的直接日射表,即所谓的亚秒级直接日射表。对于 N 星级直接日射表来说,如果它满足了表中所列的各项要求,这台直接日射表就是一台亚秒(sub-second)直接日射表,同时如果指标也具有响应时间<0.5s 和带有 0.2s 的保证带的话。

注 4:请注意,在不同条件下的光谱误差可能不同。

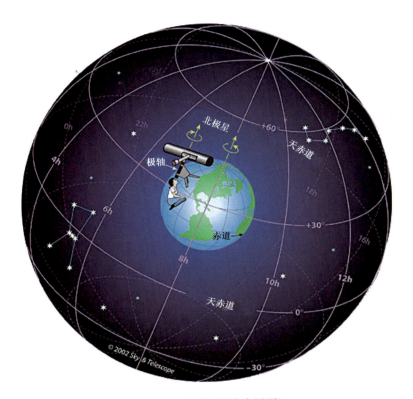

图 1.1 天球外观(取自网页)

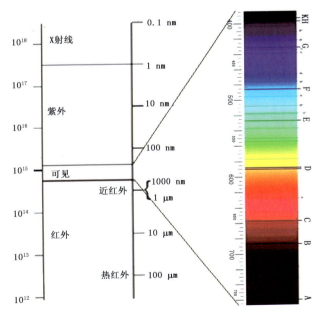

图 1.19 电磁波谱

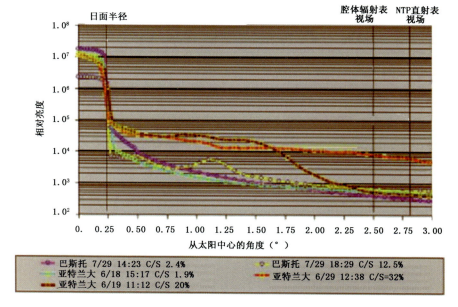

图 4.1　美国加州巴斯托(Barstow)和佐治亚州亚特兰大(Atlanta)用环日望远镜测量
太阳亮度结果(Grether et al，1975)

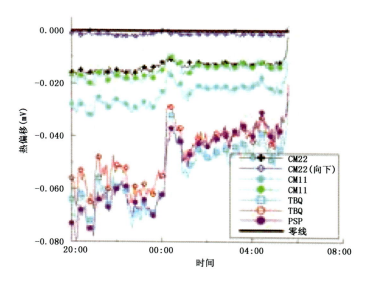

图 6.18　国产与国外总日射表夜间热偏移情况比较(杨云 等,2010)

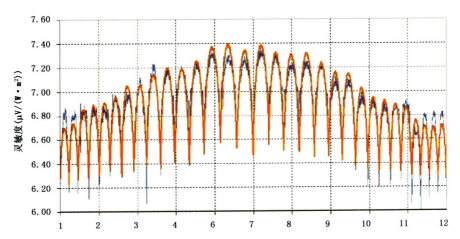

图 6.20 晴天未通风 PSP 总日射表的原始灵敏度（深色）和拟合灵敏度（浅色）（Lester，2006）

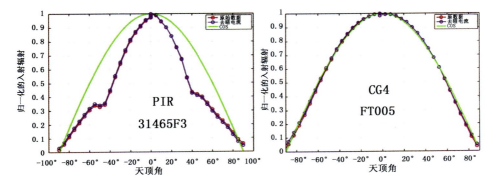

图 8.3 两种地球辐射表对入射辐射随角度的变化及其相对理论值的偏离情况（Gröbner，2006）

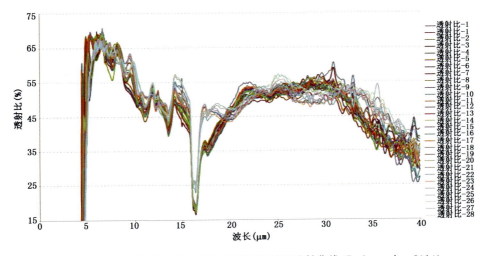

图 8.9 28 台 Hukseflux IR 02 地球辐射表罩的透射曲线（Reda et al.，2014）

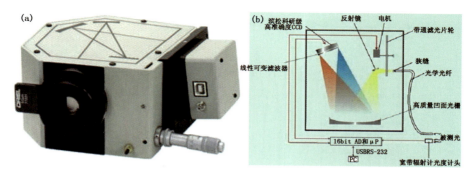

图 11.6　LineSpecTM-CCD 阵列光谱辐射计外观(a)和原理(b)

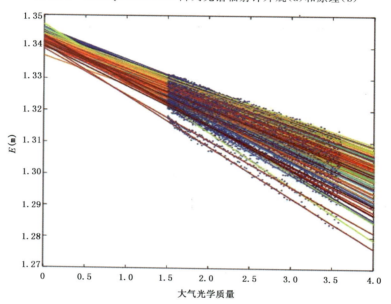

图 12.8　2015.11－2016.04 在 Muana Loa 观象台作的校准(Kazadzis，2017)

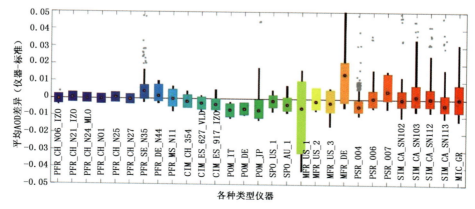

图 12.9　在 FRC-IV 比对的 5 天内，500 nm 处各参比仪器距 WORCC 三件套标准的平均差值。
彩色框代表 10％和 90％百分位数，黑色线代表不包括异常值的分布的最小值和最大值
（取自 Kazadzis et al.，2015）

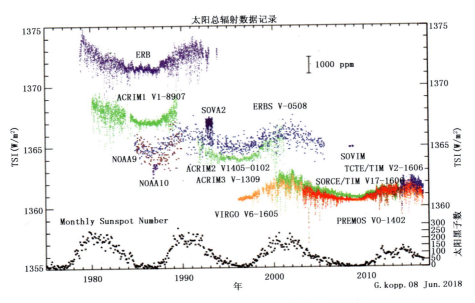

图 14.11　1978—2011 年各种卫星对 TSI 的检测结果,不同颜色代表不同年代
不同卫星所获得的 TSI 值(Kopp et al.,2016)

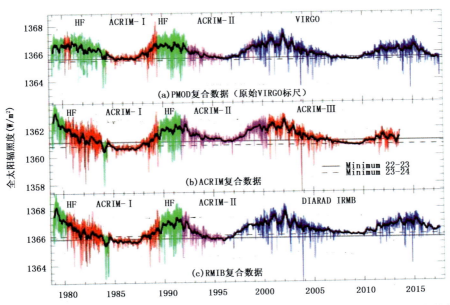

图 14.13　PMOD 复合数据与 ACRIM 和 IRMB 两种复合数据的比较,PMOD 的复合数据
使用的是 VIRGO 原标尺(下载自 2018 年 PMOD/WRC 网站)

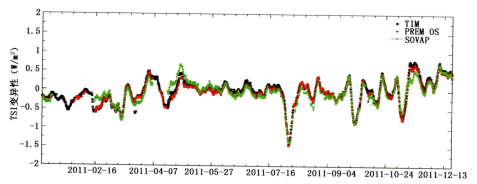

图 14.16　TIM、PREMOS 和 SOVAP 所测量的 TSI 变化时间序列（平均超过 6 h）
（Meftan et al.，2014）

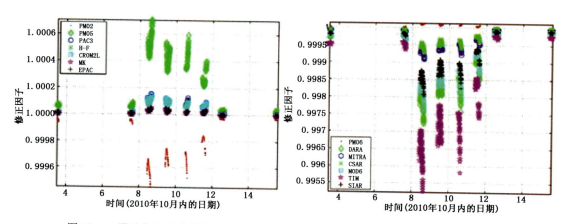

图 18.4　撒哈拉沙尘事件持续 4 天内，各种几何尺寸辐射计的表现（Finsterle，2012）

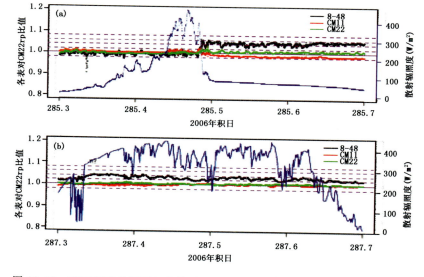

图 18.10　不同辐射状况下经热偏移订正仪器的表现（Michalsky et al.，2007）

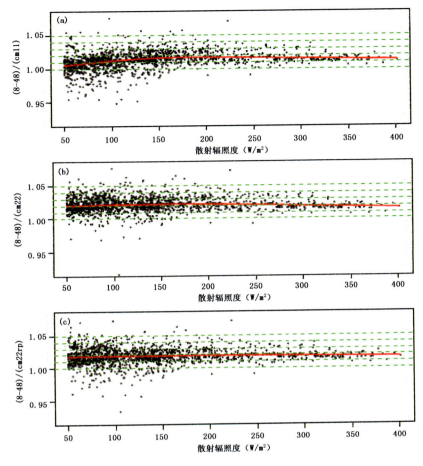

图 18.9　8-48 型与其他仪器比值同散射辐照度的关系（Michalsky et al.，2007）

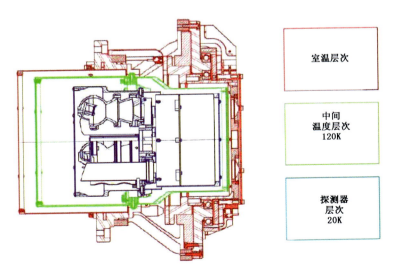

图 19.7　CSAR 探测腔的 3 个温度层次（Winkler，2012）

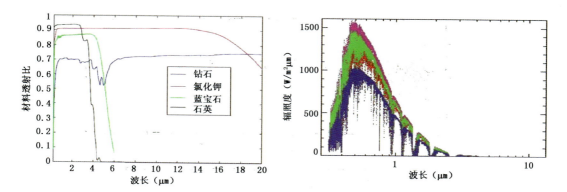

图 19.14 四种不同的窗口材料的光谱透射比（Fehlmann，2007）

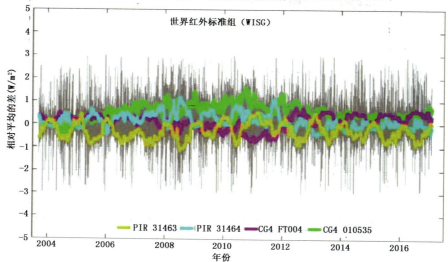

图 20.11 WISG 各台标准器的稳定度（Gröbner et al.，2017）

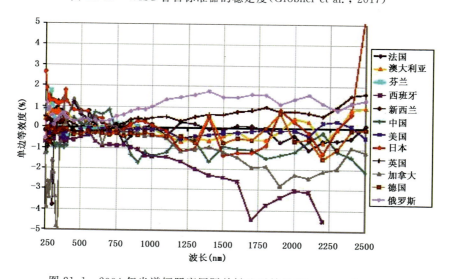

图 21.1 2004 年光谱辐照度国际关键比对结果（Emma et al.，2006）